KB078897

개정된 한국전기설비규정(KEC) 적용

전기기초 실기/실습

오선호 저

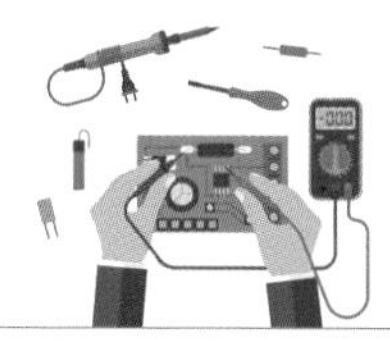

perface 머 리 말

전기 기초 기술은 자동차, 통신, 기계, 설비 등 여러 분야에서 기술이 융합되어 응용되고 새로운 패러다임을 낳고 있으며 우리 일상과 현대 산업 사회를 계속 변화시키고 확실한 지식을 요구하는 분야가 되었다.

본 교재는 이러한 경향에 맞추어 전기 기초를 처음 접하는 학습자가 내용을 쉽게 이해하고 기능을 학습하는 데 도움을 주고자 집필하였으며, 다음과 같은 특징으로 구성하였다.

첫째, 현장 실무에서 많이 사용되고 기능이 요구되는 공구 사용법, 전선 접속법, 시퀀스 제어, PLC 기초, 각종 계측기 사용법에 대한 내용을 자세히 다루었다.

둘째, 전기 분야에서 주로 사용되는 시퀀스 제어 회로를 실습 과제로 수록하여 다양한 산업 현장에서 필요한 회로를 이해할 수 있도록 하였다.

셋째, 전기 기초에 대해 기초부터 응용까지 실무적으로 체계화하여 누구나 쉽게 기능을 습득하는 데 주력하였으며, 4장 PLC 기초에서는 각각의 과제마다 QR코드를 삽입하여 각 실습 과제의 PLC 래더 프로그램과 결선도를 제시하여 전기 기초를 처음 접하는 입문자가 실습 교재로 활용하기 적합하도록 하였다.

끝으로 본 교재를 활용하여 공부하는 학생들에게 산업 현장에서 요구되는 기술에 대한 전반적인 이해의 폭을 넓히고, 응용되는 모든 분야에서 유능한 기술자로 국가 산업 발전에 이바지하기 바란다. 미흡한 부분이 있다면 앞으로 보완해 나갈 것을 약속드리면서 본서를 발간하기까지 많은 도움을 주신 김성래 교수님, 전삼석 교수님, 구인석 교수님, 노명준 교수님과 전체 내용을 꼼꼼히 검토해주신 **일진사** 편집부 여러분의 노고에 진심으로 감사드린다.

저자 오선호

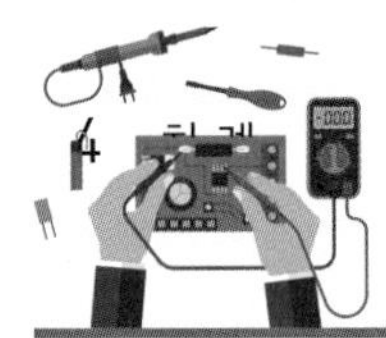

contents

Chapter 1 공구 사용법과 전선 접속

1. 공구 사용법 ········ 12

1-1 배선 수공구 ········ 12

2. 배선 기구의 접속법 ········ 17

2-1 배선 기구의 단선 접속 ········ 17

2-2 배선 기구의 연선 접속 ········ 20

3. 전선의 접속법 ········ 24

3-1 전선(구리)의 접속 종류 ········ 24

3-2 단선 접속하기 ········ 24

3-3 연선 접속하기 ········ 29

3-4 종단 접속하기 ········ 32

■ 실습 과제 1 배선 기구의 단선 접속 ········ 34

■ 실습 과제 2 가는 단선의 접속 ········ 35

■ 실습 과제 3 굵은 단선의 접속 ········ 36

■ 실습 과제 4 연선의 접속 ········ 37

■ 실습 과제 5 단선의 종단 접속 ········ 38

Chapter 2 시퀀스 제어

1. 시퀀스 제어의 개요 및 주요 기기 ········ 40

1-1 시퀀스 제어의 정의 ········ 40

1-2 시퀀스 제어의 필요성 ········ 40

1-3 시퀀스 제어의 구성 ········ 40

1-4 기능에 대한 제어의 용어 ········ 41

2. 입력 및 구동 기기 ········ 43

2-1 접점의 종류 ········ 43

2-2 조작용 스위치 ········ 44

2-3 전자 계전기 ········ 47

2-4 전자 접촉기 ········ 54

2-5 차단기 및 퓨즈 ······ 57
2-6 표시 및 경보용 기구 ······ 60

3. 시퀀스 기본 제어 회로 ······ 62
3-1 누름 버튼 스위치를 이용한 기본 회로 ······ 62
3-2 자기 유지 회로 ······ 65
3-3 2개소 기동 · 정지 회로 ······ 70
3-4 인칭 회로 ······ 72
3-5 우선 회로(인터로크 회로) ······ 74
3-6 타이머 회로 ······ 79

4. 유도 전동기 제어 회로 ······ 85
4-1 유도 전동기의 종류 ······ 85
4-2 3상 유도 전동기 전전압 기동법 ······ 85
4-3 3상 유도 전동기 Y-Δ 기동법 ······ 87

■ 실습 과제 1 ON 우선 동작 회로 ······ 92
■ 실습 과제 2 OFF 우선 동작 회로 ······ 94
■ 실습 과제 3 2중 코일 회로 ······ 96
■ 실습 과제 4 쌍안정 회로 ······ 98
■ 실습 과제 5 OFF 우선 회로의 2개소 기동 · 정지 회로 ······ 100
■ 실습 과제 6 ON 우선 회로의 2개소 기동 · 정지 회로 ······ 102
■ 실습 과제 7 OFF 우선 인칭 회로 ······ 104
■ 실습 과제 8 ON 우선 인칭 회로 ······ 106
■ 실습 과제 9 논리곱(AND) 회로 ······ 108
■ 실습 과제 10 논리합(OR) 회로 ······ 110
■ 실습 과제 11 논리합 부정(NOR) 회로 ······ 112
■ 실습 과제 12 논리곱 부정(NAND) 회로 ······ 114
■ 실습 과제 13 일치(EX-NOR) 회로 ······ 116
■ 실습 과제 14 반일치(EX-OR) 회로 ······ 118
■ 실습 과제 15 지연 동작 회로 ······ 120
■ 실습 과제 16 순시 동작 한시 복귀 동작 회로 ······ 122
■ 실습 과제 17 지연 동작 한시 복귀 동작 회로 ······ 124
■ 실습 과제 18 지연 간격 동작 회로 ······ 126
■ 실습 과제 19 주기 동작 회로 ······ 128
■ 실습 과제 20 동작 검출 회로 ······ 130

■ 실습 과제 21 선행 우선(인터로크) 회로 ······ 132
■ 실습 과제 22 우선 동작 순차 회로 ······ 134
■ 실습 과제 23 신입 동작 우선 회로 ······ 136
■ 실습 과제 24 순위별 우선 회로 ······ 138
■ 실습 과제 25 3상 유도 전동기 직입 기동 회로(1) ······ 140
■ 실습 과제 26 3상 유도 전동기 직입 기동 회로(2) ······ 142
■ 실습 과제 27 3상 유도 전동기 정 · 역 회로 ······ 144
■ 실습 과제 28 3상 유도전동기 원버튼 제어 회로 ······ 146
■ 실습 과제 29 3상 유도전동기 Y-Δ 제어 회로 ······ 148
■ 실습 과제 30 자동 양수 제어 회로 ······ 150
■ 실습 과제 31 급수 제어 회로 ······ 152
■ 실습 과제 32 컨베이어 제어 회로 ······ 154
■ 실습 과제 33 리프트 자동 반전 제어 회로 ······ 156
■ 실습 과제 34 전동기 자동, 수동 제어 회로 ······ 158
■ 실습 과제 35 건조로 제어 회로 ······ 160
■ 실습 과제 36 SR 릴레이를 이용한 전동기 제어 회로 ······ 162

Chapter 3 내선공사 기초

1. 내선공사용 필요 공구 ······ 166

2. 내선공사 전체 작업 순서 ······ 167

2-1 회로도 및 배치도 ······ 167
2-2 제어판 치수 작도 및 기구 고정 ······ 168
2-3 제어판 구성 ······ 169
2-4 새들 및 기구 부착 ······ 170
2-5 배관 작업 ······ 171
2-6 입선 및 결선 ······ 172
2-7 완성 및 점검 ······ 173

3. 전기 설비 회로 ······ 174

■ 실습 과제 1 전동기 운전 제어 회로 (1) ······ 174
■ 실습 과제 2 전동기 운전 제어 회로 (2) ······ 176
■ 실습 과제 3 전동기 운전 제어 회로 (3) ······ 178
■ 실습 과제 4 전동기 운전 제어 회로 (4) ······ 180

■ 실습 과제 5 전동기 운전 제어 회로 (5) ··· 182
■ 실습 과제 6 전동기 운전 제어 회로 (6) ··· 184
■ 실습 과제 7 공장 전동기 제어 회로 (1) ··· 186
■ 실습 과제 8 공장 전동기 제어 회로 (2) ··· 188
■ 실습 과제 9 수동 · 자동 정회전, 역회전 회로 (1) ··· 190
■ 실습 과제 10 수동 · 자동 정회전, 역회전 회로 (2) ··· 192
■ 실습 과제 11 자동 온도조절 제어장치 회로 (1) ··· 194
■ 실습 과제 12 자동 온도조절 제어장치 회로 (2) ··· 196
■ 실습 과제 13 온실하우스 간이 난방 운전 회로 (1) ··· 198
■ 실습 과제 14 온실하우스 간이 난방 운전 회로 (2) ··· 200
■ 실습 과제 15 급 · 배수 제어 회로 (1) ··· 202
■ 실습 과제 16 급 · 배수 제어 회로 (2) ··· 204
■ 실습 과제 17 급 · 배수 제어 회로 (3) ··· 206
■ 실습 과제 18 급 · 배수 제어 회로 (4) ··· 208

Chapter 4 XGT PLC(XGB)

1. PLC의 개요 ··· 212
1-1 PLC의 특징과 선정 ··· 212
1-2 PLC의 적용 분야 ··· 213
1-3 PLC의 연산 처리 ··· 213
1-4 XGT PLC 시스템 구성 ··· 214

2. PLC 프로그램 설치 ··· 216
2-1 XG5000 설치 ··· 216
2-2 USB driver 설치 ··· 219
2-3 USB 디바이스 드라이버 설치 확인 ··· 221

3. XG5000 프로그램 따라하기 ··· 223
3-1 새 프로젝트 만들기 ··· 223
3-2 변수 표현 방식과 프로그램 기본 명령 ··· 226
3-3 기본 회로 프로그램 따라하기 ··· 232
3-4 프로그램 쓰기 및 모니터 모드 따라하기 ··· 236
3-5 단축키를 이용한 기본 회로 따라하기 ··· 239

■ 실습 과제 1 ON 우선 동작 회로 ······ 247
■ 실습 과제 2 일치(EX-NOR) 회로 ······ 248
■ 실습 과제 3 지연 동작 회로 ······ 249
■ 실습 과제 4 지연 간격 동작 회로 ······ 250
■ 실습 과제 5 순위별 우선 회로 ······ 251
■ 실습 과제 6 우선 동작 순차 회로 ······ 252
■ 실습 과제 7 신입 동작 우선 회로 ······ 253
■ 실습 과제 8 3상 유도 전동기 직입 기동 회로(1) ······ 254
■ 실습 과제 9 3상 유도 전동기 직입 기동 회로(2) ······ 255
■ 실습 과제 10 3상 유도 전동기 정 · 역 회로 ······ 256
■ 실습 과제 11 타임차트를 이용한 프로그램 ······ 257
■ 실습 과제 12 타임차트를 이용한 프로그램 ······ 258
■ 실습 과제 13 타임차트를 이용한 프로그램 ······ 259
■ 실습 과제 14 타임차트를 이용한 프로그램 ······ 260
■ 실습 과제 15 타임차트를 이용한 프로그램 ······ 261
■ 실습 과제 16 타임차트를 이용한 프로그램 ······ 262
■ 실습 과제 17 타임차트를 이용한 프로그램 ······ 263
■ 실습 과제 18 타임차트를 이용한 프로그램 ······ 264
■ 실습 과제 19 타임차트를 이용한 프로그램 ······ 265
■ 실습 과제 20 타임차트를 이용한 프로그램 ······ 266

Chapter 5 전기 회로 측정

1. 회로 시험기 사용 ······ 268
1-1 회로 시험기 ······ 268
1-2 회로 시험기 사용 시 유의 사항 ······ 269
1-3 회로 시험기 실습 순서 ······ 269

2. 전압 전류 측정 ······ 272
2-1 옴의 법칙 ······ 272
2-2 저항의 접속 ······ 272
2-3 분압 법칙과 분류 법칙 ······ 274
2-4 직류 전압계 및 직류 전류계 ······ 274
2-5 실습 순서 ······ 275

3. 절연 저항 측정 279
3-1 절연 저항계 279
3-2 절연 저항계 실습 순서 280

4. 회전 속도 측정 283
4-1 회전계 283
4-2 회전계 실습 순서 284

5. 조도 측정 286
5-1 조도계 286
5-2 조도계 실습 순서 288

- 실습 과제 1 회로 시험기 사용하기 290
- 실습 과제 2 전압 측정하기 291
- 실습 과제 3 전류 측정하기 292
- 실습 과제 4 전압 전류 측정하기 293
- 실습 과제 5 절연 저항 측정 294
- 실습 과제 6 회전 속도 측정 295
- 실습 과제 7 조도 측정 296

부 록

1. 전기 전자 단위 298
2. 전기 전자 부품 300
3. 승강기기능사 실기 공개 문제 320
4. 전기기능사 실기 공개 문제 340

Chapter 1

공구 사용법과 전선 접속

배선 및 접속에 필요한 각종 수공구의 사용법을 이해하고 배선 기구에 단선, 연선을 접속할 수 있다.

1. 공구 사용법
2. 배선 기구의 접속법
3. 전선의 접속법

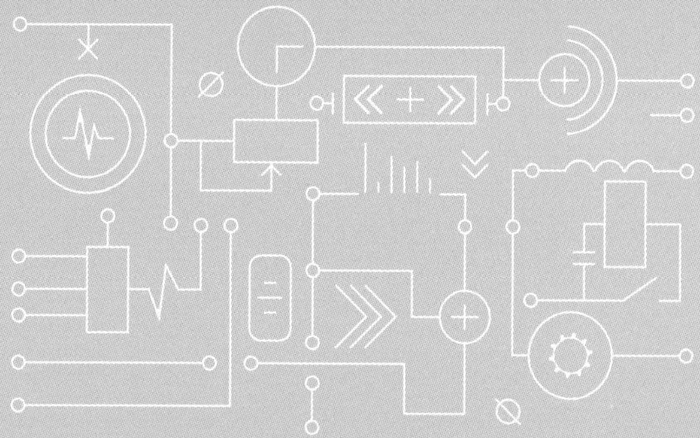

01 공구 사용법

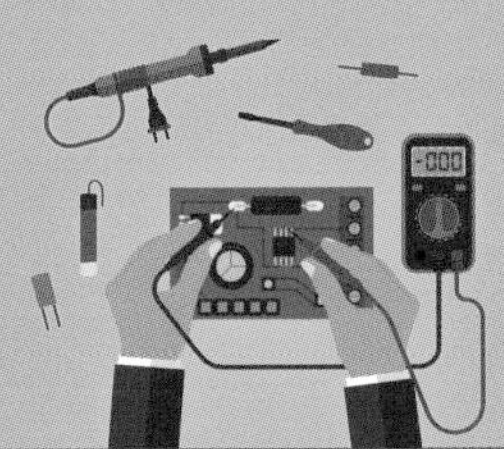

1-1 배선 수공구

각종 실습과 작업의 그 목적에 맞는 공구를 선택하고, 수공구의 용도에 알맞은 사용법으로 효과적으로 수리 및 작업을 할 수 있다.

1 드라이버

드라이버는 용도에 따라 여러 가지 종류가 있다. 일반적으로 나사못이나 나사를 돌려 조이거나 푸는데 사용하는 공구로, 일(−)자형 드라이버와 십(+)자형 드라이버 등이 있다.

드라이버의 종류에는 전공용, 양용, 해머, 정밀, 검전 드라이버 등이 있으며 드라이버의 치수는 굵기×길이로 나타낸다. 길이는 손잡이 부분을 제외한 날장의 길이를 의미한다.

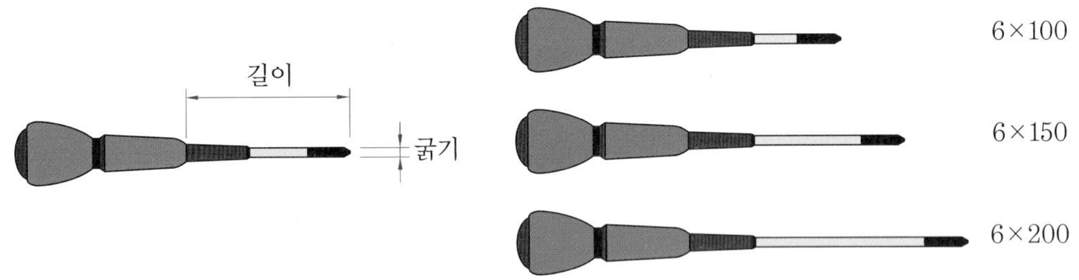

그림 1-1 드라이버의 치수

(1) 전공용 드라이버

손잡이 부분을 누르며 돌리는 나사못 작업에 유리하며 손잡이 부분이 원형으로 볼록하게 되어있어 작업자가 편하게 작업할 수 있다.

(2) 양용 드라이버

필요시마다 일자형과 십자형을 겸용으로 사용할 수 있는 드라이버이다.

(3) 타격 드라이버

흔히 해머 드라이버라고 한다. 손잡이 부분에 강철이 달려있어서 원하는 부분에 타격을 가할 수 있다. 대부분 강철부분과 드라이버 날이 연결되어 있어서 전기용으로 사용하면 감전의 우려가 있으므로 주의하여야 한다.

(4) 정밀 드라이버

흔히 시계 드라이버라고 한다. 기판 작업이나 시계 등의 정밀한 부분에 많이 사용하며, 3mm 이하의 드라이버를 말한다.

(5) 검전 드라이버

일자(−) 드라이버가 대부분이며 전선의 동선이나 콘센트부의 전원 여부를 빛이나 소리로 확인할 수 있다.

2 플라이어

플라이어는 용도에 따라 그 목적에 맞도록 여러 가지 종류가 있으며 일반적으로 배선작업에서는 펜치, 니퍼, 롱 노즈 플라이어가 일반적으로 사용된다.

(1) 펜치

펜치는 절단용 공구로 전선의 절단과 접속 등에 사용된다. 크기는 전체의 길이로 나타내며 6인치(150mm), 7인치(175mm), 8인치(200mm) 등이 있으며 일반적으로 6인치, 7인치는 옥내 공사에서, 8인치는 옥외 공사에서 주로 사용된다.

(2) 니퍼(nipper)

니퍼는 전선 및 가는 철사를 절단할 때 사용된다. 크기는 전체의 길이로 나타내며 4인치(100mm), 5인치(125mm), 6인치(150mm), 7인치(175mm)가 일반적인 크기이다.

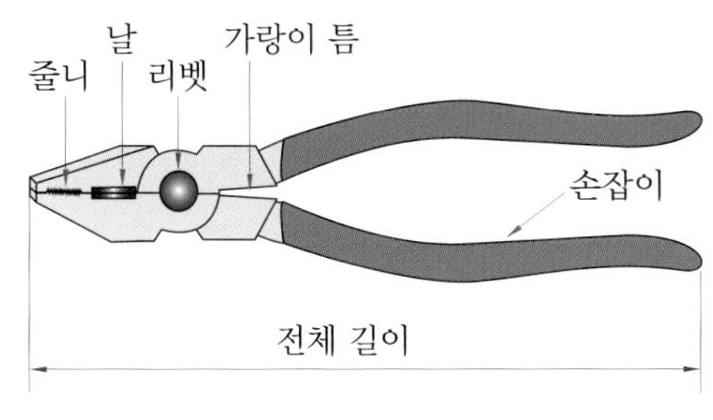

그림 1-2 펜치

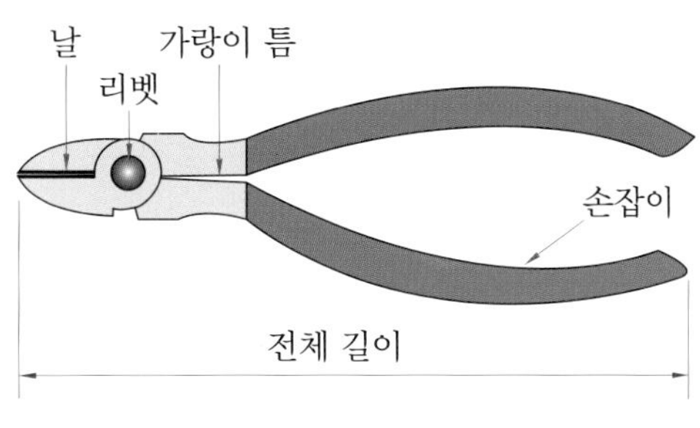

그림 1-3 니퍼

(3) 롱 노즈 플라이어(long nose plier)

일반적으로 라디오 펜치라고 부른다. 물림부가 길고 뾰족하여 가는 전선을 절단하고 고리를 만들거나 구부릴 때 사용하기 편리하다. 가랑이 틈을 이용하여 전선이나 동선을 잡을 수도 있다. 크기는 5인치(125mm), 6인치(150mm)가 일반적이다.

(4) 플라이어(slip joint plier)

신축이음의 연결 축으로 턱의 조절이 가능하므로 물체의 물림 범위가 커질 때 간격이 조절 가능하다. 턱의 안쪽 부분은 둥근 모양의 턱으로 너트 작업이나 철판 고정 등 물체를 쥐거나 고정하는 데 사용한다.

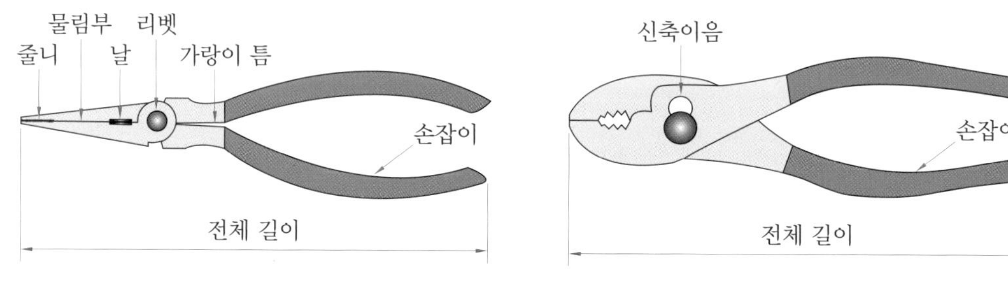

그림 1-4 롱 노즈 플라이어

그림 1-5 플라이어

(5) 바이스 플라이어(locking plier)

나사 및 너트 작업, 배관 작업에서 고정하거나 회전 등의 작업에 주로 사용된다. 조절 나사로 턱의 간격을 조절하고 레버는 조절 나사의 압력을 올리거나 내림으로써 턱 간격을 조절한다. 릴리스 레버로 플라이어의 잠금을 해제하고 손잡이를 푸는 레버이다.

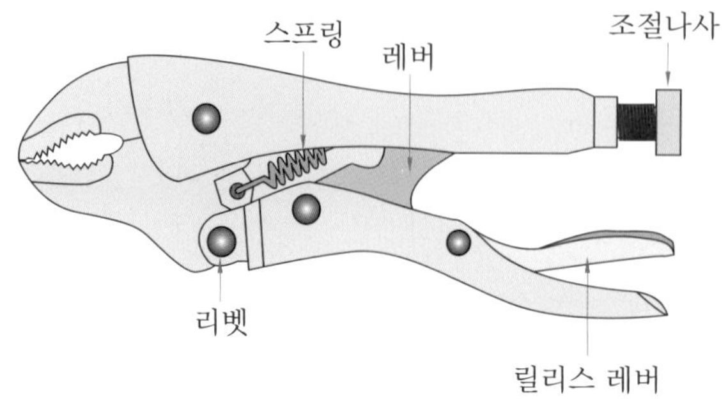

그림 1-6 바이스 플라이어

(6) 스냅 링 플라이어(snap ring plier)

스냅 링을 벌리거나 오므릴 때 사용하는 공구이다. 벌림과 오므림, 겸용으로 구분되며 –자형과 ㄱ자형이 있다. 그림 1–7은 겸용 스냅 링 플라이어를 나타내고 있다.

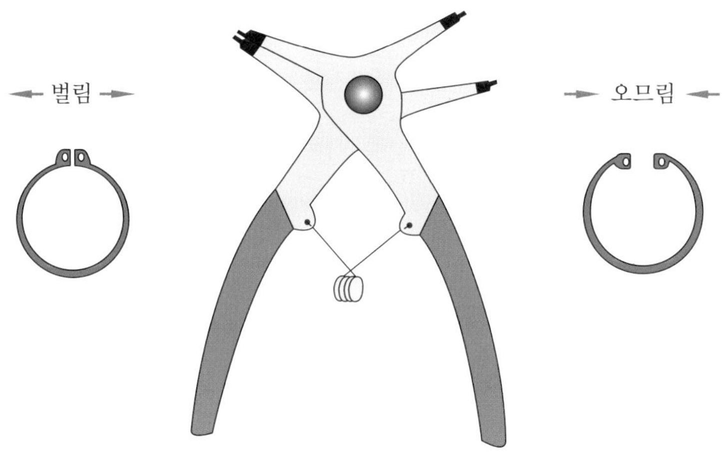

그림 1–7 스냅 링 플라이어

(7) 와이어 스트리퍼(wire stripper)

와이어 스트리퍼는 전선의 피복을 벗기는 공구이다. 일반적으로 전선의 피복을 벗길 때 공구에 의해 단선이 될 수 있으므로 와이어 스트리퍼를 사용하여 편리하고 안전하게 전선의 피복을 벗길 수 있다.

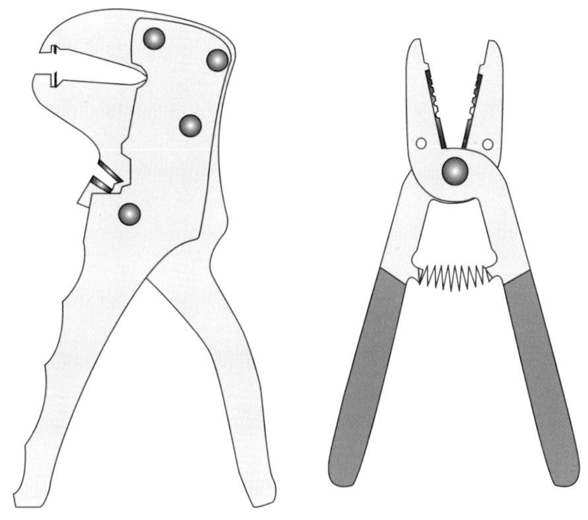

그림 1–8 와이어 스트리퍼

(8) 터미널 압착 펜치

전기 사고의 대부분은 접속점에서 발생한다. 전선과 전선이 결선되는 접속점과 연선의 단자대 접속의 경우에는 접속점에서 확실한 접속이 오래도록 유지되느냐가 가장 중요하므로 단자대의 연선 접속에서는 전류 용량이 넉넉한 터미널을 선정하고 터미널과 전선을 확실히 찍어 접속하기 위하여 터미널 압착 펜치가 필요하다. 터미널의 종류는 그림 1-9 (b)와 같이 순서대로 링(ring)타입 O형, Y형, I형 등 다양하다.

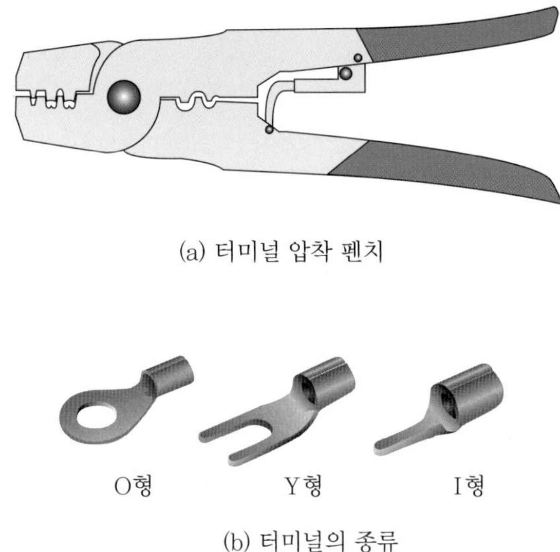

(a) 터미널 압착 펜치

(b) 터미널의 종류

그림 1-9 터미널 압착 펜치와 터미널의 종류

02 배선 기구의 접속법

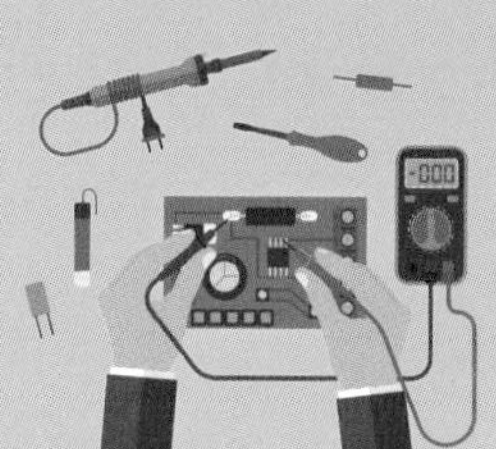

2-1 배선 기구의 단선 접속

기계 기구 단자의 잘못된 접속법으로 발열사고의 원인이 될 수 있기 때문에 전선의 단자 접속은 매우 중요하다. 단자 접속은 습기, 염분으로 인해 일정 기간 후 녹이나 부식이 발생할 경우에는 즉시 교체하여 사고를 예방하여야 한다. 배선 기구의 전선 접속은 전선 및 기계 기구 단자의 종류에 따라 여러 가지로 구분된다. (표 1-1 참조)

표 1-1 단자 만들기의 종류

구분 \ 종류	고리 단자	직선 단자	압착 단자
단선	○	○	×
연선	○	○	○
케이블	○	○	×

1 전선 펴기

단선의 피복을 쉽게 벗기기 위해 공구를 이용하여 전선을 편다.

2 전선의 피복 벗기기

비닐, 고무 절연 전선 및 케이블은 전공칼을 이용하는 방법과 와이어 스트리퍼를 이용하는 방법이 있다. 전공칼을 이용하는 방법에는 연필깎기와 단깎기로 구분되고 현장에서는 단깎기 방법이 많이 이용된다. 와이어 스트리퍼를 이용하는 방법에는 자동과 수동이 있다.

전선의 피복을 벗기는 작업은심선에 심한 스크레치나 찍힘 부분에서 발열 및 단선이 발생할 수 있기 때문에 주의한다.

전공칼을 사용하여 연필깎기를 하는 경우 전공칼을 20° 정도 눕힌 후 심선이 상하지 않도록 피복을 깎아낸다. 단깎기 방법은 칼과 전선과 직각상태로 놓은 상태에서 칼을 한 바퀴 돌려 피복을 제거한다.

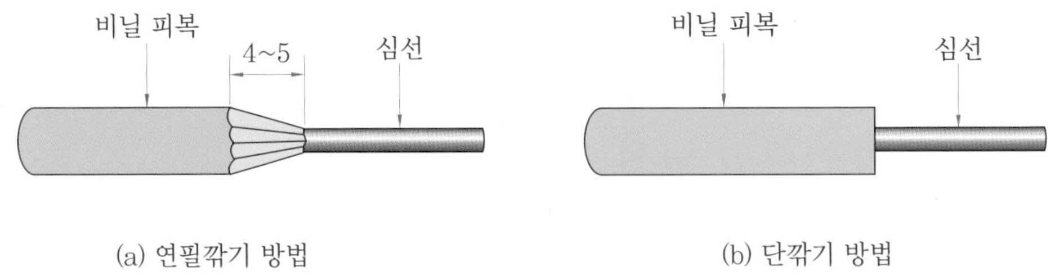

(a) 연필깎기 방법 (b) 단깎기 방법

그림 1-10 전선의 피복 벗기기

와이어 스트리퍼(수동)를 사용하여 피복을 벗기는 작업은 전선과 와이어 스트리퍼를 직각 상태로 위치시키고 전선의 굵기에 맞는 홈을 찾아서 손잡이를 누르고 전선을 벗긴다. 전선과 와이어 스트리퍼에 무리한 힘이 가해져 지속적으로 사용할 경우 와이어 스트리퍼의 양날이 벌어지는 현상이 발생하므로 주의하여야 한다.

3 나사 조임 단자에 접속하기

그림 1-11(a)와 같이 나사 조임 단자에 단선이나 비교적 가는 연선을 접속할 경우 많이 사용된다. 고리 단자를 만들어 나사 조임 단자의 볼트를 완전히 풀어 고리 단자에 끼운 후 단자를 조여 접속한다.

① 그림 (b)와 같이 고리 단자의 크기에 알맞은 길이로 피복을 제거한다.
② 심선을 반시계 방향으로 90° 정도 구부린 다음 롱 노즈 플라이어를 사용하여 시계방향으로 둥글게 구부리면서 원형으로 만든다.
③ 원형으로 된 심선의 끝부분은 심선에 닿지 않도록 1~2mm 정도 여유를 주고 자른다.
④ 볼트의 지름에 따라 고리 단자의 크기를 조절한다.

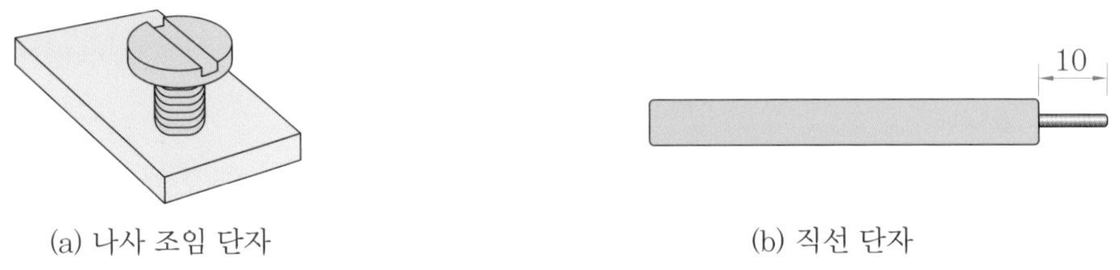

(a) 나사 조임 단자 (b) 직선 단자

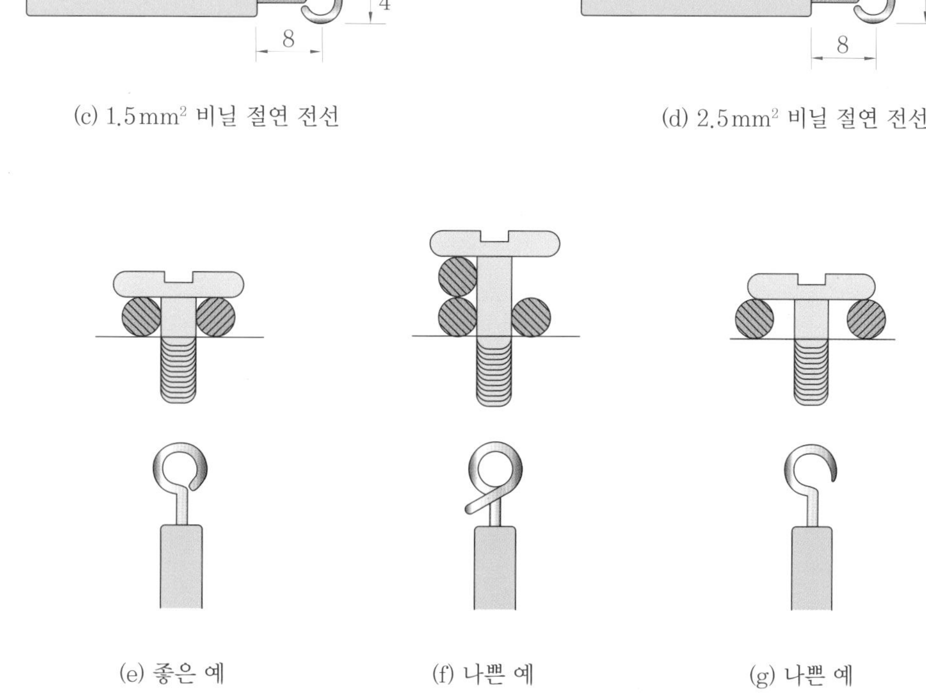

(c) 1.5mm^2 비닐 절연 전선

(d) 2.5mm^2 비닐 절연 전선

(e) 좋은 예

(f) 나쁜 예

(g) 나쁜 예

그림 1-11 나사 조임 단자 접속

4 고정식 단자 접속하기

제어 배선 기구에서 2.5mm^2 이하의 단선을 접속하는 경우 사용된다.

① 전선의 삽입 깊이를 맞추어 피복을 벗긴다.

② 전선의 피복이 누름판에 물리지 않도록 1~2mm 정도의 심선이 보여야 한다.

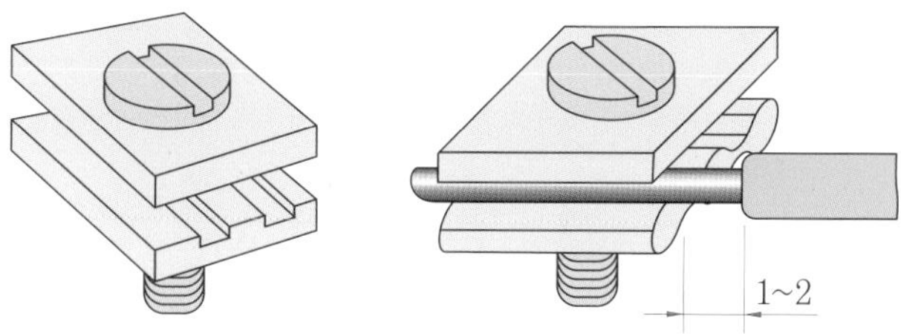

그림 1-12 고정식 단자 접속하기

5 속결 단자

속결 단자는 주로 조명용 스위치에 주로 사용되며 $2.5\,\text{mm}^2$ 이하의 단선을 접속하는 데 쓰인다. 스트립 게이지에 맞도록 피복을 벗기고 전선을 삽입한다. 전선을 제거할 때는 누름판을 드라이버로 누르면서 전선을 제거한다.

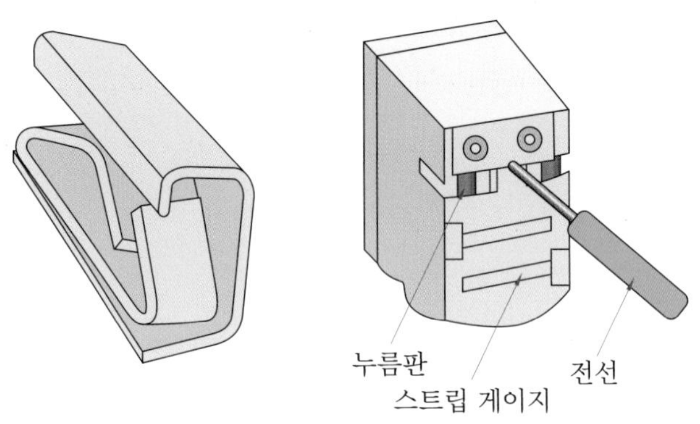

그림 1-13 속결 단자

2-2 배선 기구의 연선 접속

배선 기구의 연선 접속은 터미널을 사용하여 안전하게 접속한다. 터미널 압착 펜치를 사용하여 압착이 시작되면 완료될 때까지 압착 공구의 손잡이가 열리지 않는 공구를 사용하는 것이 확실한 압착 방법이다.

1 압착 터미널 접속

(1) 압착 터미널 전선 삽입

연선에 색상 절연 튜브를 끼우고 연선의 피복을 벗긴다.

그림 1-14와 같이 터미널에 약간의 소선을 남겨 두고 삽입한다. 단, 터미널이 PG 타입의 경우 자체적으로 절연 튜브가 부착되어 있으므로 절연 튜브 부분을 압착한다.

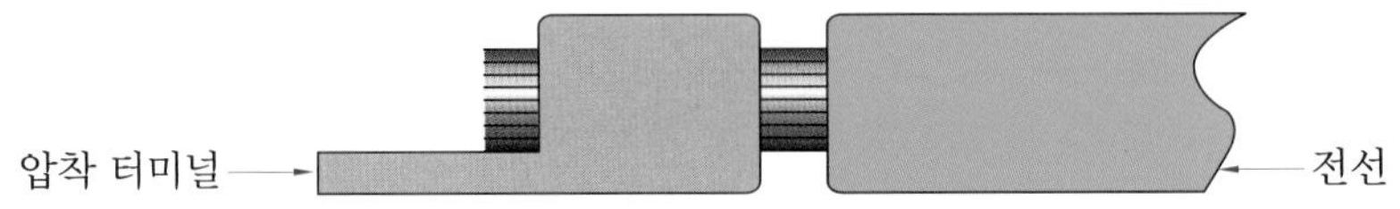

그림 1-14 압착 터미널 전선 삽입

(2) 터미널 압착 방향

38 mm^2 이하 전선은 주로 배꼽 압착을 하며 그림 1-15와 같이 배꼽 찍기 형태이다.

압착기를 터미널의 환형 압착 단자에 위치시키고 찍힘 부분을 배꼽 부분으로 향하게 배치하고 압착을 시작한다.

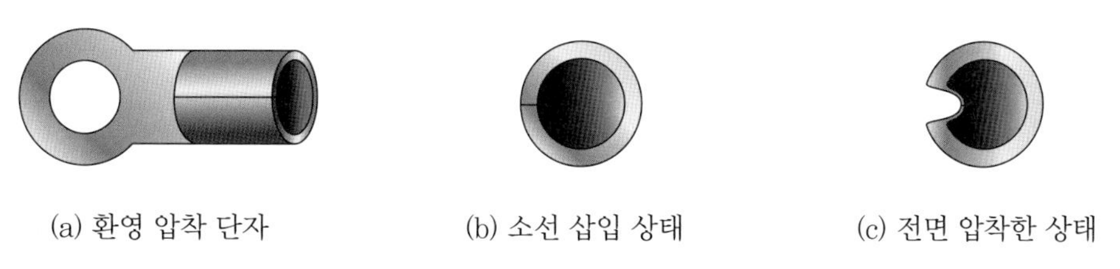

(a) 환영 압착 단자 (b) 소선 삽입 상태 (c) 전면 압착한 상태

그림 1-15 터미널 압착 방향

(3) 단자 압착 후 확인 사항

① 압착 부위가 중앙에 되어야 한다(한쪽으로 기울지 않을 것).

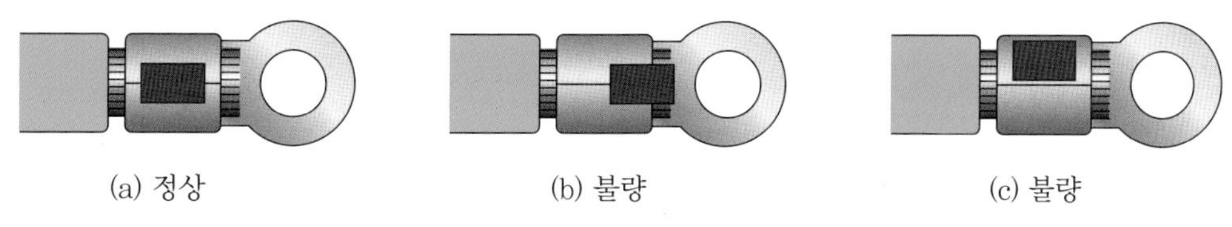

(a) 정상 (b) 불량 (c) 불량

그림 1-16 압축 위치

② 압착 부위에 균열이 없어야 한다.

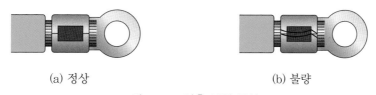

(a) 정상 (b) 불량

그림 1-17 압축 부위 균열

③ 소선이 너무 길어 볼트 작업에 지장을 주지 않아야 한다. 전선 끝부분은 압착 단자의 환영 부위보다 약 0.5 mm 이상 나오도록 한다.

(a) 정상 (b) 불량

그림 1-18 소선 길이

④ 환영 부위와 피복 간의 간격이 있어야 하며, 필요 이상의 간격을 주지 않는다.

(a) 정상　　(b) 불량

그림 1-19 압착 터미널과 전선의 간격

⑤ 터미널 1개에는 한 개의 전선만 삽입한다.

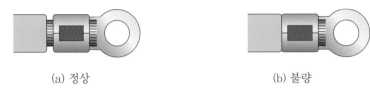

(a) 정상　　(b) 불량

그림 1-20 2가닥 이상의 전선 삽입

⑥ 압착 부위는 전선의 피복이나 이물질이 없어야 한다.

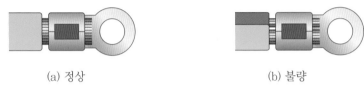

(a) 정상　　(b) 불량

그림 1-21 이물질 삽입

⑦ 터미널에서 전선이 빠지지 않는지 잡아당겨 확인한다.

(4) 단자대에 터미널 접속

① 단자대의 볼트를 풀어낸다.
② 볼트에 와셔를 꼭 끼워 넣는다.
③ 전선의 모양을 조정하고 단자대에 볼트를 조인다.
④ 2가닥의 전선이 단자대에 연결될 때는 그림 1-22와 같이 연결하고 한 단자에는 2가닥까지만 접속할 수 있다.

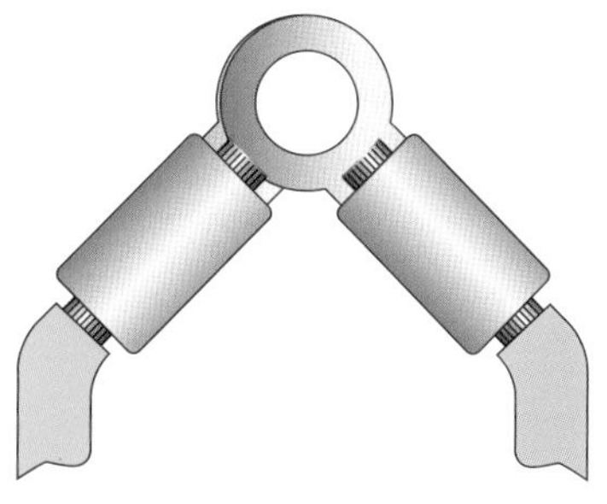

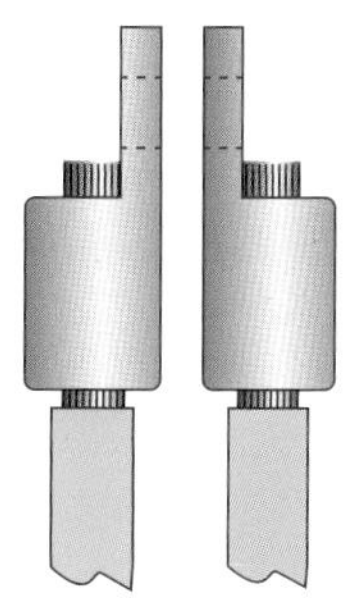

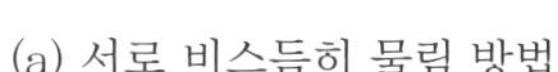

(a) 서로 비스듬히 물림 방법　　(b) 서로 등을 맞댄 물림 방법

그림 1-22 2가닥의 전선이 단자대에 연결될 때

2 스터드 단자 접속

비교적 굵은 연선의 접속에 사용되는 방법으로 그림 1-23과 같이 압착 터미널에 심선을 압착하거나 납땜하여 접속한다. 진동이나 온도의 영향으로 단자가 헐거워질 우려가 있는 경우에는 스프링 와셔 또는 더블 너트를 사용한다.

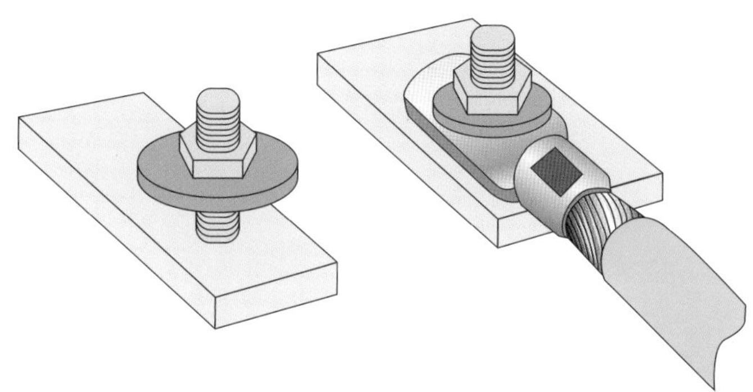

그림 1-23 스터드 단자 접속

03 전선의 접속법

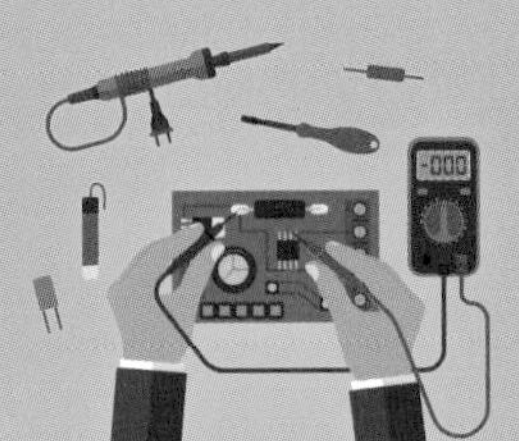

3-1 전선(구리)의 접속 종류

(1) 직선 접속

① 트위스트 접속 : 단면적 $6mm^2$ 이하

② 브리타니아 접속 : 단면적 $10mm^2$ 이상(전선 지름의 20배 가량 피복을 벗긴다.)

③ 슬리브에 의한 접속

- 슬리브 종류(S형, E형, P형, C형, H형)

(2) 분기 접속

① 가는 단선 분기 접속(단면적 $6mm^2$ 이하)

② T형 커넥터에 의한 분기 접속

③ 슬리브에 의한 접속

(3) 종단 접속

① 종단 겹침용 슬리브 접속

② 비틀어 꽂는 형의 전선 접속기의 접속 : 와이어 커넥터

③ 꽂음형 커넥터에 의한 접속

④ C형 전선 접속기 등에 의한 접속 : 굵은 전선을 박스 안에서 접속할 때

⑤ 터미널 러그에 의한 접속 : 굵은 전선을 박스 안에서 접속할 때

3-2 단선 접속하기

단선의 접속에는 가는 단선의 직선 접속, 가는 단선의 분기 접속, 굵은 단선의 직선 접속, 굵은 단선의 분기 접속, 단선의 종단 접속 등이 있다.

전선과의 접속에서는 전선과 전선 사이의 간격이 생기지 않도록 하고 심선에 손상이 가지 않도록 하여야 한다.

1 가는 단선의 직선 접속 (트위스트 직선 접속, 6mm² 이하)

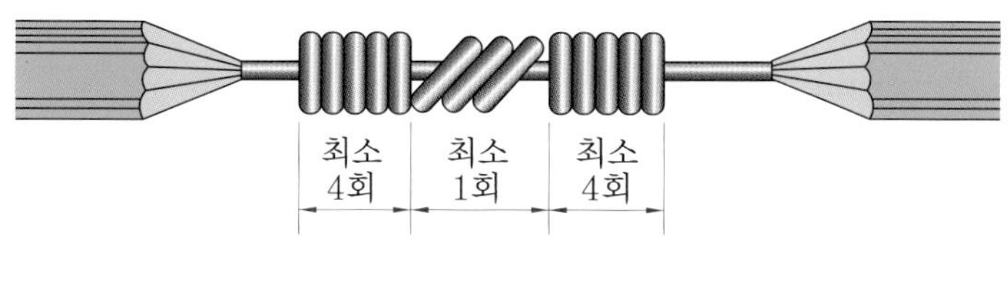

그림 1-24

① 그림 1-25와 같이 약 200 mm 정도로 두 가닥으로 구분하여 자르고 각 전선의 직선 접속 부분(전선 지름의 60배)을 100 mm 정도 벗긴다.

② 피복으로부터 심선 길이의 $\frac{l}{3}$정도 떨어진 곳을 교차점으로 전선의 두 심선을 30° 정도로 서로 교차시킨다.

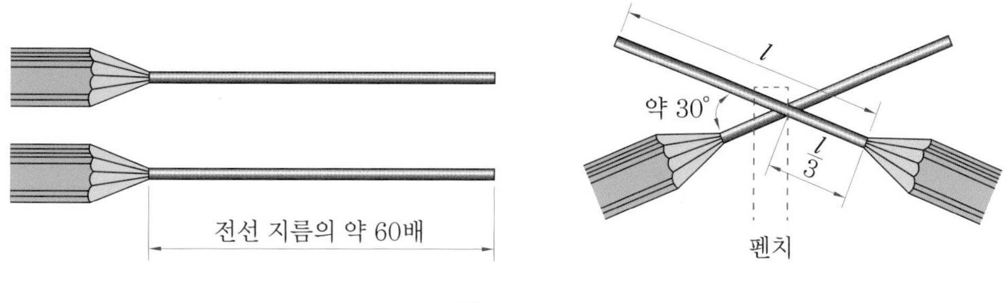

그림 1-25

③ 교차된 두 심선을 엄지와 검지로 두 심선 간의 접촉이 유지된 상태에서 360° (1회) 돌려준다.

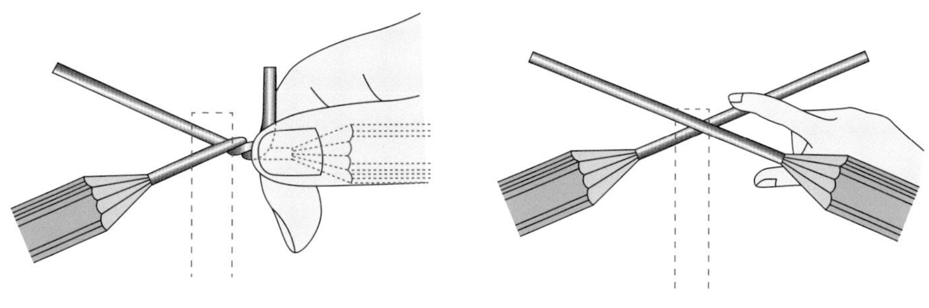

그림 1-26

④ 펜치로 잡은 반대편의 심선을 전선의 중심과 90°가 되도록 위로 구부려 세우고 오른손 엄지를 활용하여 견고하게 밀착시킨 상태에서 시계 방향으로 구부린다. 남은 심선은 잘라내고 잘라낸 부분의 끝을 펜치로 눌러 압착시킨다.

⑤ 반대 방향도 같은 방법으로 작업을 진행한다.

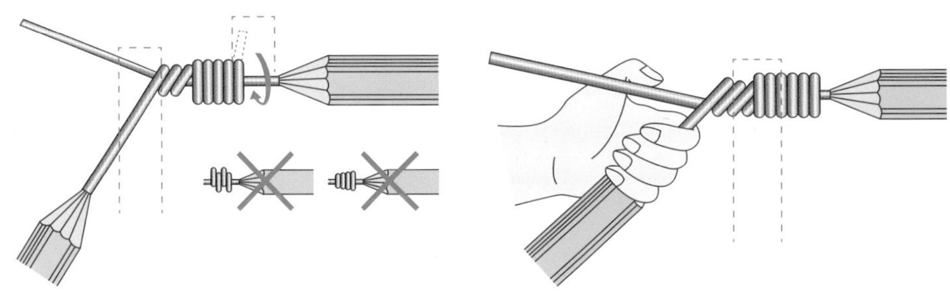

그림 1-27

2 가는 단선의 분기 접속

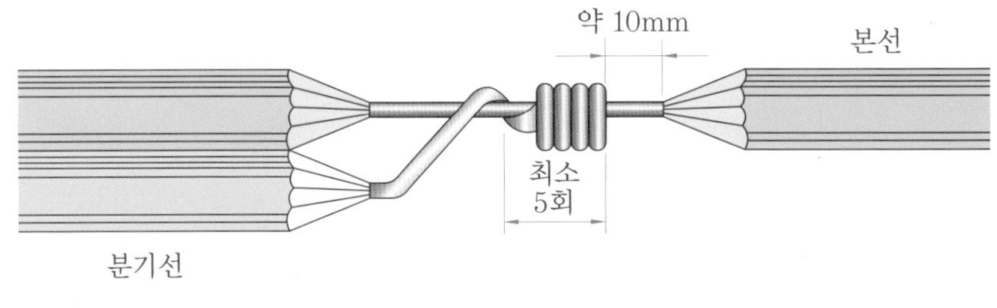

그림 1-28

① 그림 1-29와 같이 본선의 피복을 분기선 지름의 30배 정도 되게 벗기고, 분기선은 본선의 지름 60배 정도가 되도록 벗긴다.

② 본선과 분기선을 나란히 하고, 펜치가 피복의 끝부분에 위치되도록 고정한다.

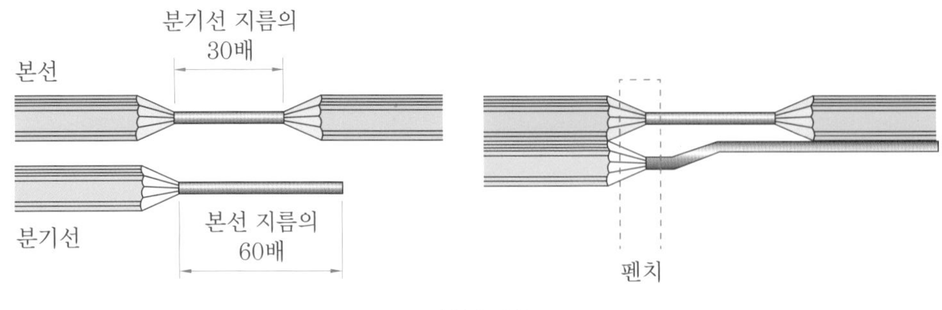

그림 1-29

③ 그림 1-30과 같이 분기선을 구부려 본선과 45° 정도로 교차시키고 시계 방향으로 1회 감은 후 분기선과 본선이 90°가 되도록 위로 구부려 세운다.

④ 분기선을 오른손 엄지와 검지로 본선에 밀착된 상태에서 5회 정도 감는다.

⑤ 남은 분기선은 잘라내고 잘라낸 부분의 끝을 펜치로 눌러 압착시킨다.

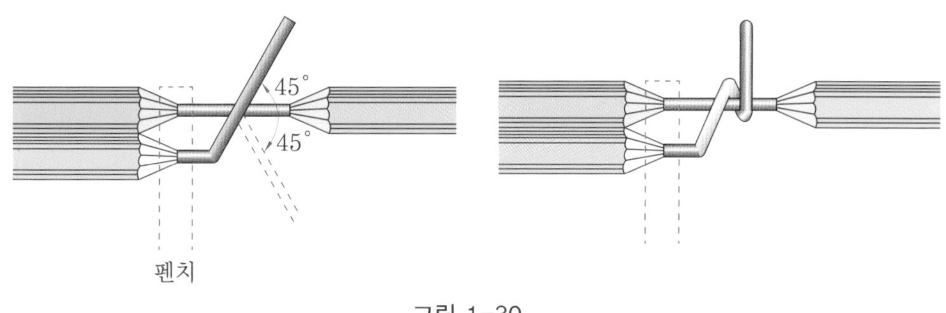

그림 1-30

3 굵은 단선의 직선 접속 (브리타니아 직선 접속, 10mm² 이상)

그림 1-31

① 그림 1-32와 같이 심선 지름의 20배 정도 피복을 벗기고 심선 끝을 약 2mm 정도 구부린다.

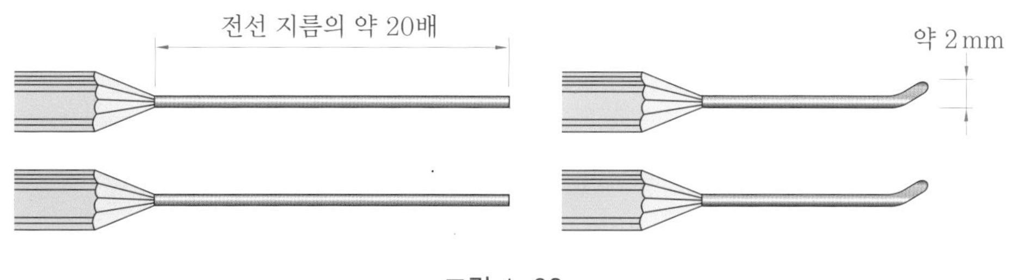

그림 1-32

② 그림 1-33과 같이 심선의 지름에 10배 정도가 되도록 겹친다.

③ 첨가선으로 사용할 나동선을 오른쪽에서 왼쪽으로 심선에 가져다 댄다.

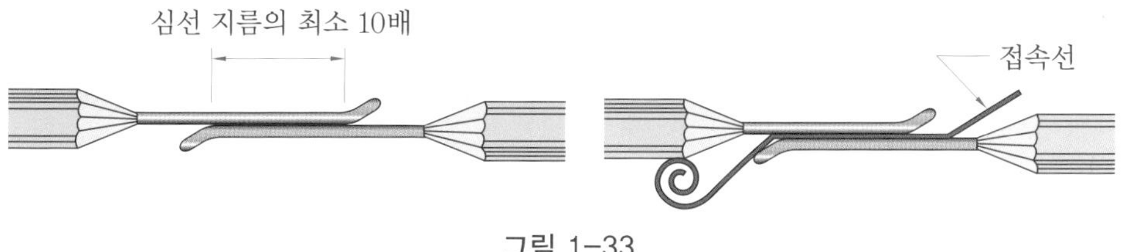

그림 1-33

④ 그림 1-34와 같이 중앙 부분에서 간격을 두어 2회 정도 감고 심선과 첨가선 위에 5회 정도 감은 다음 첨가선과 함께 8~10 mm 정도 꼬아 남기고 잘라 버리고 잘린 부분을 펜치로 압착시킨다.

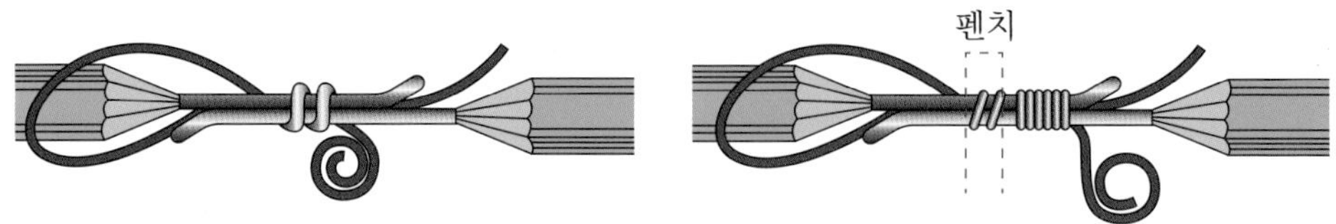

그림 1-34

⑤ 첨가선을 감을 때에는 펜치를 사용하여 첨가선을 당기며 감는다.

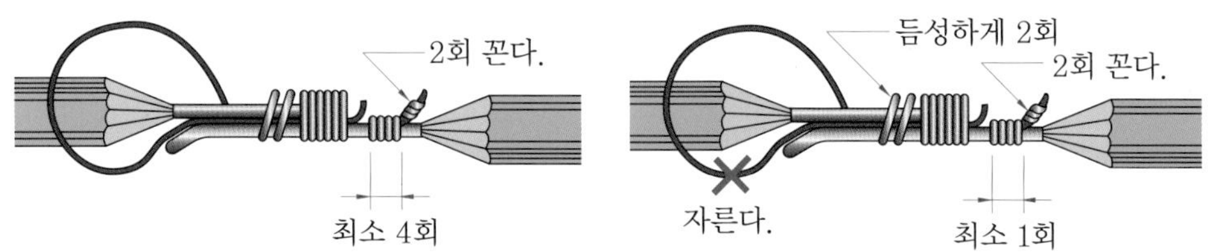

그림 1-35

⑥ 반대 방향도 같은 방법으로 작업을 진행한다.

4 굵은 단선의 분기 접속

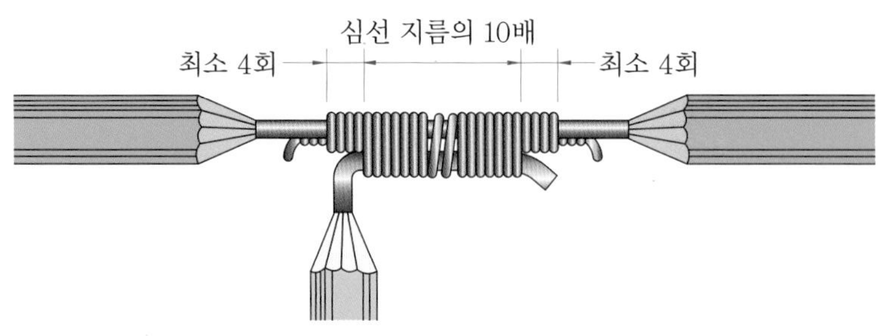

그림 1-36

① 본선은 심선의 지름 30배 정도로 중간 접속 부분의 피복을 벗기고 본선의 15 mm 되는 곳에서 분기선의 심선이 본선과 나란하게 합쳐지도록 구부린 후, 본선과 분기선에 첨가선을 가져다 대고 왼쪽으로 루프를 만든 후 접속선으로 1~2회 감는다.

② 굵은 단선의 직선 접속과 같은 방법으로 작업을 진행한다. 루프를 절단하여 첨가선으로 본선과 첨가선을 3~4회 감은 후 접속선과 첨가선을 2회 이상 꼬아준 후 절단한다.

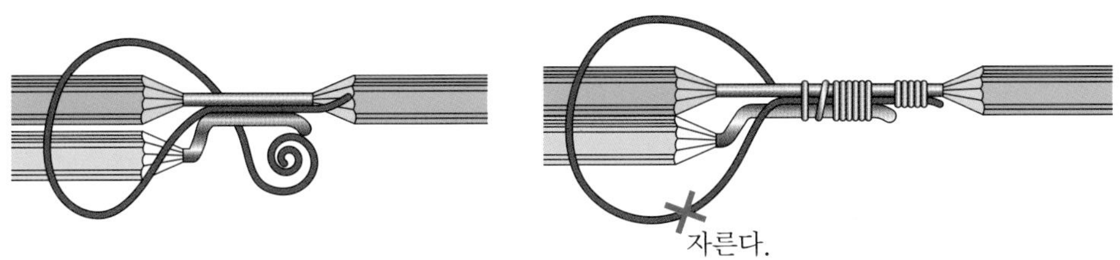

그림 1-37

3-3 연선 접속하기

1 자체 소선을 사용한 연선의 직선 접속

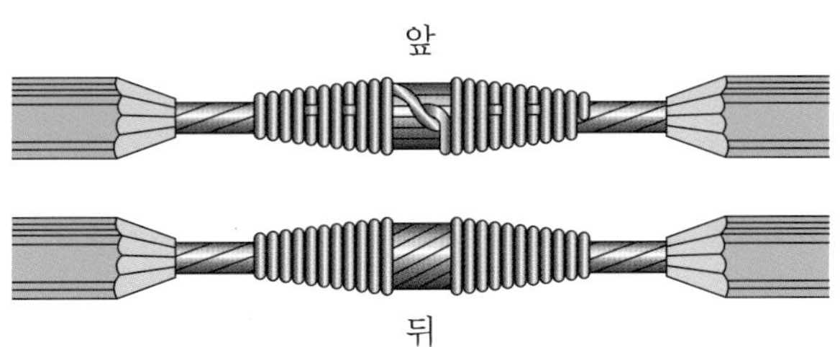

그림 1-38

① 심선 지름의 40배 정도 되게 피복을 벗긴다.
② 그림 1-39와 같이 각 소선을 풀어 펜치를 이용하여 곧게 편다.

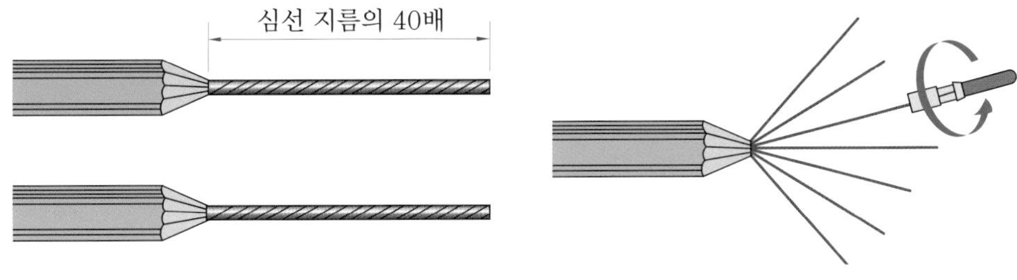

그림 1-39

③ 중심의 소선 한 가닥을 $\frac{l}{3}$ 정도 길이만 남기고 각각 잘라 버린다.

④ 중앙 부분에서 좌우의 심선 한 가닥씩을 서로 비틀어 세워 놓으며 위로 향한 심선을 펜치로 잡아 오른쪽으로 5회 정도 감고 나머지 부분은 잘라 버린다.

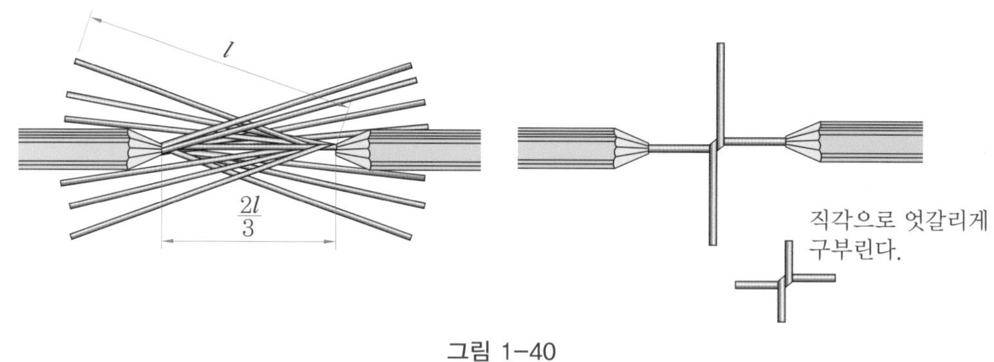

그림 1-40

⑤ 또 하나의 심선을 위로 세워서 3회 감는다. 이와 같은 방법으로 오른쪽으로 반복해 나가며 왼쪽 부분도 같은 방법으로 완성시킨다.

2 연선의 분기 접속

① 그림 1-41과 같이 본선을 분기선 지름의 15배 정도 되게 피복을 벗기고, 분기선은 본선 지름의 30배 정도 되게 벗긴다.

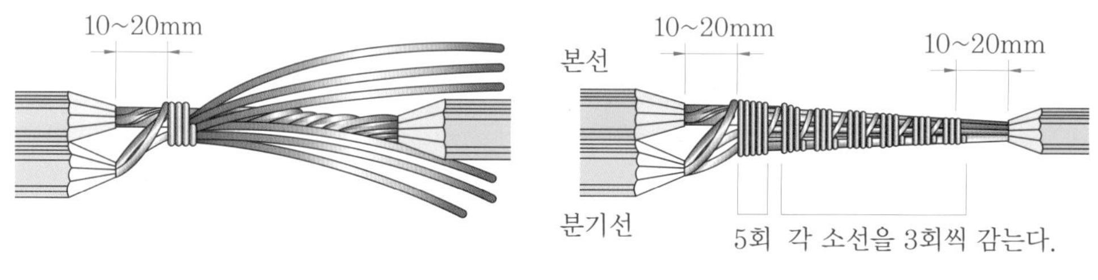

그림 1-41

② 분기선의 소선을 풀어 곧게 편 다음 본선의 심선을 싸는 것처럼 댄다.

③ 피복 끝 부분부터 10~20mm되는 곳에서 분기선의 소선 한 가닥을 펜치로 잡고 수직으로 세운 다음 3회 감고 잘라낸다.

④ 다음의 소선을 수직으로 세워 3회 감은 다음 잘라낸다.

⑤ 나머지 소선들도 차례로 3회씩 감아 나간다.

3 연선의 분할 분기 접속

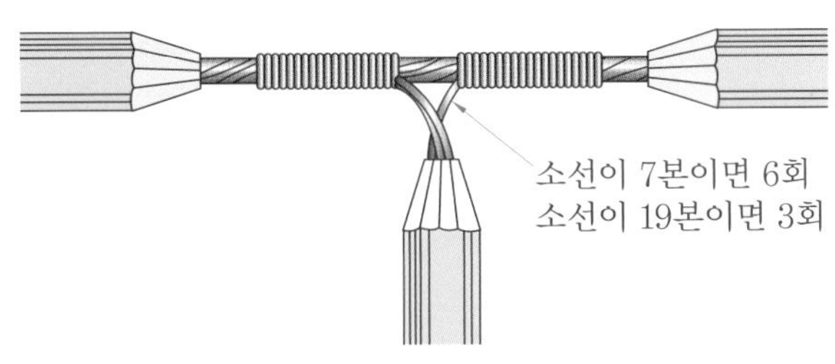

그림 1-42

① 분기선의 소선을 풀고 곧게 편 다음 둘로 가른다.
② 왼손으로 두 선을 잡고, 오른손으로 소선 한 가닥을 세워 펜치로 잡아 당겨서 6회 감은 다음 잘라내고 나머지 소선도 차례로 6회 정도 감고 잘라낸다.
③ 분기점의 소선이 19본 이상인 경우에는 3회씩만 감아 나간다.
④ 왼쪽도 같은 방법으로 감아 완성시킨다.

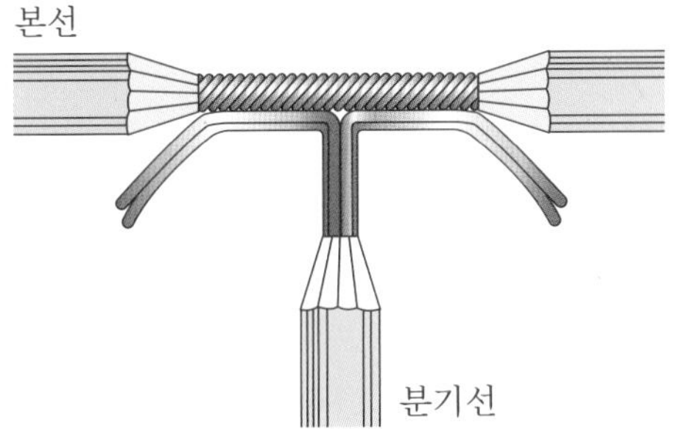

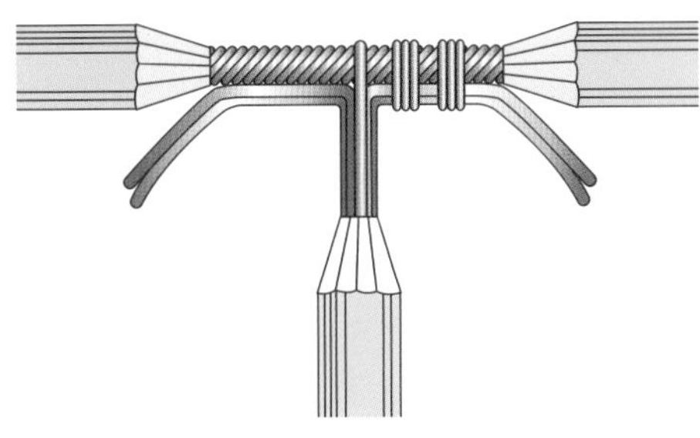

그림 1-43

3-4 종단 접속하기

1 굵기가 같은 단선의 종단 접속

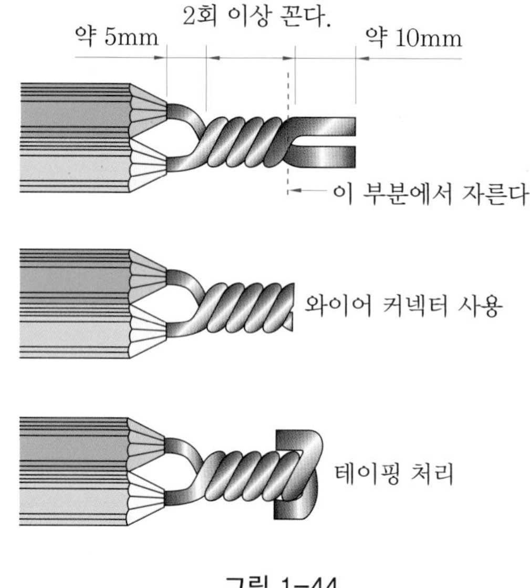

그림 1-44

① 지름 30배 정도로 피복을 제거한다.

② 두 전선의 피복 끝부분을 일치시키고, 왼손으로 펜치를 사용하여 잡는다. 오른손 엄지와 검지를 이용하여 심선을 1~2회 꼬아준다.

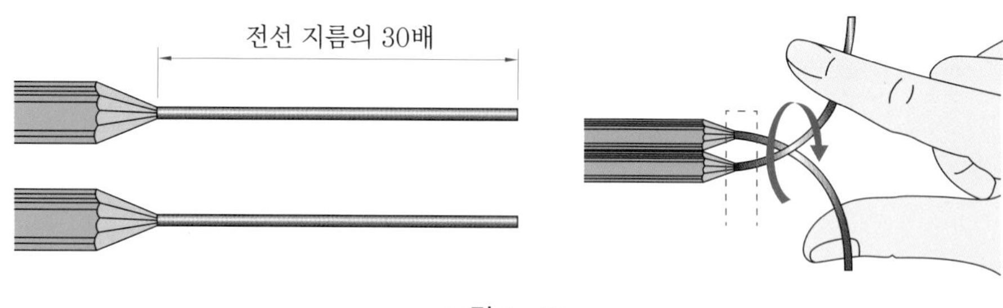

그림 1-45

③ 왼손으로 전선을 잡고 오른손으로 펜치를 이용하여 심선을 잡아당기면서 1~2회 더 꼬아주고, 심선을 10mm 정도 남기고 나머지 부분을 잘라낸다. 남은 10mm 심선을 반대로 구부려 마무리한다.

2 굵기가 다른 전선의 종단 접속

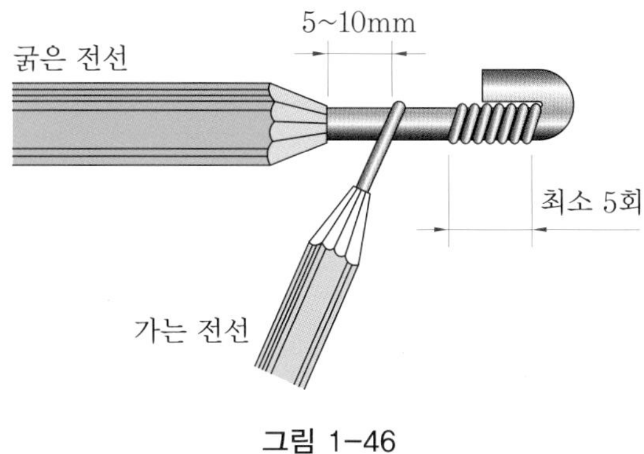

그림 1-46

① 가는 전선은 전선 지름의 60배 정도, 굵은 전선은 지름의 30배 정도의 피복을 제거한다.

② 두 전선의 피복 끝부분을 일치시키고, 가는 전선을 굵은 전선의 피복 부분에서 5~10 mm 정도의 곳에 펜치로 잡는다. 오른손으로 가는 전선을 1회 감은 다음, 수직으로 세워서 5회 정도 밀착시켜 감는다. 남은 가는 전선을 잘라 버린 후 굵은 심선에 밀착시켜 준다.

③ 굵은 전선은 가는 전선을 감은 방향으로 구부려서 10 mm 정도만 남기고 잘라 버린 후 펜치로 눌러 마무리한다.

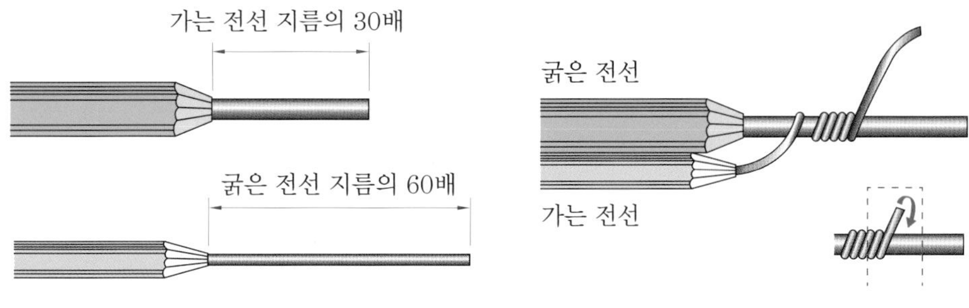

그림 1-47

실습 과제 1 배선 기구의 단선 접속

■ 요구 사항

1. 고정식 단자 접속은 단자대 및 릴레이 소켓을 사용하여 접속한다.
2. 조임 단자 접속의 고리 방향은 시계 방향으로 견고하게 접속한다.
3. 연선의 터미널 접속은 압착 방향과 압착 부분을 고려하여 접속한다.

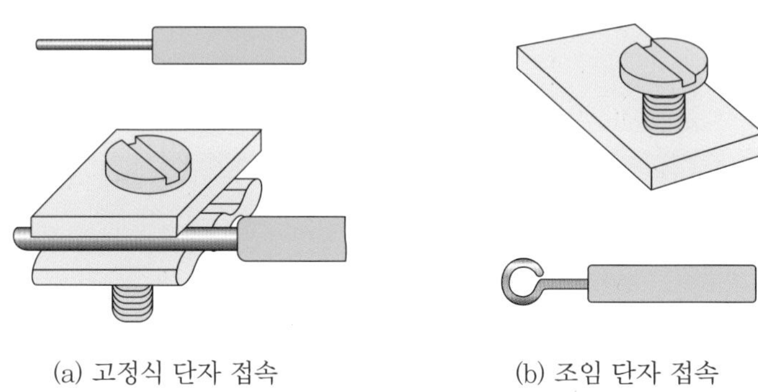

(a) 고정식 단자 접속 (b) 조임 단자 접속

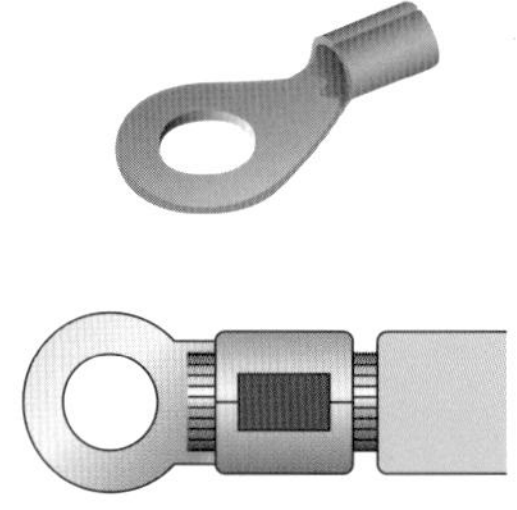

(c) 연선의 터미널 접속

그림 1-48

■ 재료 목록

필요 재료	비닐 절연 전선	비닐 절연 전선	단자대	압착 터미널
재료 규격	단선 1.5 mm^2	연선 2.0 mm^2	4P	Ring TYPE 2SQ
재료 수량	1 m	1 m	1개	10개

실습 과제 2 가는 단선의 접속

■ 요구 사항

1. 비닐 절연 전선이 서로 접속될 때 전선과 전선 사이의 간격이 생기지 않도록 한다.
2. 접속된 두 전선을 당겼을 때 접속 부분이 흔들리거나 움직이지 않도록 견고하게 접속한다.

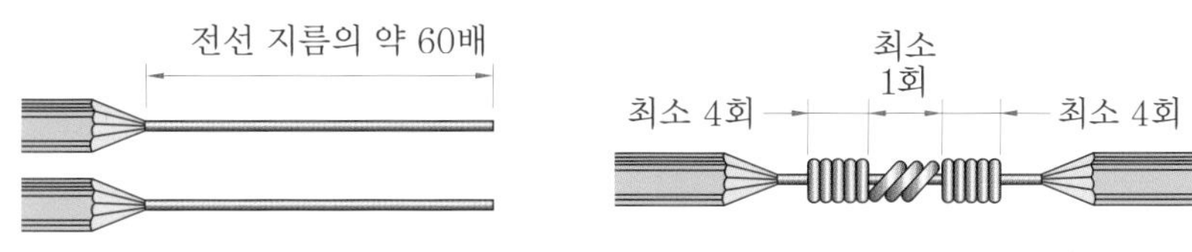

(a) 가는 단선의 직선 접속

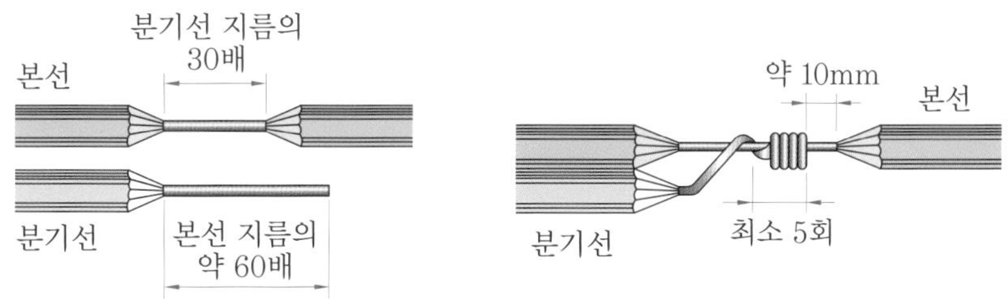

(b) 가는 단선의 분기 접속

그림 1-49

■ 재료 목록

필요 재료	비닐 절연 전선	비닐 절연 전선
재료 규격	단선 1.5 mm^2	단선 2.5 mm^2
재료 수량	4 m	4 m

실습 과제 3 굵은 단선의 접속

■ 요구 사항

1. 비닐 절연 전선이 서로 접속될 때 전선과 전선 사이의 간격이 생기지 않도록 한다.
2. 접속된 두 전선을 당겼을 때 접속 부분이 흔들리거나 움직이지 않도록 견고하게 접속한다.

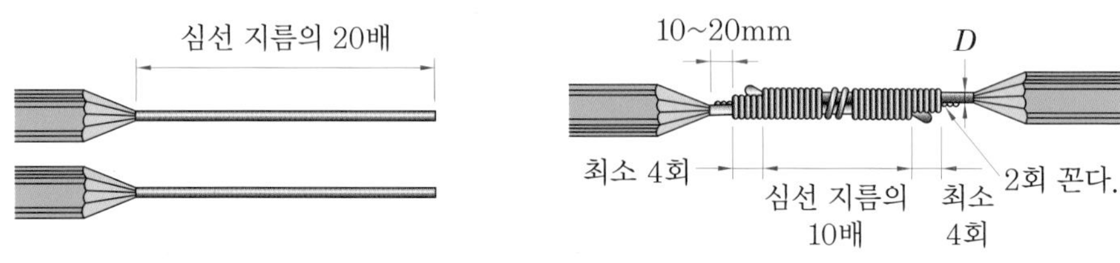

(a) 굵은 단선의 직선 접속

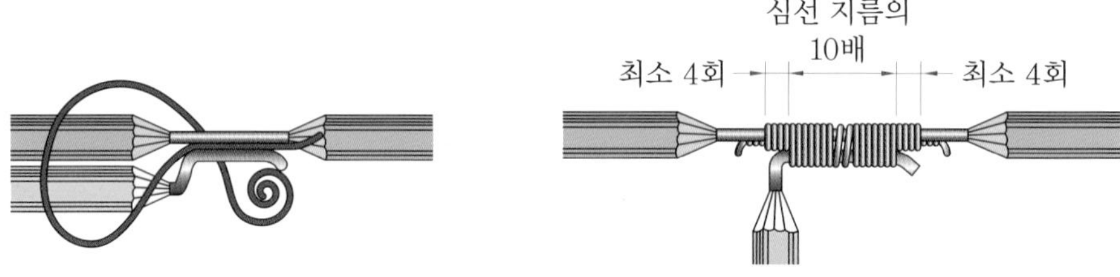

(b) 굵은 단선의 분기 접속

그림 1-50

■ 재료 목록

필요 재료	비닐 절연 전선	나동선
재료 규격	단선 10 mm^2	1 mm
재료 수량	2 m	1.5 m

실습 과제 4 연선의 접속

■ 요구 사항

1. 비닐 절연 전선이 서로 접속될 때 전선과 전선 사이의 간격이 생기지 않도록 한다.
2. 접속된 두 전선을 당겼을 때 접속 부분이 흔들리거나 움직이지 않도록 견고하게 접속한다.

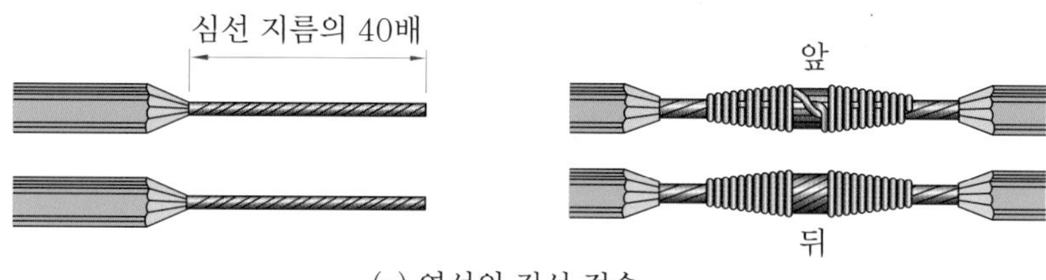

(a) 연선의 직선 접속

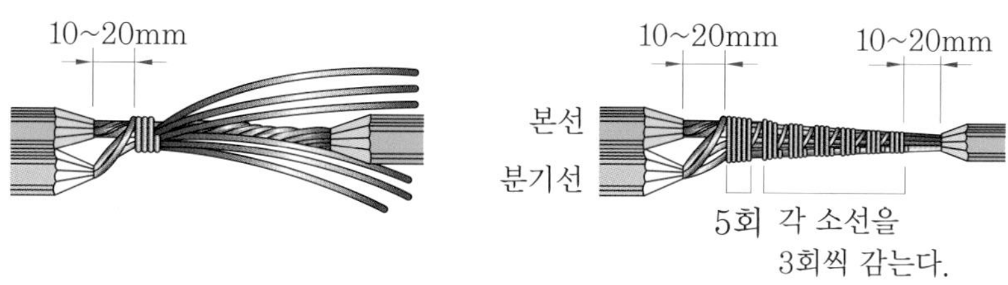

(b) 연선의 분기 접속

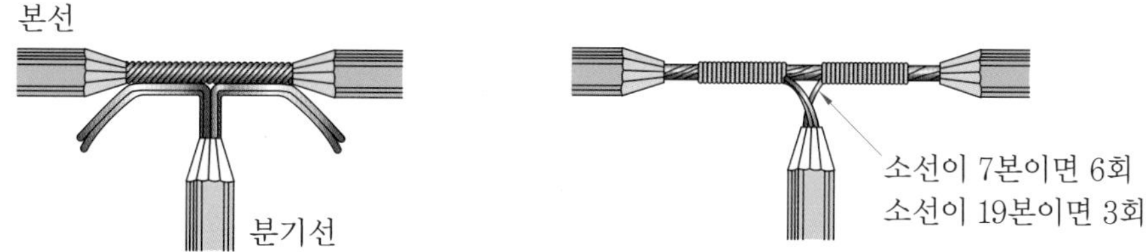

(c) 연선의 분할 분기 접속

그림 1-51

■ 재료 목록

필요 재료	비닐 절연 전선	비닐 절연 전선	비닐 절연 전선
재료 규격	연선 $4.0\,mm^2$	연선 $6.0\,mm^2$	연선 $10\,mm^2$
재료 수량	2 m	1.5 m	1.5 m

실습 과제 5 단선의 종단 접속

■ 요구 사항

1. 비닐 절연 전선이 서로 접속될 때 전선과 전선 사이의 간격이 생기지 않도록 한다.
2. 접속된 두 전선을 당겼을 때 접속 부분이 흔들리거나 움직이지 않도록 견고하게 접속한다.

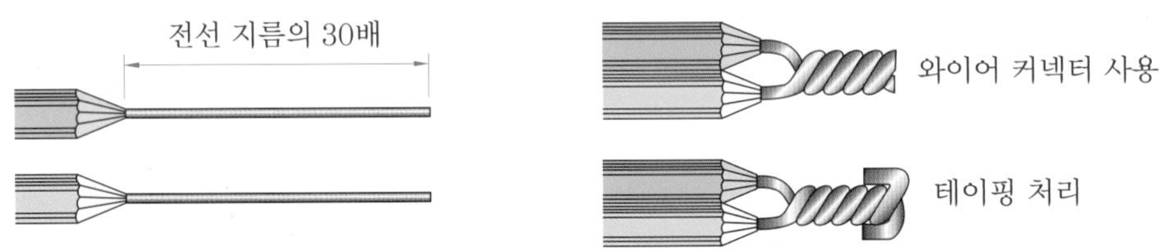

(a) 굵기가 같은 단선의 종단 접속

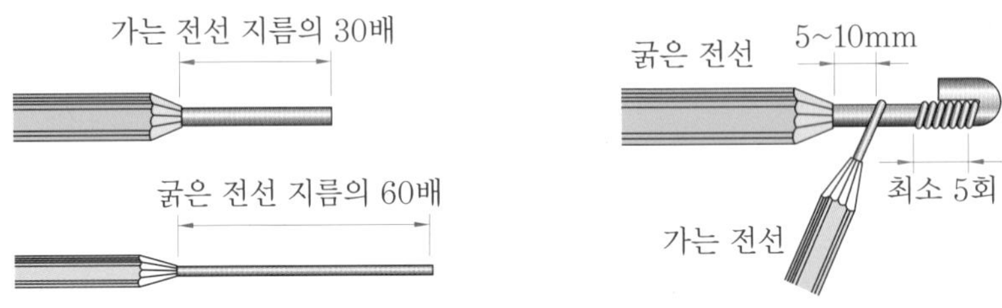

(b) 굵기가 다른 단선의 종단 접속

그림 1-52

■ 재료 목록

필요 재료	비닐 절연 전선	나동선	절연테이프	와이어커넥터
재료 규격	단선 2.5 mm^2	단선 4.0 mm^2		
재료 수량	3 m	2 m		

Chapter

2

시퀀스 제어

제어 회로에 사용되고 있는 각종 스위치와 계전기의 원리를 이해하고 시퀀스 제어에 활용하여 회로를 구성할 수 있다.

1. 시퀀스 제어의 개요 및 주요 기기
2. 입력 및 구동 기기
3. 시퀀스 기본 제어 회로
4. 유도 전동기 제어 회로

01 시퀀스 제어의 개요 및 주요 기기

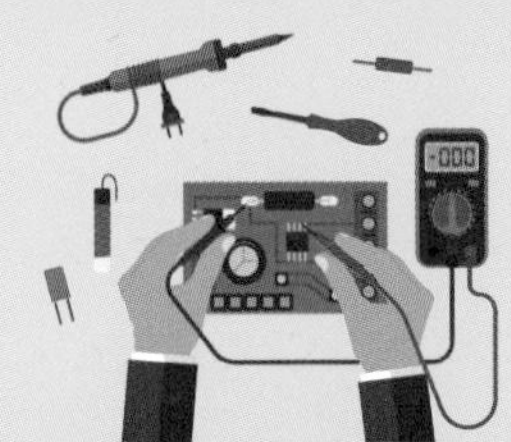

1-1 시퀀스 제어의 정의

미리 정해 놓은 목표값에 부합되도록 정해진 순서에 따라 제어 대상물을 작동시키는 것을 말한다. 시퀀스 제어에는 반도체 소자를 이용한 무접점 제어 방식과 계전기를 사용한 유접점 제어 방식으로 구분할 수 있다.

1-2 시퀀스 제어의 필요성

일반적으로 산업현장에서의 제어 방식은 시퀀스 제어와 PLC 제어를 병행하여 생산 시스템이 구축되어 있다. 이러한 제어 방식으로 인해 작업자의 안전과 생산율이 향상되며 다음과 같은 효과적인 이점이 있다.

① 작업자의 위험 방지 및 작업 환경 개선
② 불량품 감소로 인한 제품의 신뢰도 증가
③ 생산 속도 증가
④ 인건비 절감
⑤ 생산 설비 수명 연장

1-3 시퀀스 제어의 구성

시퀀스의 구성은 입력부, 제어부, 출력부로 구분할 수 있다. 입력부는 수동 버튼이나 자동 센서 등으로 수동과 자동으로 구분할 수 있다. 제어부는 입력 신호를 이용하여 동작을 구현할 수 있는 부분이며, 출력부는 동작 상태를 사용자에게 알리는 표시부와 전동기 및 각종 실린더 등의 구동부로 구분할 수 있다.

1 시퀀스 제어계의 기본 구성

① 조작부 : 입력 스위치를 사용자가 조작할 수 있는 곳
② 검출부 : 정해진 조건을 검출하여 제어부에 검출하여 제어부에 신호를 보내는 부분
③ 제어부 : 전자 릴레이, 전자 접촉기, 타이머, 카운터 등으로 구성
④ 구동부 : 전동기, 실린더 및 솔레노이드 등으로 실제 동작을 행하는 부분
⑤ 표시부 : 표시 램프로 제어의 진행 상태를 나타내는 부분

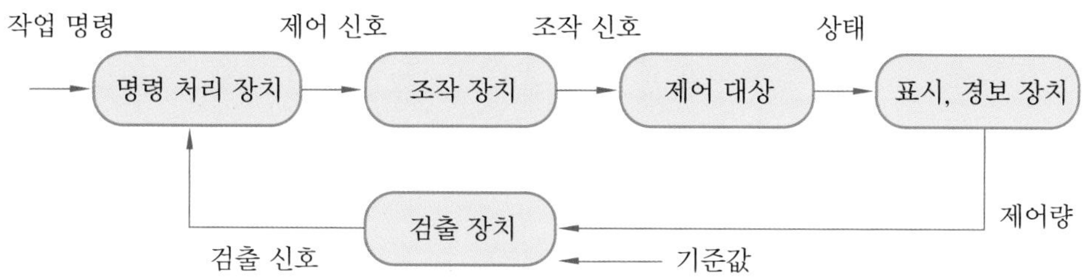

그림 2-1 시퀀스 제어의 기본 구성

1-4 기능에 대한 제어의 용어

- 동작 : 어떤 입력에 의하여 소정의 작동을 하도록 하는 것
- 복귀 : 동작 이전의 상태로 되돌리는 것
- 개로 : 전기 회로에서 스위치나 계전기 등을 이용하여 여는 것
- 폐로 : 전기 회로에서 스위치나 계전기 등을 이용하여 닫는 것
- 여자 : 각종 전자 릴레이, 전자 접촉기, 타이머 등의 코일에 전류가 흘러 전자석으로 되는 것
- 소자 : 여자의 반대로 코일에 전류를 차단하여 자력을 잃게 만드는 것
- 기동 : 기계 장치가 정지 상태에서 운전 상태로 되기까지의 과정
- 운전 : 기계 장치가 동작을 하고 있는 상태
- 정지 : 기계 장치의 동작 상태에서 정지 상태로 하는 것
- 제동 : 기계 장치의 운전 상태를 억제하는 것
- 인칭 : 기계 장치의 순간 동작 운동을 얻기 위해 미소 시간의 조작을 1회 반복하는 것
- 조작 : 인력 또는 기타의 방법으로 소정의 운전을 하도록 하는 것
- 차단 : 개폐 기류의 전기 회로를 열어 전류가 통하지 않도록 하는 것
- 투입 : 개폐 기류의 전기 회로를 닫아 전류가 통하도록 하는 것

- 조정 : 양 또는 상태를 일정하게 유지하거나 일정한 기준에 따라 변화시켜 주는 것
- 연동 : 복수의 동작을 관련시키는 것으로 어떤 조건이 갖추어졌을 때 동작을 진행하는 것
- 인터로크 : 복수의 동작을 관여시켜 어떤 조건이 갖추기까지의 동작을 정지시키는 것
- 보호 : 피제어 대상의 이상 상태를 검출하여 기기의 손상을 막아 피해를 줄이는 것
- 경보 : 제어 대상의 고장 또는 위험 상태를 램프, 버저, 벨 등으로 표시하여 조작자에게 알리는 것
- 트리핑 : 유지 기구를 분리하여 개폐기 등을 개로하는 것
- 자유 트리핑 : 차단기 등의 투입 조작 중에도 트리핑 신호가 가해져 트립되는 것

02 입력 및 구동 기기

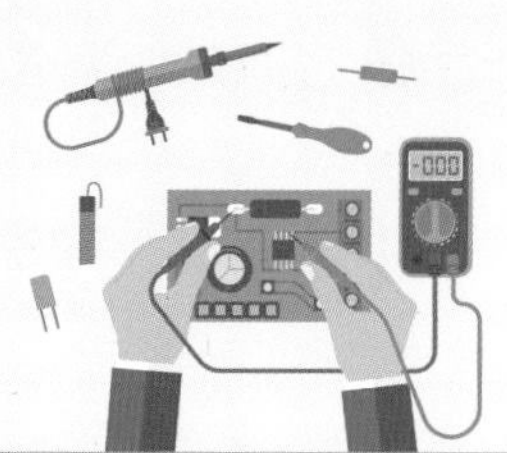

2-1 접점의 종류

접점(Contact)이란 회로를 접속하거나 차단하는 것으로 a 접점, b 접점, c 접점이 있다.

- a 접점(arbeit contact) : 열려 있는 접점
- b 접점(break contact) : 닫혀 있는 접점
- c 접점(change-over contact) : 전환 접점

항 목		a 접점		b 접점		참 고
		횡서	종서	횡서	종서	
수동 조작 접점	수동 복귀					단로 스위치
	자동 복귀					푸시 버튼 스위치
릴레이 접점	수동 복귀					열동 계전기 트립 접점
	자동 복귀					일반 계전기 순시 접점
타이머 접점	한시 동작					ON 타이머
	한시 복귀					OFF 타이머
기계적 접점						리밋 스위치

그림 2-2 접점 기호

2-2 조작용 스위치

1 푸시 버튼 스위치

푸시 버튼 스위치(push button switch)는 제어용 스위치로 스위치의 접점은 a접점과 b접점이 연동 동작된다. 평상시에는 그림 2-4 (a)와 같이 가동 접점과 NC(normal close)의 고정 접점은 닫혀 있으며 NO(normal open)의 고정 접점은 열려 있다. 푸시 버튼 스위치는 1a1b에서 4a4b까지 사용되고 버튼을 누르고 있는 동안만 접점이 개폐되며 손을 떼면 스위치 내부에 있는 스프링의 힘으로 복귀된다.

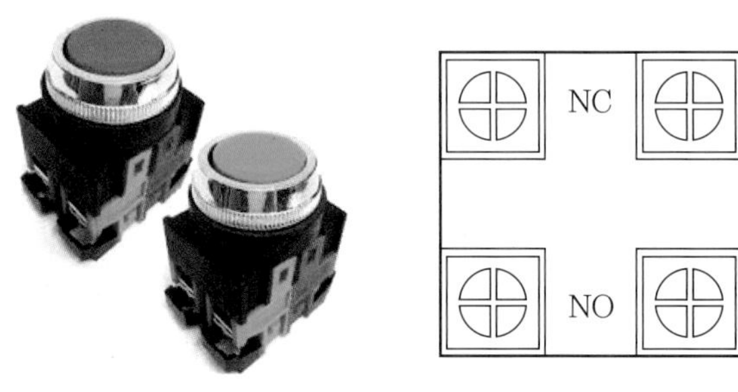

그림 2-3 푸시 버튼 스위치

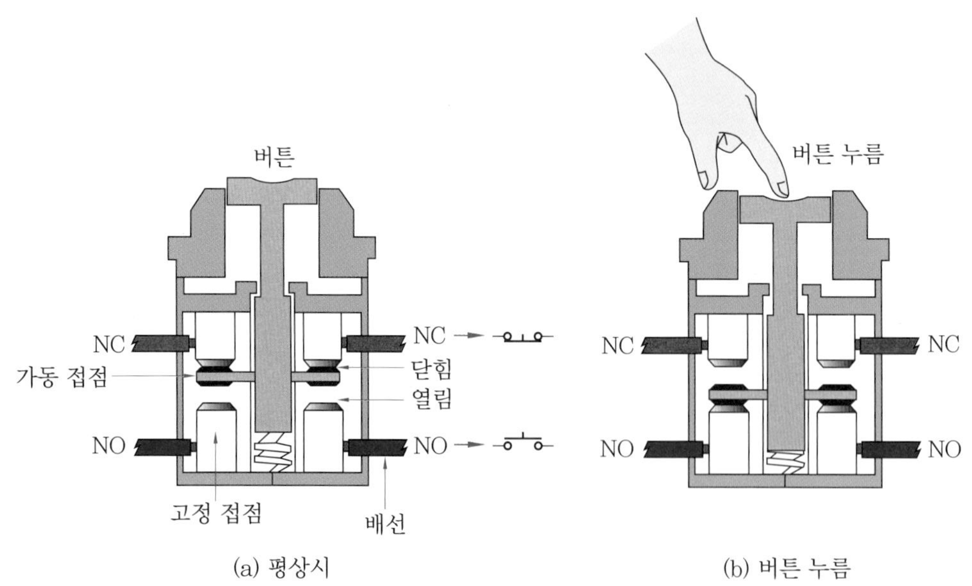

그림 2-4 푸시 버튼 스위치

일반적으로 기동용으로 녹색, 정지용으로 적색을 사용하여 스위치의 색상에 따라 기능이 구별된다.

2 조광형 푸시 버튼 스위치

조광형 푸시 버튼 스위치는 램프와 스위치의 기능을 가지고 있는 스위치를 조광형 푸시 버튼 스위치라고 한다.

그림 2-5 조광형 푸시 버튼 스위치

3 로터리 스위치

로터리 스위치는 감도 전환이나 주파수의 선택 등 측정하기에 편리하며 접점부의 회전 작동에 의하여 접점을 변환하는 스위치이다.

그림 2-6 로터리 스위치

4 절환용 스위치

절환용 스위치는 슬라이드 스위치의 일종으로 사용 전압에 적당한 전압을 절환하는 유지형 스위치이다.

그림 2-7 절환용 스위치

5 캠 스위치

캠 스위치는 주로 전류계 및 전압계의 절환용으로 이용되고 캠과 접점으로 구성된다. 플러그로서 여러 단수를 연결하여 드럼 스위치보다 이용도가 많으며 소형이다.

그림 2-8 캠 스위치

6 실렉터 스위치

실렉터 스위치는 상태를 유지하는 유지형 스위치로 조작을 가하면 반대 조작이 있을 때까지 조작 접점 상태를 유지한다. 운전과 정지, 자동과 수동 등과 같이 조작 방법의 절환 스위치로 사용되고 있다.

그림 2-9 실렉터 스위치

7 비상 스위치

비상 스위치는 회로를 긴급히 차단할 때 사용하는 돌출형 스위치로서, 눌러져 차단이 유지되고, 우측으로 돌려 복귀시킨다.

8 풋 스위치

풋 스위치는 일반적으로 전동 재봉틀이나 산업용 프레스 등에 널리 사용되고 있으며, 작업자가 양손으로 작업하여 기계 장치의 운전 및 정지 등을 조작하기 위하여 발로 조작할 수 있는 스위치이다.

2-3 전자 계전기(electromagnetic)

1 계전기(relay)

계전기는 코일에 전류를 흘리면 자석이 되는 전자석의 성질을 이용한 것이다. 그림 2-10 (b)와 같이 스위치를 닫아 전류를 흘리면 전자석이 되어 코일의 전기 흐름에 따라서 전자력을 갖는 여자와 전자력을 잃는 소자 상태에 의해 회로를 ON/OFF시키는 원리이다. 대부분의 계전기는 이러한 원리를 이용하여 접점(가동 철편)을 열거나 닫는 역할을 한다.

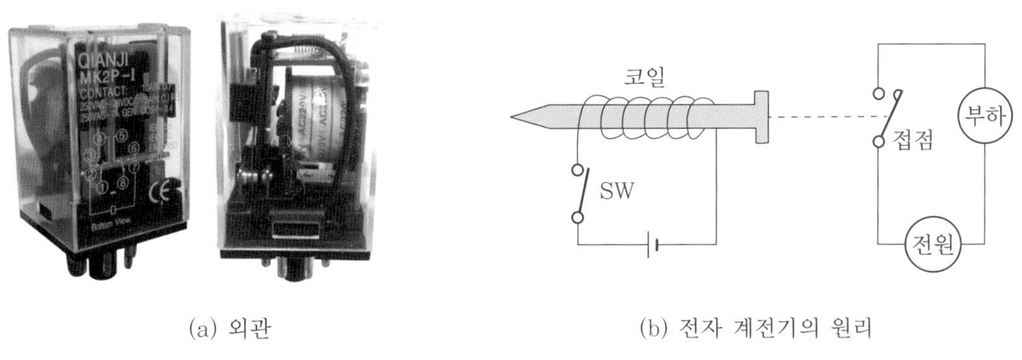

(a) 외관　　(b) 전자 계전기의 원리

그림 2-10 릴레이

계전기는 제어 회로에서 보조 계전기의 역할로 사용되고 8핀(2c), 11핀(3c), 14핀(4c)이 있으며, 소켓을 사용하여 배선하고 소켓은 가운데 홈 방향이 아래로 오도록 고정한다.

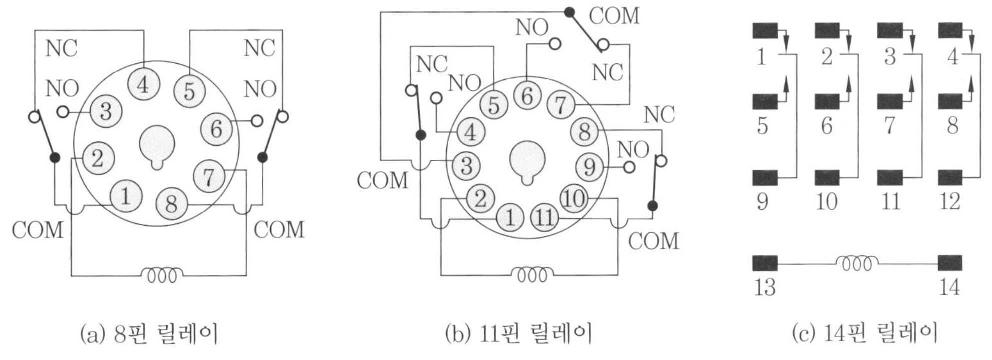

(a) 8핀 릴레이　　(b) 11핀 릴레이　　(c) 14핀 릴레이

그림 2-11 릴레이 종류별 내부 접속도

2 타이머(timer)

타이머는 임의의 시간차를 두어 접점을 개폐할 수 있는 한시 계전기로 일반적으로 내부에 순시 a 접점, 한시 a 접점 및 한시 b 접점으로 구성되며, 베이스에 꽂아 베이스의 단자를 통해 외부 회로와 결선한다.

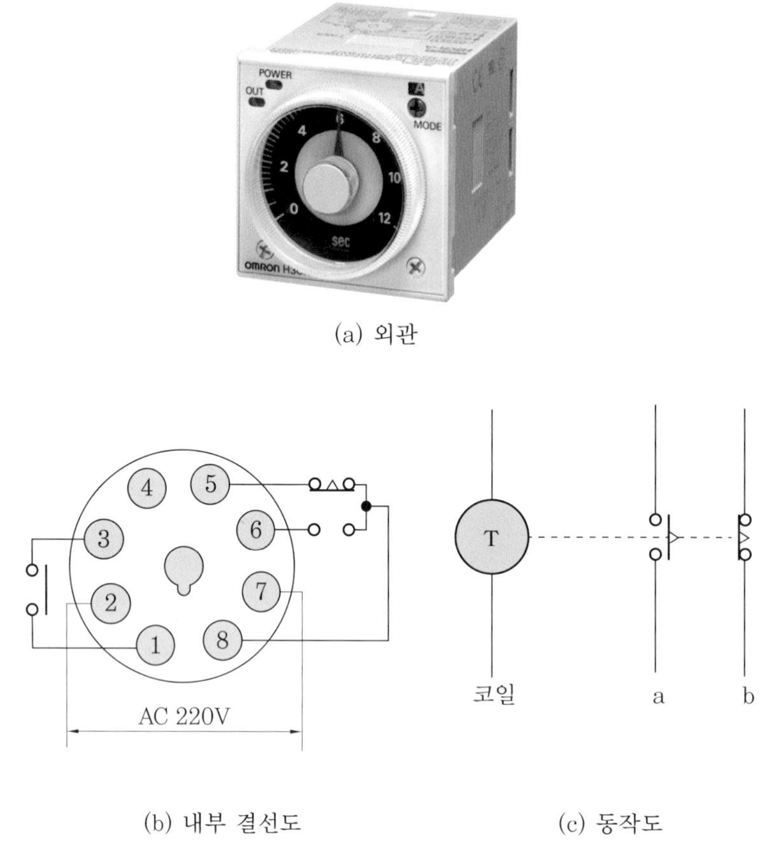

(a) 외관

(b) 내부 결선도

(c) 동작도

그림 2-12 타이머

타이머 접점의 위치나 번호 등은 제품 또는 제조 회사에 따라 차이가 있으므로 사용 시 각 접점의 단자 번호를 잘 선별하여 사용하여야 한다.

타이머는 한시 접점의 동작 상태에 따라 한시 동작 순시 복귀형(on delay timer), 순시 동작 한시 복귀형(off delay timer) 및 한시 동작 한시 복귀형(on off delay timer)으로 구분한다.

(1) 한시 동작 순시 복귀 타이머(on delay timer)

타이머의 전자 코일에 전류가 유입되어 여자되면 타이머의 순시 접점은 즉시 동작되고 한시 접점은 설정 시간 후에 동작되며, 동작 중 전자 코일에 유입되던 전류가 차단되면 타이머의 순시 접점과 한시 접점은 동시에 복귀된다.

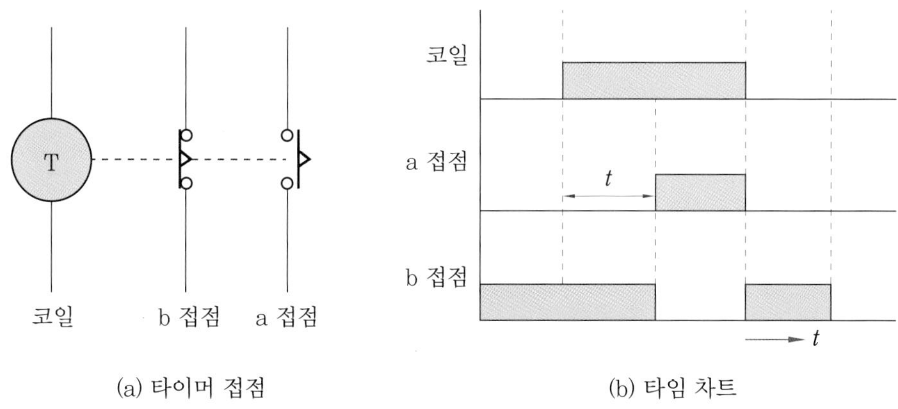

그림 2-13 한시 동작 순시 복귀 타이머

(2) 순시 동작 한시 복귀 타이머(off delay timer)

타이머의 전자 코일에 유입되어 여자되면 타이머의 순시 접점과 한시 접점은 즉시 동작되며, 동작 중 전자 코일에 유입되던 전류가 차단되면 타이머의 순시 접점은 즉시 복귀되고 한시 접점은 설정 시간 후에 복귀된다.

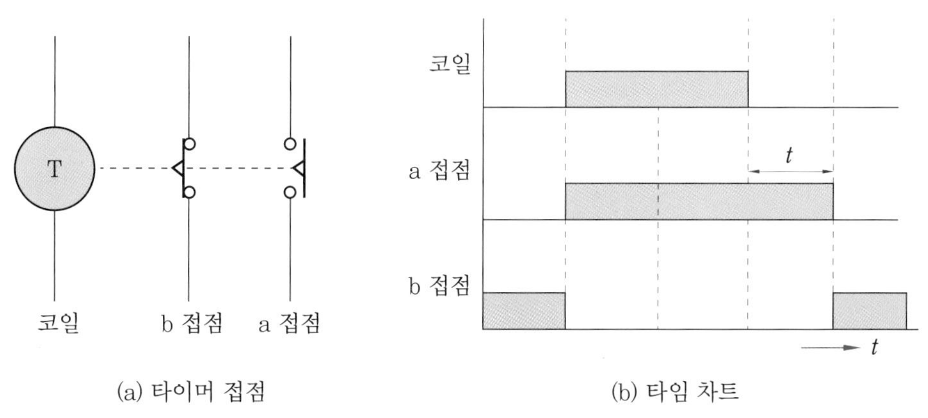

그림 2-14 순시 동작 한시 복귀 타이머

(3) 한시 동작 한시 복귀 타이머(on off delay timer)

타이머의 전자 코일에 전류가 유입되어 여자되면 타이머의 순시 접점은 즉시 동작되고 한시 접점은 설정 시간 후에 동작되며, 동작 중 전자 코일에 유입되던 전류가 차단되면 타이머의 순시 접점은 즉시 복귀되고 한시 접점은 설정 시간 후에 복귀된다.

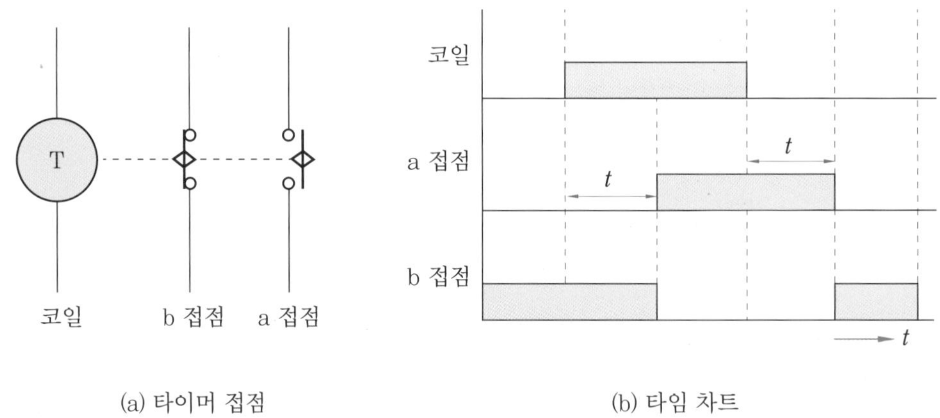

(a) 타이머 접점 (b) 타임 차트

그림 2-15 한시 동작 한시 복귀 타이머

타이머는 일정 시간 동작 회로, 지연 시간 동작 회로, 반복 동작 회로, 지연 복귀 동작 회로 등의 구성에 사용된다.

3 플리커 릴레이(flicker relay)

플리커 릴레이의 2번과 7번에 전원이 투입되면 a 접점과 b 접점이 교대로 점멸되며 점멸 시간을 사용자가 조절할 수 있고, 주로 경보 신호용 및 교대 점멸 등에 사용된다. 일반적으로 1번과 3번의 순시 접점이 없는 경우가 많으며 a 접점은 8번과 6번, b 접점은 8번과 5번이 사용된다.

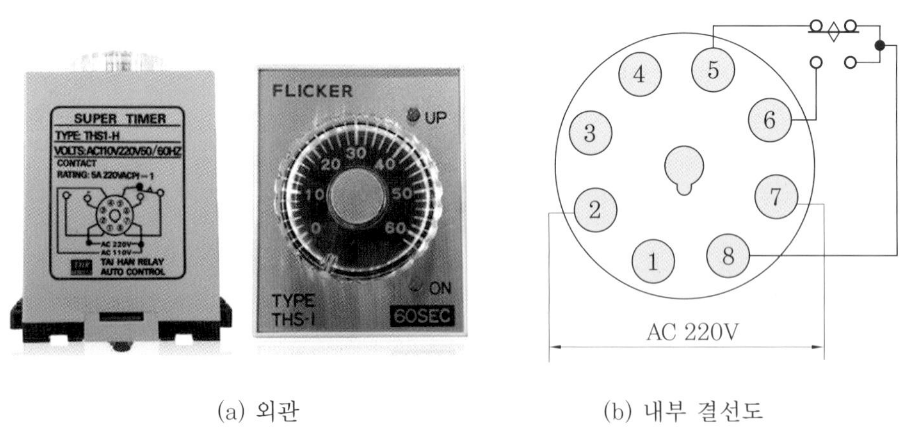

(a) 외관 (b) 내부 결선도

그림 2-16 플리커 릴레이

4 카운터(counter)

생산 수량 및 길이 등 숫자를 셀 때 사용하는 용도로 카운터(counter)는 가산(up),

감산(down), 가 · 감산(up down)용이 있으며 입력 신호가 들어오면 출력으로 수치를 표시한다. 카운터 내부 회로 입력이 되는 펄스 신호를 가하는 것을 세트(set), 취소 및 복귀 신호에 해당되는 것을 리셋(reset)이라고 한다. 계수 방식에 따라서 수를 적산하여 그 결과를 표시하는 적산 카운터와 처음부터 설정한 수와 입력한 수를 비교하여 같을 때 출력 신호를 내는 프리 세트 카운터(free set counter)가 있으며, 출력 방법으로는 계수식과 디지털식이 있다.

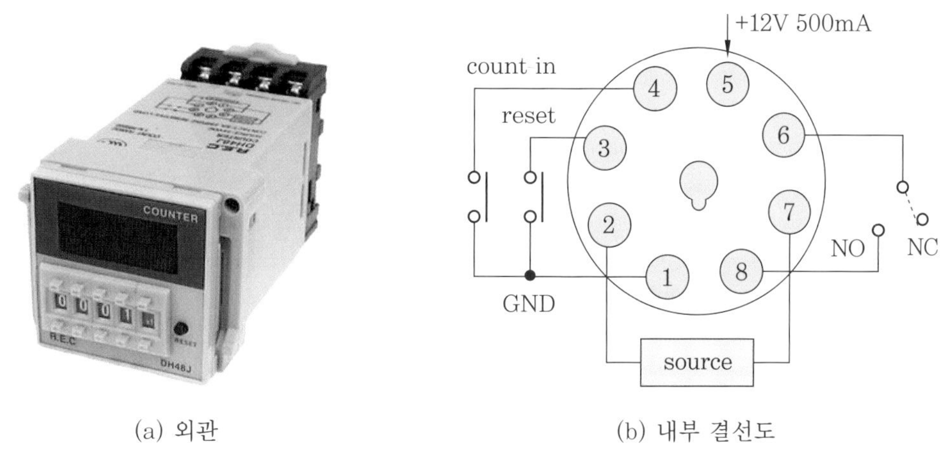

(a) 외관 (b) 내부 결선도

그림 2-17 카운터

5 플로트리스 스위치(floatless switch)

플로트리스 계전기라고도 하며, 공장 등에 각종 액면 제어, 농업용수, 정수장 및 가정의 상하수도에 다목적으로 사용된다. 소형 경량화되어 설치가 편리하며 입력 전압은 주로 220V이고 전극 전압(2차 전압)은 8V로 동작된다. 종류로는 압력식, 전극식, 전자식 등이 있으며 베이스에 삽입하여 사용하도록 8핀과 11핀 등이 있다.

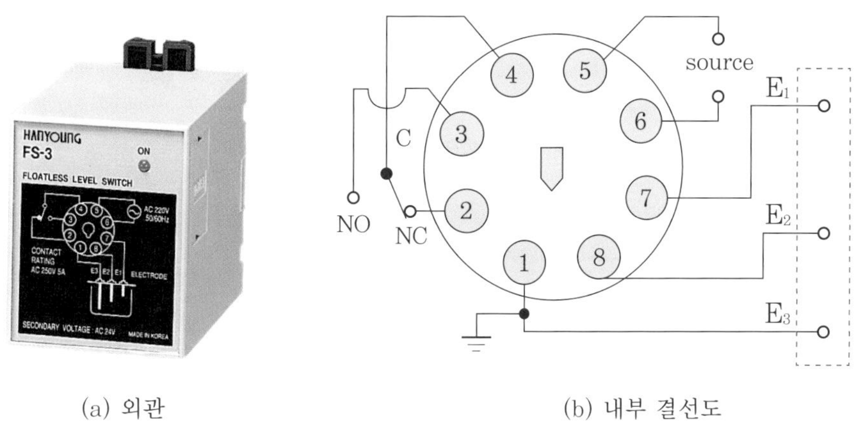

(a) 외관 (b) 내부 결선도

그림 2-18 플로트리스 스위치

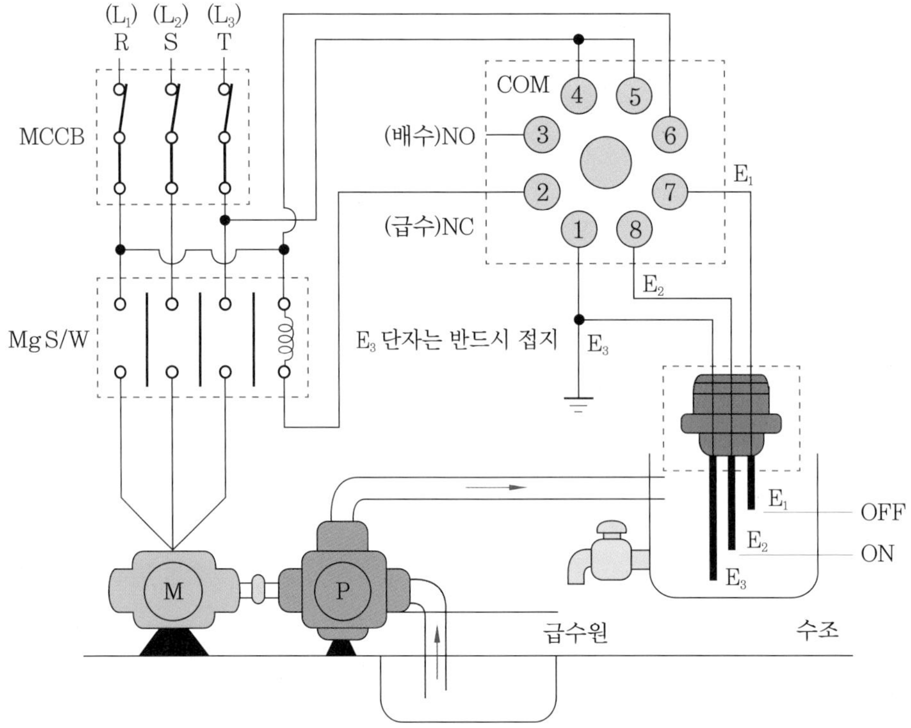

그림 2-19 FLS 8핀 급수 회로 결선도

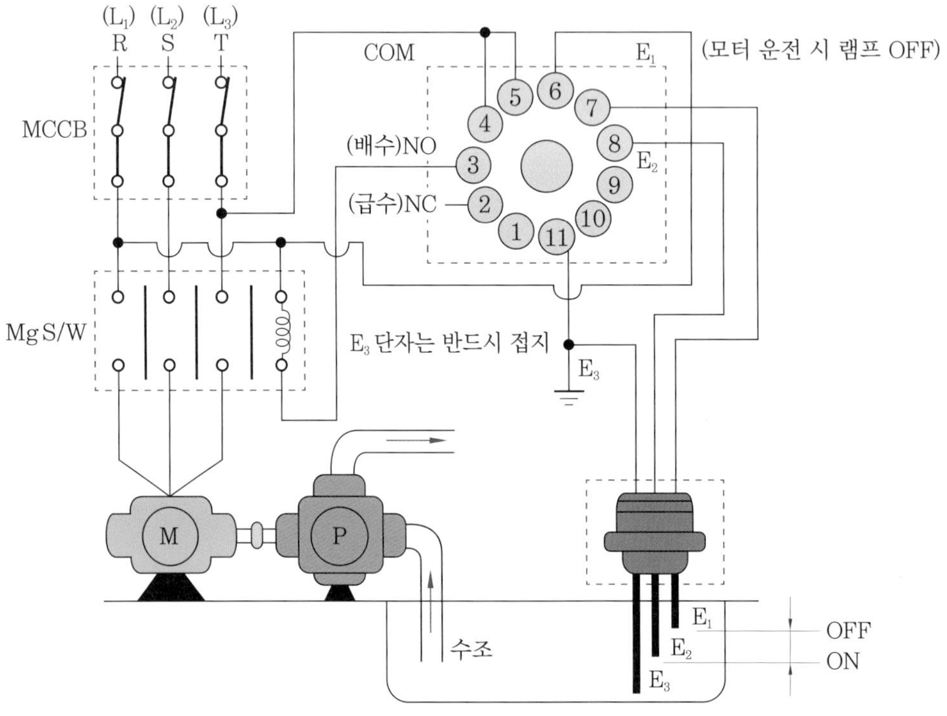

그림 2-20 FLS 11핀 배수 회로 결선도

6 온도 릴레이(temperature relay)

온도 변화에 대해 전기적 특성이 변화하는 서미스터, 백금 등의 저항이 변화하거나 열기전력을 일으키는 열전쌍 등을 이용하여 그 변화에서 미리 설정된 온도를 검출하여 동작하는 계전기이다.

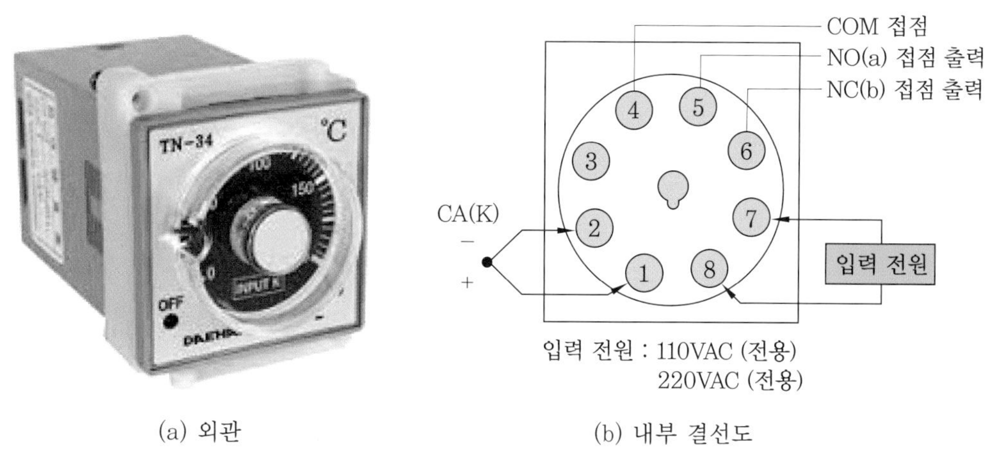

(a) 외관 (b) 내부 결선도

그림 2-21 온도 릴레이

7 SR 릴레이(set-reset relay)

SR 릴레이는 set, reset시킬 수 있는 릴레이이다. 2개의 c 접점 구조의 릴레이와 정류 회로로 구성되어 있다.

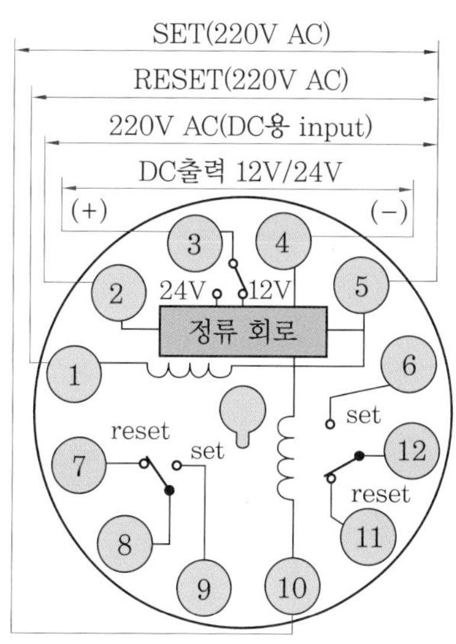

(a) 외관 (b) 내부 결선도

그림 2-22 SR 릴레이

c 접점 구조의 릴레이는 set 코일의 전압에 의한 신호가 가해지면 set되고 전원을 off하여도 reset을 시키지 않으며 스스로 복귀하지 않는 유지형 계전기이다. 정류 회로는 소용량 직류 전원(12V, 24V)을 자체적으로 공급할 수 있는 구조로서, 자체에 부착되어 있는 LED로 동작 상태를 확인할 수 있으며, 퓨즈가 내장되어 과부하나 잘못된 결선으로부터 기기를 보호할 수 있다.

8 파워 릴레이(power relay)

파워 릴레이는 전자 접촉기 대신 전력 회로의 개폐가 가능하도록 제작된 것으로 릴레이와 같이 일체형으로 취급이 간단하다.

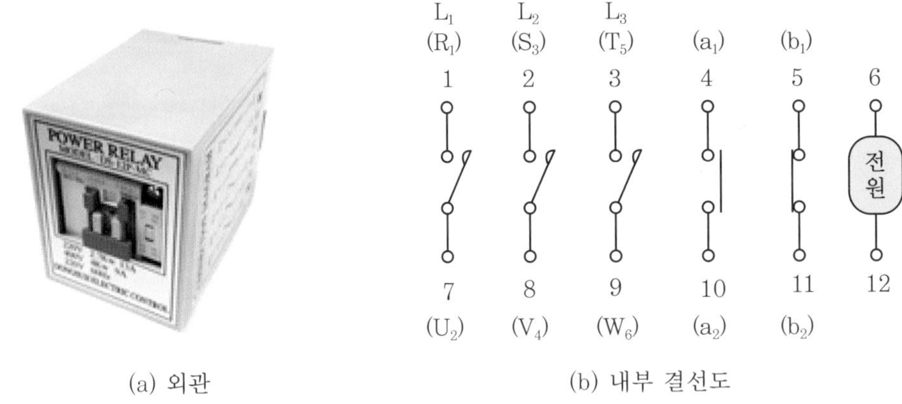

(a) 외관 (b) 내부 결선도

그림 2-23 파워 릴레이

2-4 전자 접촉기(electromagnetic contactor)

전자 접촉기는 부하 전류를 개폐할 수 있도록 접점 개폐 용량이 크고 전자 계전기는 접점의 개폐 용량이 작아 큰 부하 전류를 개폐할 수 없다. 회로를 빈번하게 개폐하는 유접점 시퀀스 제어 회로에서 전력용 제어 기기로 사용된다.

전자 접촉기의 접점은 주 접점과 보조 접점으로 구성되어 있으며, 주 접점은 큰 전류가 흘러도 안전한 전류 용량이 큰 접점으로 부하 전류를 개폐하는 용도로 사용되며 보조 접점은 적은 전류 용량의 접점으로 제어용 소전류를 개폐하는 용도로 사용된다.

전자 접촉기의 전자 코일에 전류가 흐르면 주 접점과 보조 접점이 동시에 동작된다.

일반적으로 전자 접촉기는 3개의 주 접점과 몇 개의 보조 접점으로 구성되는데 접점의 수에 따라 4a1b, 5a2b 등으로 구분된다.

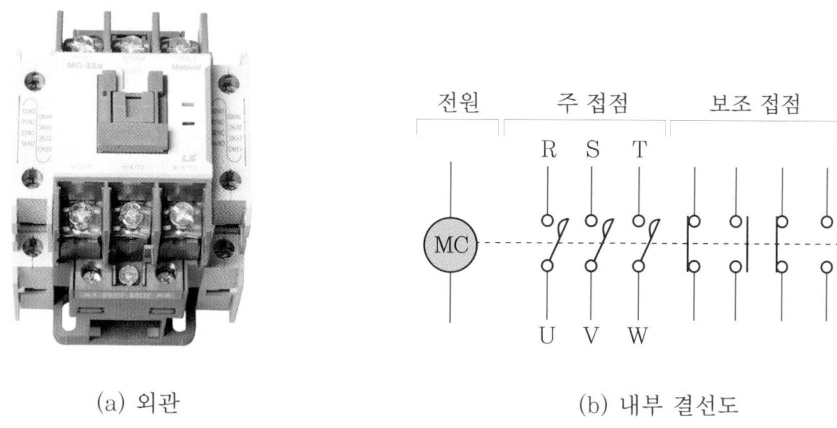

(a) 외관 (b) 내부 결선도

그림 2-24 전자 접촉기

1 전자 개폐기

전자 개폐기는 전자 접촉기에 전동기 보호 장치인 열동형 과전류 계전기를 조합한 주회로용 개폐기이다. 전자 개폐기는 전동기 회로를 개폐하는 것을 목적으로 사용되며, 정격 전류 이상의 전류가 흐르면 자동으로 차단하여 전동기를 보호할 수 있다.

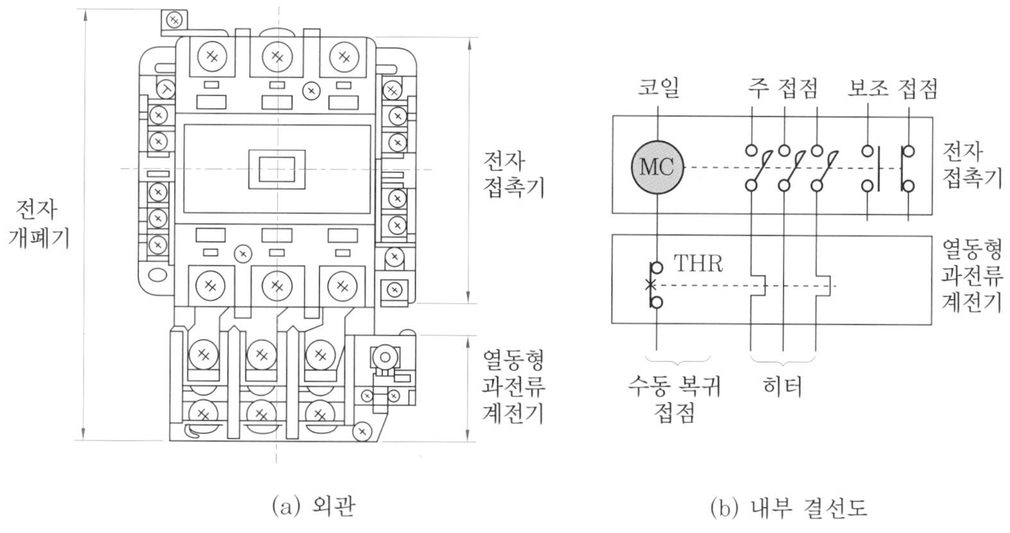

(a) 외관 (b) 내부 결선도

그림 2-25 전자 개폐기

2 과전류 계전기

(1) 열동형 과전류 계전기(THR : thermal heater relay)

열동형 과전류 계전기는 저항 발열체와 바이메탈을 조합한 열동 소자와 접점부로 구성되어 있다. 열동 소자는 주 회로에 접속하고 과전류 계전기의 접점은 제어 회로의 조건 접점으로 사용된다. 열동형 과전류 계전기의 트립 동작 확인은 통전 중 트립 체크 막대를 눌러 트립 발생을 확인하여, 트립 발생 후 다시 원상태로 복귀시키려면 복귀 단추를 눌러 주어야 한다. 열동형 과전류 계전기의 동작 전류값을 조정 노브를 이용하여 조정할 수 있으며, 보통 정격의 80~125%로 조정할 수 있다.

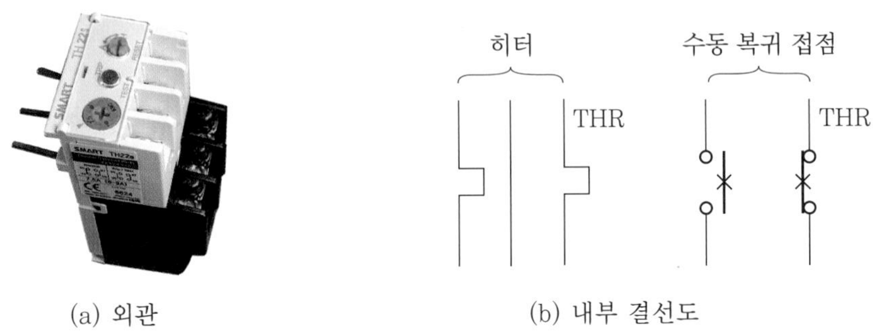

(a) 외관 (b) 내부 결선도

그림 2-26 열동형 과전류 계전기(THR)

(2) 전자식 과전류 계전기(EOCR : electronic over current relay)

전자식 과전류 계전기는 열동식 과전류 계전기에 비해 동작이 확실하고 과전류에 의한 결상 및 단상 운전이 완벽하게 방지된다. 전류 조정 노브와 램프에 의해 실제 부하 전류의 확인과 조정이 가능하고 지연 시간과 동작 시간이 서로 독립되어 있으므로 동작 시간의 선택에 따라 완벽한 보호가 가능하다.

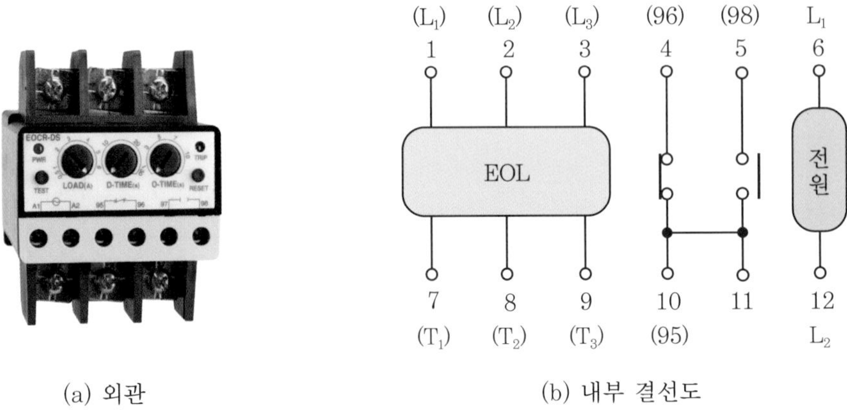

(a) 외관 (b) 내부 결선도

그림 2-27 전자식 과전류 계전기(EOCR)

2-5 차단기 및 퓨즈

1 차단기

(1) 배선용 차단기

배선용 차단기는 일반적으로 NFB의 명칭으로 호칭된다. 교류 1000V 이하, 직류 1500V 이하의 저압 옥내 전압의 보호에 사용되는 몰드 케이스 차단기를 말하며, 과부하 및 단락보호를 겸한다.

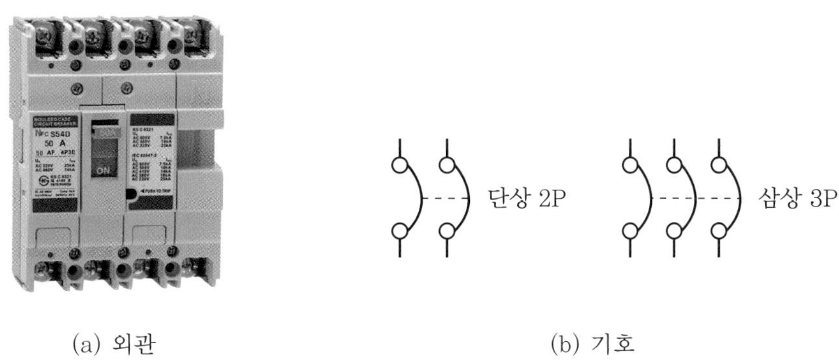

(a) 외관 (b) 기호

그림 2-28 배선용 차단기

(2) 누전 차단기

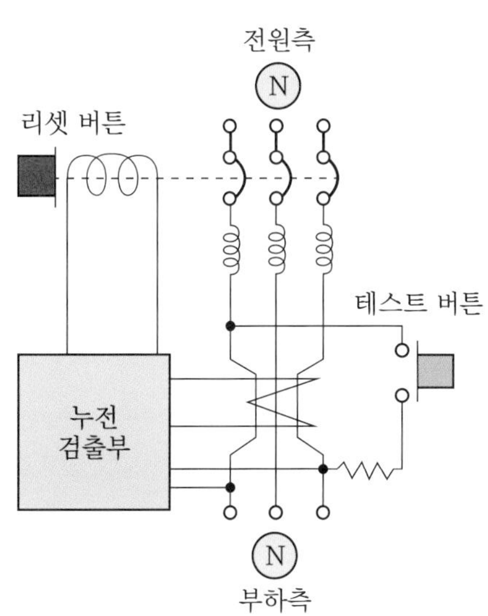

(a) 외관 (b) 내부 결선도

그림 2-29 누전 차단기

누전 차단기는 교류 1000V 이하 전로의 누전에 의한 감전사고를 방지하기 위하여 사용되는 기기로 과부하 및 단락 등의 상태나 누전이 발생할 때 자동적으로 전류를 차단한다.

2 퓨즈(fuse)

퓨즈는 열에 녹기 쉬운 납이나 가용체로 되어 있으며, 과전류 및 단락 전류가 흘렀을 때 퓨즈가 용단되어 회로를 차단시켜 주는 역할을 한다. 퓨즈의 종류는 포장형과 비포장형으로 구분된다.

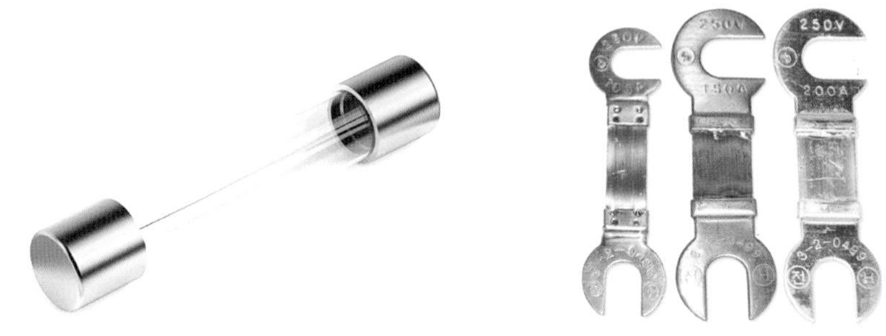

그림 2-30 퓨즈

(1) 플러그 퓨즈

자동 제어의 배전반용으로 많이 사용되고 있으며 정격 전류는 색상에 의해 구분된다.

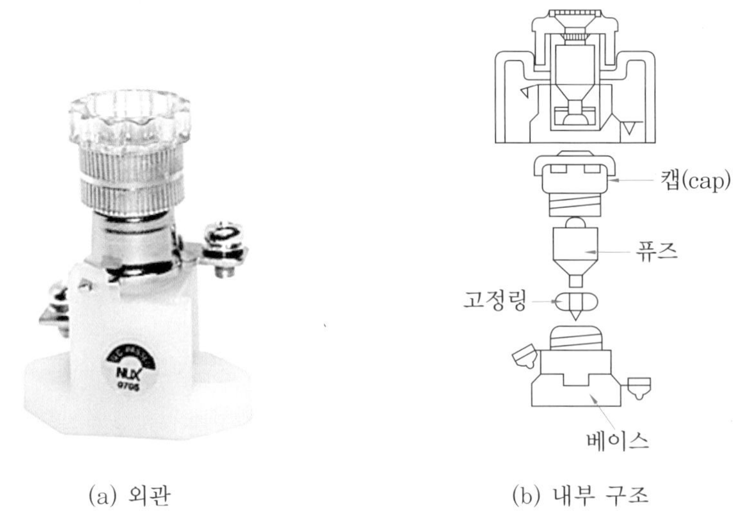

(a) 외관 (b) 내부 구조

그림 2-31 플러그 퓨즈

3 단자대

단자대는 컨트롤반과 조작반의 연결 등에 배선 수와 정격 전류를 감안하여 사용한다. 일반적인 단자대 종류는 고정식과 조립식이 있다.

(a) 고정식 단자대

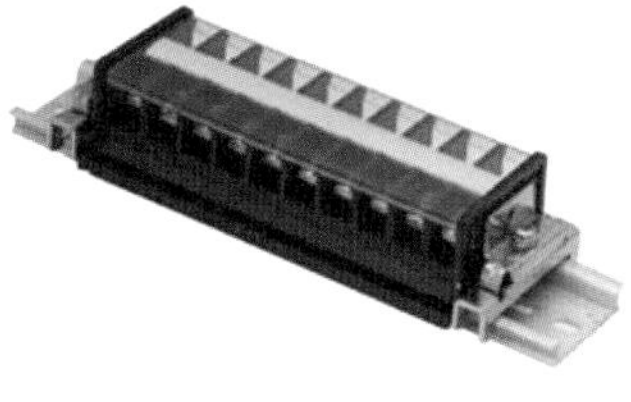

(b) 조립식 단자대

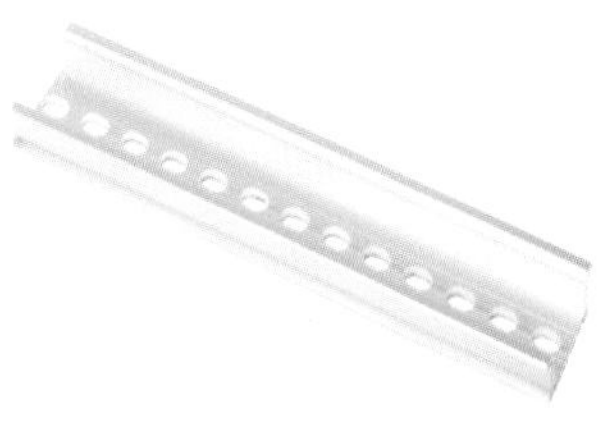

(c) 단자대 레일

그림 2-32 단자대(TB)

(1) 배선 도체의 상별 색상(3상 교류)

① 제1상 : L_1 : 갈색
② 제2상 : L_2 : 흑색
③ 제3상 : L_3 : 회색
④ 제4상 : N : 녹색/황색

(2) 터미널에 3상 교류 회로를 배치할 경우 전선 배치

① 상하 배치 : 위부터 제1상, 제2상, 제3상, 접지
② 좌우 배치 : 왼쪽부터 접지, 제1상, 제2상, 제3상
③ 원근 배치 : 가까운 곳부터 접지, 제1상, 제2상, 제3상

2-6 표시 및 경보용 기구

시퀀스 제어 회로의 운전 및 정지 상태와 고장 또는 위험한 상태를 알려주는 표시 경보용 기기로서 램프, 버저, 벨 등이 있다.

1 램프

(1) 표시등

표시등은 기기의 동작 상태를 제어반, 감시반 등에 표시하는 것으로 파일럿 램프(pilot lamp)라고 하며, 램프에 커버를 부착하여 커버의 색상에 따라 전원 표시등, 고장 표시등으로 구분한다.

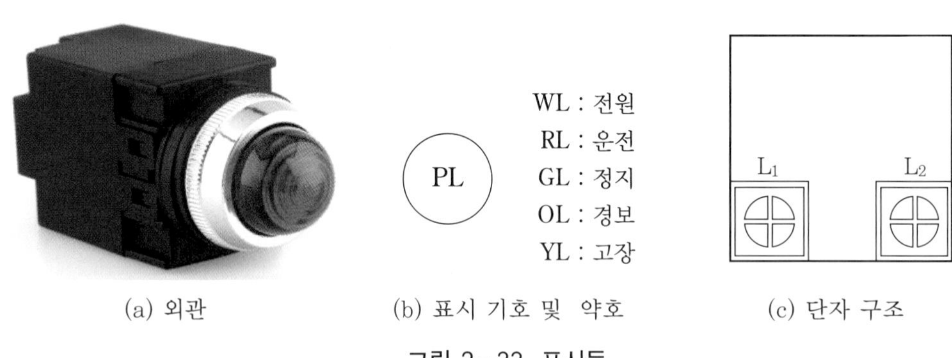

(a) 외관 (b) 표시 기호 및 약호 (c) 단자 구조

그림 2-33 표시등

(2) 파일럿 램프의 색상 표시

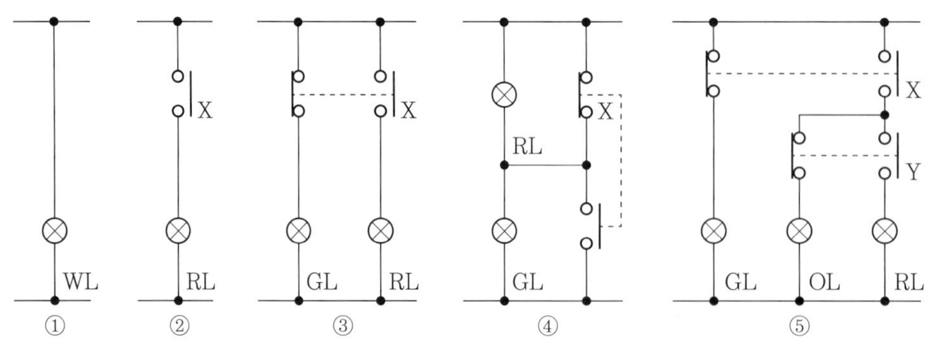

※ WL : 백색 램프 RL : 적색 램프 GL : 녹색 램프
OL : 황적색 램프 X : 계전기 접점 Y : 계전기 램프

그림 2-34 표시등의 색상 표시

① 전원 표시등 : WL(white lamp ; 백색) : 제어반 최상부의 중앙에 설치
② 운전 표시등 : RL(rad lamp ; 적색) : 운전 중임을 표시
③ 정지 표시등 : GL(green lamp ; 녹색) : 정지 중임을 표시
④ 경보 표시등 : OL(orange lamp ; 황적색) : 경보를 표시
⑤ 고장 표시등 : YL(yellow lamp ; 황색) : 시스템이 고장임을 표시

2 경보용 기구

경보용 기구는 시퀀스 제어 장치에 고장이나 이상이 발생할 때 그 발생을 알리는 역할을 한다.

(1) 벨, 버저

버저의 외관 표시 기호 단자 구조를 나타낸 것이다.

(a) 외관

(b) 표시 기호

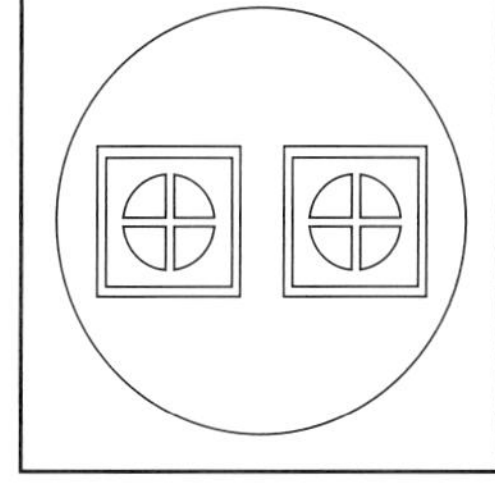

(c) 단자 구조

그림 2-35 버저

03 시퀀스 기본 제어 회로

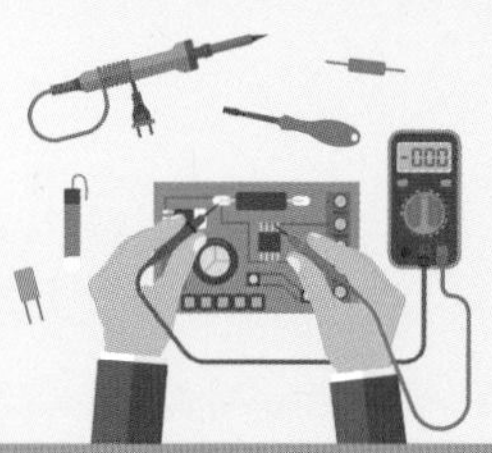

일반적으로 전개 접속도를 시퀀스도라고 하며, 이는 제어 동작 순서를 알기 쉽도록 기구, 기기, 장치 등의 접속을 전기용 심벌을 사용하여 나타낸 도면이다. 이러한 시퀀스도는 가로로 표현하는 방법과 세로로 표현하는 방법이 있다.

실체 배선도는 부품의 배치, 배선 상태 등을 실제 구성에 맞추어 배선의 접속 관계를 그린 배선도이다. 실제로 장치를 제작하거나 보수 및 점검할 때에 배선 상태를 정확히 확인할 수 있다.

3-1 누름 버튼 스위치를 이용한 기본 회로

1 누름 버튼 스위치(PBS) 직렬 회로

동작 설명

PBS_1과 PBS_2를 동시에 누르는 동안 램프는 점등된다.

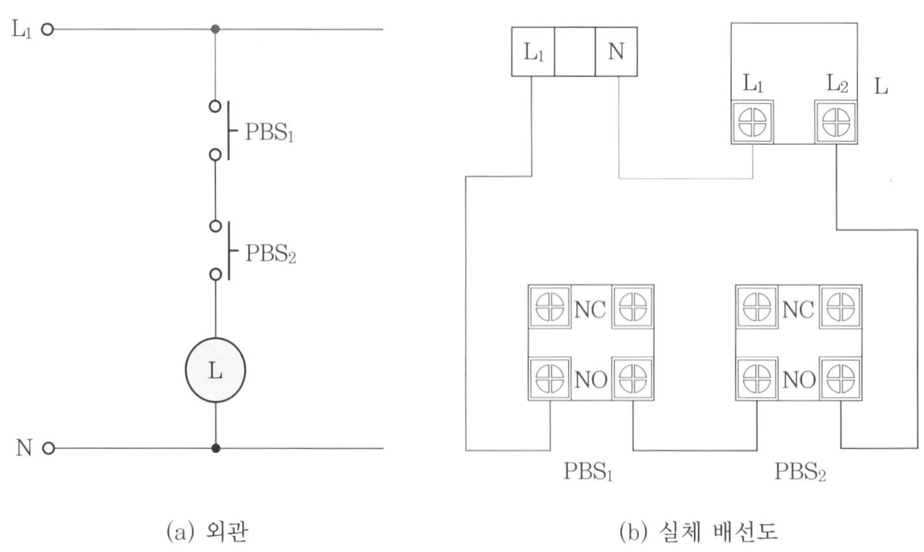

(a) 외관 (b) 실체 배선도

그림 2-36 누름 버튼 스위치(PBS) 직렬 회로

2 누름 버튼 스위치(PBS) 병렬 회로

동작 설명

① PBS_1을 누르면 램프는 점등된다.

② PBS_2를 누르면 램프는 점등된다.

③ PBS_1과 PBS_2를 동시에 누르면 램프는 점등된다.

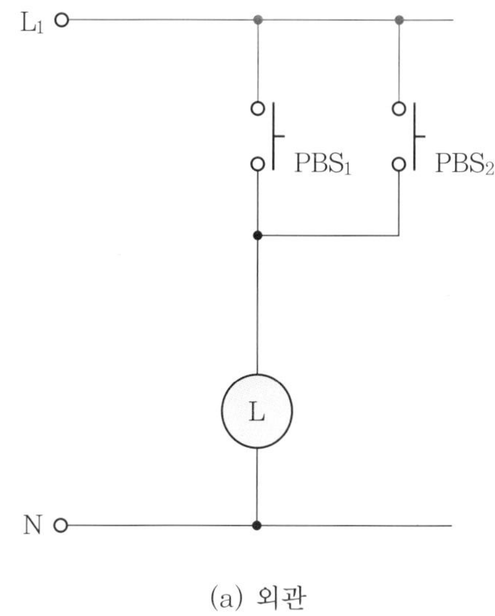

(a) 외관

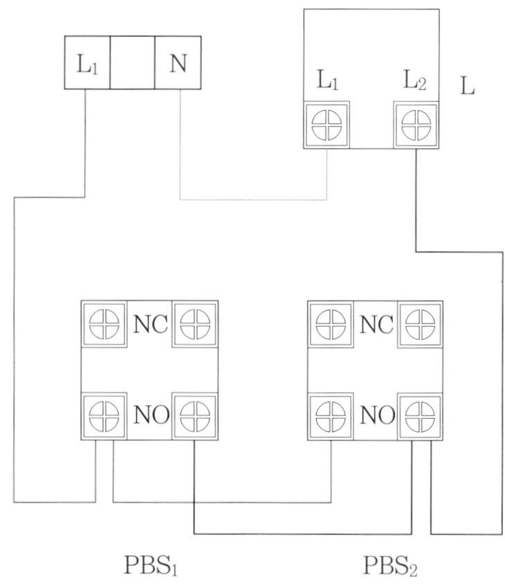

(b) 내부 결선도

그림 2-37 누름 버튼 스위치(PBS) 병렬 회로

3 누름 버튼 스위치 직 · 병렬 회로

동작 설명

① PBS_1을 누르면 램프는 점등된다.

② PBS_2를 누르면 램프는 점등된다.

③ PBS_1 또는 PBS_2를 누르는 동안 PBS_3를 누르면 램프는 소등된다.

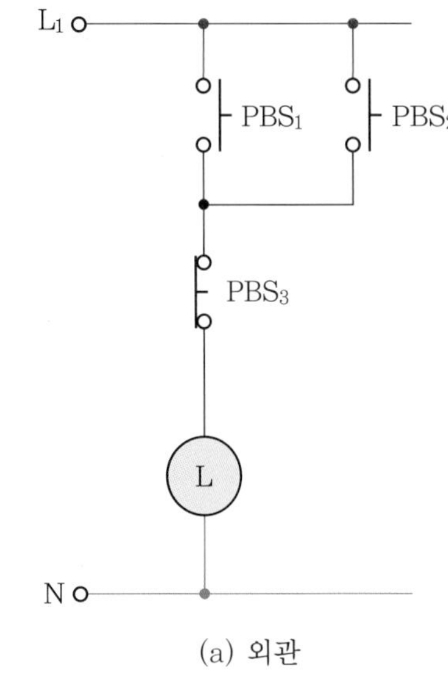

(a) 외관

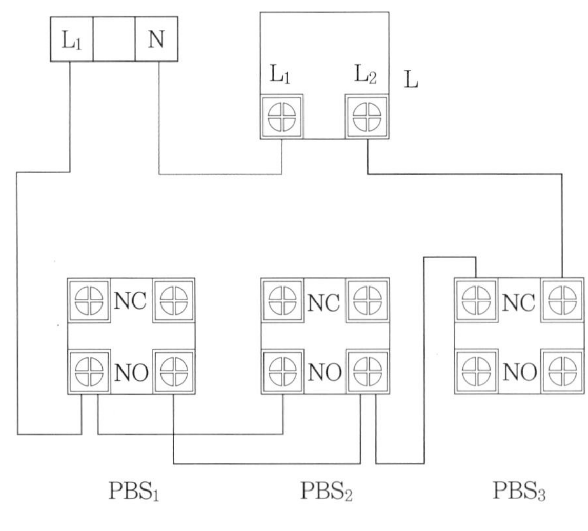

(b) 내부 결선도

그림 2-38 누름 버튼 스위치 직 · 병렬 회로

3-2 자기 유지 회로

자동 제어를 수행하기 위해서는 일반적으로 복귀형 푸시 버튼 스위치를 이용하여 시퀀스 제어 회로를 구성한다. 복귀형 스위치는 압력을 가하지 않으면 초기의 상태로 복귀하므로 상태를 계속 유지하기 위하여 사용하는 회로가 자기 유지 회로라고 하며 기억 회로라고도 한다. 자기 유지 회로는 OFF 우선 회로와 ON 우선 회로로 구분한다.

1 자기 유지 기본 회로

동작 설명

① PBS_1을 눌러 전원을 공급하였을 때 코일 X는 여자되어 a 접점이 닫힌다.
② 입력 PBS_1을 off하여도 회로는 a 접점을 통하여 X의 코일은 계속 여자된다.
③ X코일이 계속 여자되어 있는 상태에서 소자되도록 하려면 자기 유지 접점을 통하여 릴레이에 공급하는 전원을 차단시켜야 한다. 즉 입력을 상실하도록 해야 한다.

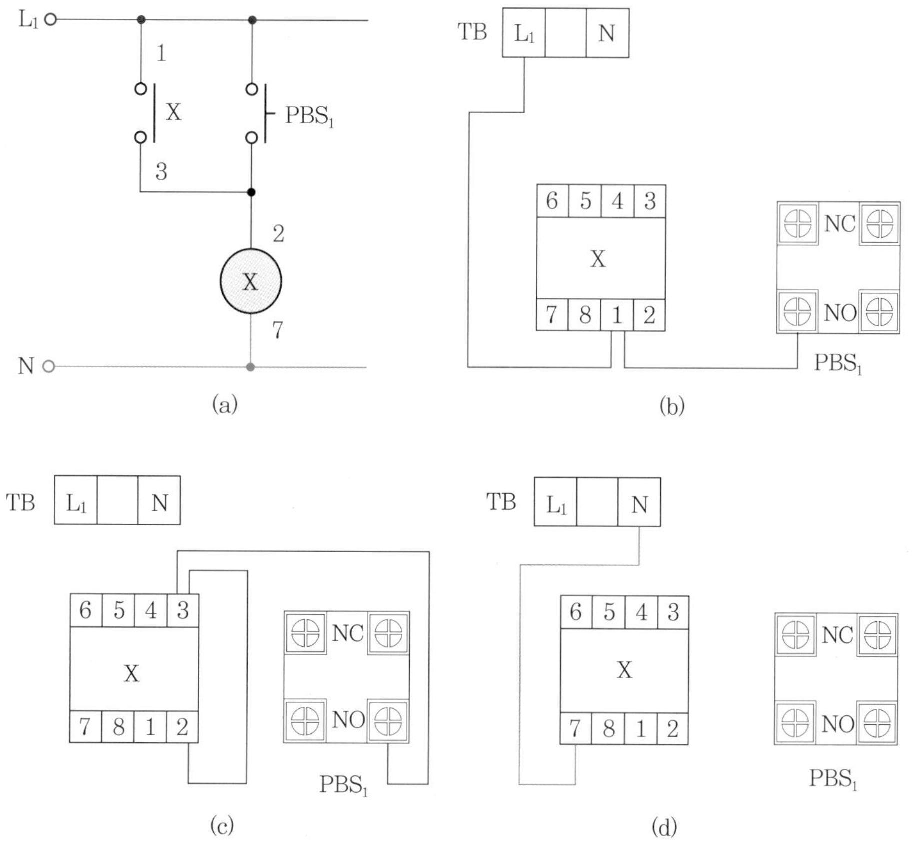

그림 2-39 자기 유지 기본 회로

2 ON 우선 동작 회로

다음 그림은 입력의 차단 방법을 말하는 것이며, 누름 버튼 스위치 PBS_1과 PBS_2를 동시에 누르면 릴레이가 여자되어 동작하는 회로이다.

동작 설명

PBS_1과 PBS_2를 동시에 눌렀을 때 누름 버튼 스위치 PBS_1에 의하여 회로가 연결되어 릴레이 X가 여자되므로 ON이 우선인 회로라고 한다.

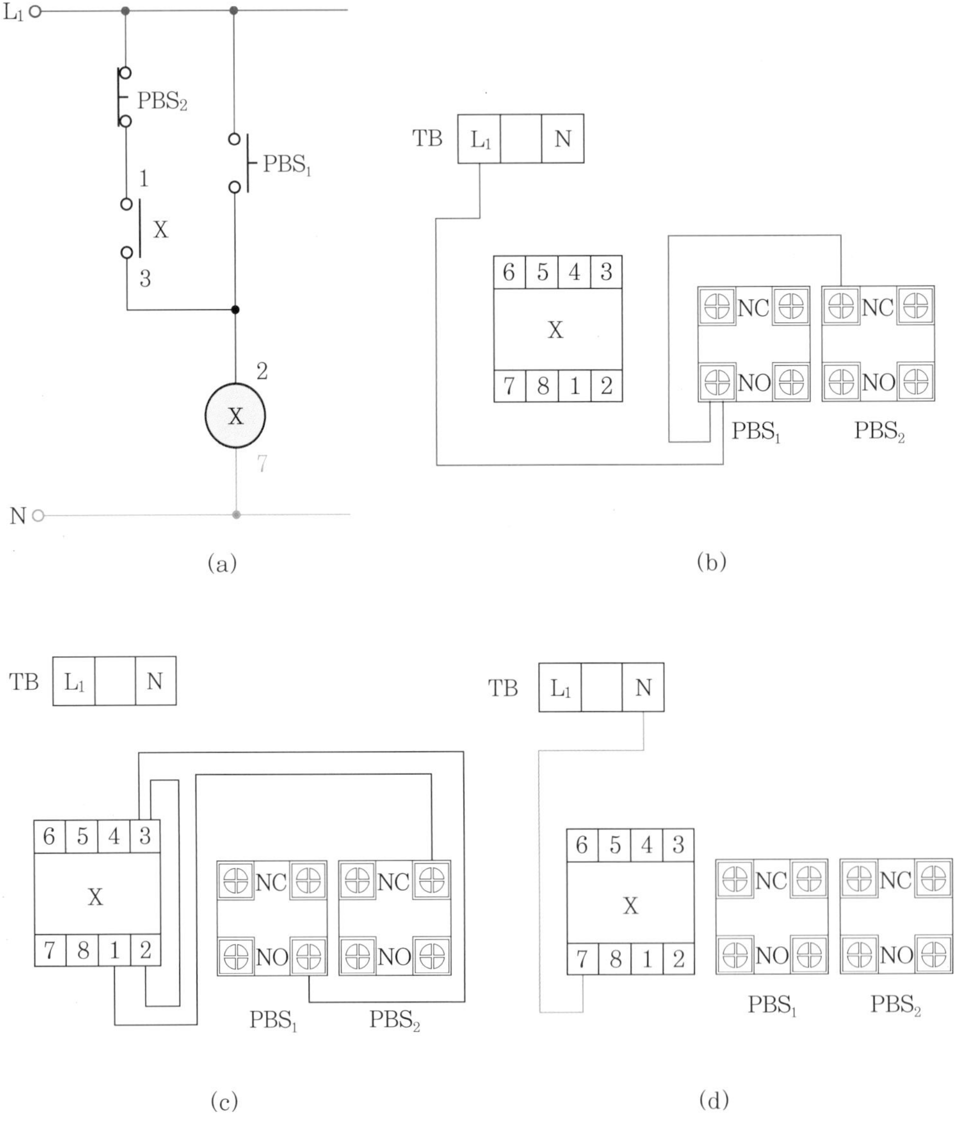

그림 2-40 ON 우선 동작 회로

3 OFF 우선 동작 회로

다음 그림은 입력의 차단 방법 중 하나이며, 누름 버튼 스위치 PBS_1과 PBS_2를 동시에 누르면 PBS_2에 의해서 회로가 차단되는(b접점 입력이 열리면 릴레이 동작이 정지되는) 회로이다.

동작 설명

PBS_1과 PBS_2를 동시에 눌렀을 때 누름 버튼 스위치 PBS_2에 의하여 회로가 차단되므로 릴레이 X는 여자되지 않는다.

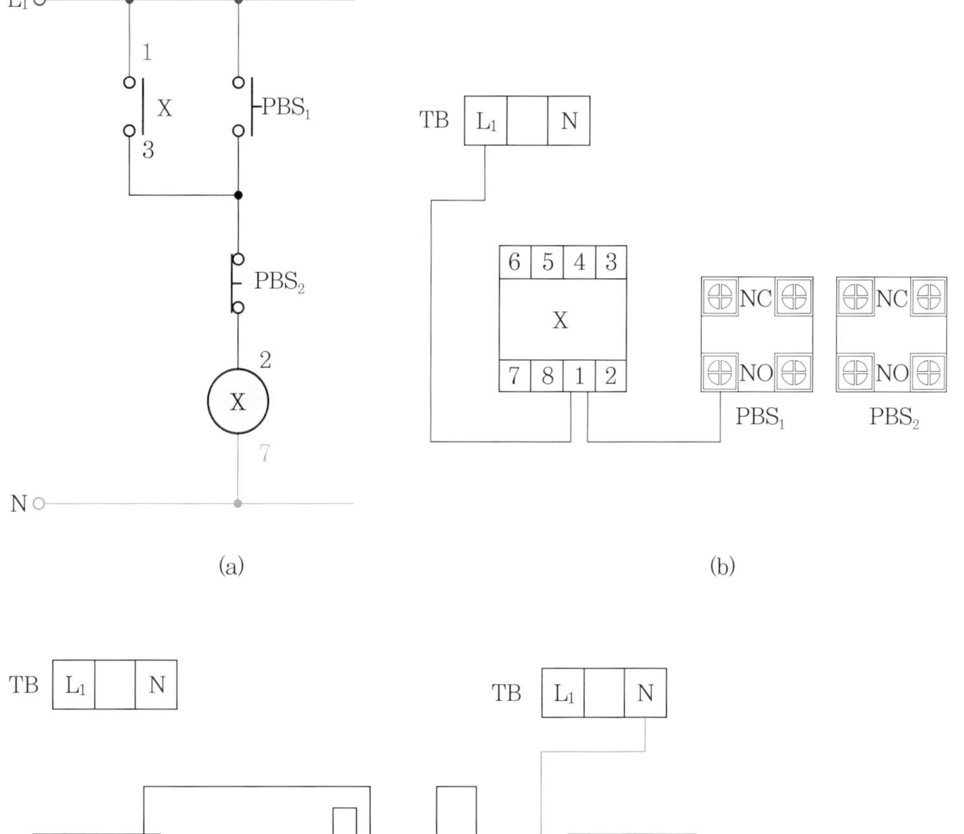

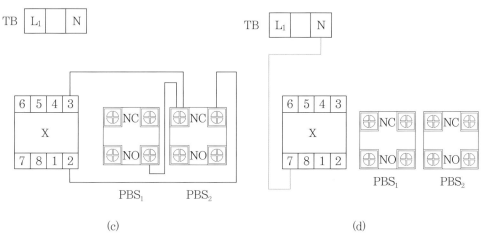

그림 2-41 OFF 우선 동작 회로

4 2중 코일 회로

다음 그림은 큰 전류가 흘러서 릴레이의 접점을 동작시키는 동작 코일 X_1과 동작 후 작은 전류로 동작 상태를 유지시키는 유지 코일 X_2를 가지고 있으며, 각각의 동작 상태를 이용하여 자기 유지시키는 회로이다.

동작 설명

① PBS_1을 누르면 코일 X_1이 여자되어 릴레이 X_1의 a 접점이 닫히고, PBS_2의 b 접점과 X_1 접점을 통하여 회로가 구성되어 코일 X_2도 여자된다.

② PBS_1에서 손을 떼었을 때 동작 코일 X_1은 소자되어 동작이 정지되고, 코일 X_2는 계속 자기 유지된다.

③ PBS_2를 눌렀을 때 유지 회로도 차단되고 X_2가 소자되어 모든 동작이 중지된다.

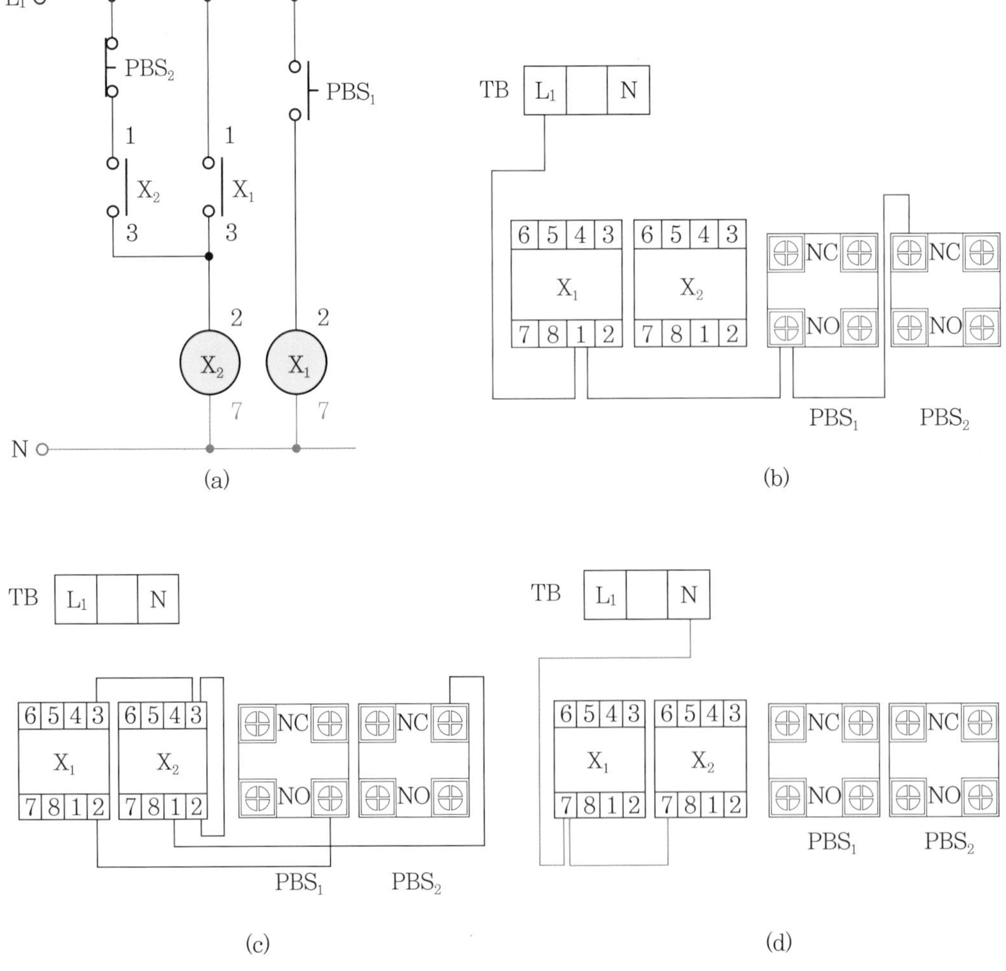

그림 2-42 2중 코일 회로

5 쌍안정 회로

다음 그림과 같이 기계적 접점인 유지형 접점을 사용한 릴레이로서 작동 코일과 복귀 코일의 2개의 코일이 있으며, 접점은 기계적으로 유지되고, 단일 접점은 한 방향에서 다른 쪽으로 이동시키는 일을 한다.

동작 설명

① PBS_1을 눌러 전원을 공급하였을 때 릴레이 코일 X_1이 여자되고, PBS_1을 제거해도 그 상태를 계속 유지한다.

② PBS_2를 누르면 릴레이 코일 a 접점 X_1이 닫혀 있는 상태이므로 릴레이 코일 X_2가 여자되고 X_2의 b 접점에 의해 X_1이 소자되며, X_1의 a 접점에 의해 X_2도 소자된다.

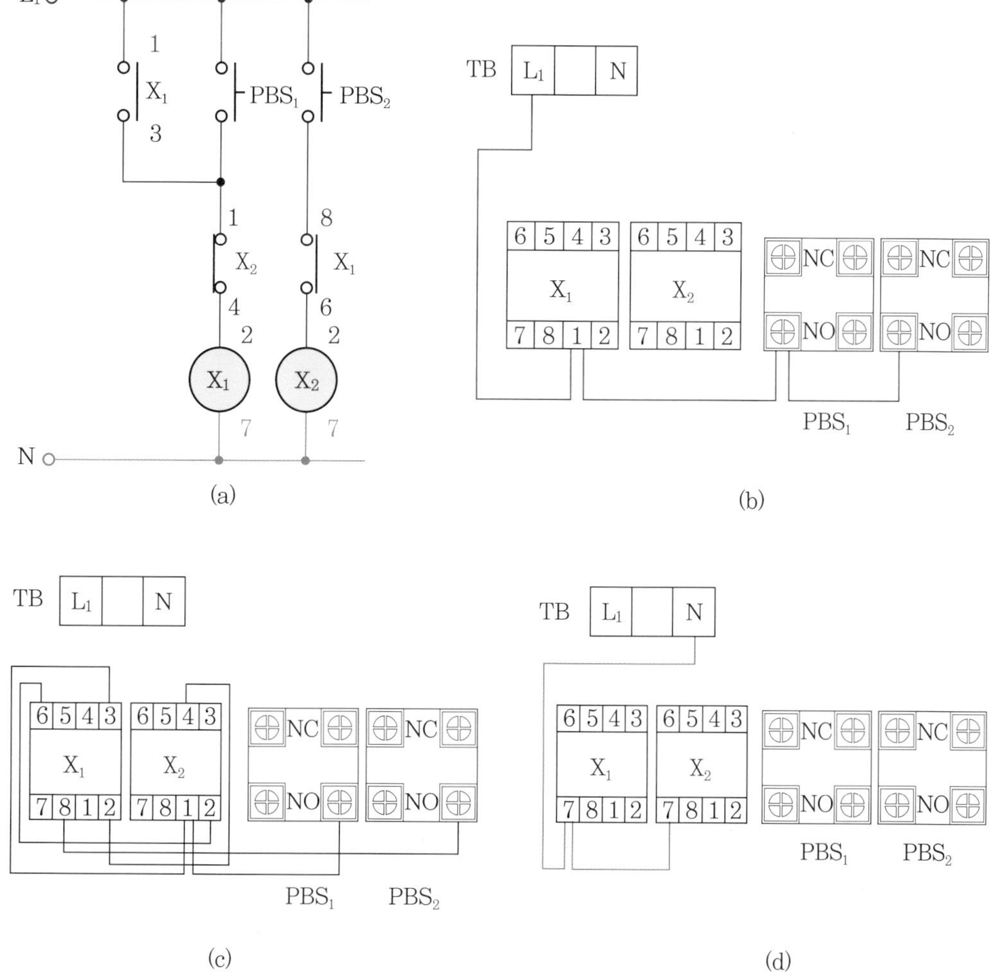

그림 2-43 쌍안정 회로

3-3 2개소 기동 · 정지 회로

별개의 2개소에서 각각 계전기 코일 X를 여자 및 소자시킬 수 있는 제어 회로로서 기동용 버튼 스위치는 병렬로 연결하고 정지용 버튼 스위치는 직렬로 연결하여 구성한다.

1 OFF 우선 회로의 2개소 기동 · 정지 회로

동작 설명

① PBS_1 또는 별개의 개소 PB_2를 누르면 릴레이 코일 X가 여자 및 자기 유지된다.

② PBS_3 또는 PBS_4를 누르면 X는 소자된다.

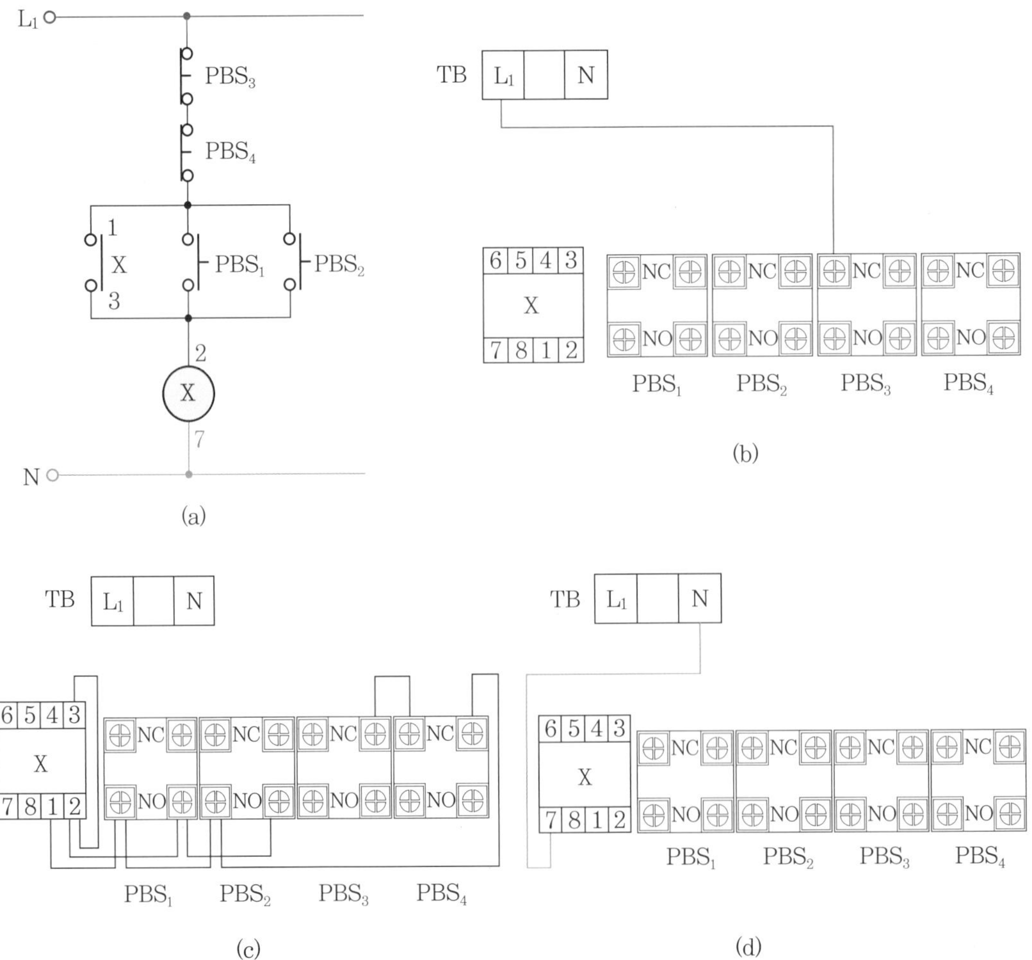

그림 2-44 OFF 우선 회로의 2개소 기동 · 정지 회로

2 ON 우선 회로의 2개소 기동 · 정지 회로

동작 설명

PBS_1을 눌러 전원을 공급하였을 때 릴레이 코일 X_1이 여자되고, PBS_1을 제거해도 그 상태를 계속 유지한다.

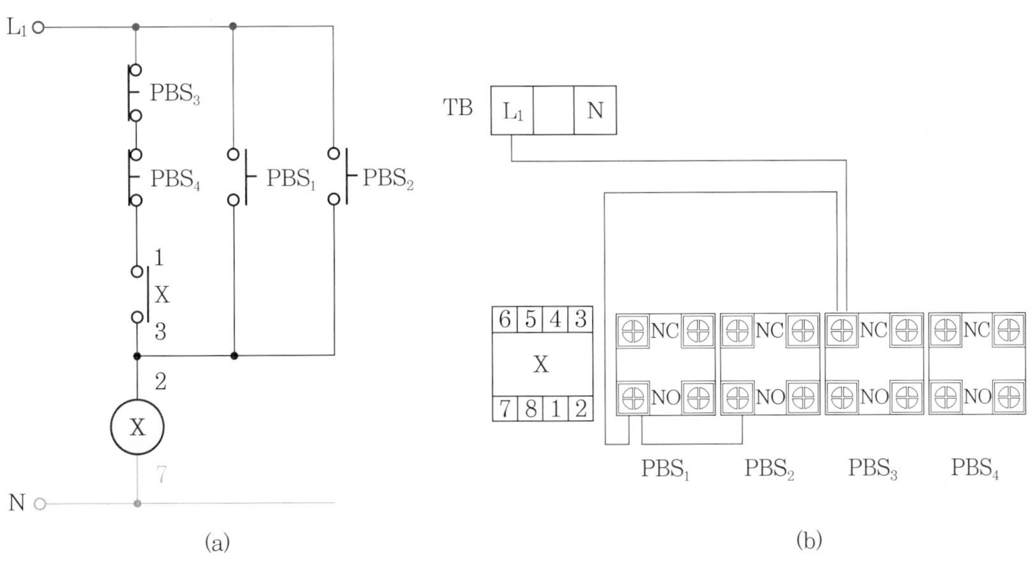

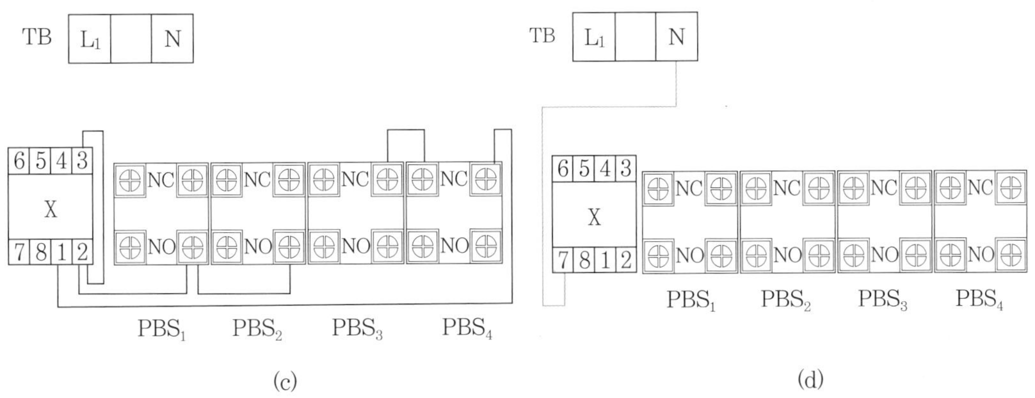

그림 2-45 ON 우선 회로의 2개소 기동 · 정지 회로

3-4 인칭 회로

기동 및 정지용 버튼 스위치에 의한 계전기 코일의 여자와 소자 동작을 얻는 것 이외에 기계의 미소 시간의 순간 동작을 얻기 위해 인칭용 버튼 스위치를 누르는 동안에만 계전기가 여자되어 동작하는 회로이며 촌동 회로라고도 한다.

1 OFF 우선 인칭 회로

동작 설명

① PBS_1을 누르면 X는 여자되고 자기 유지가 구성된다.

② PBS_2를 누르면 계전기 코일 X는 소자된다.

③ PBS_3를 누르면 누르는 동안만 계전기 코일 X가 여자되고 PBS_3에서 손을 떼면 계전기 코일 X가 소자되어 정지한다.

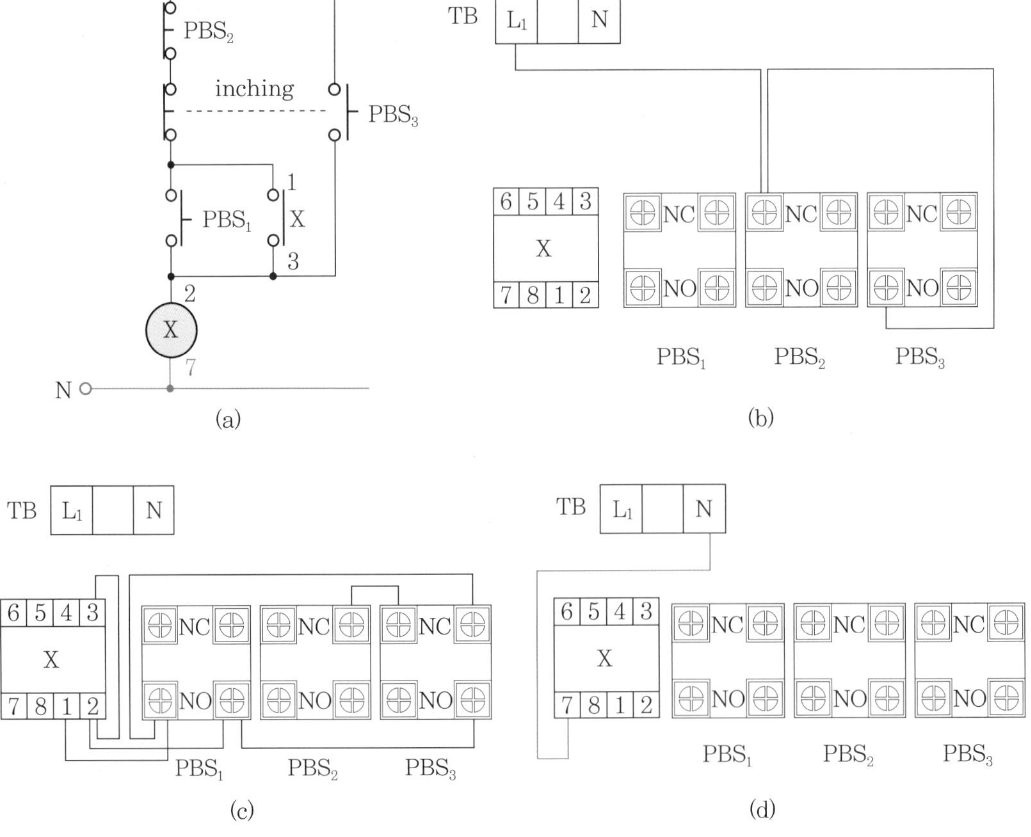

그림 2-46 OFF 우선 인칭 회로

2 ON 우선 인칭 회로

동작 설명

① PBS_1을 누르는 동안 X는 여자된다.

② PBS_2를 누르면 X는 여자되고 자기 유지가 구성된다.

③ PBS_3를 누르면 X은 소자된다.

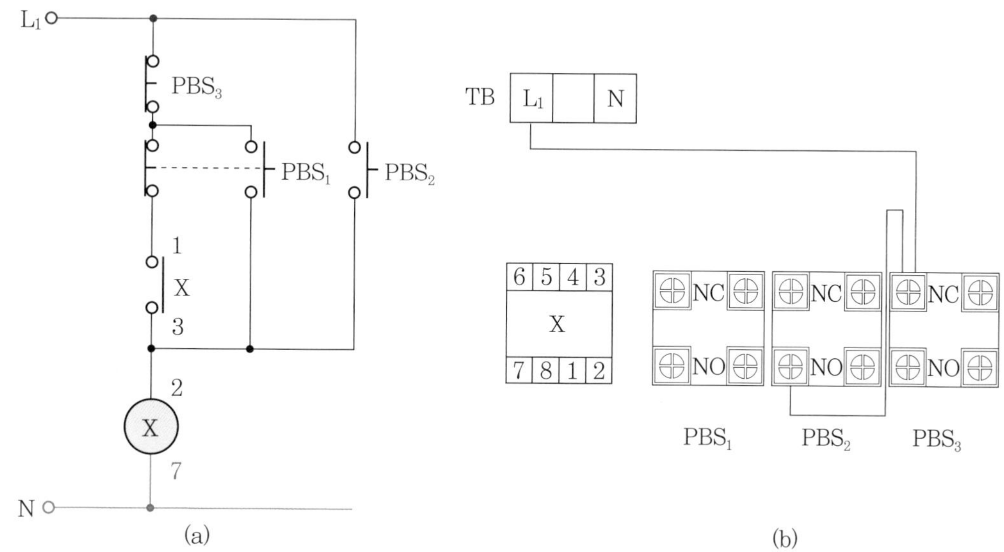

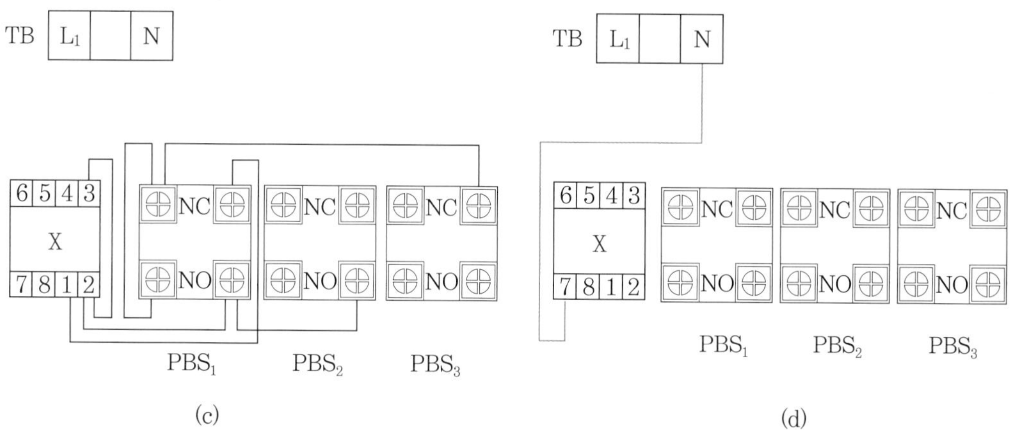

그림 2-47 ON 우선 인칭 회로

3-5 우선 회로(인터로크 회로)

2개의 입력 중 먼저 동작시킨 쪽의 회로가 우선적으로 동작하며, 다른 쪽에 입력 신호가 들어오더라도 동작하지 않는 회로로 주로 전동기의 정 · 역 회로에서 회로 보호용으로 사용되며 인터로크 회로라고 한다.

1 선행 우선 회로

여러 개의 입력 신호 중 제일 먼저 들어오는 신호에 의해 동작하고 늦게 들어오는 신호는 동작하지 않는 회로를 선행 우선 회로라 한다.

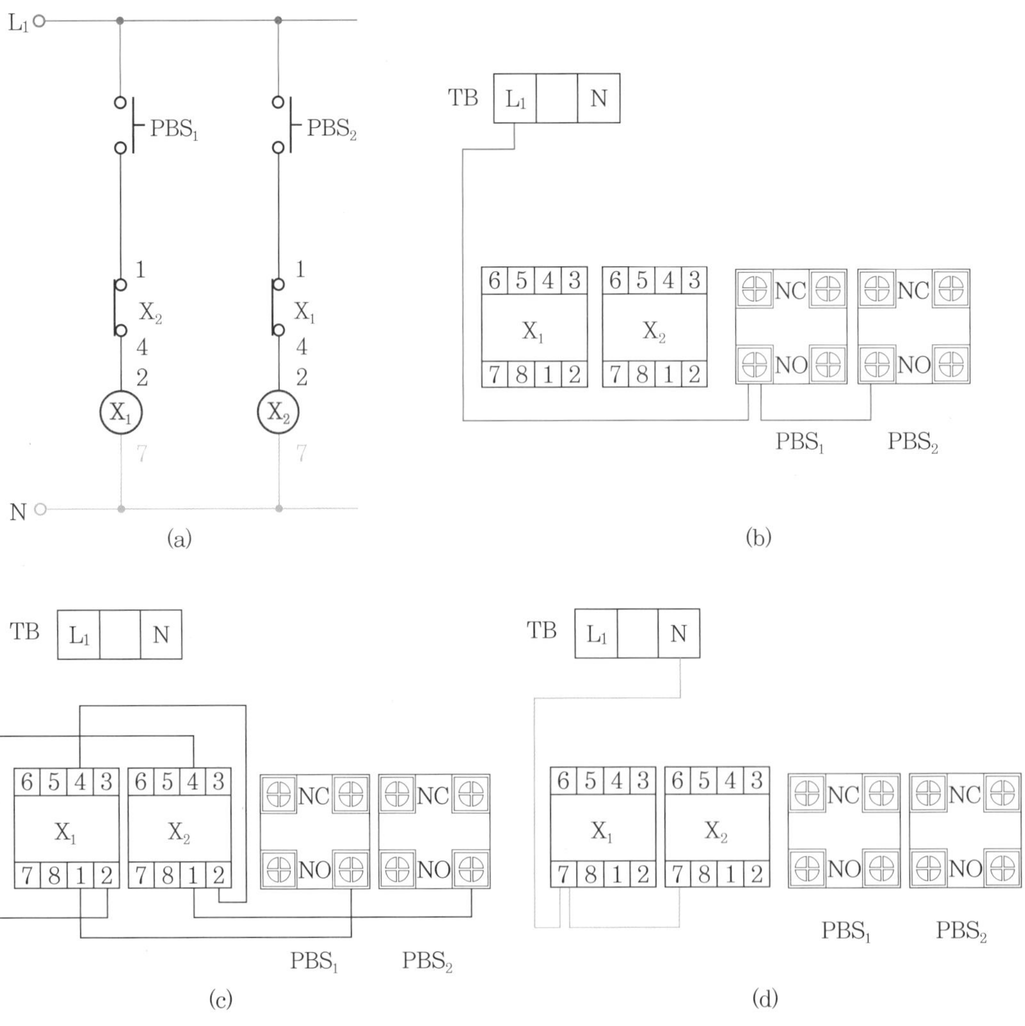

그림 2-48 선행 우선 회로

동작 설명

① PBS_1을 누르면 릴레이 코일 X_1이 동작한다. 이때 릴레이 코일 X_1의 b 접점은 떨어지며, PBS_2를 눌러도 X_2는 동작하지 않는다.

② X_1이 동작하지 않을 때 PBS_2를 누르면 릴레이 코일 X_2 코일이 동작한다. 이때 릴레이 코일 X_2가 동작하면 릴레이 코일 X_2 코일의 b 접점은 떨어지며, PBS_1을 눌러도 릴레이 코일 X_1 코일의 b 접점에서 차단되어 릴레이 코일 X_2는 동작하지 않는다.

2 우선 동작 순차 회로

여러 개의 입력 조건 중 어느 한 곳의 최소 입력이 부여되면 그 입력이 제거될 때까지는 다른 입력을 받아들이지 않고 그 회로 하나만 동작한다.

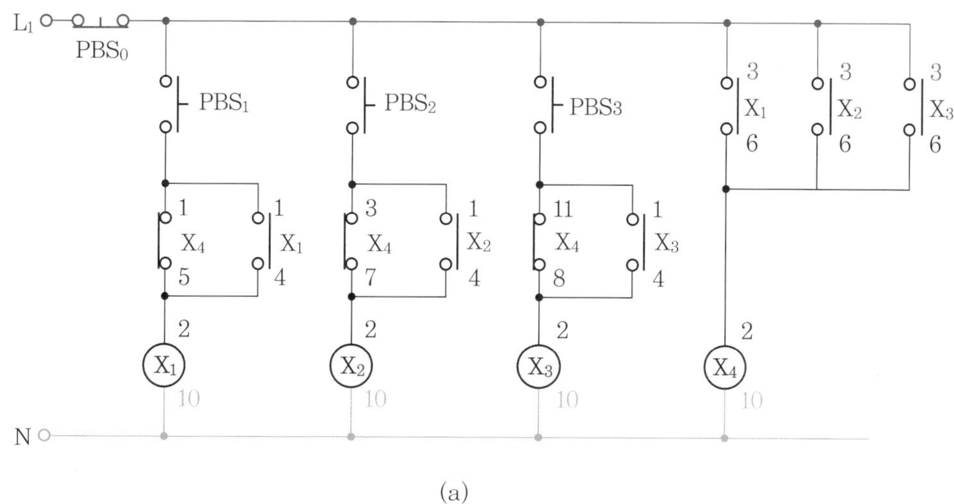

(a)

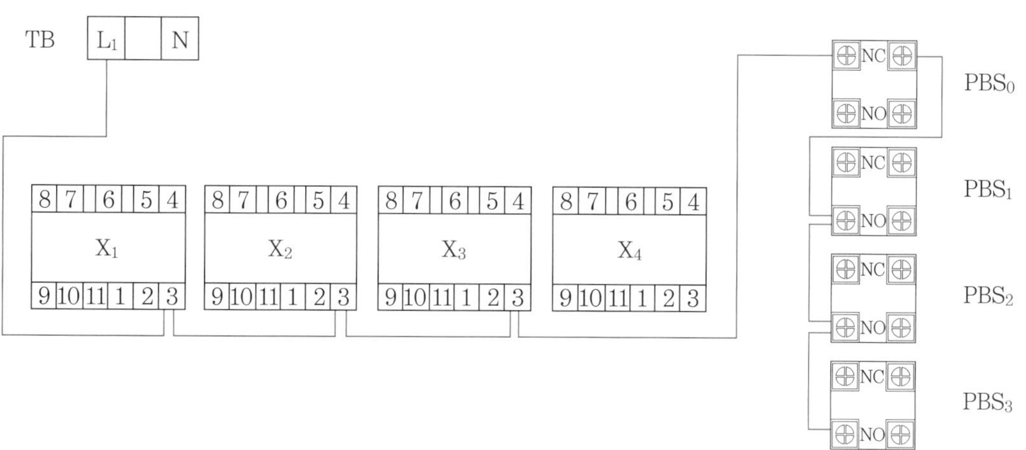

(b)

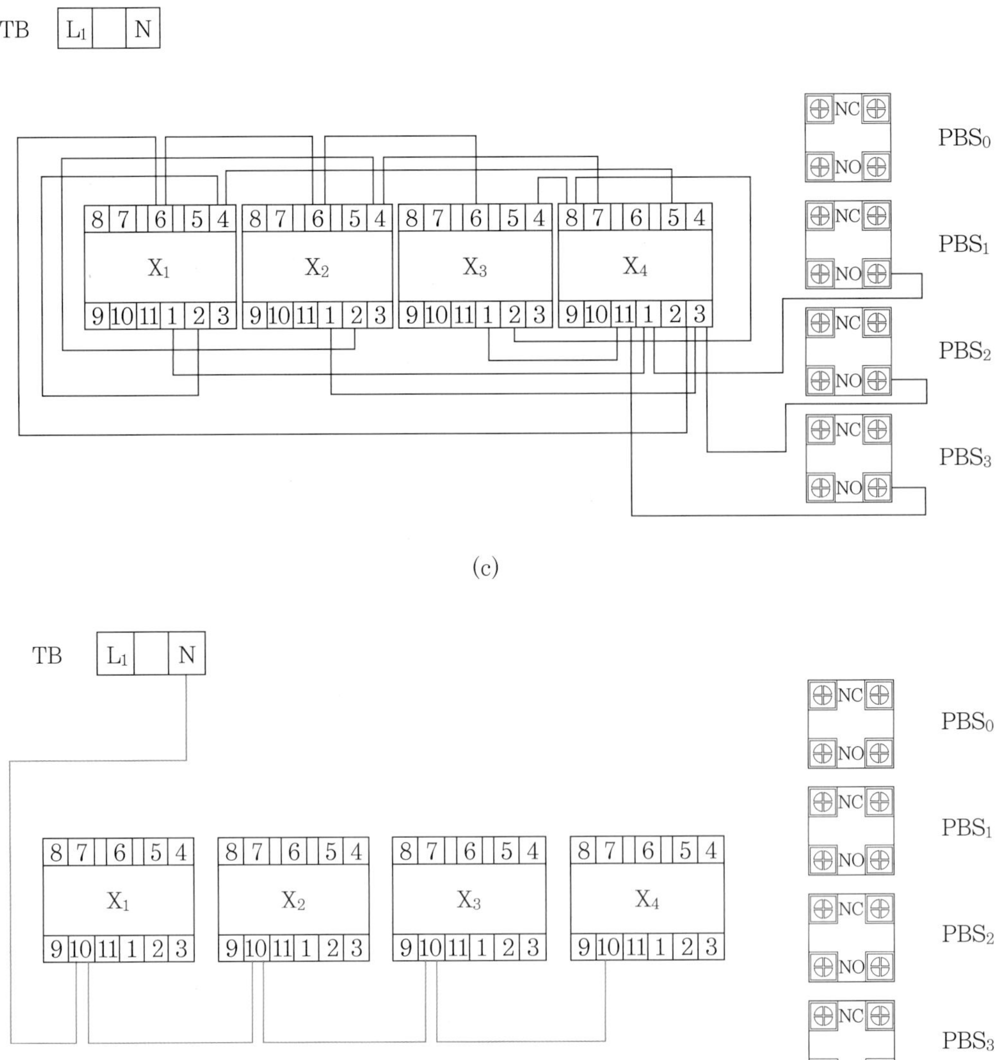

(c)

(d)

그림 2-49 우선 동작 순차 회로

동작 설명

PBS_1, PBS_2, PBS_3 중 제일 먼저 누른 스위치에 의해 X_4의 릴레이가 동작한다. 이때 X_4의 b 접점이 각각 회로에 직렬로 연결되어 있어서 다른 푸시 버튼 스위치를 눌러도 릴레이는 동작하지 않는다. 따라서 가장 먼저 누른 신호가 우선이 된다.

3 순위별 우선 회로

입력 신호에 미리 우선 순위를 정하여 우선 순위가 높은 입력 신호에서 출력을 내는 회로이며, 입력 순위가 낮은 곳에 입력이 부여되어 있어도 입력 순위가 높은 곳에 입력이 부여되면 낮은 쪽을 제거하고 높은 쪽에서만 출력을 낸다.

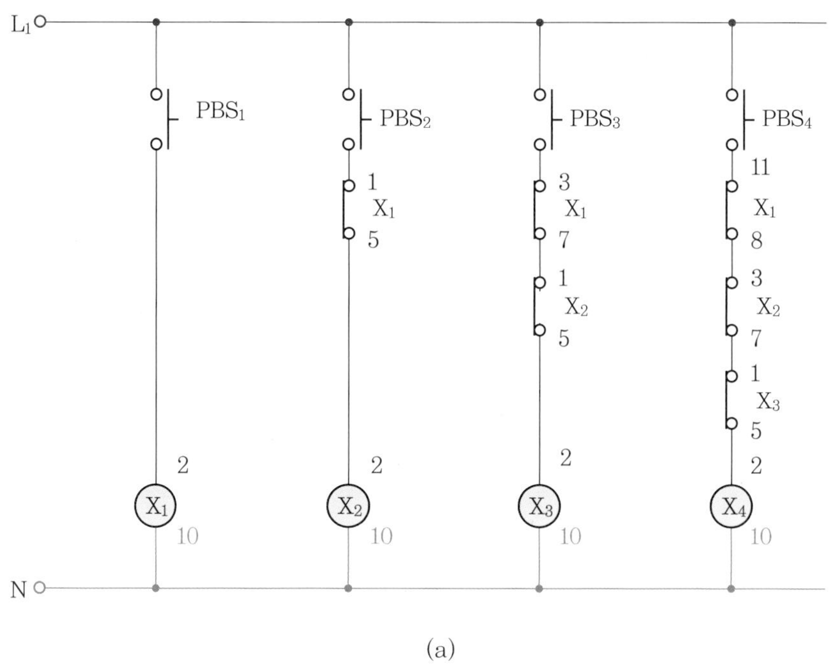

(a)

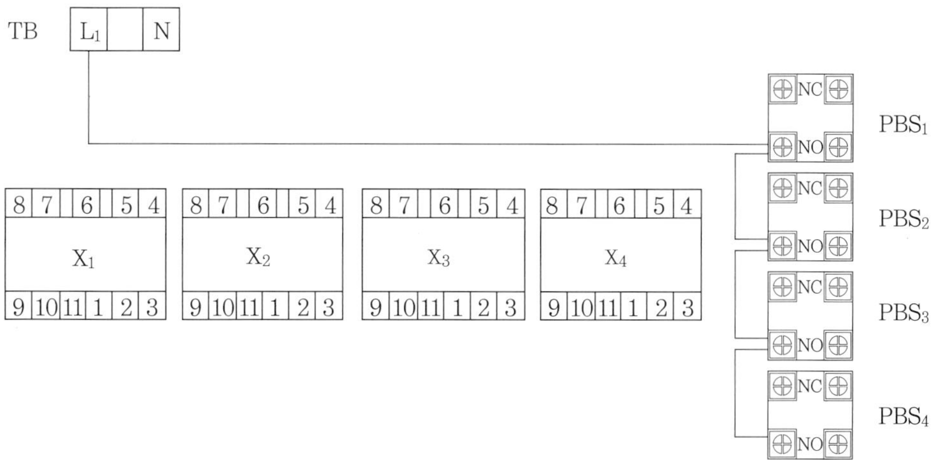

(b)

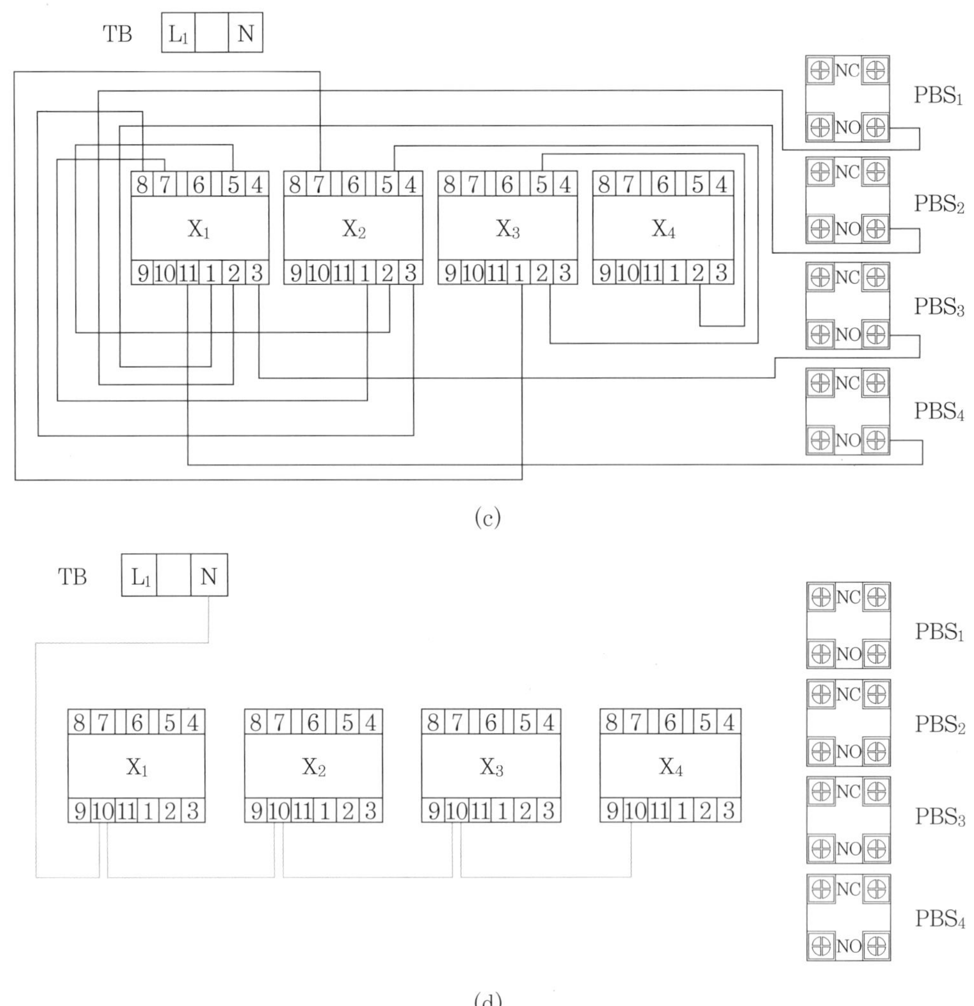

(c)

(d)

그림 2-50 순위별 우선 회로

동작 설명

① PBS_1을 누르면 릴레이 코일 X_1이 동작한다. 릴레이 코일 X_1이 동작하면 릴레이 코일 X_1의 b 접점 X_1을 열어도 릴레이 코일 X_2, 릴레이 코일 X_3, 릴레이 코일 X_4의 회로를 차단한다.

② PBS_2를 누른 후 PBS_1를 눌렀을 때 먼저와 같이 되어 릴레이 코일 X_2는 동작하지 않는다.

③ PBS_2를 누른 후 PBS_1의 입력을 주었을 때도 릴레이 코일 X_2는 동작하지 않는다. 릴레이 코일 X_2가 동작되면 릴레이 코일 X_2의 b 접점 X_2를 열어서 릴레이 코일 X_3, 릴레이 코일 X_4의 회로를 off시킨다. 그러나 입력 PBS_1을 누르면 다시 릴레이 코일 X_1은 동작되고 b 접점 X_1에 의해 릴레이 코일 X_2의 동작은 정지된다.

3-6 타이머 회로

타이머는 정해진 설정 시간이 경과한 후에 그 접점이 개로(open) 또는 폐로(close) 하는 장치로서 인위적으로 시간 지연을 만들어 내는 한시 계전기를 말한다.

1 지연 동작 회로

동작 설명

① PBS_1을 누르면 타이머 코일 T가 동작을 시작한다. 타이머 코일 T가 동작되면 타이머 순시 a 접점에 의해 자기 유지된다.

② PBS_2를 누르면 타이머의 전원이 차단되며, 타이머의 한시 동작 순시 복귀 접점이 원래의 상태로 돌아온다.

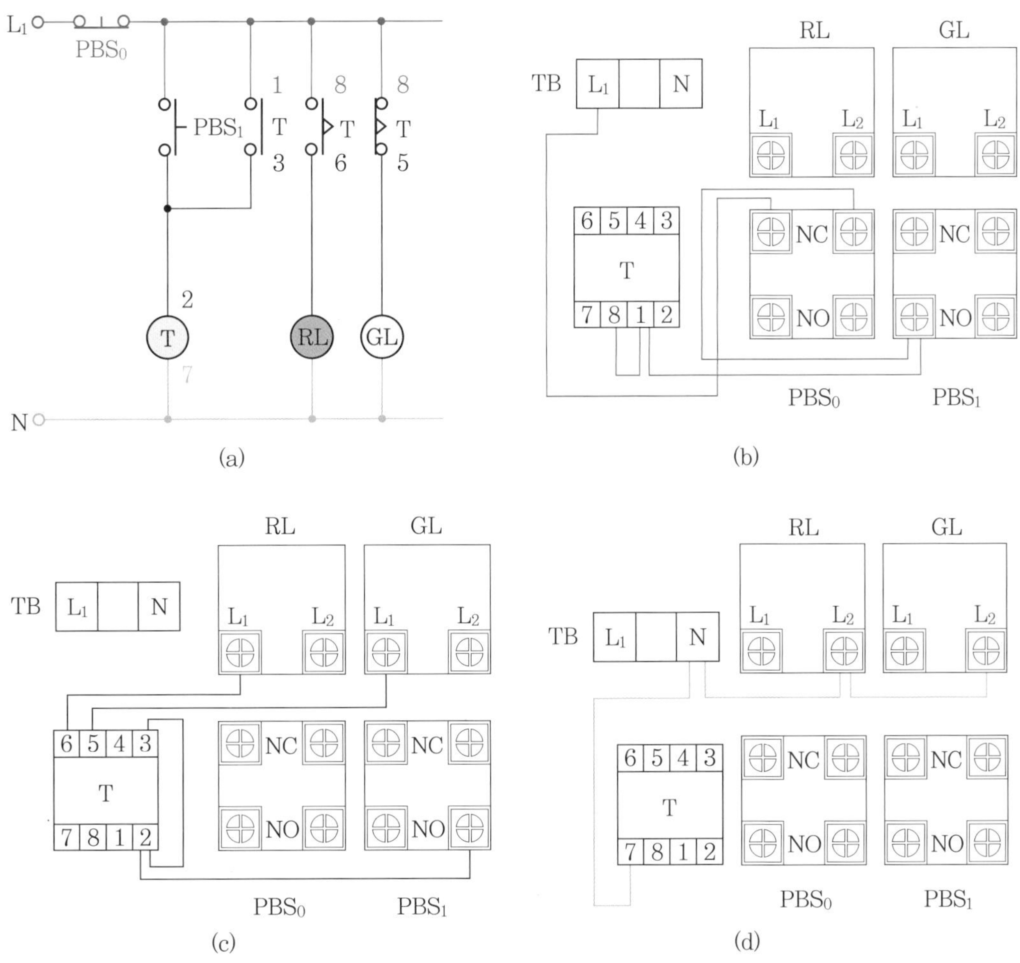

그림 2-51 지연 동작 회로

2 순시 동작 한시 복귀 동작 회로

동작 설명

① PBS_1을 누르면 릴레이 코일 X_1이 여자되며 릴레이 a 접점에 의해 자기 유지된다.

② PBS_2를 누르면 릴레이 코일 X_1 회로가 차단되고 릴레이 X_1의 b 접점이 닫혀서 타이머 코일 T가 동작된다. 설정 시간 후 타이머의 한시 접점 T가 열려서 릴레이 코일 X_2의 전원도 차단시킨다.

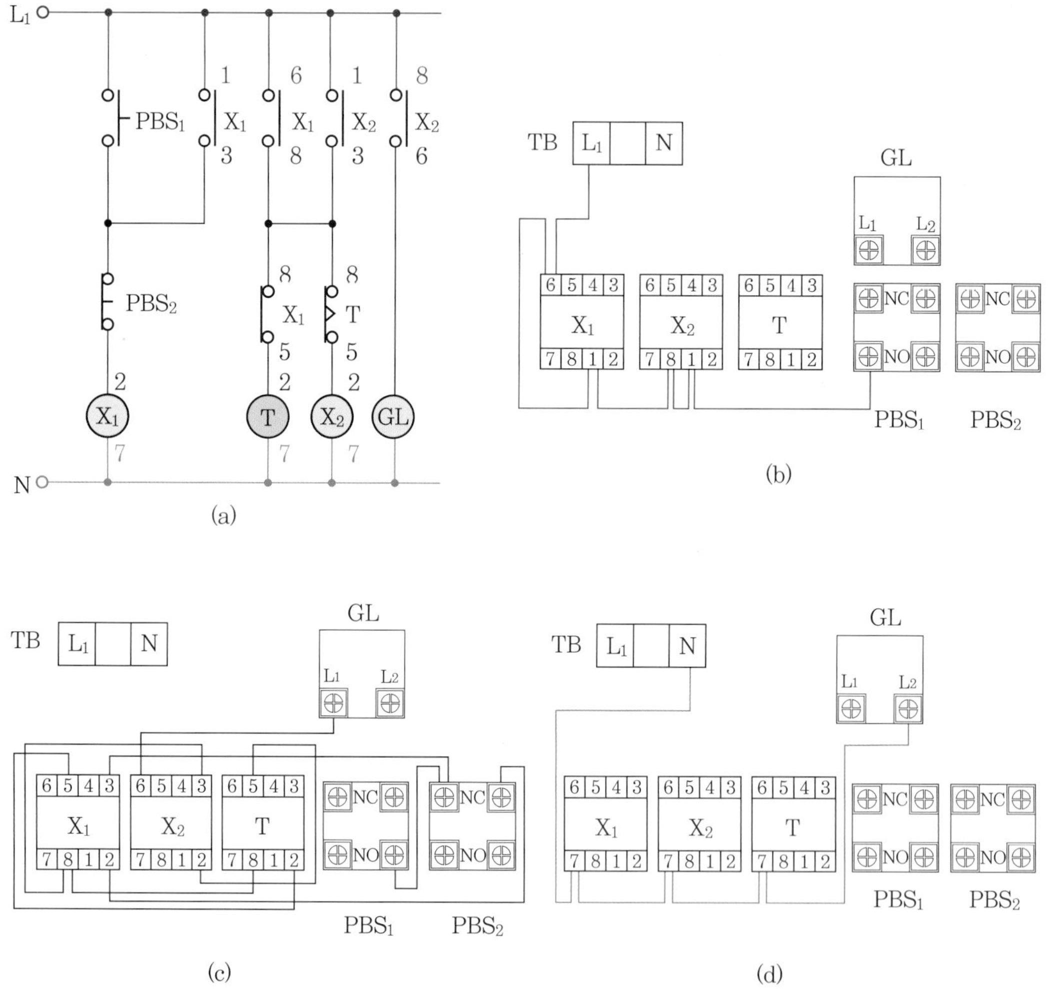

그림 2-52 순시 동작 한시 복귀 동작 회로

3 지연 동작 한시 복귀 동작 회로

동작 설명

① PBS_1을 누르면 T_1이 동작하고, t초 후에 릴레이 코일 X_1이 동작하여 자기 유지 된다.

② 타이머 T_2에 의해 t초 후에 릴레이 코일 X가 소자된다.

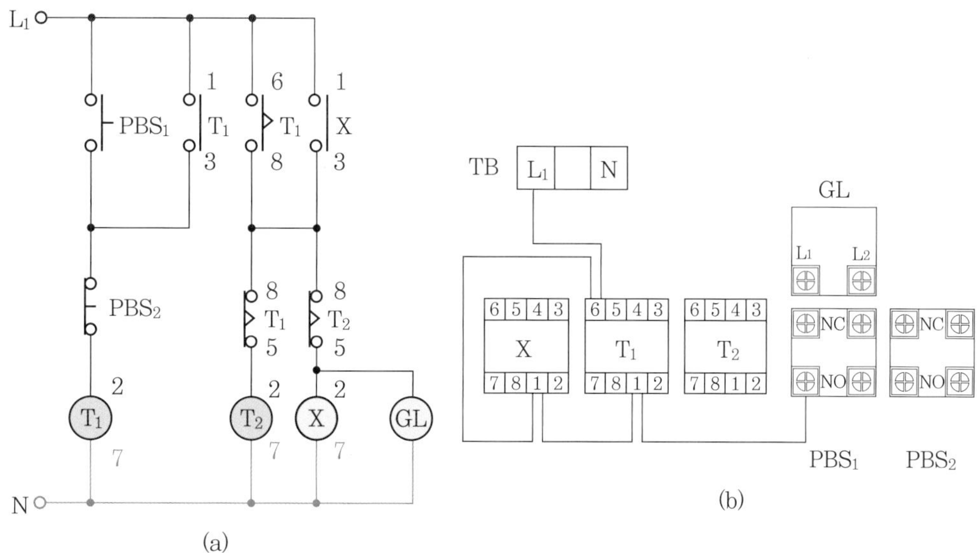

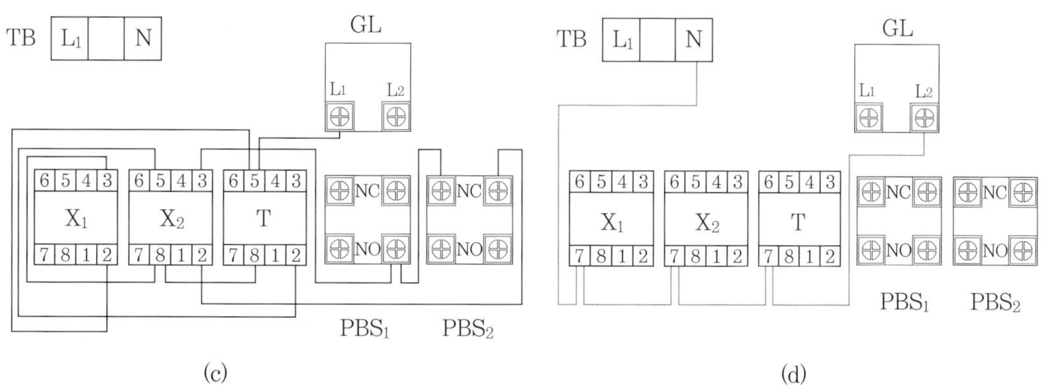

그림 2-53 지연 동작 한시 복귀 동작 회로

4 지연 간격 동작 회로

입력 신호를 주면 설정 시간이 지난 후부터 출력을 시작하여 일정 시간 동안 출력을 내는 회로이다.

동작 설명

PBS_1을 누르면 T_1은 자기 유지된다. T_1의 t초 후에 T_2가 여자되고 GL램프는 점등되며 T_2 타이머의 t초 후에 GL램프는 소등된다

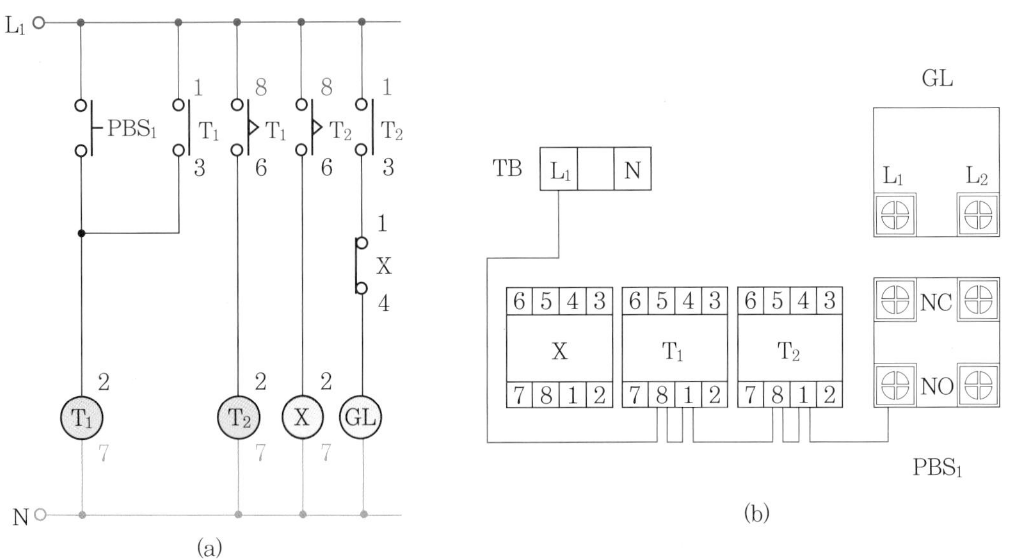

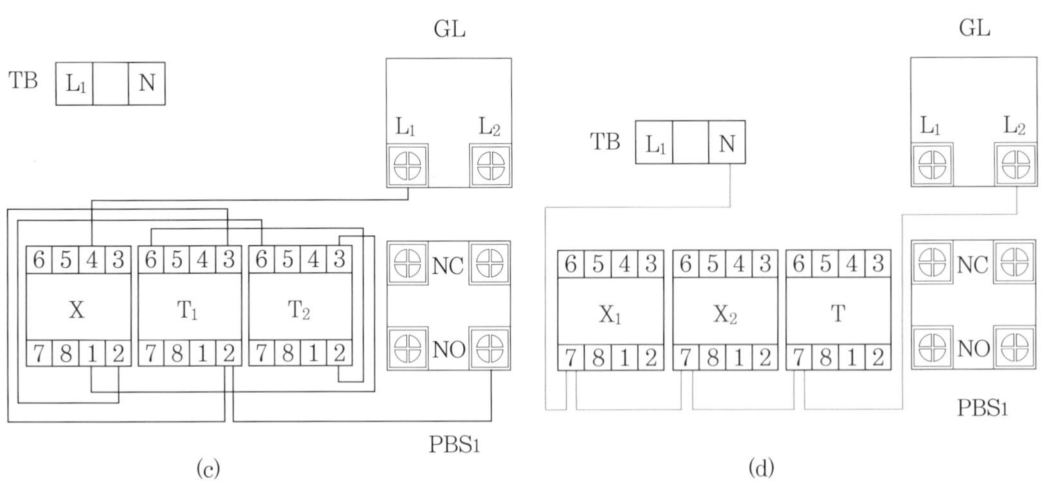

그림 2-54 지연 간격 동작회로

5 주기 동작 회로

입력 신호에 의해서 일정 시간 동안 출력을 유지하다가 출력이 정지되고 출력이 정지된 후 다시 일정 시간이 지나면 다시 출력을 내는 출력의 동작을 반복하는 회로이다.

동작 설명

① PBS_1을 누르면 릴레이 X와 T_1은 여자되고 릴레이 X에 의해 자기 유지되고 GL 램프가 점등된다.

② 타이머 T_1의 t초 시간 후 T_2는 여자되고 T_1이 소자, GL램프가 소등된다.

③ 타이머 T_2의 t초 시간 후 T_2는 소자되고 다시 T_1이 여자되며 처음부터 다시 반복한다.

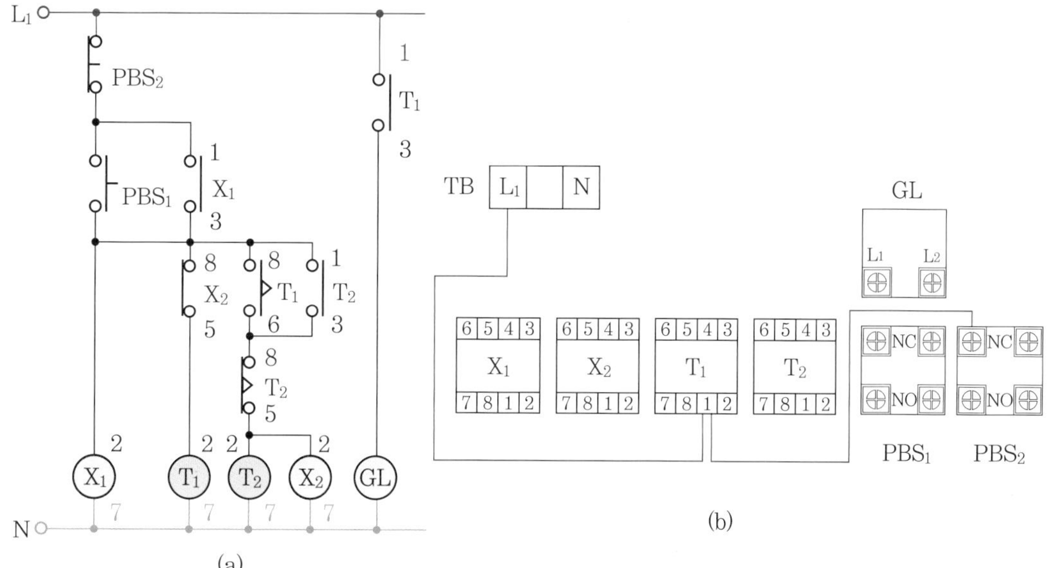

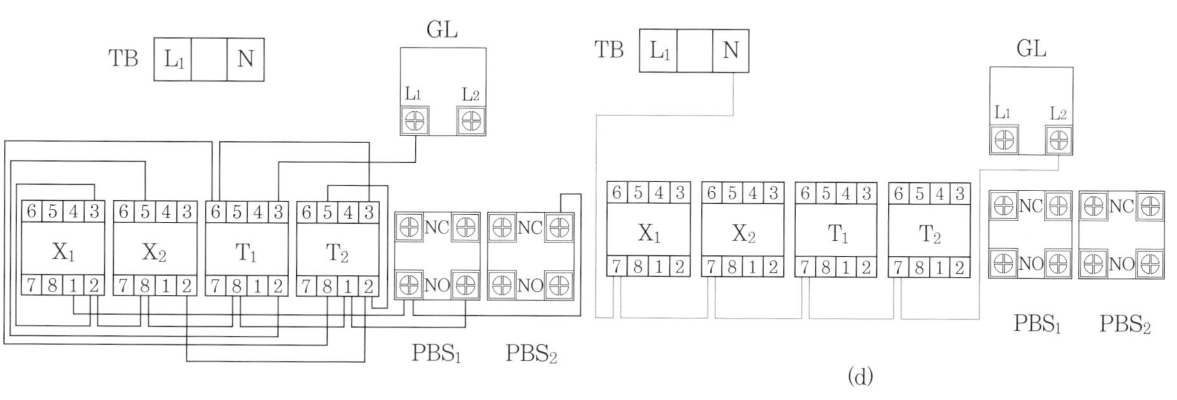

그림 2-55 주기 동작 회로

6 동작 검출 회로

입력 신호가 설정된 시간보다 길어질 경우에 작동하는 회로이다.

동작 설명

① PBS_1을 누르는 시간이 타이머 설정 시간보다 길어질 경우 릴레이 X는 여자되고 램프 YL은 점등된다.

② PBS_2를 누르면 릴레이 X는 소자되고 YL은 소등된다.

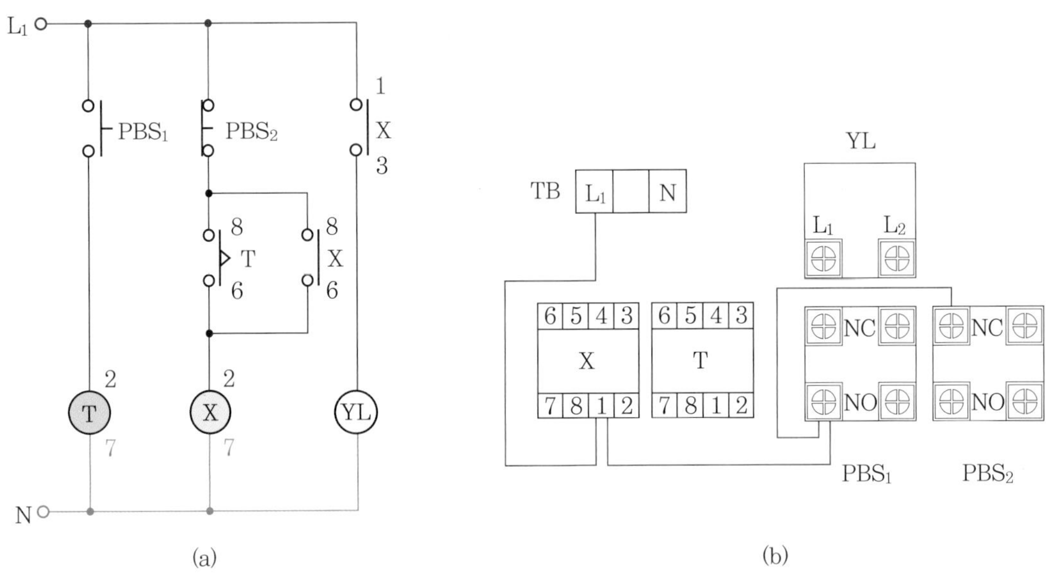

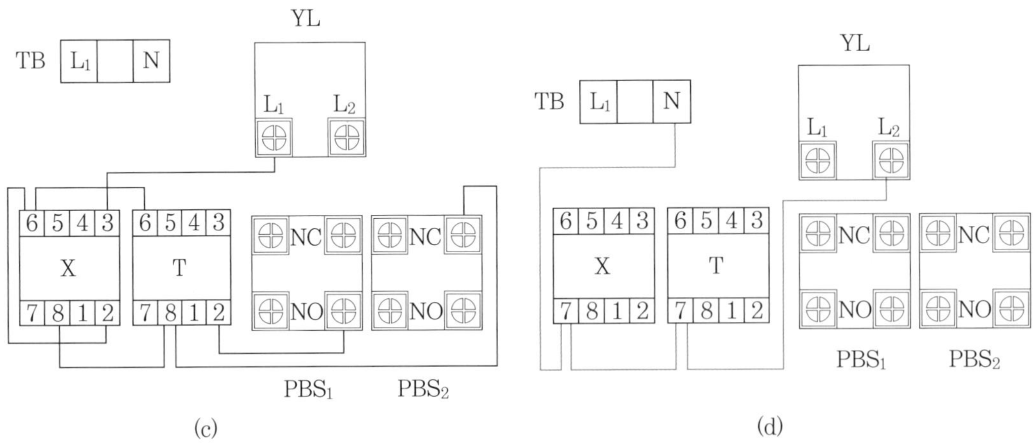

그림 2-56 동작 검출 회로

유도 전동기 제어 회로

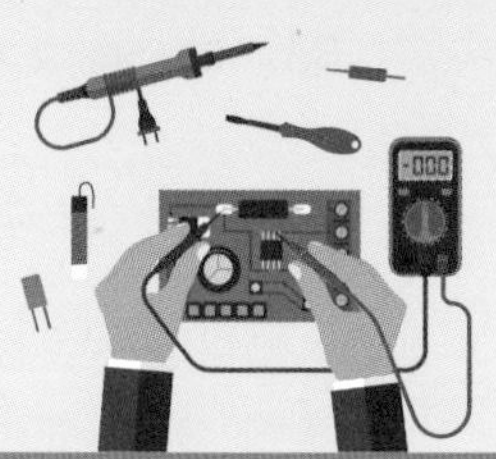

4-1 유도 전동기의 종류

1 농형 유도 전동기

회전자의 구조가 간단하고 튼튼하며 운전 성능이 좋으므로 대부분의 삼상 전동기는 농형이다. 기동시에 큰 기동 전류(전부하 전류의 500~600%)가 흐르게 되어 권선이 타기 쉽고 공급 전원에 나쁜 영향을 끼친다. 기동 토크는 전부하 토크의 100~150% 정도이다.

2 권선형 유도 전동기

회전자에도 3상 권선을 감고(주로 Y결선), 각각의 단자를 슬립링을 통하여 저항기에 연결한다. 저항기의 저항치를 가감하여 광범위하게 기동 특성을 바꿀 수 있는 특징을 가지고 있다. 회전자 권선으로 인하여 농형보다 구조가 복잡하고 기동 전류는 전부하 전류의 100~150% 정도이며, 기동 토크는 전부하 토크의 100~150% 정도이므로 상대적으로 적은 전원 용량에서 큰 기동 토크를 얻을 수 있다. 기동이 빈번하여 농형으로는 열적으로 부적합한 경우 사용되고 있다.

4-2 3상 유도 전동기 전전압 기동법

3상 유도 전동기는 기동 시 기동 전류가 정격 전류의 5~6배로 증가된다.

일반적으로 기동 전류가 증가되어도 큰 문제가 되지 않는 5HP 이하의 소형 유도 전동기에서는 기동 시 전원 전압을 그대로 전동기에 인가시키는 전전압 기동 방법이 사용되며 직입 기동법이라고도 한다. 일반적으로 기동 전류가 증가되어도 큰 문제가 되지 않는 5HP 이하의 소형 유도 전동기에서는 기동 시 전원 전압을 그대로 전동기에 인가시키는 전전압 기동 방법이 사용되며 직입 기동법이라고도 한다.

1 3상 유도 전동기 정 · 역 운전

동력을 얻기 위한 경우 3상 유도 전동기가 일반적으로 사용되며, 1kW 이하의 소형인 경우에는 단상 유도 전동기를 사용한다. 전동기의 회전 방향을 변경하는 것을 정 · 역 제어라고 한다.

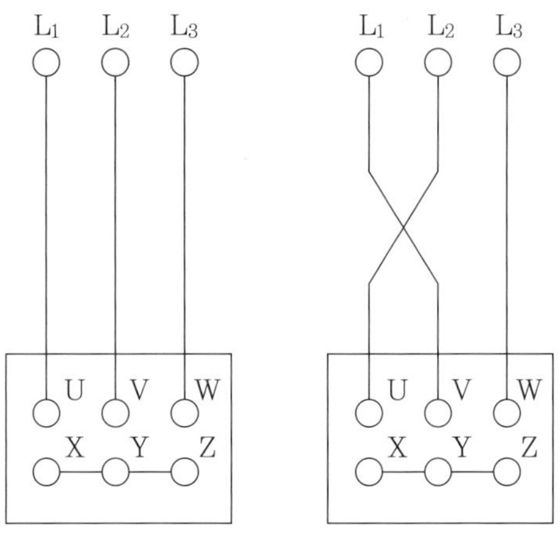

그림 2-57 3상 유도 전동기 정 · 역 결선

3상 유도 전동기의 정 · 역 운전은 전동기에 결선된 전원 L_1, L_2, L_3 상 중에서 임의의 두 상을 서로 바꾸어 결선한다. 단상 유도 전동기의 정 · 역 변경은 기동 코일과 운전 코일의 결선을 전동기 외부에서 전자 접촉기를 사용하여 기동 코일에 흐르는 전류의 방향이 반대가 되도록 접속을 반대로 바꾸어 준다.

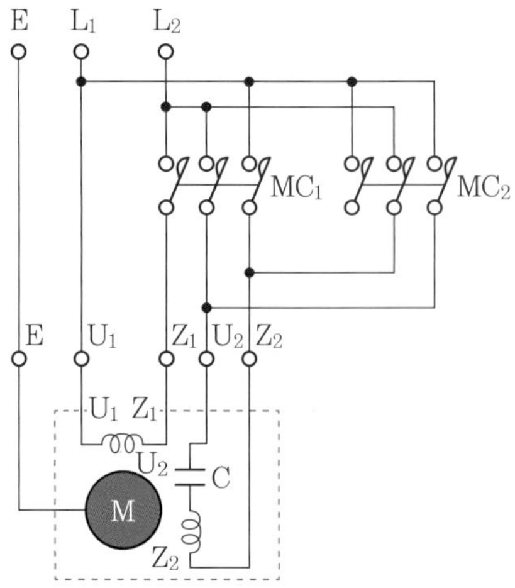

그림 2-58 단상 유도 전동기의 정 · 역

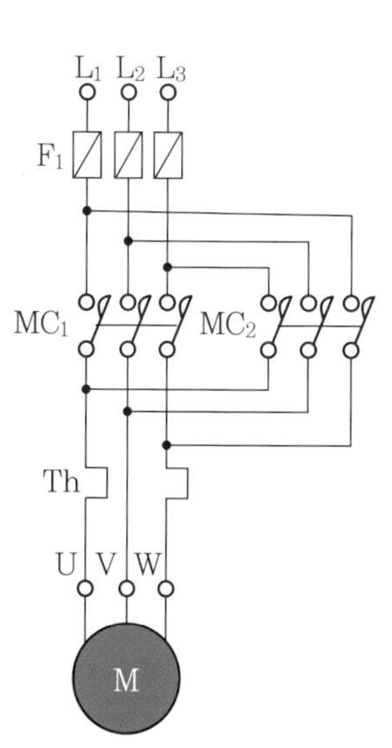

그림 2-59 3상 유도 전동기의 정 · 역

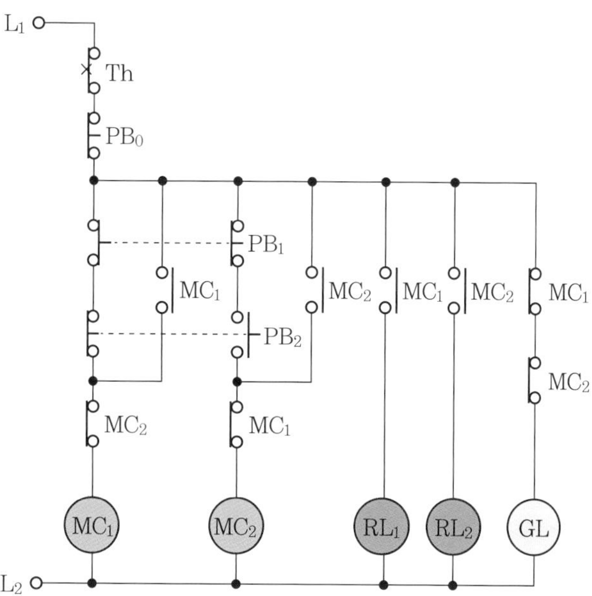

그림 2-60 정 · 역 제어 회로

동작 설명

① 푸시 버튼 스위치 PBS_1을 누르면 전자 접촉기 코일 MC_1이 여자되어 전동기는 정회전 방향으로 운전된다.

② 정회전 운전 중 푸시 버튼 스위치 PBS_2를 누르면 전자 접촉기 코일 MC_2가 여자되어 전동기는 역회전 방향으로 운전된다.

③ 역회전 운전 중 정회전 PBS_1을 누르면 바로 정회전으로 전환되어 운전된다.

④ 정회전이나 역회전 운전 중 푸시 버튼 스위치 PBS_0를 누르면 전동기는 정지된다.

⑤ RL_1은 정회전 동작 표시등, RL_2는 역회전 운전 표시등이며, GL은 정지 표시등이다.

4-3 3상 유도 전동기 Y-Δ 기동법

3상 농형 유동 전동기는 기동할 때 정격 전류의 5~6배 정도의 큰 기동 전류가 흐르게 되는데 이러한 기동 전류는 전동기의 권선을 과열시키고 역률을 저하시킬 뿐만 아니라 다른 부하에도 나쁜 영향을 미친다.

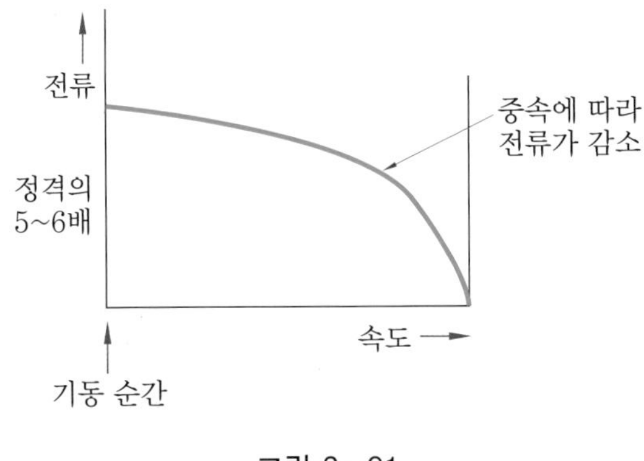

그림 2-61

① Y-Δ 기동 식은 기동 시에 고정자 권선을 Y결선으로 접속하여 기동하고 속도가 상승하면 Δ결선으로 전환시켜 운전하는 방법이다.

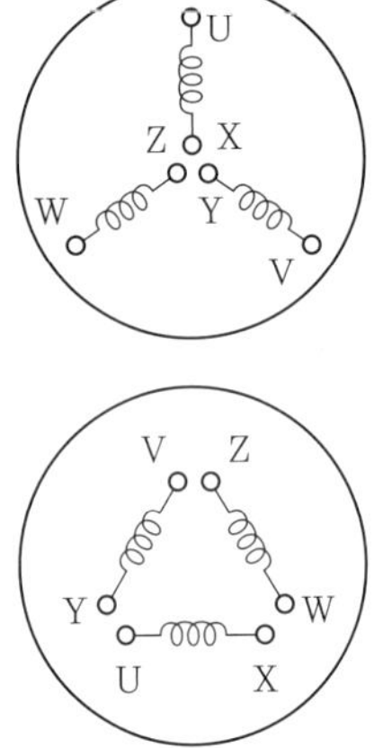

Y결선의 접속	Δ결선의 접속
L_1 → U	L_1 → U－Y
L_2 → V	L_2 → V－Z
L_3 → W	L_3 → W－X
X-Y-Z : 접속	

그림 2-62

② Y결선으로 기동하면 권선에 선전압의 $\frac{1}{\sqrt{3}}$전압이 가해져 전류가 $\frac{1}{3}$로 감소되어 기동 전류가 전부하 전류의 200~250% 정도로 제한되고, 또한 기동 토크는 $\frac{1}{3}$로 감소된다.

③ 기동 전류와 기동 토크가 작고 기동 중 토크의 증가율이 작다. 또한 가속 중 주회로가 Y결선에서 Δ결선으로 전환 시 개방되므로 전원에 충격이 가해지는 단점이 있다.

④ 보통 경부하로 기동되는 5~15kW 정도인 전동기에 이용되며 선반, 밀링 등의 공작용 기계에서 많이 사용된다.

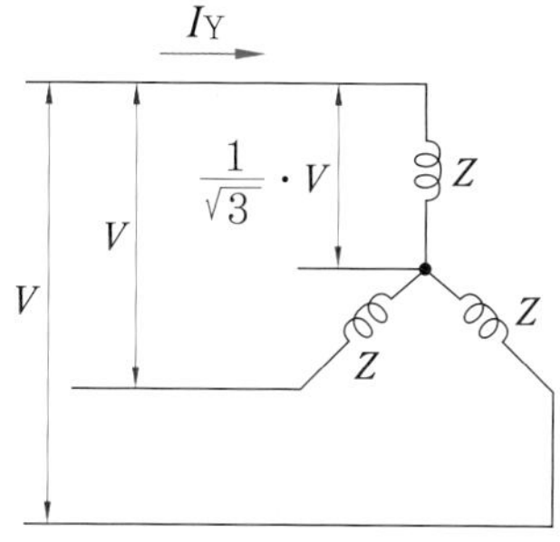

$$I_Y = \frac{\frac{1}{\sqrt{3}} \cdot V}{Z} = \frac{V}{\sqrt{3} \cdot Z}$$

그림 2-63

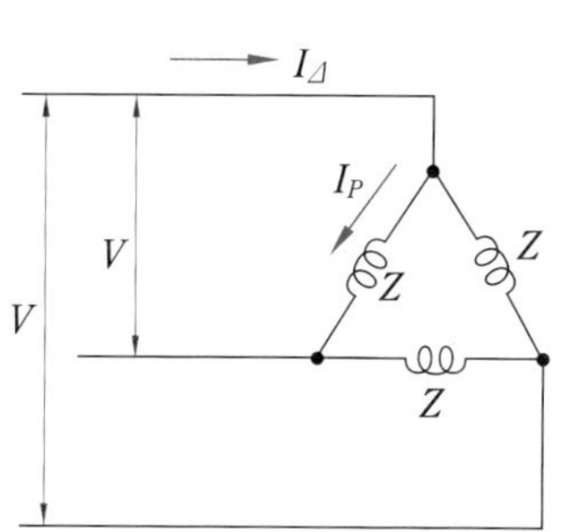

$$I_\Delta = \sqrt{3} \cdot \frac{V}{Z} = \frac{\sqrt{3} \cdot V}{Z}$$

$$\frac{I_Y}{I_\Delta} = \frac{\frac{V}{\sqrt{3} \cdot Z}}{\frac{\sqrt{3} \cdot V}{Z}} = \frac{1}{3}$$

그림 2-64

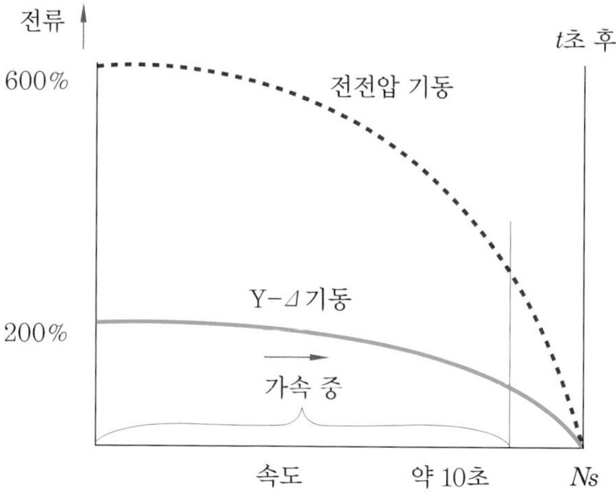

그림 2-65 Y-Δ 기동의 기동 전류 특성

참고 자료 계전기 내부 회로도 및 소켓 번호

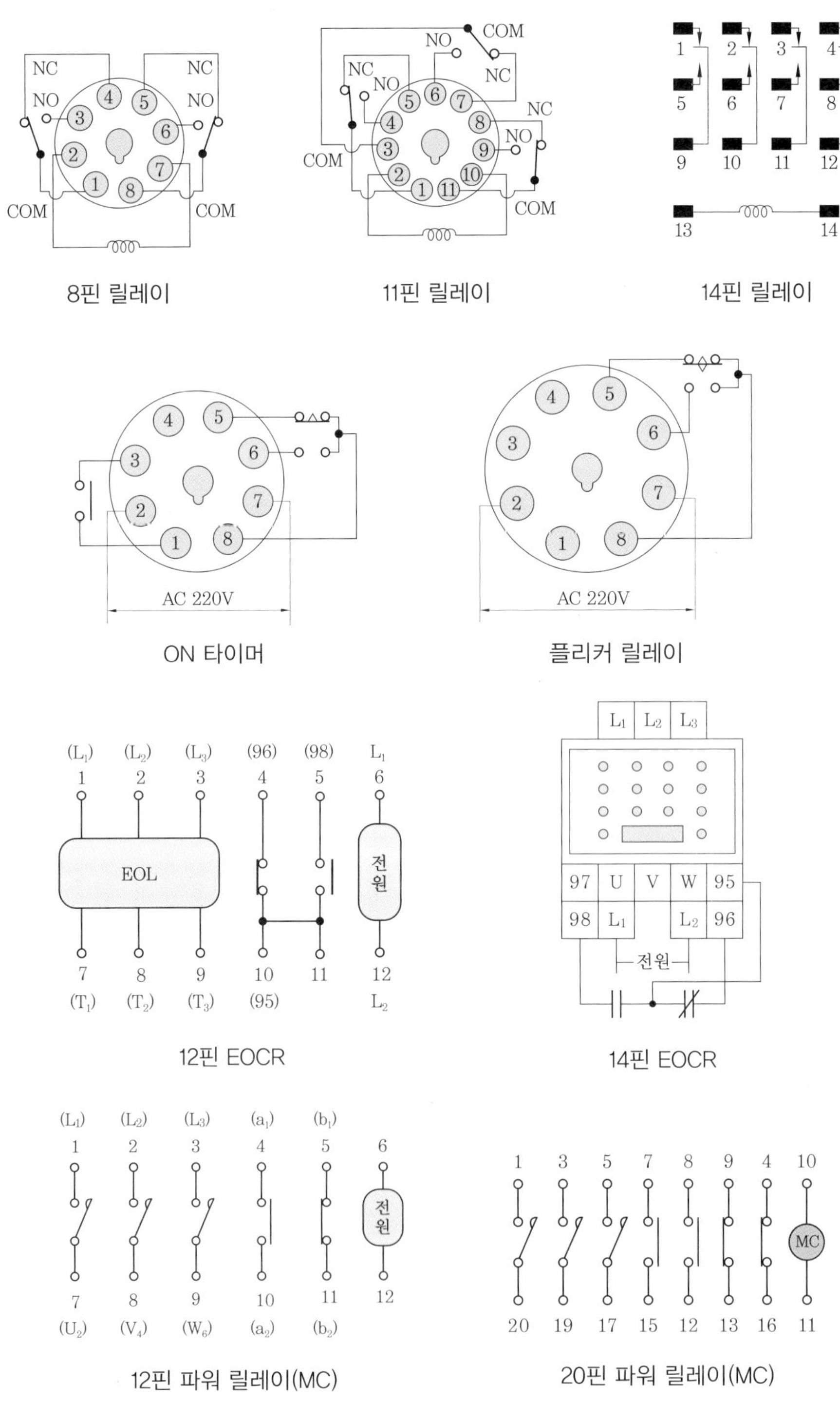

계전기 내부 회로도 및 소켓 번호(1)

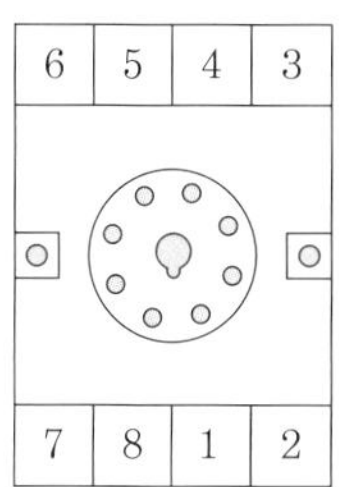

8핀 릴레이 소켓

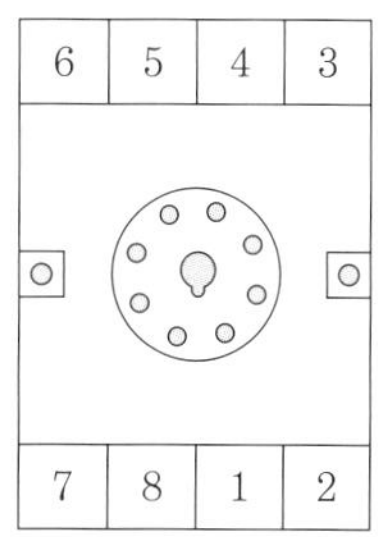

8핀 소켓 (타이머, FR, TC, FLS)

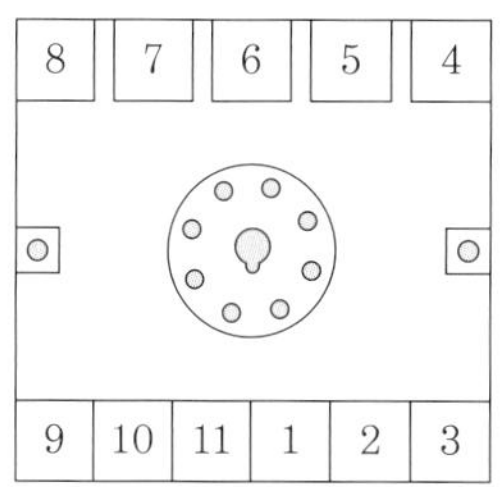

11핀 릴레이 소켓(1단)

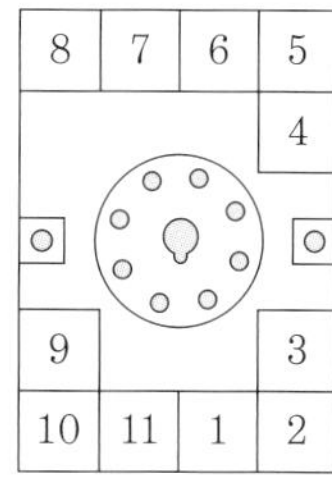

11핀 릴레이 소켓(2단)

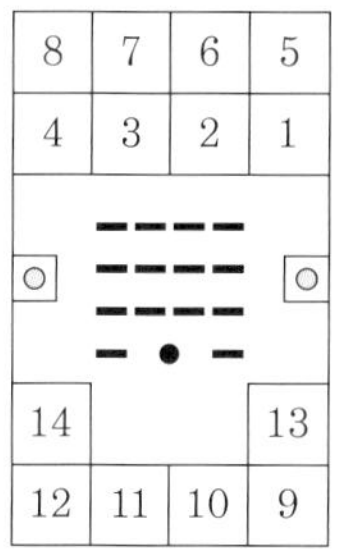

14핀 릴레이 소켓

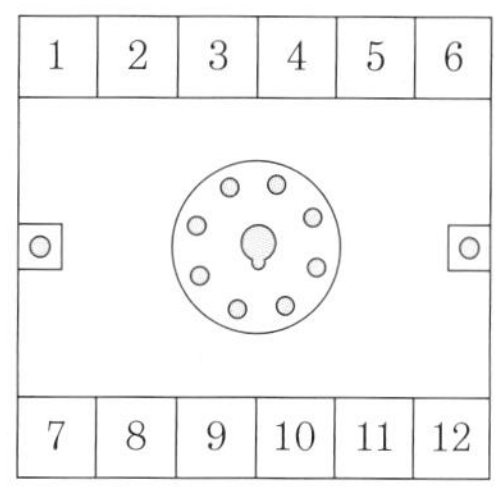

12핀 MC, EOCR 소켓

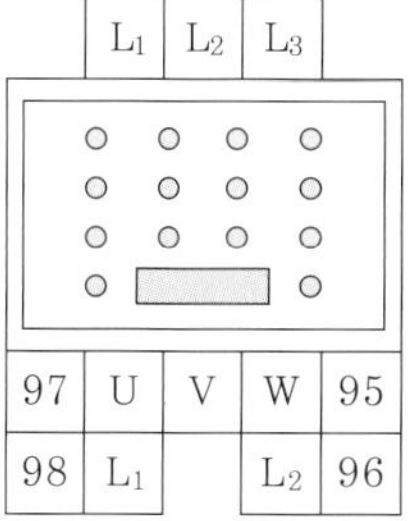

14핀 EOCR 소켓

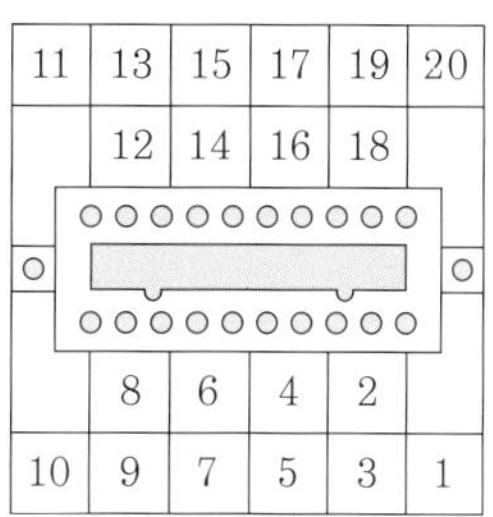

20핀 MC 소켓

계전기 내부 회로도 및 소켓 번호(2)

실습 과제 1 ON 우선 동작 회로

■ 유의 사항

① 제어판 내의 기구배치는 도면에 준하되, 치수는 작업하기 알맞고 기구가 들어갈 수 있도록 간격을 유지하여 배치한다.
② 소켓(베이스) 홈이 아래로 향하게 배치하고, 소켓 번호에 유의하여 작업한다.
③ 범례와 제어판 안쪽의 가이드라인을 참고하여 회로를 구성한다.
④ 각 단자의 접속은 한 단자에 2선까지만 접속할 수 있다.
⑤ 단자에 접속된 전선의 피복이 단자에 물리거나 피복 제거 부분(동선)이 2mm 이상 보이지 않도록 주의한다.
⑥ 버튼의 색상, 램프의 색상 등 배치도를 따라 작품을 완성한다.
⑦ 컨트롤 박스 안에서 커버를 열고 닫을 때 전선이 단자에서 빠지지 않도록 넉넉한 길이로 재단하고 램프나 버튼의 단자는 확실하게 단자 조임 후 커버를 덮는다.
⑧ 완성된 작품은 벨 테스터기를 활용하여 점검한다.

■ 동작 사항

① PBS_1을 누르면 릴레이 X가 여자되어 RL램프는 점등된다.
② PBS_1과 PBS_2를 동시에 누르면, 누름 버튼 스위치 PBS_1에 의해 릴레이 X가 여자되므로 ON이 우선인 회로라 한다.

■ 계전기 내부 결선도

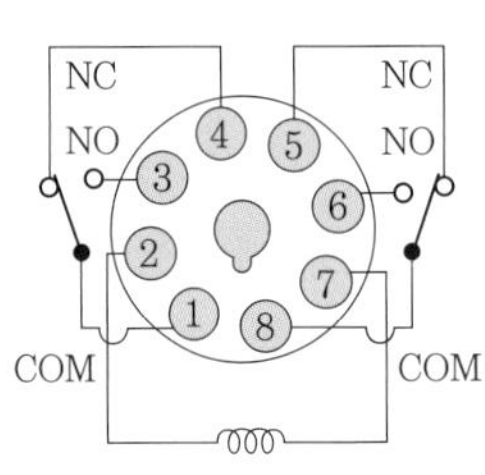

8핀 릴레이 내부 결선도

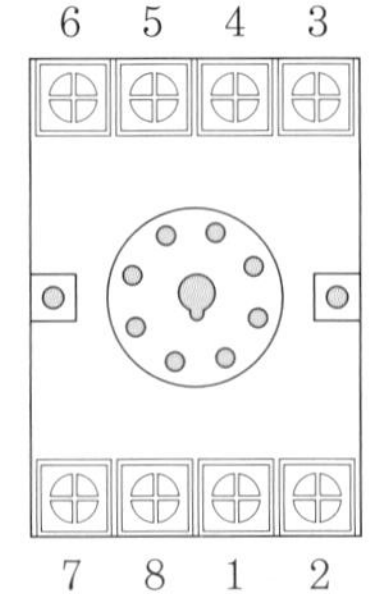

8핀 릴레이 소켓(베이스)

■ 회로도

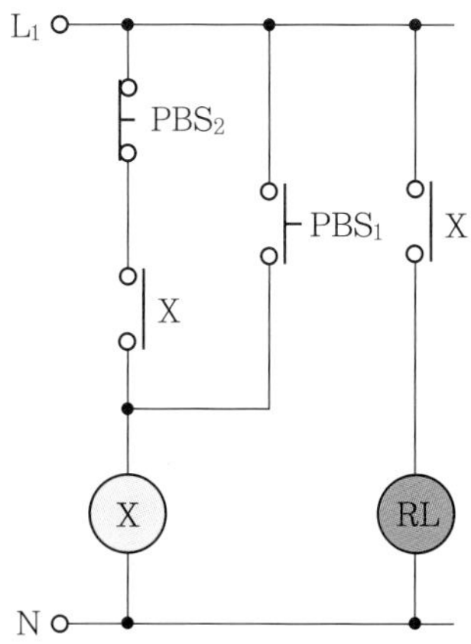

■ 기구 배치도

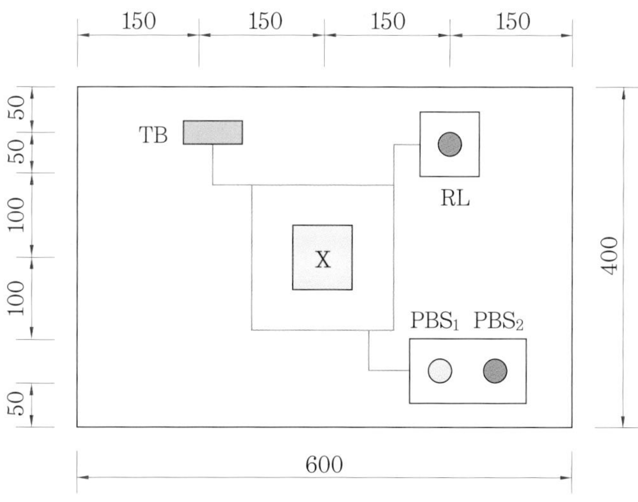

■ 범례

제어판	600×400mm	PBS_1	푸시 버튼 스위치(녹색)
TB	전원(단자대 4P)	PBS_2	푸시 버튼 스위치(적색)
X	릴레이 8P	RL	파일럿 램프(적색)

실습 과제 2 OFF 우선 동작 회로

■ 유의 사항

① 제어판 내의 기구배치는 도면에 준하되, 치수는 작업하기 알맞고 기구가 들어갈 수 있도록 간격을 유지하여 배치한다.
② 소켓(베이스) 홈이 아래로 향하게 배치하고, 소켓 번호에 유의하여 작업한다.
③ 범례와 제어판 안쪽의 가이드라인을 참고하여 회로를 구성한다.
④ 각 단자의 접속은 한 단자에 2선까지만 접속할 수 있다.
⑤ 단자에 접속된 전선의 피복이 단자에 물리거나 피복 제거 부분(동선)이 2mm 이상 보이지 않도록 주의한다.
⑥ 버튼의 색상, 램프의 색상 등 배치도를 따라 작품을 완성한다.
⑦ 컨트롤 박스 안에서 커버를 열고 닫을 때 전선이 단자에서 빠지지 않도록 넉넉한 길이로 재단하고 램프나 버튼의 단자는 확실하게 단자 소임 후 커버를 닫는다.
⑧ 완성된 작품은 벨 테스터기를 활용하여 점검한다.

■ 동작 사항

① PBS_1을 누르면 릴레이 X가 여자되어 RL램프는 점등된다.
② PBS_1과 PBS_2를 동시에 누르면, 누름 버튼 스위치 PBS_2에 의해 릴레이 X는 여자되지 않으므로 OFF 우선 동작 회로라 한다.

■ 계전기 내부 결선도

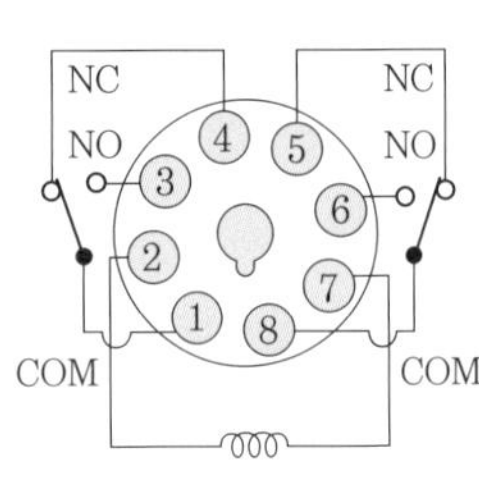

8핀 릴레이 내부 결선도

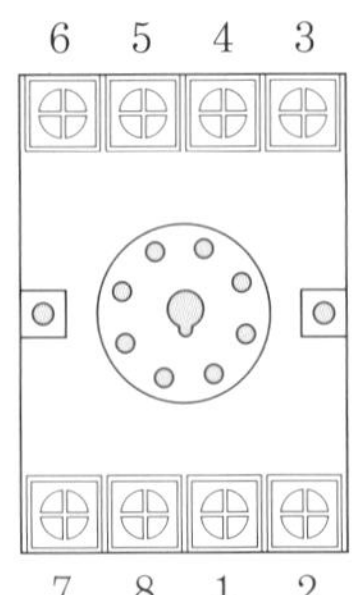

8핀 릴레이 소켓(베이스)

■ 회로도

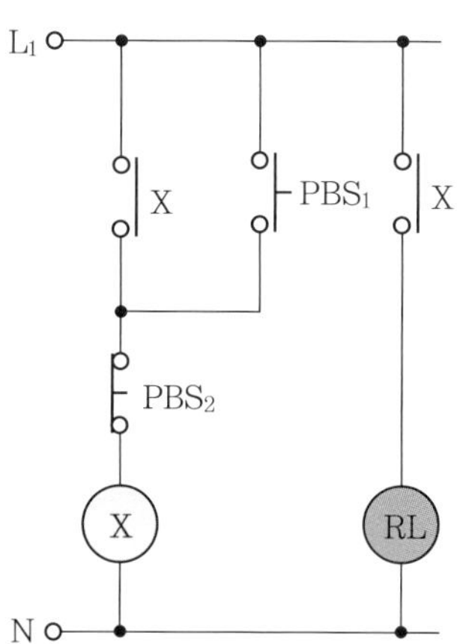

■ 기구 배치도

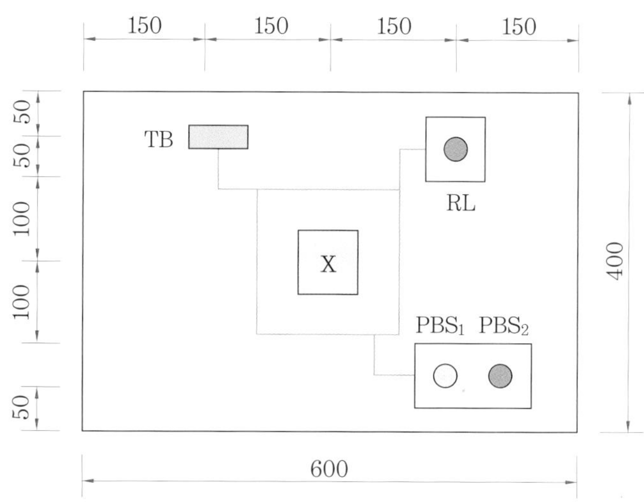

■ 범례

제어판	600×400mm	PBS_1	푸시 버튼 스위치(녹색)
TB	전원(단자대 4P)	PBS_2	푸시 버튼 스위치(적색)
X	릴레이 8P	RL	파일럿 램프(적색)

실습 과제 3 2중 코일 회로

■ 유의 사항

① 제어판 내의 기구배치는 도면에 준하되, 치수는 작업하기 알맞고 기구가 들어갈 수 있도록 간격을 유지하여 배치한다.
② 소켓(베이스) 홈이 아래로 향하게 배치하고, 소켓 번호에 유의하여 작업한다.
③ 범례와 제어판 안쪽의 가이드라인을 참고하여 회로를 구성한다.
④ 기구와 기구 사이에는 전선이 배선되지 않도록 주의한다.
⑤ 각 단자의 접속은 한 단자에 2선까지만 접속할 수 있다.
⑥ 단자에 접속된 전선의 피복이 단자에 물리거나 피복 제거 부분(동선)이 2mm 이상 보이지 않도록 주의한다.
⑦ 버튼의 색상, 램프의 색상 등 배치도를 따라 작품을 완성한다.
⑧ 컨트롤 박스 안에서 커버를 열고 닫을 때 전선이 단자에서 빠지지 않도록 넉넉한 길이로 재단하고 램프나 버튼의 단자는 확실하게 단자 조임 후 커버를 닫는다.
⑨ 완성된 작품은 벨 테스터기를 활용하여 점검한다.

■ 동작 사항

① PBS_1을 누르는 동안 릴레이 X_1이 여자되고, 릴레이 X_2는 자기유지되며, RL램프는 점등된다.
② PBS_2를 누르면 릴레이 X_2가 소자되고, RL램프는 소등된다.

■ 계전기 내부 결선도

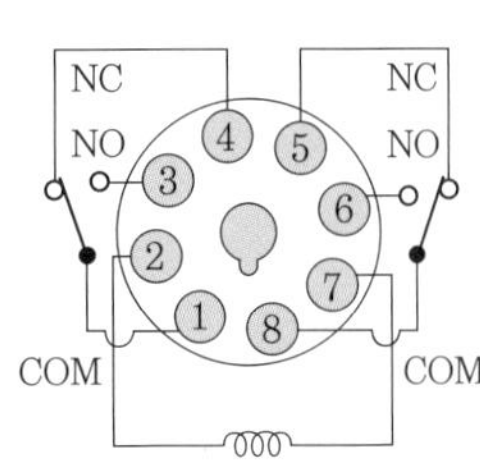

8핀 릴레이 내부 결선도

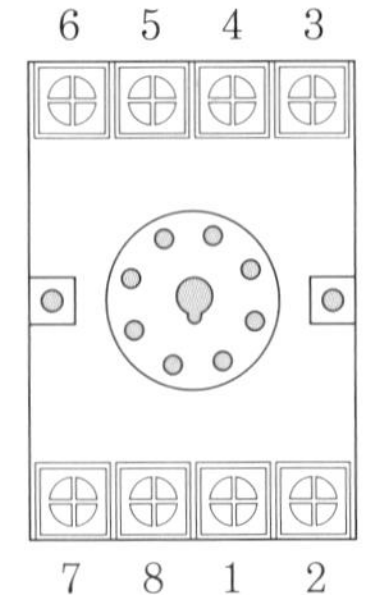

8핀 릴레이 소켓(베이스)

■ 회로도

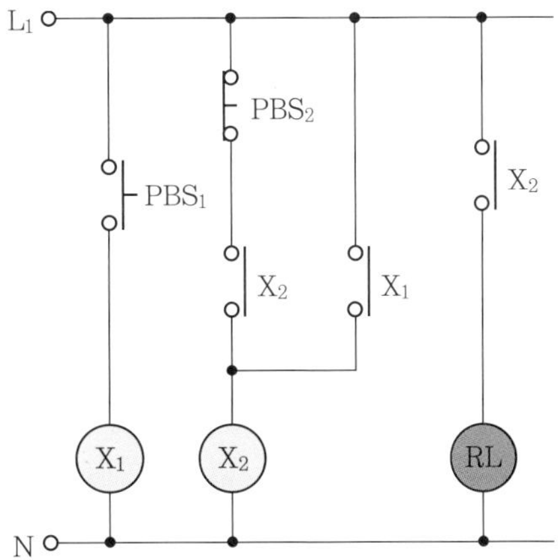

■ 기구 배치도

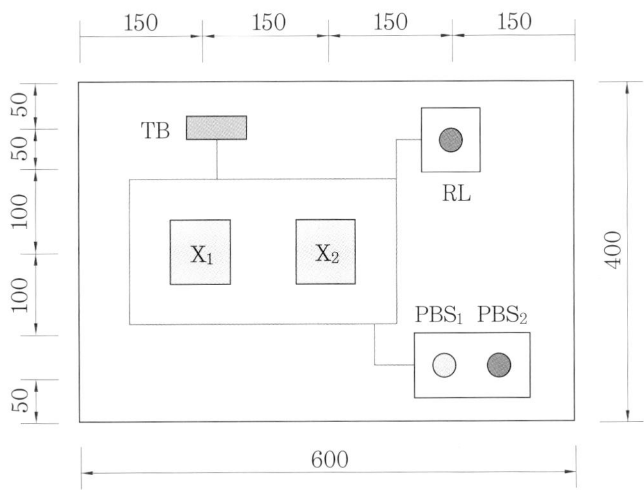

■ 범례

제어판	600×400mm	PBS_1	푸시 버튼 스위치(녹색)
TB	전원(단자대 4P)	PBS_2	푸시 버튼 스위치(적색)
X_1, X_2	릴레이 8P	RL	파일럿 램프(적색)

실습 과제 4 쌍안정 회로

■ 유의 사항

① 제어판 내의 기구배치는 도면에 준하되, 치수는 작업하기 알맞고 기구가 들어갈 수 있도록 간격을 유지하여 배치한다.
② 소켓(베이스) 홈이 아래로 향하게 배치하고, 소켓 번호에 유의하여 작업한다.
③ 범례와 제어판 안쪽의 가이드라인을 참고하여 회로를 구성한다.
④ 기구와 기구 사이에는 전선이 배선되지 않도록 주의한다.
⑤ 각 단자의 접속은 한 단자에 2선까지만 접속할 수 있다.
⑥ 단자에 접속된 전선의 피복이 단자에 물리거나 피복 제거 부분(동선)이 2mm 이상 보이지 않도록 주의한다.
⑦ 버튼의 색상, 램프의 색상 등 배치도를 따라 작품을 완성한다.
⑧ 컨트롤 박스 안에서 커버를 열고 닫을 때 전선이 단자에서 빠지지 않도록 넉넉한 길이로 재단하고 램프나 버튼의 단자는 확실하게 단자 조임 후 커버를 닫는다.
⑨ 완성된 작품은 벨 테스터기를 활용하여 점검한다.

■ 동작 사항

① 전원을 투입하면 RL램프는 점등된다.
② PBS_1을 누르면 릴레이 코일 X_1이 자기유지되고 동시에 RL램프는 소등된다.
③ PBS_2를 누르면 릴레이 코일 X_2가 여자되고 X_1이 소자, RL램프는 점등된다.

■ 계전기 내부 결선도

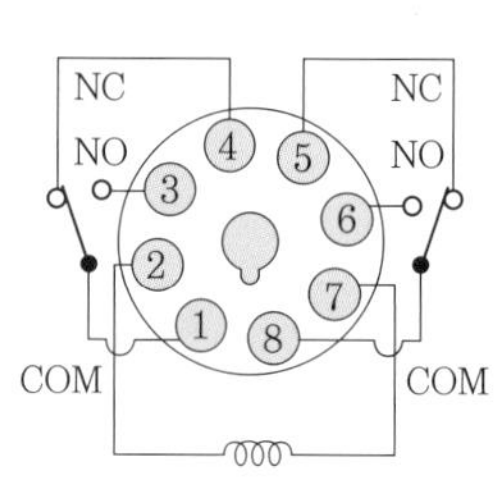

8핀 릴레이 내부 결선도

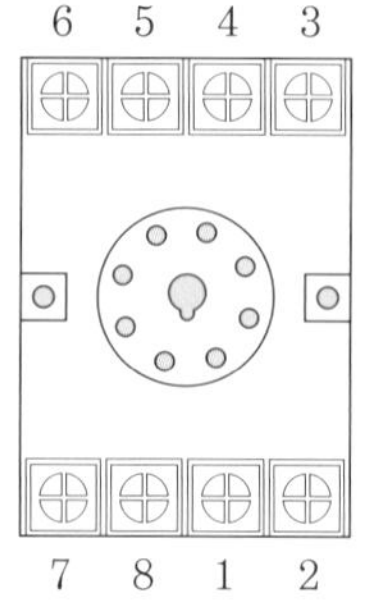

8핀 릴레이 소켓(베이스)

■ 회로도

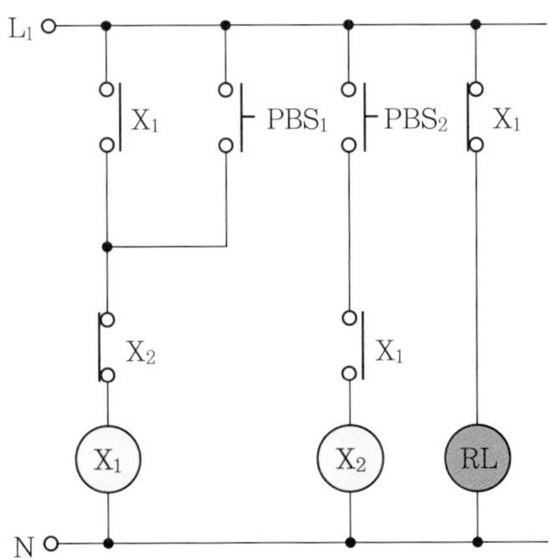

■ 기구 배치도

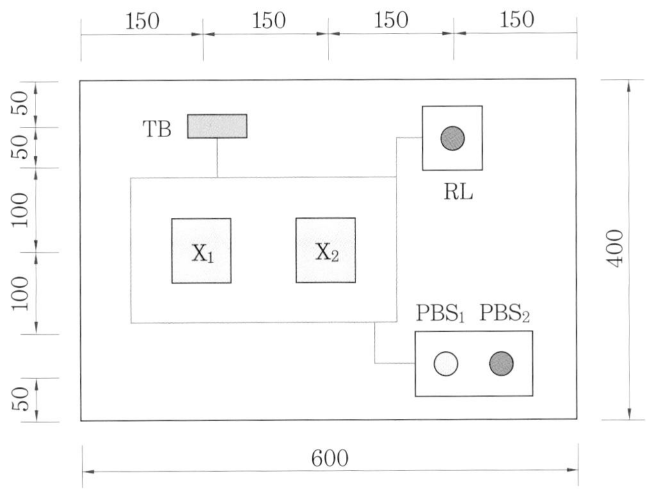

■ 범례

제어판	600×400mm	PBS_1	푸시 버튼 스위치(녹색)
TB	전원(단자대 4P)	PBS_2	푸시 버튼 스위치(적색)
X_1, X_2	릴레이 8P	RL	파일럿 램프(적색)

실습 과제 5 OFF 우선 회로의 2개소 기동·정지 회로

■ 유의 사항

① 제어판 내의 기구배치는 도면에 준하되, 치수는 작업하기 알맞고 기구가 들어갈 수 있도록 간격을 유지하여 배치한다.
② 소켓(베이스) 홈이 아래로 향하게 배치하고, 소켓 번호에 유의하여 작업한다.
③ 범례와 제어판 안쪽의 가이드라인을 참고하여 회로를 구성한다.
④ 각 단자의 접속은 한 단자에 2선까지만 접속할 수 있다.
⑤ 단자에 접속된 전선의 피복이 단자에 물리거나 피복 제거 부분(동선)이 2mm 이상 보이지 않도록 주의한다.
⑥ 버튼의 색상, 램프의 색상 등 배치도를 따라 작품을 완성한다.
⑦ 컨트롤 박스 안에서 커버를 열고 닫을 때 전선이 단자에서 빠지지 않도록 넉넉한 길이로 재단하고 램프나 버튼의 단자는 확실하게 단자 소임 후 커버를 닫는다.
⑧ 완성된 작품은 벨 테스터기를 활용하여 점검한다.

■ 동작 사항

① PBS_1 또는 별개의 개소 PBS_2를 누르면 릴레이 X는 자기유지되고 동시에 RL램프는 점등한다.
② PBS_3 또는 별개의 개소 PBS_4를 누르면 릴레이 X는 소자되고, 동시에 RL램프는 소등된다.

■ 계전기 내부 결선도

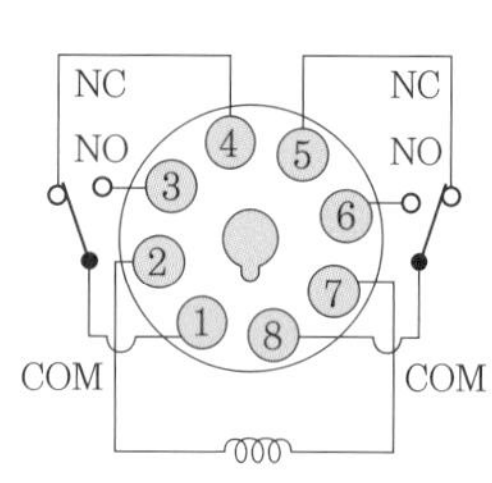

8핀 릴레이 내부 결선도

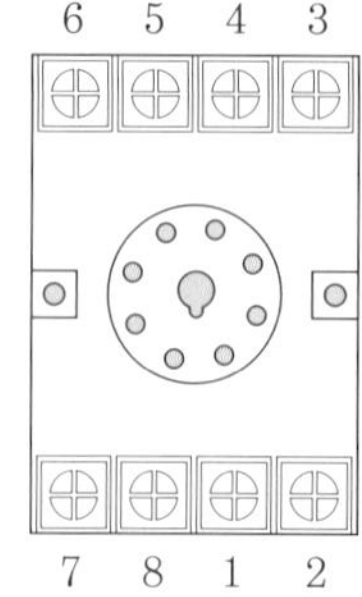

8핀 릴레이 소켓(베이스)

■ 회로도

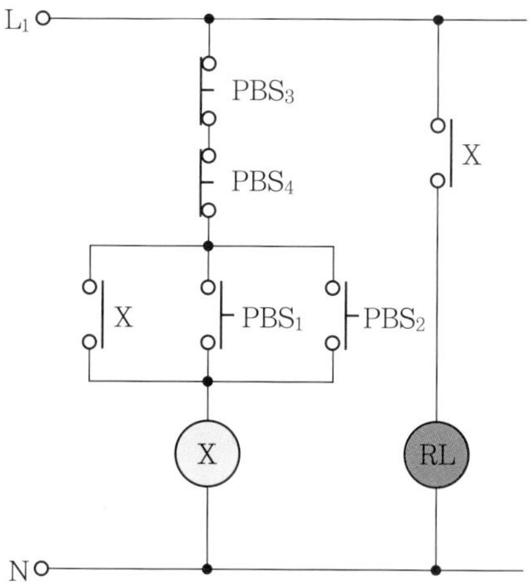

■ 기구 배치도

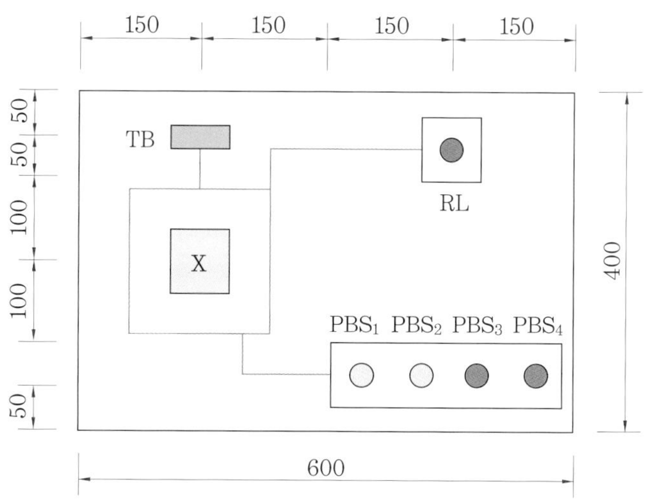

■ 범례

제어판	600×400mm	PBS_1, PBS_2	푸시 버튼 스위치(녹색)
TB	전원(단자대 4P)	PBS_3, PBS_4	푸시 버튼 스위치(적색)
X	릴레이 8P	RL	파일럿 램프(적색)

실습 과제 6 ON 우선 회로의 2개소 기동·정지 회로

■ 유의 사항

① 제어판 내의 기구배치는 도면에 준하되, 치수는 작업하기 알맞고 기구가 들어갈 수 있도록 간격을 유지하여 배치한다.
② 소켓(베이스) 홈이 아래로 향하게 배치하고, 소켓 번호에 유의하여 작업한다.
③ 범례와 제어판 안쪽의 가이드라인을 참고하여 회로를 구성한다.
④ 각 단자의 접속은 한 단자에 2선까지만 접속할 수 있다.
⑤ 단자에 접속된 전선의 피복이 단자에 물리거나 피복 제거 부분(동선)이 2mm 이상 보이지 않도록 주의한다.
⑥ 버튼의 색상, 램프의 색상 등 배치도를 따라 작품을 완성한다.
⑦ 컨트롤 박스 안에서 커버를 열고 닫을 때 전선이 단자에서 빠지지 않도록 넉넉한 길이로 재단하고 램프나 버튼의 단자는 확실하게 단자 조임 후 커버를 닫는다.
⑧ 완성된 작품은 벨 테스터기를 활용하여 점검한다.

■ 동작 사항

① PBS_1 또는 별개의 개소 PBS_2를 누르면 릴레이 X는 자기유지되고 동시에 RL램프는 점등한다.
② PBS_3 또는 별개의 개소 PBS_4를 누르면 릴레이 X는 소자되고, 동시에 RL램프는 소등된다.

■ 계전기 내부 결선도

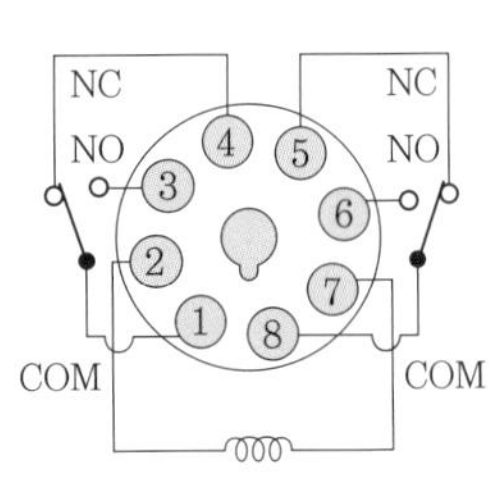

8핀 릴레이 내부 결선도

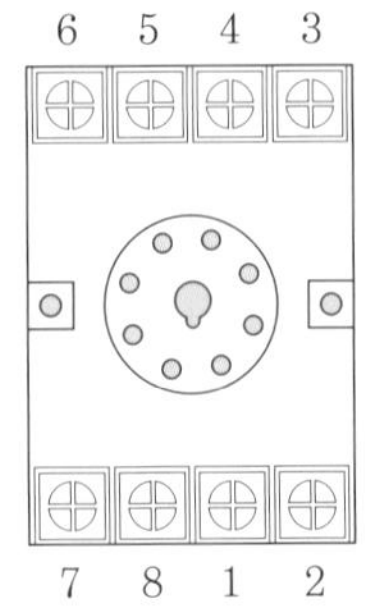

8핀 릴레이 소켓(베이스)

■ 회로도

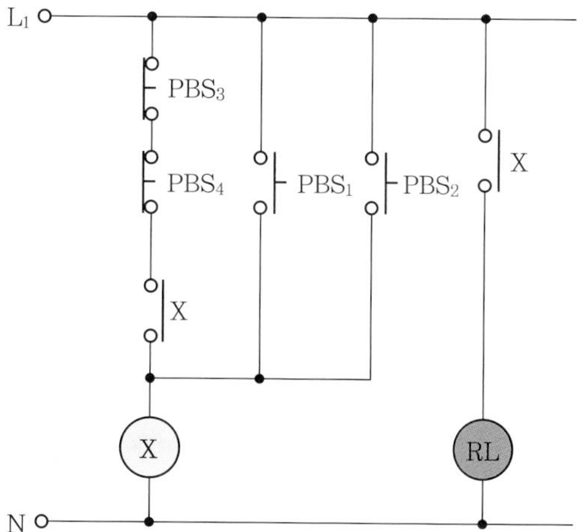

■ 기구 배치도

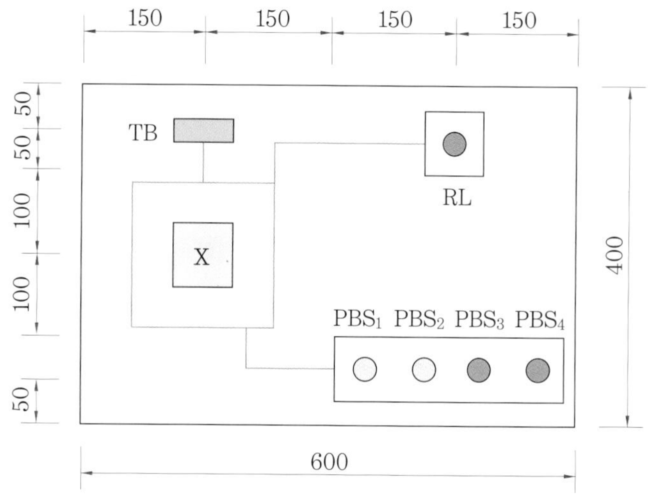

■ 범례

제어판	600×400mm	PBS_1, PBS_2	푸시 버튼 스위치(녹색)
TB	전원(단자대 4P)	PBS_3, PBS_4	푸시 버튼 스위치(적색)
X	릴레이 8P	RL	파일럿 램프(적색)

실습 과제 7 OFF 우선 인칭 회로

■ 유의 사항

① 제어판 내의 기구배치는 도면에 준하되, 치수는 작업하기 알맞고 기구가 들어갈 수 있도록 간격을 유지하여 배치한다.
② 소켓(베이스) 홈이 아래로 향하게 배치하고, 소켓 번호에 유의하여 작업한다.
③ 범례와 제어판 안쪽의 가이드라인을 참고하여 회로를 구성한다.
④ 각 단자의 접속은 한 단자에 2선까지만 접속할 수 있다.
⑤ 단자에 접속된 전선의 피복이 단자에 물리거나 피복 제거 부분(동선)이 2mm 이상 보이지 않도록 주의한다.
⑥ 버튼의 색상, 램프의 색상 등 배치도를 따라 작품을 완성한다.
⑦ 컨트롤 박스 안에서 커버를 열고 닫을 때 전선이 단자에서 빠지지 않도록 넉넉한 길이로 재단하고 램프나 버튼의 난사는 확실하게 단자 조임 후 커버를 닫는다.
⑧ 완성된 작품은 벨 테스터기를 활용하여 점검한다.

■ 동작 사항

① 전원을 투입하면 GL램프는 점등된다.
② PBS_1을 누르면 릴레이 X는 여자되어 자기유지되고, GL은 소등, RL은 점등한다.
③ PBS_3를 누르면 릴레이 X는 소자되어 GL은 점등, RL은 소등한다.
④ PBS_2를 누르는 동안 릴레이 X가 여자된다.

■ 계전기 내부 결선도

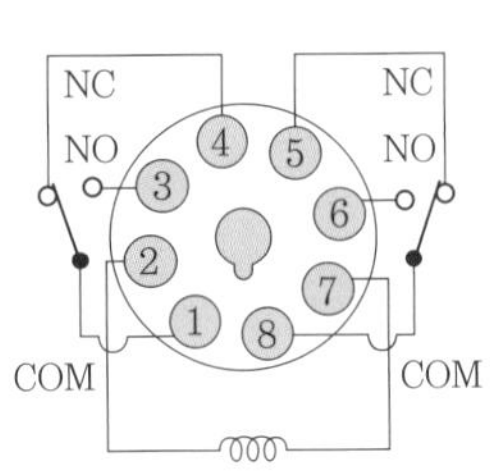

8핀 릴레이 내부 결선도

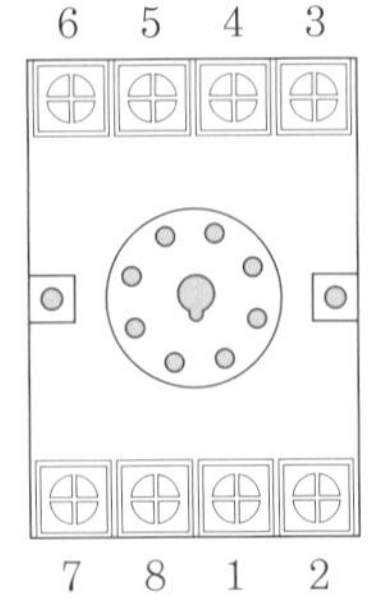

8핀 릴레이 소켓(베이스)

■ 회로도

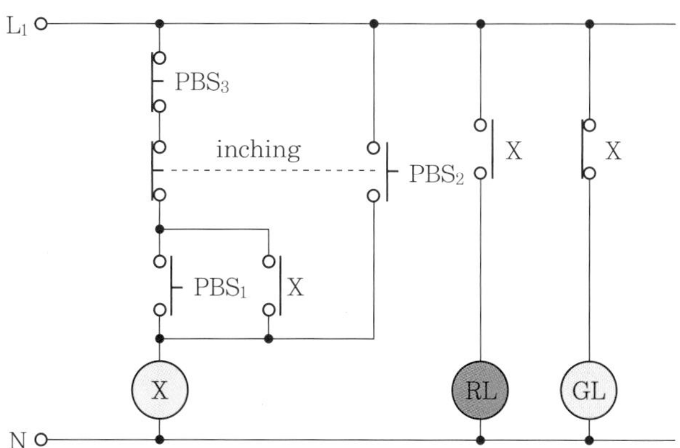

■ 기구 배치도

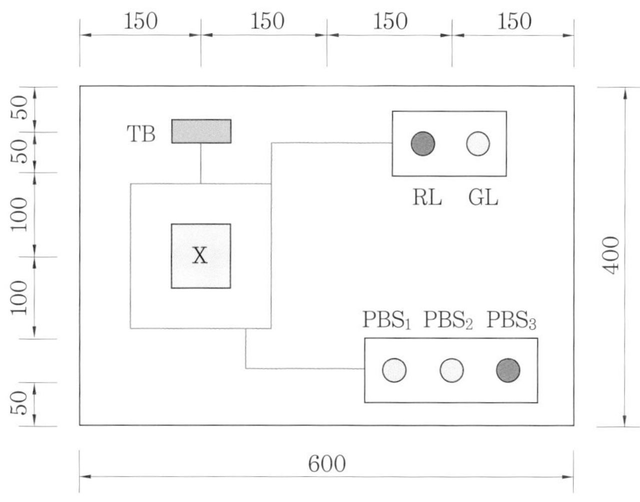

■ 범례

제어판	600×400mm	PBS_1, PBS_2	푸시 버튼 스위치(녹색)
TB	전원(단자대 4P)	PBS_3	푸시 버튼 스위치(적색)
X	릴레이 8P	RL	파일럿 램프(적색)
		GL	파일럿 램프(녹색)

실습 과제 8 ON 우선 인칭 회로

■ 유의 사항

① 제어판 내의 기구배치는 도면에 준하되, 치수는 작업하기 알맞고 기구가 들어갈 수 있도록 간격을 유지하여 배치한다.
② 소켓(베이스) 홈이 아래로 향하게 배치하고, 소켓 번호에 유의하여 작업한다.
③ 범례와 제어판 안쪽의 가이드라인을 참고하여 회로를 구성한다.
④ 각 단자의 접속은 한 단자에 2선까지만 접속할 수 있다.
⑤ 단자에 접속된 전선의 피복이 단자에 물리거나 피복 제거 부분(동선)이 2mm 이상 보이지 않도록 주의한다.
⑥ 버튼의 색상, 램프의 색상 등 배치도를 따라 작품을 완성한다.
⑦ 컨트롤 박스 안에서 커버를 열고 닫을 때 전선이 단자에서 빠지지 않도록 넉넉한 길이로 재단하고 램프나 버튼의 단자는 확실하게 단자 조임 후 커버를 닫는다.
⑧ 완성된 작품은 벨 테스터기를 활용하여 점검한다.

■ 동작 사항

① 전원을 투입하면 GL램프는 점등된다.
② PBS_2를 누르면 릴레이 X는 여자되어 자기유지되고, GL은 소등, RL은 점등한다.
③ PBS_3를 누르면 릴레이 X는 소자되어 GL은 점등, RL은 소등한다.
④ PBS_1을 누르는 동안 릴레이 X가 여자되고 PBS_3를 누르면 릴레이 X는 소자된다.
⑤ 릴레이 X가 여자되면 램프 RL 점등, 소자되면 GL 점등한다.

■ 계전기 내부 결선도

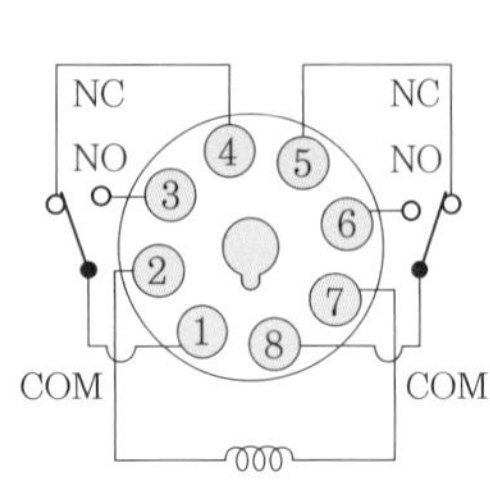

8핀 릴레이 내부 결선도

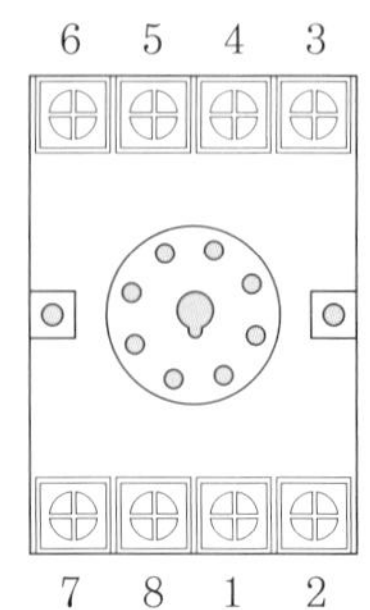

8핀 릴레이 소켓(베이스)

■ 회로도

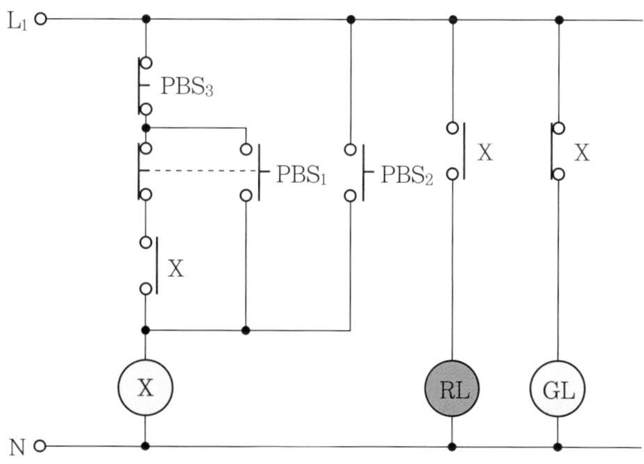

■ 기구 배치도

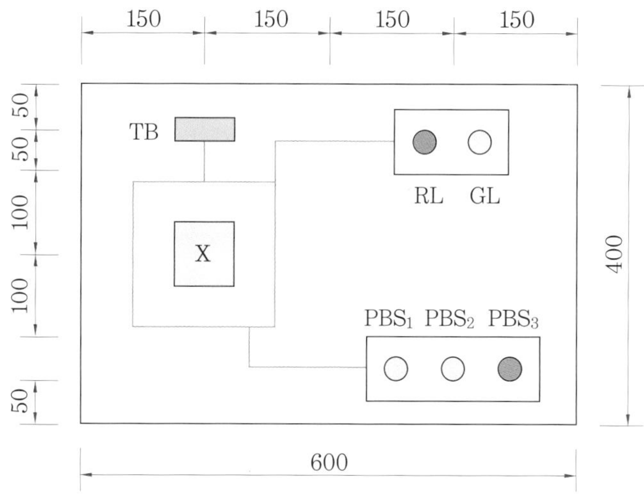

■ 범례

제어판	600×400mm	PBS_1, PBS_2	푸시 버튼 스위치(녹색)
TB	전원(단자대 4P)	PBS_3	푸시 버튼 스위치(적색)
X	릴레이 8P	RL	파일럿 램프(적색)
		GL	파일럿 램프(녹색)

실습 과제 9 논리곱(AND) 회로

■ 유의 사항

① 제어판 내의 기구배치는 도면에 준하되, 치수는 작업하기 알맞고 기구가 들어갈 수 있도록 간격을 유지하여 배치한다.
② 소켓(베이스) 홈이 아래로 향하게 배치하고, 소켓 번호에 유의하여 작업한다.
③ 범례와 제어판 안쪽의 가이드라인을 참고하여 회로를 구성한다.
④ 기구와 기구 사이에는 전선이 배선되지 않도록 주의한다.
⑤ 각 단자의 접속은 한 단자에 2선까지만 접속할 수 있다.
⑥ 단자에 접속된 전선의 피복이 단자에 물리거나 피복 제거 부분(동선)이 2mm 이상 보이지 않도록 주의한다.
⑦ 버튼의 색상, 램프의 색상 등 배치도를 따라 작품을 완성한다.
⑧ 컨트롤 박스 안에서 커버를 열고 닫을 때 전선이 단자에서 빠지지 않도록 넉넉한 길이로 재단하고 램프나 버튼의 단자는 확실하게 단자 조임 후 커버를 닫는다.
⑨ 완성된 작품은 벨 테스터기를 활용하여 점검한다.

■ 동작 사항

① PBS_1을 누르면 릴레이 X_1은 여자된다.
② PBS_2를 누르면 릴레이 X_2는 여자된다.
③ 릴레이 X_1, X_2가 모두 여자되면 램프 RL은 점등한다.
④ PBS_0를 누르면 X_1, X_2는 소자되고 RL램프는 소등한다.

■ 계전기 내부 결선도

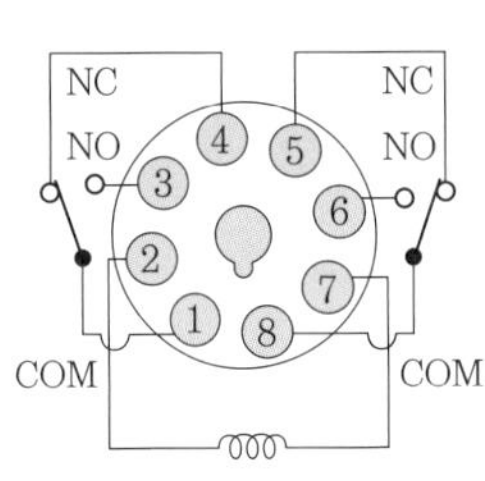

8핀 릴레이 내부 결선도

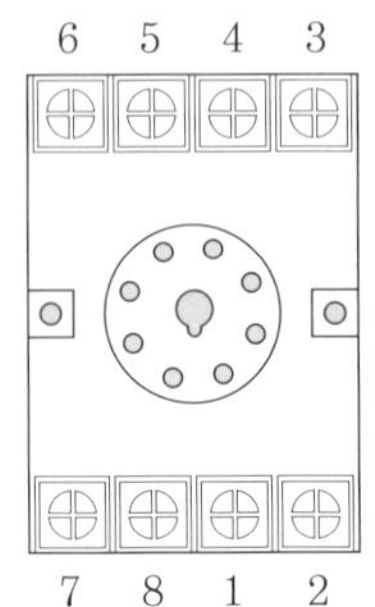

8핀 릴레이 소켓(베이스)

■ 회로도

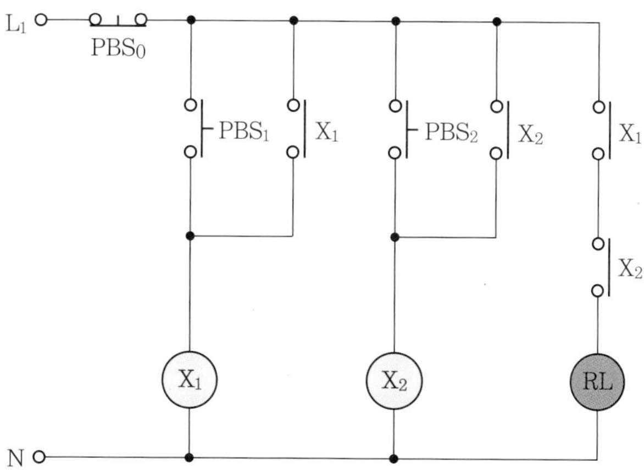

■ 기구 배치도

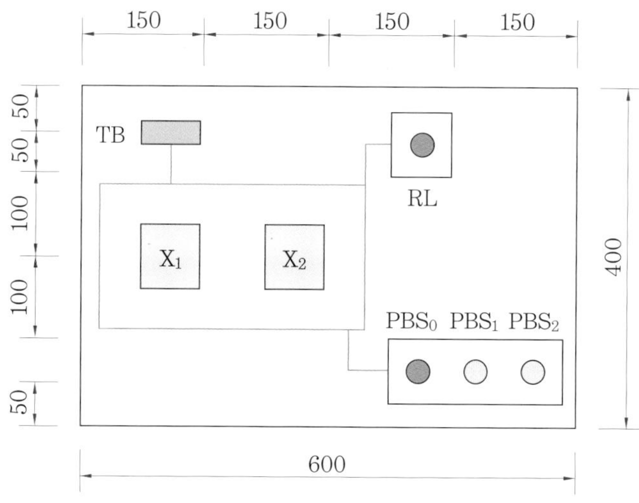

■ 범례

제어판	600×400mm	PBS_0	푸시 버튼 스위치(적색)
TB	전원(단자대 4P)	PBS_1, PBS_2	푸시 버튼 스위치(녹색)
X_1, X_2	릴레이 8P	RL	파일럿 램프(적색)

실습 과제 10 논리합(OR) 회로

■ 유의 사항

① 제어판 내의 기구배치는 도면에 준하되, 치수는 작업하기 알맞고 기구가 들어갈 수 있도록 간격을 유지하여 배치한다.
② 소켓(베이스) 홈이 아래로 향하게 배치하고, 소켓 번호에 유의하여 작업한다.
③ 범례와 제어판 안쪽의 가이드라인을 참고하여 회로를 구성한다.
④ 기구와 기구 사이에는 전선이 배선되지 않도록 주의한다.
⑤ 각 단자의 접속은 한 단자에 2선까지만 접속할 수 있다.
⑥ 단자에 접속된 전선의 피복이 단자에 물리거나 피복 제거 부분(동선)이 2mm 이상 보이지 않도록 주의한다.
⑦ 버튼의 색상, 램프의 색상 등 배치도를 따라 작품을 완성한다.
⑧ 컨트롤 박스 안에서 커버를 열고 닫을 때 전선이 단자에서 빠시지 않도록 넉넉한 길이로 재단하고 램프나 버튼의 단자는 확실하게 단자 조임 후 커버를 닫는다.
⑨ 완성된 작품은 벨 테스터기를 활용하여 점검한다.

■ 동작 사항

① PBS_1을 누르면 릴레이 X_1은 여자된다.
② PBS_2를 누르면 릴레이 X_2는 여자된다.
③ 릴레이 X_1, X_2가 하나만 여자되어도 램프 RL은 점등한다.
④ PBS_0를 누르면 X_1, X_2는 소자되고 RL램프는 소등한다.

■ 계전기 내부 결선도

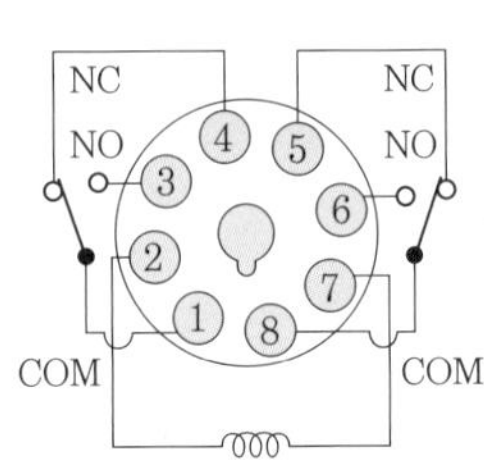

8핀 릴레이 내부 결선도

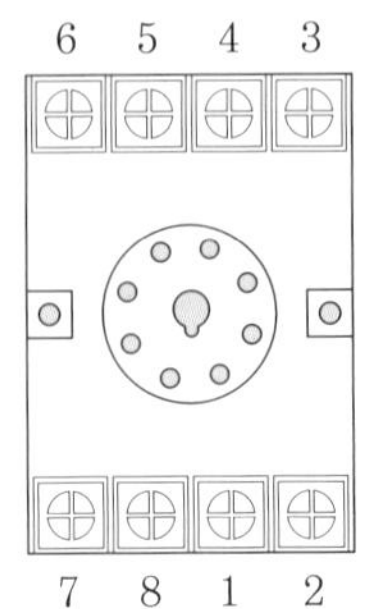

8핀 릴레이 소켓(베이스)

■ 회로도

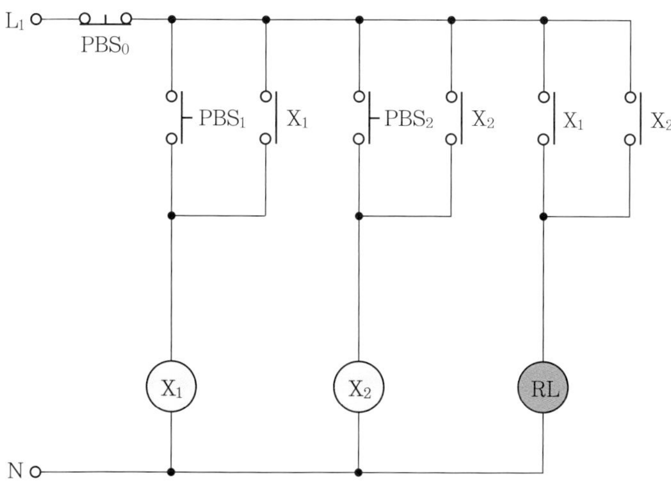

■ 기구 배치도

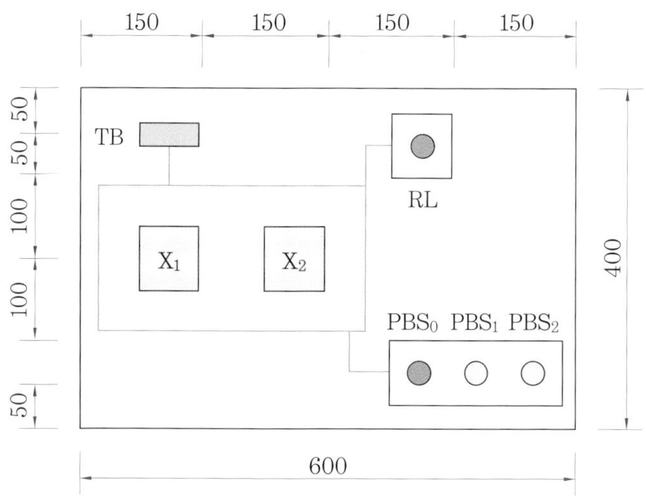

■ 범례

제어판	600×400mm	PBS_0	푸시 버튼 스위치(적색)
TB	전원(단자대 4P)	PBS_1, PBS_2	푸시 버튼 스위치(녹색)
X_1, X_2	릴레이 8P	RL	파일럿 램프(적색)

실습 과제 11 논리합 부정(NOR) 회로

■ 유의 사항

① 제어판 내의 기구배치는 도면에 준하되, 치수는 작업하기 알맞고 기구가 들어갈 수 있도록 간격을 유지하여 배치한다.
② 소켓(베이스) 홈이 아래로 향하게 배치하고, 소켓 번호에 유의하여 작업한다.
③ 범례와 제어판 안쪽의 가이드라인을 참고하여 회로를 구성한다.
④ 기구와 기구 사이에는 전선이 배선되지 않도록 주의한다.
⑤ 각 단자의 접속은 한 단자에 2선까지만 접속할 수 있다.
⑥ 단자에 접속된 전선의 피복이 단자에 물리거나 피복 제거 부분(동선)이 2mm 이상 보이지 않도록 주의한다.
⑦ 버튼의 색상, 램프의 색상 등 배치도를 따라 작품을 완성한다.
⑧ 컨트롤 박스 안에서 커버를 열고 닫을 때 전선이 단자에서 빠지지 않도록 넉넉한 길이로 재단하고 램프나 버튼의 단자는 확실하게 단자 조임 후 커버를 닫는다.
⑨ 완성된 작품은 벨 테스터기를 활용하여 점검한다.

■ 동작 사항

① 전원을 투입하면 RL 램프는 점등한다.
② PBS_1을 누르면 릴레이 X_1은 여자된다.
③ PBS_2를 누르면 릴레이 X_2는 여자된다.
④ 릴레이 X_1, X_2가 하나만 여자되어도 RL램프는 소등한다.
⑤ PBS_0를 누르면 X_1, X_2는 소자되고 RL램프는 점등한다.

■ 계전기 내부 결선도

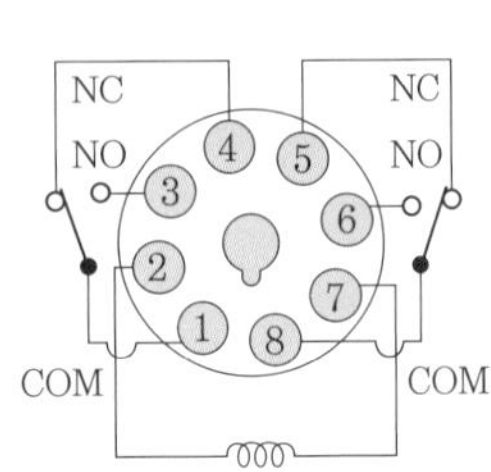

8핀 릴레이 내부 결선도

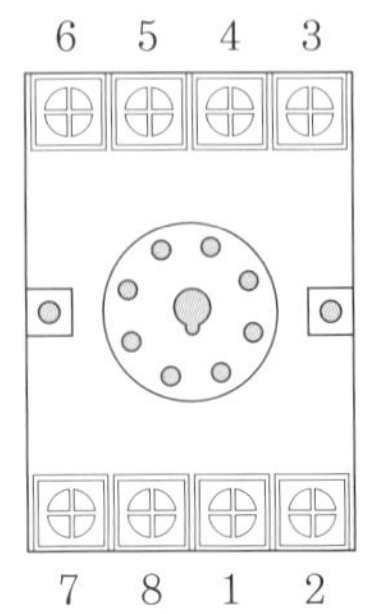

8핀 릴레이 소켓(베이스)

■ 회로도

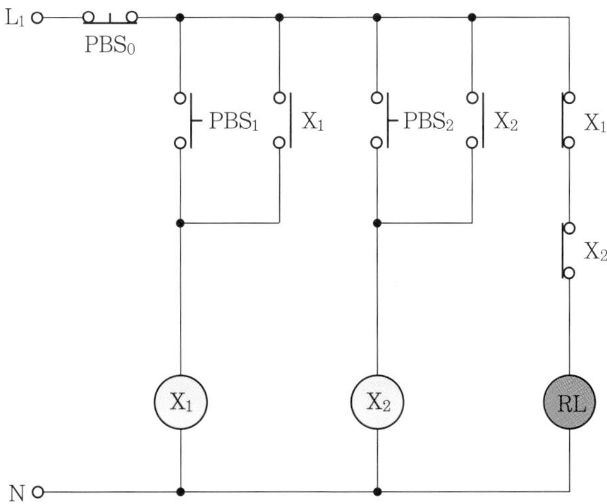

■ 기구 배치도

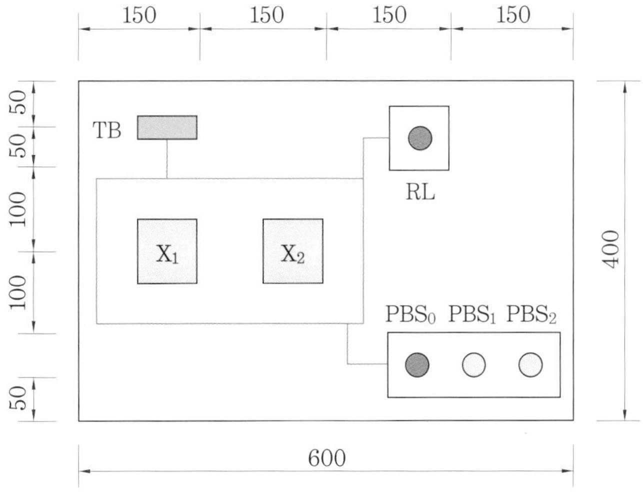

■ 범례

제어판	600×400mm	PBS_0	푸시 버튼 스위치(적색)
TB	전원(단자대 4P)	PBS_1, PBS_2	푸시 버튼 스위치(녹색)
X_1, X_2	릴레이 8P	RL	파일럿 램프(적색)

실습 과제 12 논리곱 부정(NAND) 회로

■ 유의 사항

① 제어판 내의 기구배치는 도면에 준하되, 치수는 작업하기 알맞고 기구가 들어갈 수 있도록 간격을 유지하여 배치한다.
② 소켓(베이스) 홈이 아래로 향하게 배치하고, 소켓 번호에 유의하여 작업한다.
③ 범례와 제어판 안쪽의 가이드라인을 참고하여 회로를 구성한다.
④ 기구와 기구 사이에는 전선이 배선되지 않도록 주의한다.
⑤ 각 단자의 접속은 한 단자에 2선까지만 접속할 수 있다.
⑥ 단자에 접속된 전선의 피복이 단자에 물리거나 피복 제거 부분(동선)이 2mm 이상 보이지 않도록 주의한다.
⑦ 버튼의 색상, 램프의 색상 등 배치도를 따라 작품을 완성한다.
⑧ 컨트롤 박스 안에서 커버를 열고 닫을 때 전선이 단자에서 빠지지 않도록 넉넉한 길이로 재단하고 램프나 버튼의 단자는 확실하게 단자 조임 후 커버를 닫는다.
⑨ 완성된 작품은 벨 테스터기를 활용하여 점검한다.

■ 동작 사항

① 전원을 투입하면 램프 RL은 점등한다.
② PBS_1을 누르면 릴레이 X_1은 여자된다.
③ PBS_2를 누르면 릴레이 X_2은 여자된다.
④ 릴레이 X_1, X_2가 모두 여자되어야 RL램프는 소등한다.
⑤ PBS_0를 누르면 X_1, X_2는 소자되고 RL램프는 점등한다.

■ 계전기 내부 결선도

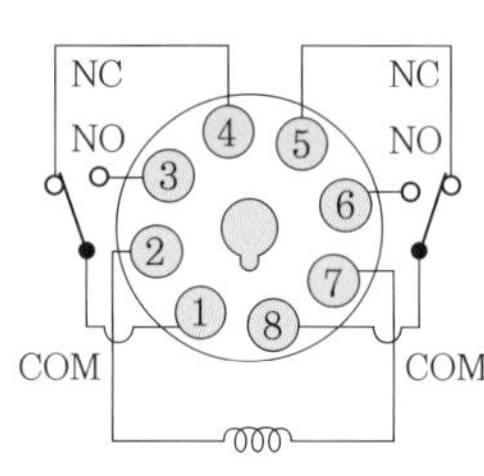

8핀 릴레이 내부 결선도

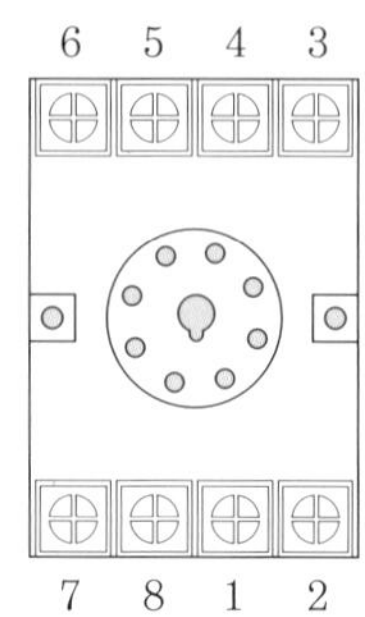

8핀 릴레이 소켓(베이스)

■ 회로도

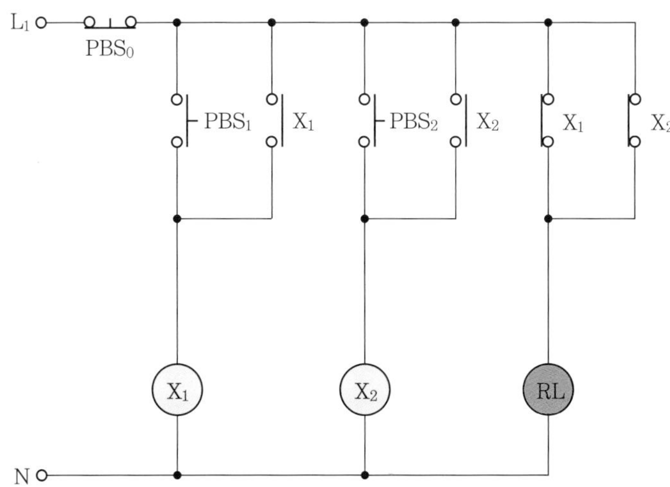

■ 기구 배치도

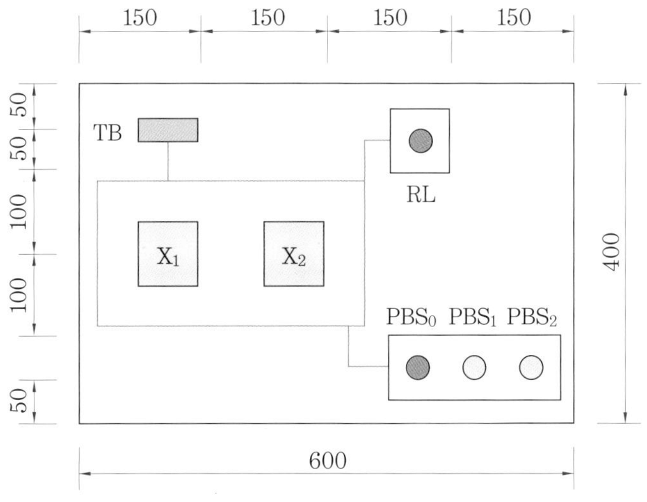

■ 범례

제어판	600×400mm	PBS_0	푸시 버튼 스위치(적색)
TB	전원(단자대 4P)	PBS_1, PBS_2	푸시 버튼 스위치(녹색)
X_1, X_2	릴레이 8P	RL	파일럿 램프(적색)

실습 과제 13 일치(EX-NOR) 회로

■ 유의 사항

① 제어판 내의 기구배치는 도면에 준하되, 치수는 작업하기 알맞고 기구가 들어갈 수 있도록 간격을 유지하여 배치한다.
② 소켓(베이스) 홈이 아래로 향하게 배치하고, 소켓 번호에 유의하여 작업한다.
③ 범례와 제어판 안쪽의 가이드라인을 참고하여 회로를 구성한다.
④ 기구와 기구 사이에는 전선이 배선되지 않도록 주의한다.
⑤ 각 단자의 접속은 한 단자에 2선까지만 접속할 수 있다.
⑥ 단자에 접속된 전선의 피복이 단자에 물리거나 피복 제거 부분(동선)이 2mm 이상 보이지 않도록 주의한다.
⑦ 버튼의 색상, 램프의 색상 등 배치도를 따라 작품을 완성한다.
⑧ 컨트롤 박스 안에서 커버를 열고 닫을 때 전선이 난사에서 빠지지 않도록 넉넉한 길이로 재단하고 램프나 버튼의 단자는 확실하게 단자 조임 후 커버를 닫는다.
⑨ 완성된 작품은 벨 테스터기를 활용하여 점검한다.

■ 동작 사항

① 전원을 투입하면 램프 RL은 점등한다.
② PBS_1을 누르면 릴레이 X_1은 여자된다.
③ PBS_2를 누르면 릴레이 X_2는 여자된다.
④ 릴레이 X_1, X_2가 같은 동작일 때 RL램프는 점등한다.
⑤ PBS_0를 누르면 X_1, X_2는 소자되고 RL램프는 점등한다.

■ 계전기 내부 결선도

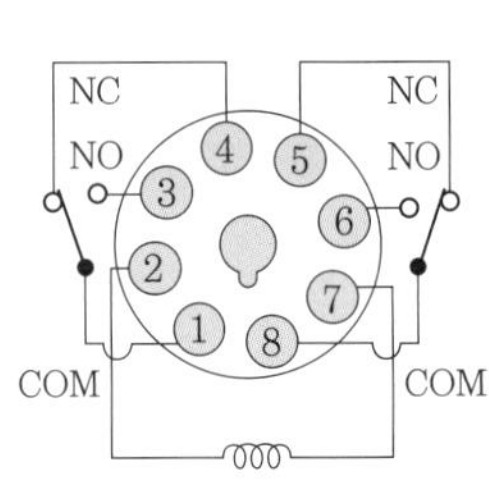

8핀 릴레이 내부 결선도

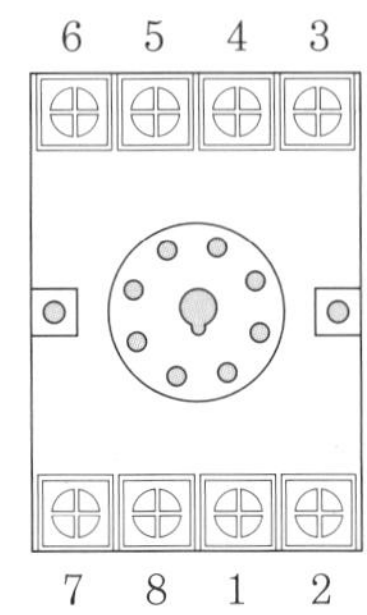

8핀 릴레이 소켓(베이스)

■ 회로도

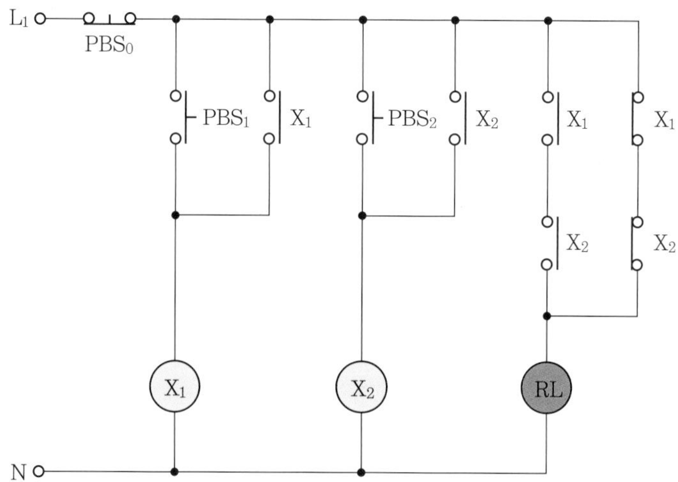

■ 기구 배치도

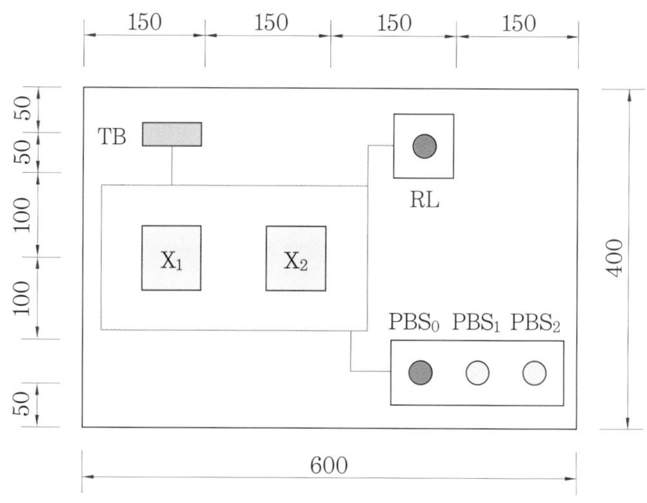

■ 범례

제어판	600×400mm	PBS_0	푸시 버튼 스위치(적색)
TB	전원(단자대 4P)	PBS_1, PBS_2	푸시 버튼 스위치(녹색)
X_1, X_2	릴레이 8P	RL	파일럿 램프(적색)

실습 과제 14 반일치(EX-OR) 회로

■ 유의 사항

① 제어판 내의 기구배치는 도면에 준하되, 치수는 작업하기 알맞고 기구가 들어갈 수 있도록 간격을 유지하여 배치한다.

② 소켓(베이스) 홈이 아래로 향하게 배치하고, 소켓 번호에 유의하여 작업한다.

③ 범례와 제어판 안쪽의 가이드라인을 참고하여 회로를 구성한다.

④ 기구와 기구 사이에는 전선이 배선되지 않도록 주의한다.

⑤ 각 단자의 접속은 한 단자에 2선까지만 접속할 수 있다.

⑥ 단자에 접속된 전선의 피복이 단자에 물리거나 피복 제거 부분(동선)이 2mm 이상 보이지 않도록 주의한다.

⑦ 버튼의 색상, 램프의 색상 등 배치도를 따라 작품을 완성한다.

⑧ 컨트롤 박스 안에서 커버를 열고 닫을 때 전선이 단자에서 빠지지 않도록 넉넉한 길이로 재단하고 램프나 버튼의 단자는 확실하게 단자 조임 후 커버를 닫는다.

⑨ 완성된 작품은 벨 테스터기를 활용하여 점검한다.

■ 동작 사항

① PBS_1을 누르면 릴레이 X_1은 여자된다.

② PBS_2를 누르면 릴레이 X_2는 여자된다.

③ 릴레이 X_1, X_2가 서로 다른 동작일 때 RL램프는 점등한다.

④ PBS_0를 누르면 X_1, X_2는 소자되고 RL램프는 소등한다.

■ 계전기 내부 결선도

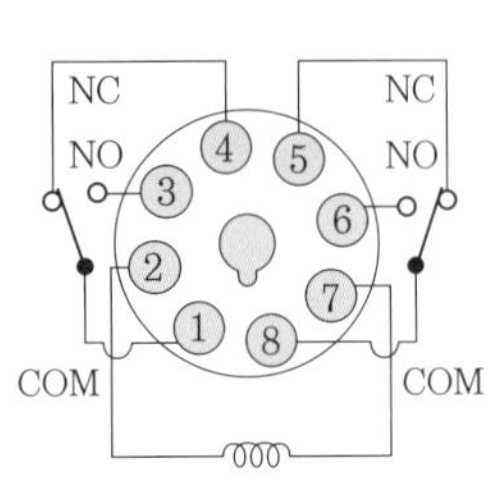

8핀 릴레이 내부 결선도

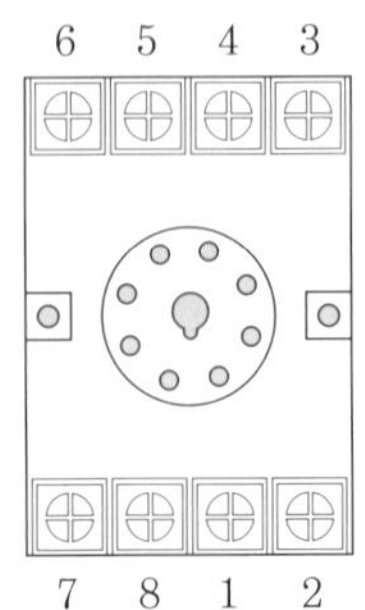

8핀 릴레이 소켓(베이스)

■ 회로도

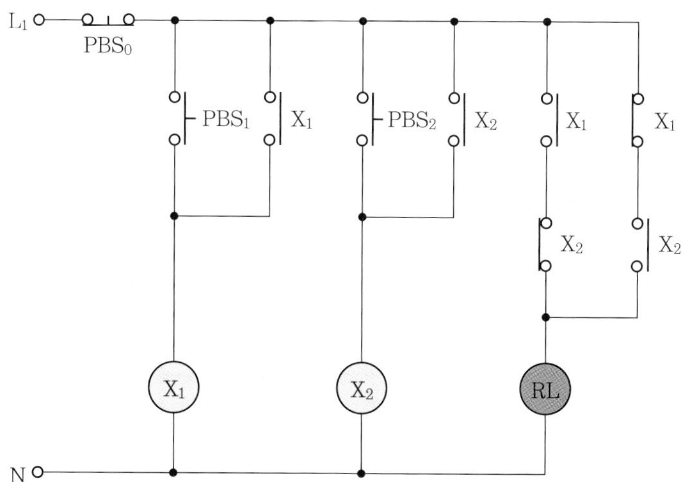

■ 기구 배치도

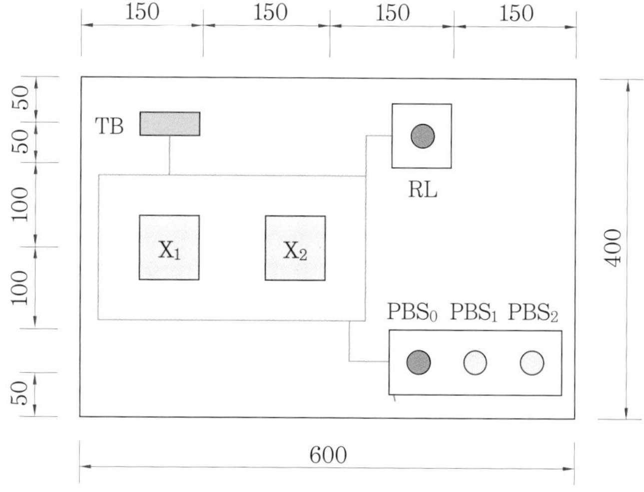

■ 범례

제어판	600×400mm	PBS_0	푸시 버튼 스위치(적색)
TB	전원(단자대 4P)	PBS_1, PBS_2	푸시 버튼 스위치(녹색)
X_1, X_2	릴레이 8P	RL	파일럿 램프(적색)

실습 과제 15 지연 동작 회로

■ 유의 사항

① 제어판 내의 기구배치는 도면에 준하되, 치수는 작업하기 알맞고 기구가 들어갈 수 있도록 간격을 유지하여 배치한다.
② 소켓(베이스) 홈이 아래로 향하게 배치하고, 소켓 번호에 유의하여 작업한다.
③ 범례와 제어판 안쪽의 가이드라인을 참고하여 회로를 구성한다.
④ 각 단자의 접속은 한 단자에 2선까지만 접속할 수 있다.
⑤ 단자에 접속된 전선의 피복이 단자에 물리거나 피복 제거 부분(동선)이 2mm 이상 보이지 않도록 주의한다.
⑥ 버튼의 색상, 램프의 색상 등 배치도를 따라 작품을 완성한다.
⑦ 컨트롤 박스 안에서 커버를 열고 닫을 때 전선이 단자에서 빠지지 않도록 넉넉한 길이로 재단하고 램프나 버튼의 난사는 확실하게 딘자 조임 후 커버를 닫는다.
⑧ 완성된 작품은 벨 테스터기를 활용하여 점검한다.

■ 동작 사항

① 전원을 투입하면 램프 GL은 점등한다.
② PBS_1을 누르면 타이머 T는 여자되고 설정된 시간 후 RL램프는 점등, GL램프는 소등한다.
③ PBS_0를 누르면 타이머는 소자되고 GL램프는 점등, RL램프는 소등된다.

■ 계전기 내부 결선도

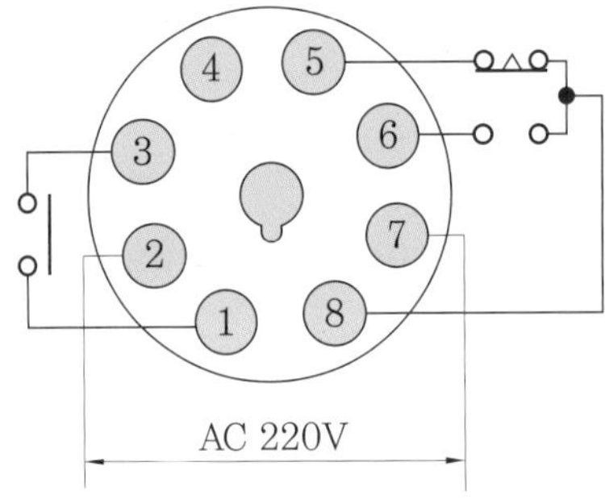

타이머 내부 결선도

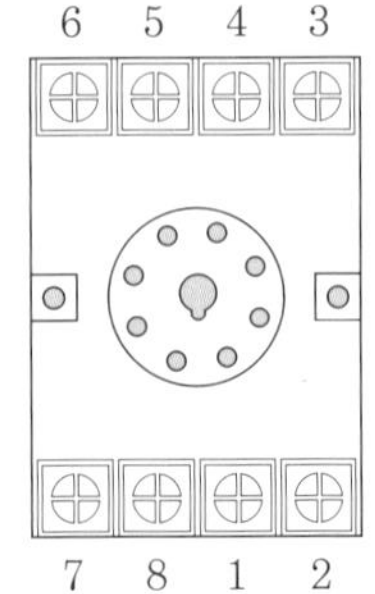

타이머 소켓(베이스)

■ 회로도

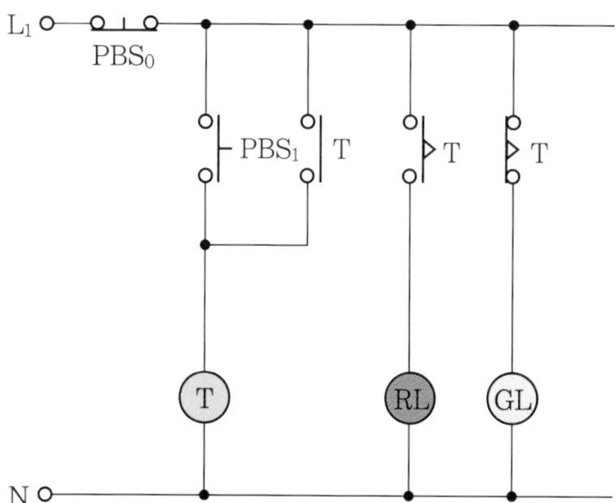

■ 기구 배치도

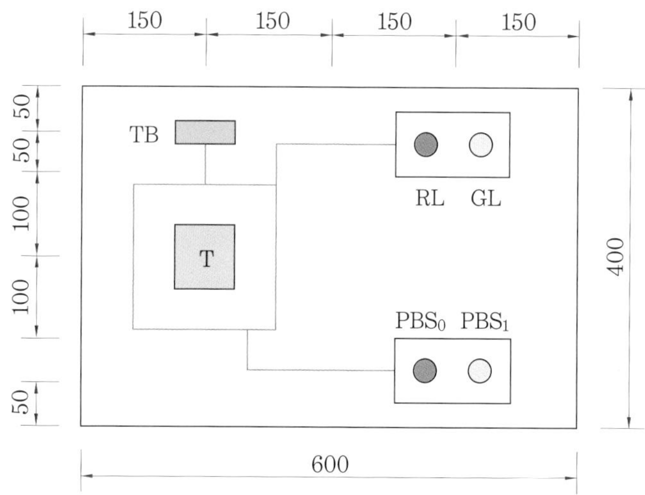

■ 범례

제어판	600×400mm	PBS_0	푸시 버튼 스위치(적색)
TB	전원(단자대 4P)	PBS_1	푸시 버튼 스위치(녹색)
T	타이머 8P	RL	파일럿 램프(적색)
		GL	파일럿 램프(녹색)

실습 과제 16 순시 동작 한시 복귀 동작 회로

■ 유의 사항

① 제어판 내의 기구배치는 도면에 준하되, 치수는 작업하기 알맞고 기구가 들어갈 수 있도록 간격을 유지하여 배치한다.

② 소켓(베이스) 홈이 아래로 향하게 배치하고, 소켓 번호에 유의하여 작업한다.

③ 범례와 제어판 안쪽의 가이드라인을 참고하여 회로를 구성한다.

④ 기구와 기구 사이에는 전선이 배선되지 않도록 주의한다.

⑤ 각 단자의 접속은 한 단자에 2선까지만 접속할 수 있다.

⑥ 단자에 접속된 전선의 피복이 단자에 물리거나 피복 제거 부분(동선)이 2mm 이상 보이지 않도록 주의한다.

⑦ 버튼의 색상, 램프의 색상 등 배치도를 따라 작품을 완성한다.

⑧ 컨트롤 박스 안에서 커버를 열고 닫을 때 선선이 단자에서 빠지지 않도록 넉넉한 길이로 재단하고 램프나 버튼의 단자는 확실하게 단자 조임 후 커버를 닫는다.

⑨ 완성된 작품은 벨 테스터기를 활용하여 점검한다.

■ 동작 사항

① PBS_1을 누르면 릴레이 X_1, X_2는 여자되고 GL램프는 점등한다.

② PBS_2를 누르면 릴레이 X_1은 소자되고 타이머 T의 설정시간 후 X_2는 소자, GL램프는 소등한다.

■ 계전기 내부 결선도

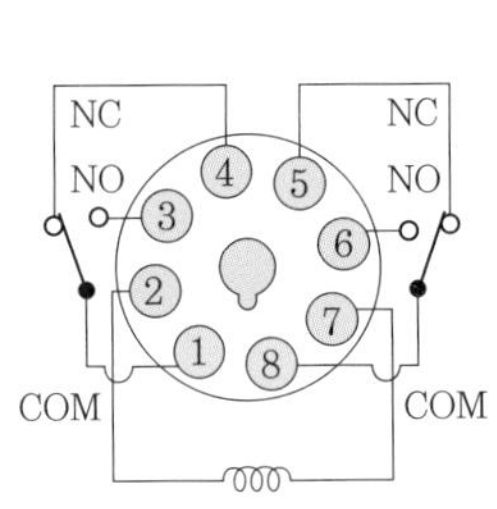

8핀 릴레이 내부 결선도

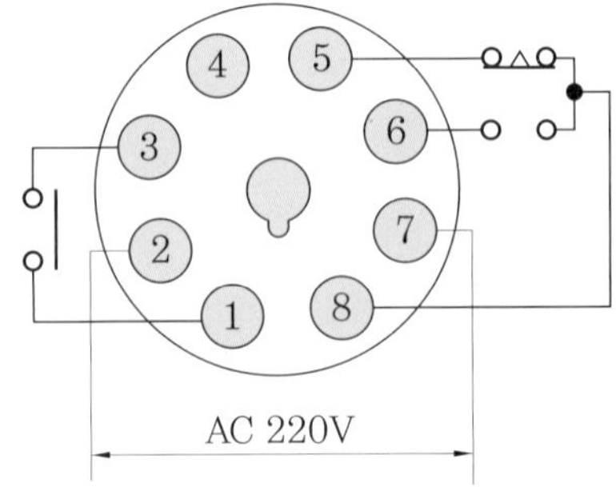

8핀 타이머 내부 결선도

■ 회로도

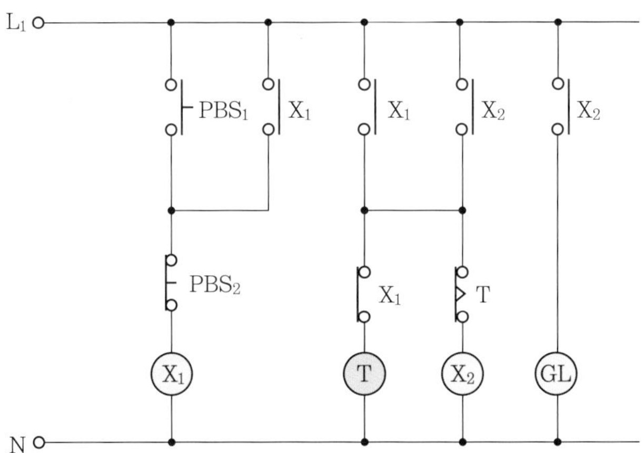

■ 기구 배치도

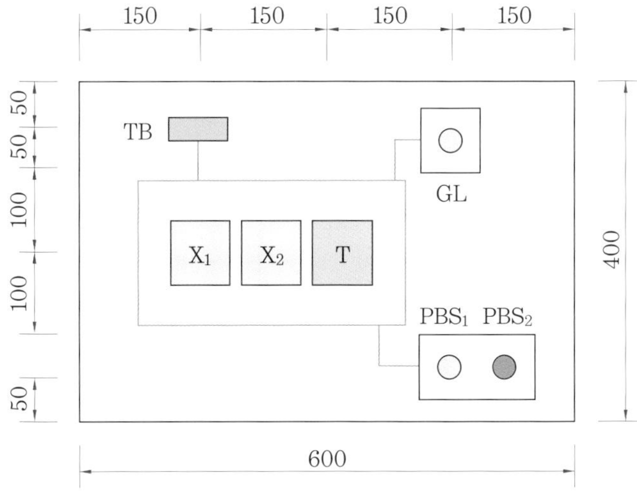

■ 범례

제어판	600×400mm	PBS_1	푸시 버튼 스위치(녹색)
TB	전원(단자대 4P)	PBS_2	푸시 버튼 스위치(적색)
T	타이머 8P	RL	파일럿 램프(적색)
X_1, X_2	릴레이 8P	GL	파일럿 램프(녹색)

실습 과제 17 지연 동작 한시 복귀 동작 회로

■ 유의 사항

① 제어판 내의 기구배치는 도면에 준하되, 치수는 작업하기 알맞고 기구가 들어갈 수 있도록 간격을 유지하여 배치한다.
② 소켓(베이스) 홈이 아래로 향하게 배치하고, 소켓 번호에 유의하여 작업한다.
③ 범례와 제어판 안쪽의 가이드라인을 참고하여 회로를 구성한다.
④ 기구와 기구 사이에는 전선이 배선되지 않도록 주의한다.
⑤ 각 단자의 접속은 한 단자에 2선까지만 접속할 수 있다.
⑥ 단자에 접속된 전선의 피복이 단자에 물리거나 피복 제거 부분(동선)이 2mm 이상 보이지 않도록 주의한다.
⑦ 버튼의 색상, 램프의 색상 등 배치도를 따라 작품을 완성한다.
⑧ 컨트롤 박스 안에서 커버를 열고 닫을 때 전선이 단자에서 빠지지 않도록 넉넉한 길이로 재단하고 램프나 버튼의 단자는 확실하게 단자 조임 후 커버를 닫는다.
⑨ 완성된 작품은 벨 테스터기를 활용하여 점검한다.

■ 동작 사항

① PBS_1을 누르면 타이머 T_1이 여자되어 설정된 시간 후 릴레이 X가 여자되고, 램프 GL이 점등한다.
② PBS_2를 누르면 T_1은 소자되고 타이머 T_2는 여자되어 T_2의 설정시간 후 릴레이 X가 소자되어 램프 GL은 소등된다.

■ 계전기 내부 결선도

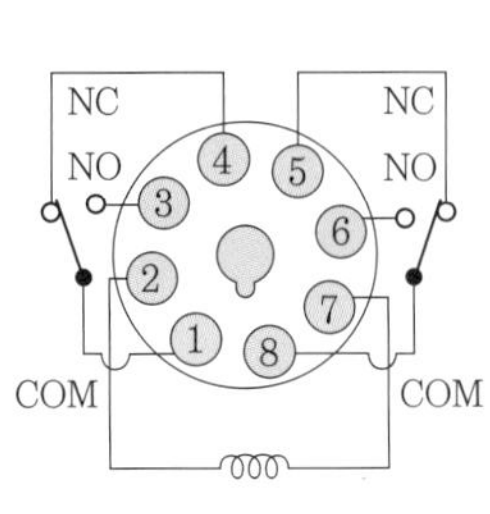

8핀 릴레이 내부 결선도

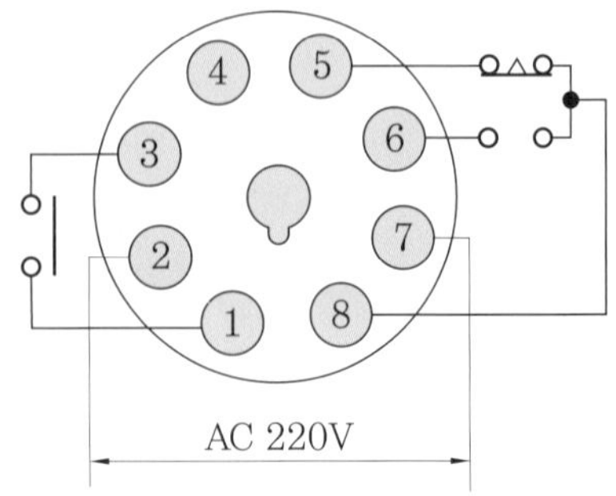

타이머 내부 결선도

■ 회로도

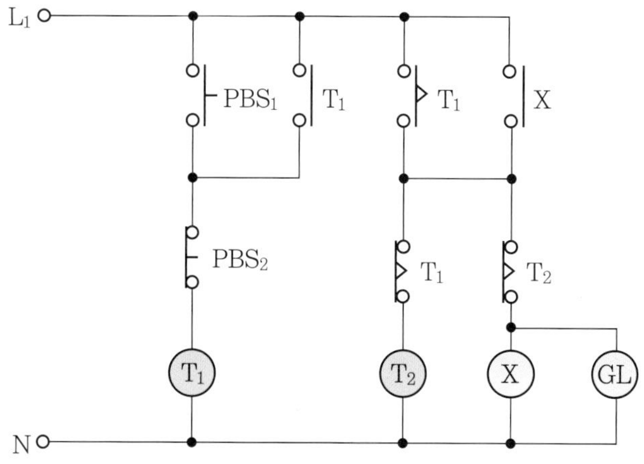

■ 기구 배치도

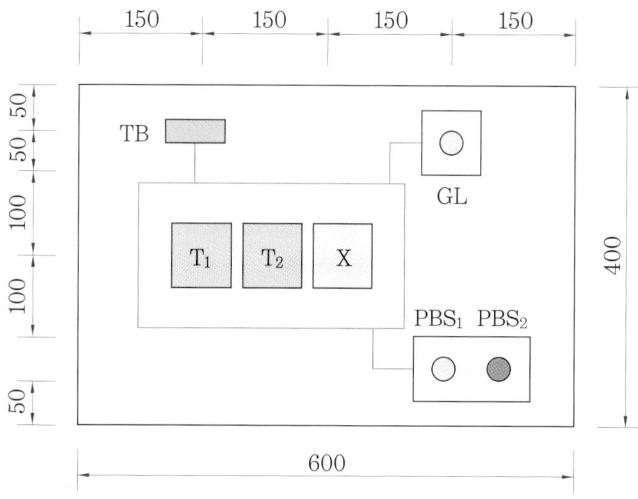

■ 범례

제어판	600×400mm	PBS_1	푸시 버튼 스위치(녹색)
TB	전원(단자대 4P)	PBS_2	푸시 버튼 스위치(적색)
T_1, T_2	타이머 8P	GL	파일럿 램프(녹색)
X	릴레이 8P		

실습 과제 18 지연 간격 동작 회로

■ 유의 사항

① 제어판 내의 기구배치는 도면에 준하되, 치수는 작업하기 알맞고 기구가 들어갈 수 있도록 간격을 유지하여 배치한다.
② 소켓(베이스) 홈이 아래로 향하게 배치하고, 소켓 번호에 유의하여 작업한다.
③ 범례와 제어판 안쪽의 가이드라인을 참고하여 회로를 구성한다.
④ 기구와 기구 사이에는 전선이 배선되지 않도록 주의한다.
⑤ 각 단자의 접속은 한 단자에 2선까지만 접속할 수 있다.
⑥ 단자에 접속된 전선의 피복이 단자에 물리거나 피복 제거 부분(동선)이 2mm 이상 보이지 않도록 주의한다.
⑦ 버튼의 색상, 램프의 색상 등 배치도를 따라 작품을 완성한다.
⑧ 컨트롤 박스 안에서 커버를 열고 닫을 때 전선이 단자에서 빠시시 않도록 넉넉한 길이로 재단하고 램프나 버튼의 단자는 확실하게 단자 조임 후 커버를 닫는다.
⑨ 완성된 작품은 벨 테스터기를 활용하여 점검한다.

■ 동작 사항

① PBS_1을 누르면 타이머 T_1이 여자되어 설정된 시간 후 타이머 T_2가 여자되고 GL램프는 점등된다. 타이머 T_2의 설정된 시간 후 릴레이 X는 여자되고 GL램프는 소등된다.
② PBS_2를 누르면 타이머 T_1, T_2, 릴레이 X는 소자된다.

■ 계전기 내부 결선도

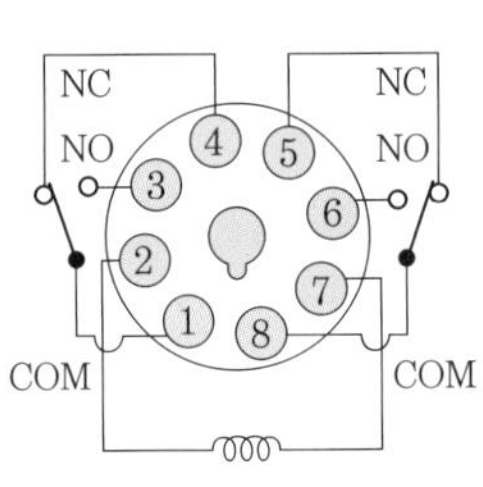

8핀 릴레이 내부 결선도

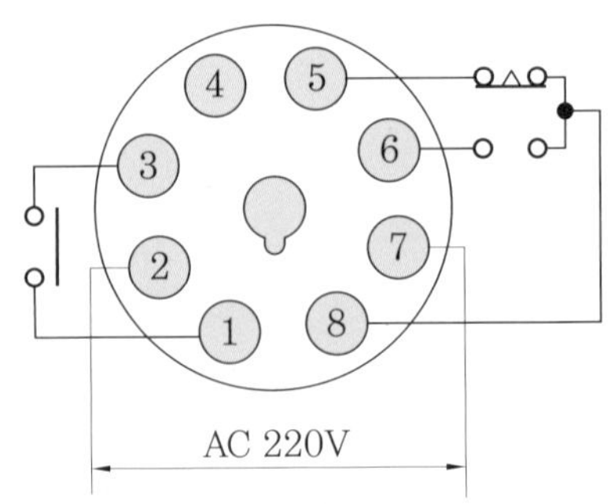

타이머 내부 결선도

■ 회로도

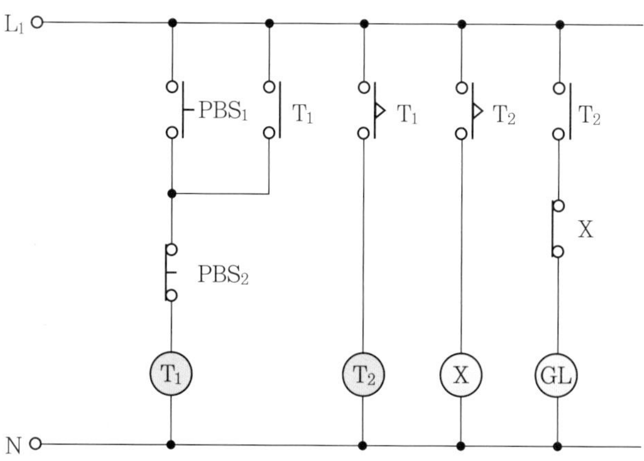

■ 기구 배치도

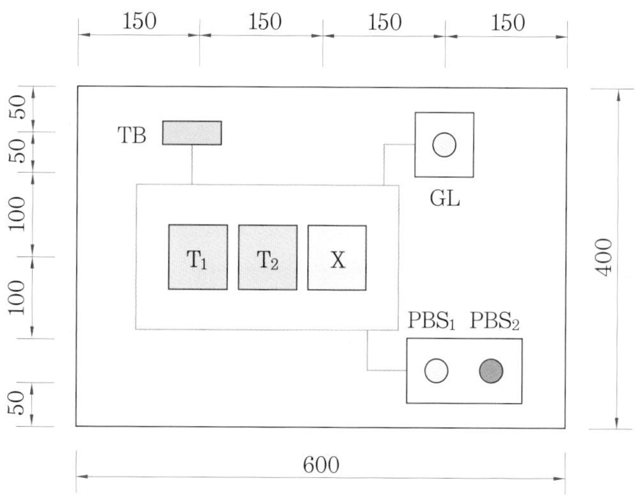

■ 범례

제어판	600×400mm	PBS_1	푸시 버튼 스위치(녹색)
TB	전원(단자대 4P)	PBS_2	푸시 버튼 스위치(적색)
T_1, T_2	타이머 8P	GL	파일럿 램프(녹색)
X	릴레이 8P		

실습 과제 19 주기 동작 회로

■ 유의 사항

① 제어판 내의 기구배치는 도면에 준하되, 치수는 작업하기 알맞고 기구가 들어갈 수 있도록 간격을 유지하여 배치한다.
② 소켓(베이스) 홈이 아래로 향하게 배치하고, 소켓 번호에 유의하여 작업한다.
③ 범례와 제어판 안쪽의 가이드라인을 참고하여 회로를 구성한다.
④ 기구와 기구 사이에는 전선이 배선되지 않도록 주의한다.
⑤ 각 단자의 접속은 한 단자에 2선까지만 접속할 수 있다.
⑥ 단자에 접속된 전선의 피복이 단자에 물리거나 피복 제거 부분(동선)이 2mm 이상 보이지 않도록 주의한다.
⑦ 버튼의 색상, 램프의 색상 등 배치도를 따라 작품을 완성한다.
⑧ 컨트롤 박스 안에서 커버를 열고 닫을 때 전선이 단자에서 빠지지 않도록 넉넉한 길이로 재단하고 램프나 버튼의 단자는 확실하게 단자 조임 후 커버를 닫는다.
⑨ 완성된 작품은 벨 테스터기를 활용하여 점검한다.

■ 동작 사항

① PBS_1을 누르면 릴레이 X_1과 T_1은 여자되고 GL램프는 점등된다. 타이머 T_1의 설정된 시간 후 타이머 T_2, 릴레이 X_2는 여자되고, GL램프는 소등된다. T_2의 설정된 시간 후 릴레이 X_2, 타이머 T_2는 소자되고 GL램프는 점등한다.
② PBS_2를 누르면 릴레이 X_1은 소자된다.

■ 계전기 내부 결선도

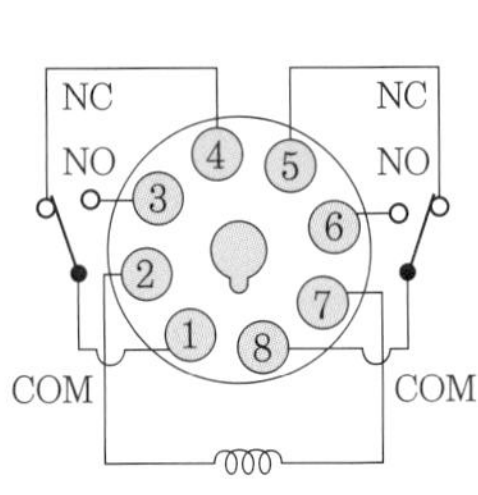

8핀 릴레이 내부 결선도

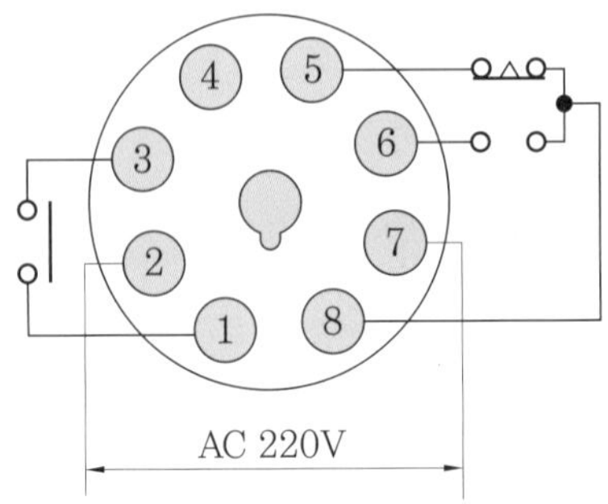

타이머 내부 결선도

■ 회로도

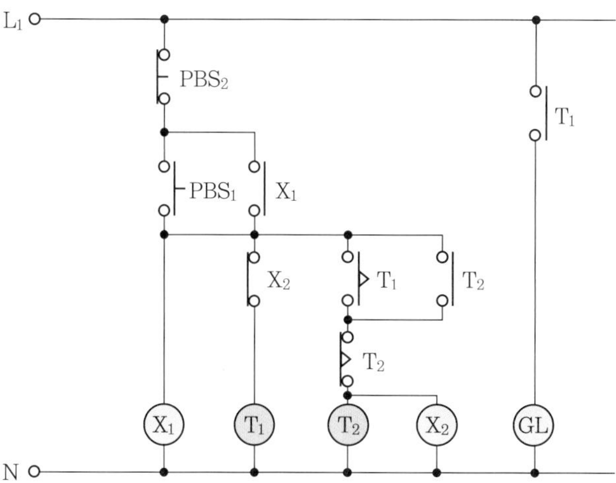

■ 기구 배치도

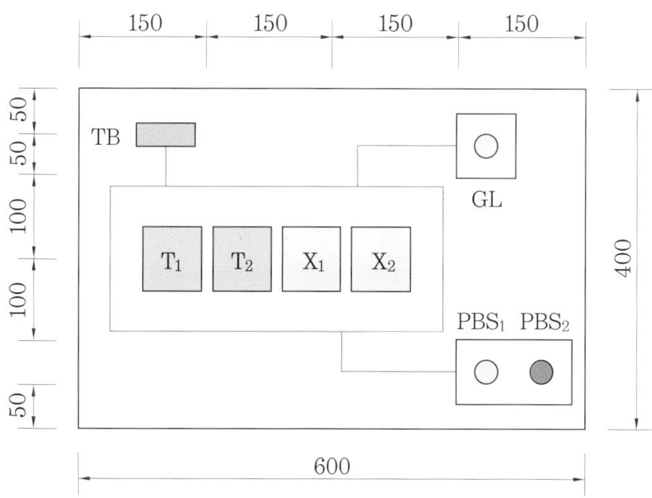

■ 범례

제어판	600×400mm	PBS_1	푸시 버튼 스위치(녹색)
TB	전원(단자대 4P)	PBS_2	푸시 버튼 스위치(적색)
T_1, T_2	타이머 8P	GL	파일럿 램프(녹색)
X_1	릴레이 8P	X_2	릴레이 8P

실습 과제 20 동작 검출 회로

■ 유의 사항

① 제어판 내의 기구배치는 도면에 준하되, 치수는 작업하기 알맞고 기구가 들어갈 수 있도록 간격을 유지하여 배치한다.
② 소켓(베이스) 홈이 아래로 향하게 배치하고, 소켓 번호에 유의하여 작업한다.
③ 범례와 제어판 안쪽의 가이드라인을 참고하여 회로를 구성한다.
④ 기구와 기구 사이에는 전선이 배선되지 않도록 주의한다.
⑤ 각 단자의 접속은 한 단자에 2선까지만 접속할 수 있다.
⑥ 단자에 접속된 전선의 피복이 단자에 물리거나 피복 제거 부분(동선)이 2mm 이상 보이지 않도록 주의한다.
⑦ 버튼의 색상, 램프의 색상 등 배치도를 따라 작품을 완성한다.
⑧ 컨트롤 박스 안에서 커버를 열고 닫을 때 전선이 단자에서 빠지지 않도록 넉넉한 길이로 재단하고 램프나 버튼의 단자는 확실하게 단자 조임 후 커버를 닫는다.
⑨ 완성된 작품은 벨 테스터기를 활용하여 점검한다.

■ 동작 사항

① PBS_1을 누르는 시간이 타이머 T 설정 시간보다 길어질 경우 릴레이 X는 여자되고 램프 YL은 점등된다.
② PBS_2를 누르면 릴레이 X는 소자되고 YL은 소등된다.

■ 계전기 내부 결선도

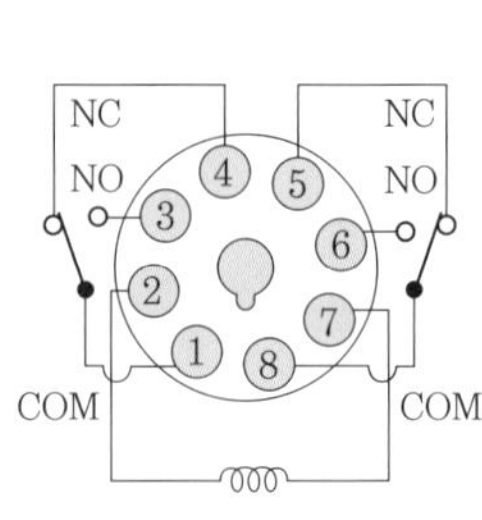

8핀 릴레이 내부 결선도

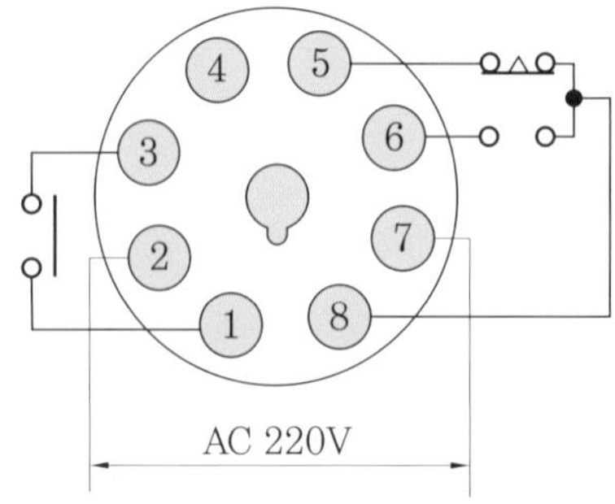

타이머 내부 결선도

■ 회로도

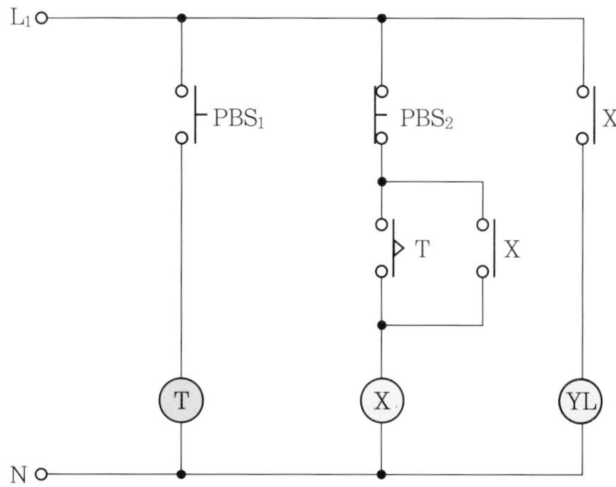

■ 기구 배치도

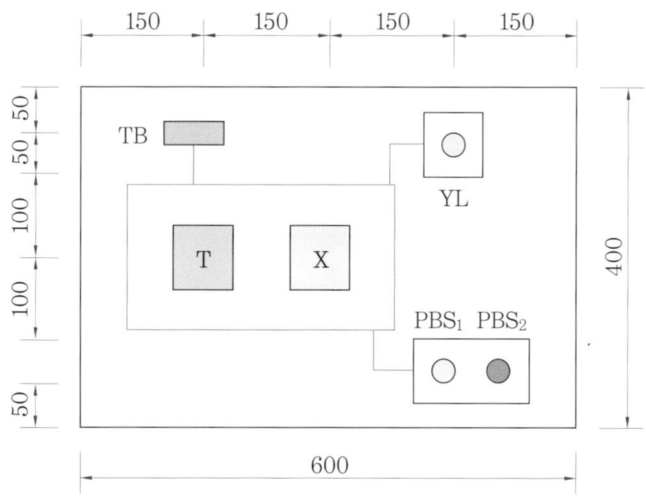

■ 범례

제어판	600×400mm	PBS_1	푸시 버튼 스위치(녹색)
TB	전원(단자대 4P)	PBS_2	푸시 버튼 스위치(적색)
T	타이머 8P	YL	파일럿 램프(황색)
X	릴레이 8P		

실습 과제 21 선행 우선(인터로크) 회로

■ 유의 사항

① 제어판 내의 기구배치는 도면에 준하되, 치수는 작업하기 알맞고 기구가 들어갈 수 있도록 간격을 유지하여 배치한다.
② 소켓(베이스) 홈이 아래로 향하게 배치하고, 소켓 번호에 유의하여 작업한다.
③ 범례와 제어판 안쪽의 가이드라인을 참고하여 회로를 구성한다.
④ 기구와 기구 사이에는 전선이 배선되지 않도록 주의한다.
⑤ 각 단자의 접속은 한 단자에 2선까지만 접속할 수 있다.
⑥ 단자에 접속된 전선의 피복이 단자에 물리거나 피복 제거 부분(동선)이 2mm 이상 보이지 않도록 주의한다.
⑦ 버튼의 색상, 램프의 색상 등 배치도를 따라 작품을 완성한다.
⑧ 컨트롤 박스 안에서 커버를 열고 닫을 때 전선이 단자에서 빠지지 않도록 넉넉한 길이로 재단하고 램프나 버튼의 단자는 확실하게 단자 조임 후 커버를 닫는다.
⑨ 완성된 작품은 벨 테스터기를 활용하여 점검한다.

■ 동작 사항

① PBS_1을 누르면 릴레이 X_1이 여자되어 RL램프는 점등한다.
② PBS_2를 눌러도 릴레이 X_2는 여자되지 않는다.
③ PBS_0를 누르면 릴레이 X_1은 소자되고 RL램프는 소등 후 PBS_2를 누르면 릴레이 X_2는 여자되고 GL램프는 점등한다.
④ PBS_2를 눌러서 릴레이 X_2가 여자되어 있는 상태에서도 PBS_1을 누르면 릴레이 X_1은 여자되지 않는다.
⑤ PBS_0를 누르면 릴레이 X_1, X_2는 소자되고 회로는 초기화된다.

■ 계전기 내부 결선도

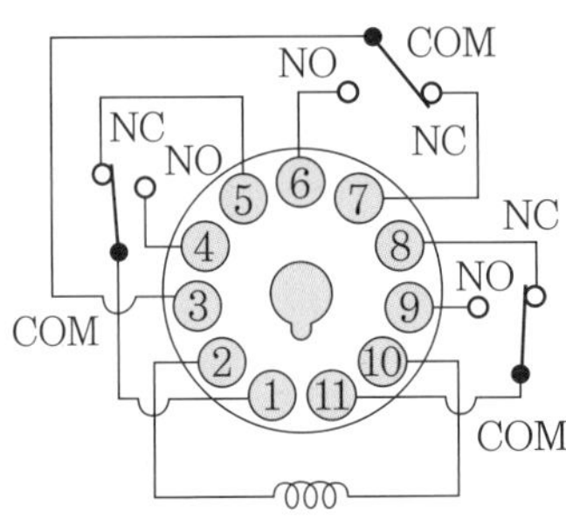

11핀 릴레이 내부 결선도

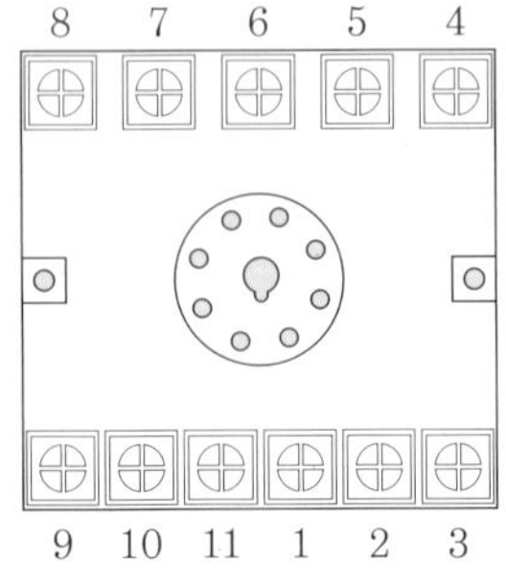

11핀 릴레이 소켓(베이스)

■ 회로도

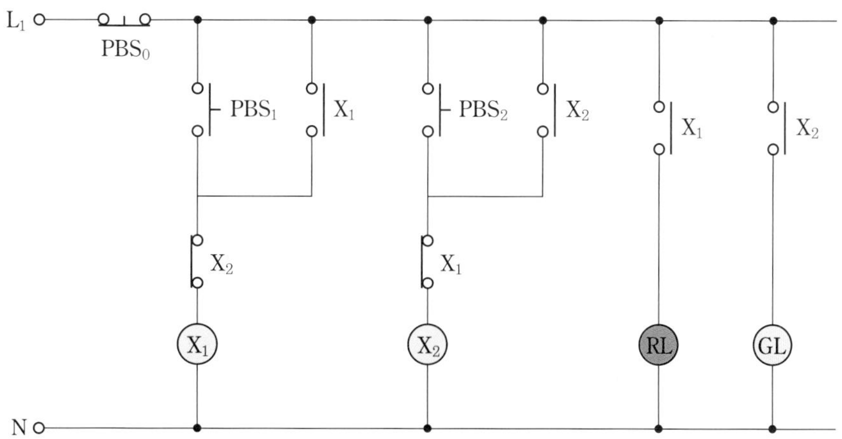

■ 기구 배치도

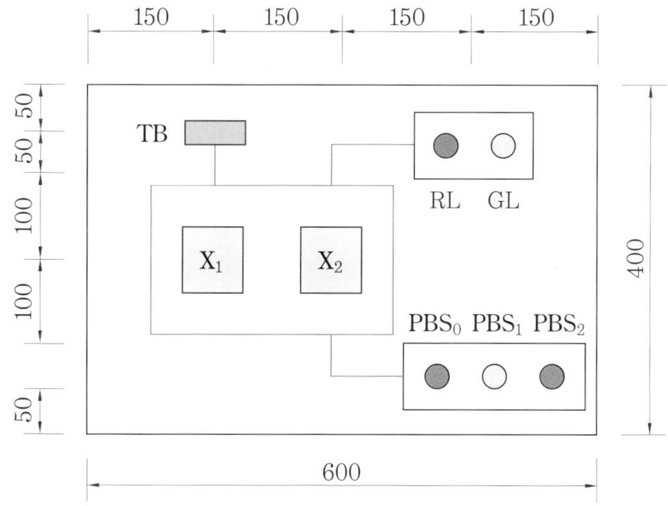

■ 범례

제어판	600×400mm	PBS_1	푸시 버튼 스위치(녹색)
TB	전원(단자대 4P)	PBS_2	푸시 버튼 스위치(적색)
X_1, X_2	릴레이 11P	RL	파일럿 램프(적색)
PBS_0	푸시 버튼 스위치(적색)	GL	파일럿 램프(녹색)

실습 과제 22 우선 동작 순차 회로

■ 유의 사항

① 제어판 내의 기구배치는 도면에 준하되, 치수는 작업하기 알맞고 기구가 들어갈 수 있도록 간격을 유지하여 배치한다.
② 소켓(베이스) 홈이 아래로 향하게 배치하고, 소켓 번호에 유의하여 작업한다.
③ 범례와 제어판 안쪽의 가이드라인을 참고하여 회로를 구성한다.
④ 기구와 기구 사이에는 전선이 배선되지 않도록 주의한다.
⑤ 각 단자의 접속은 한 단자에 2선까지만 접속할 수 있다.
⑥ 단자에 접속된 전선의 피복이 단자에 물리거나 피복 제거 부분(동선)이 2mm 이상 보이지 않도록 주의한다.
⑦ 버튼의 색상, 램프의 색상 등 배치도를 따라 작품을 완성한다.
⑧ 컨트롤 박스 안에서 커버를 열고 닫을 때 전선이 단자에서 빠지지 않도록 넉넉한 길이로 재단하고 램프나 버튼의 단자는 확실하게 단자 조임 후 커버를 닫는다.
⑨ 완성된 작품은 벨 테스터기를 활용하여 점검한다.

■ 동작 사항

① 릴레이 X_1이 여자되면 L_1이 점등, 릴레이 X_2가 여자되면 L_2가 점등, 릴레이 X_3가 여자되면 L_3가 점등, 릴레이 X_4가 여자되면 L_4가 점등된다.
② PBS_1, PBS_2, PBS_3 중 가장 먼저 누른 스위치에 의해 X_4의 릴레이가 여자된다. 이때 X_4의 릴레이에 의해 다른 버튼이 눌려도 버튼은 동작하지 않는다. 제일 먼저 누른 신호가 우선인 회로이다.

■ 계전기 내부 결선도

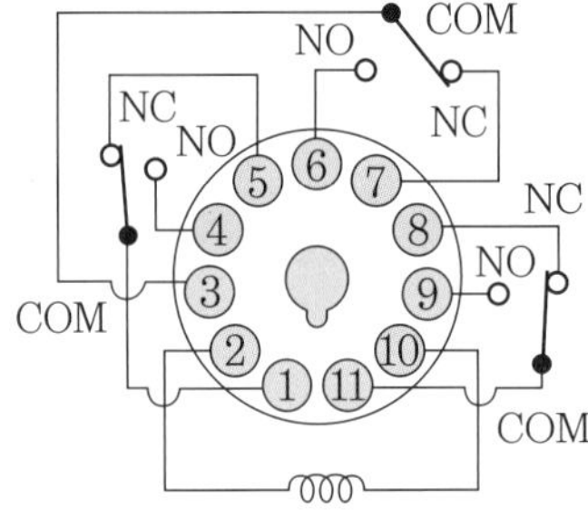

11핀 릴레이 내부 결선도

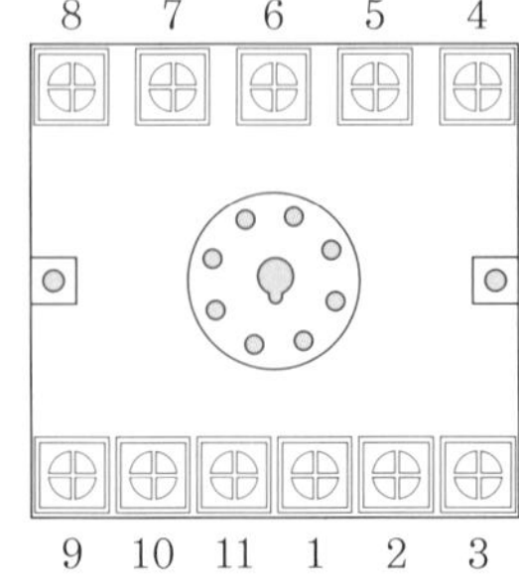

11핀 릴레이 소켓(베이스)

■ 회로도

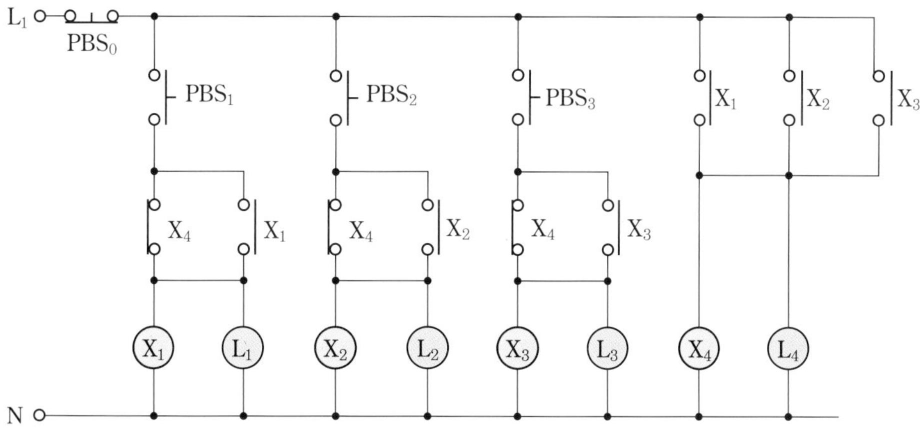

■ 기구 배치도

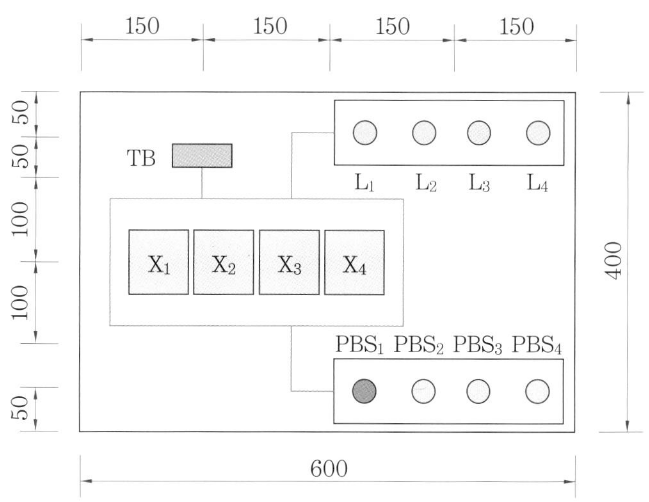

■ 범례

제어판	600×400mm	PBS_1, PBS_2, PBS_3	푸시 버튼 스위치(녹색)
TB	전원(단자대 4P)	PBS_0	푸시 버튼 스위치(적색)
X_1, X_2, X_3, X_4	릴레이 11P	L_1, L_2, L_3, L_4	파일럿 램프(황색)

실습 과제 23 신입 동작 우선 회로

■ 유의 사항

① 제어판 내의 기구배치는 도면에 준하되, 치수는 작업하기 알맞고 기구가 들어갈 수 있도록 간격을 유지하여 배치한다.
② 소켓(베이스) 홈이 아래로 향하게 배치하고, 소켓 번호에 유의하여 작업한다.
③ 범례와 제어판 안쪽의 가이드라인을 참고하여 회로를 구성한다.
④ 기구와 기구 사이에는 전선이 배선되지 않도록 주의한다.
⑤ 각 단자의 접속은 한 단자에 2선까지만 접속할 수 있다.
⑥ 단자에 접속된 전선의 피복이 단자에 물리거나 피복 제거 부분(동선)이 2mm 이상 보이지 않도록 주의한다.
⑦ 버튼의 색상, 램프의 색상 등 배치도를 따라 작품을 완성한다.
⑧ 컨트롤 박스 안에서 커버를 열고 닫을 때 전선이 단자에서 빠지지 않도록 넉넉한 길이로 재단하고 램프나 버튼의 단자는 확실하게 단자 조임 후 커버를 닫는다.
⑨ 완성된 작품은 벨 테스터기를 활용하여 점검한다.

■ 동작 사항

① 릴레이 X_1이 여자되면 L_1이 점등, 릴레이 X_2가 여자되면 L_2가 점등, 릴레이 X_3가 여자되면 L_3가 점등, 릴레이 X_4가 여자되면 L_4가 점등된다.
② PBS_1, PBS_2, PBS_3, PBS_4 중 누르는 버튼의 릴레이가 여자되는 신입 동작 우선 회로이다.
③ PBS_0를 누르면 모든 계전기는 소자되고 램프는 소등된다.

■ 계전기 내부 결선도

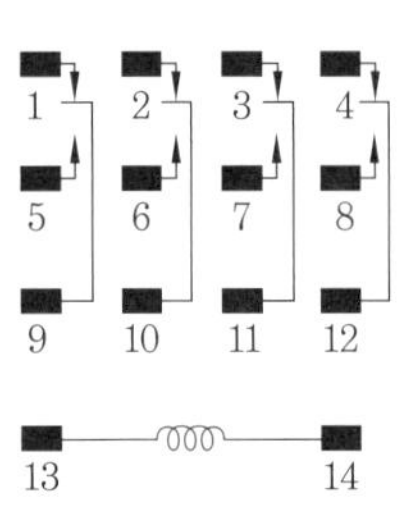

14핀 릴레이 내부 결선도

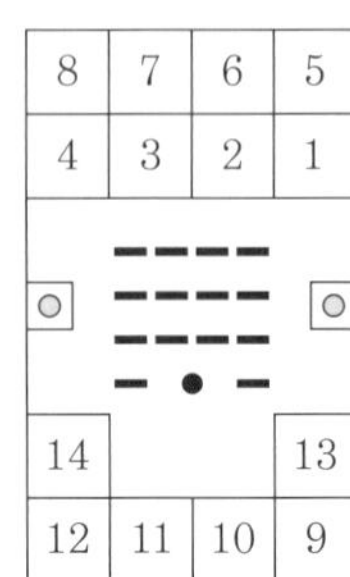

14핀 릴레이 소켓(베이스)

■ 회로도

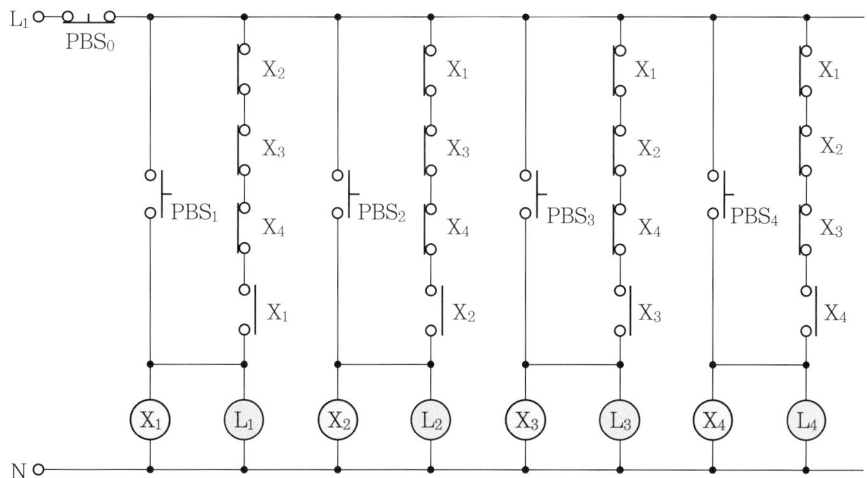

■ 기구 배치도

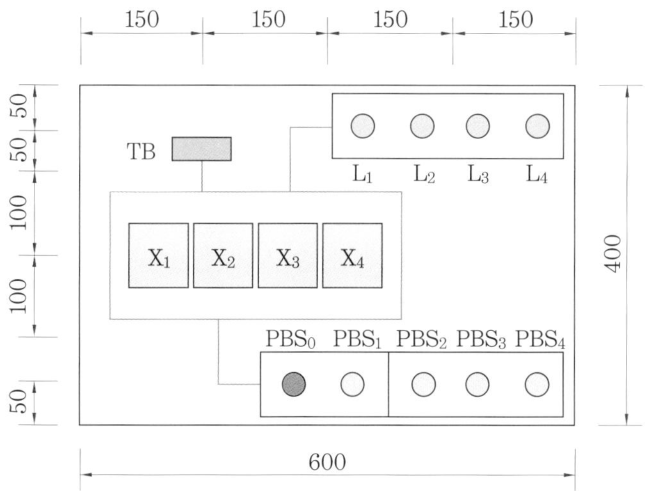

■ 범례

제어판	600×400mm	PBS_1, PBS_2, PBS_3, PBS_4	푸시 버튼 스위치(녹색)
TB	전원(단자대 4P)	PBS_0	푸시 버튼 스위치(적색)
X_1, X_2, X_3, X_4	릴레이 14P	L_1, L_2, L_3, L_4	파일럿 램프(황색)

실습 과제 24 순위별 우선 회로

■ 유의 사항

① 제어판 내의 기구배치는 도면에 준하되, 치수는 작업하기 알맞고 기구가 들어갈 수 있도록 간격을 유지하여 배치한다.
② 소켓(베이스) 홈이 아래로 향하게 배치하고, 소켓 번호에 유의하여 작업한다.
③ 범례와 제어판 안쪽의 가이드라인을 참고하여 회로를 구성한다.
④ 기구와 기구 사이에는 전선이 배선되지 않도록 주의한다.
⑤ 각 단자의 접속은 한 단자에 2선까지만 접속할 수 있다.
⑥ 단자에 접속된 전선의 피복이 단자에 물리거나 피복 제거 부분(동선)이 2mm 이상 보이지 않도록 주의한다.
⑦ 버튼의 색상, 램프의 색상 등 배치도를 따라 작품을 완성한다.
⑧ 컨트롤 박스 안에서 커버를 열고 닫을 때 전선이 단자에서 빠지지 않도록 넉넉한 길이로 재단하고 램프나 버튼의 단자는 확실하게 단자 조임 후 커버를 닫는다.
⑨ 완성된 작품은 벨 테스터기를 활용하여 점검한다.

■ 동작 사항

① 릴레이 X_1이 여자되면 L_1이 점등, 릴레이 X_2가 여자되면 L_2가 점등, 릴레이 X_3가 여자되면 L_3가 점등, 릴레이 X_4가 여자되면 L_4가 점등된다.
② PBS_1을 누르면 X_1은 여자되고 이때 PBS_2, PBS_3, PBS_4를 누르면 해당 릴레이는 여자되지 않는다. PBS_0을 눌러 모두 소자시키고 PBS_3를 누르면 X_3는 여자된다. 이때 PBS_4를 누르면 X_4는 여자되지 않으며, PBS_2를 누르면 릴레이 X_3는 소자되고 릴레이 X_2는 여자된다. 이러한 회로를 순위별 우선 회로라 한다.
③ PBS_0을 누르면 모든 계전기는 소자되고 램프는 소등된다.

■ 계전기 내부 결선도

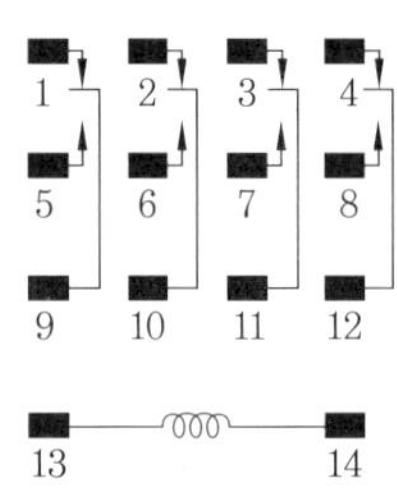

14핀 릴레이 내부 결선도

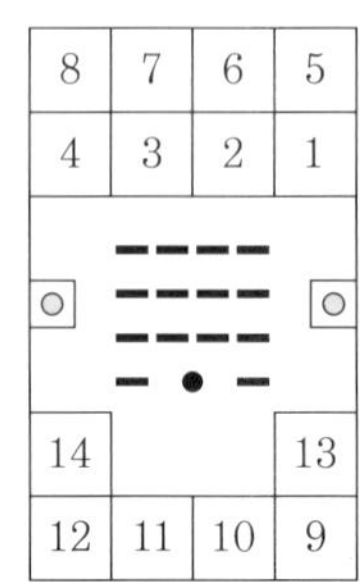

14핀 릴레이 소켓(베이스)

■ 회로도

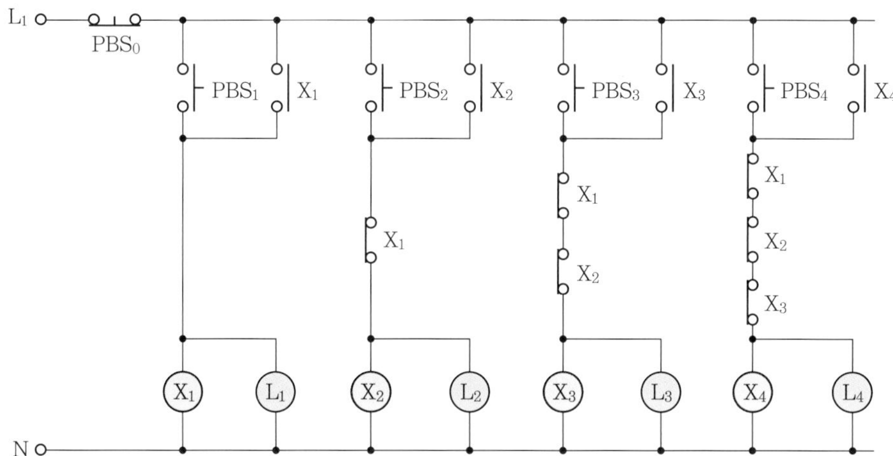

■ 기구 배치도

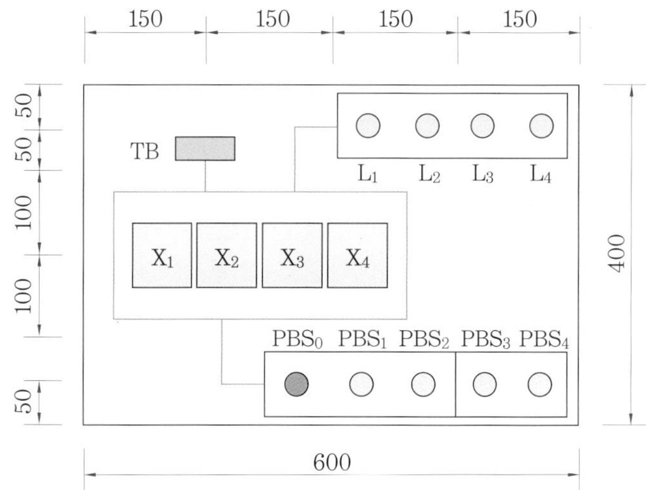

■ 범례

제어판	600×400mm	PBS_1, PBS_2, PBS_3, PBS_4	푸시 버튼 스위치(녹색)
TB	전원(단자대 4P)	L_1, L_2, L_3, L_4	파일럿 램프(황색)
X_1, X_2, X_3, X_4	릴레이 14P	PBS_0	푸시 버튼 스위치(적색)

실습 과제 25 3상 유도 전동기 직입 기동 회로(1)

■ 유의 사항

① 제어판 내의 기구배치는 도면에 준하되, 치수는 작업하기 알맞고 기구가 들어갈 수 있도록 간격을 유지하여 배치한다.
② 소켓(베이스) 홈이 아래로 향하게 배치하고, 소켓 번호에 유의하여 작업한다.
③ 범례와 제어판 안쪽의 가이드라인을 참고하여 회로를 구성한다.
④ 기구와 기구 사이에는 전선이 배선되지 않도록 주의한다.
⑤ 각 단자의 접속은 한 단자에 2선까지만 접속할 수 있다.
⑥ 단자에 접속된 전선의 피복이 단자에 물리거나 피복 제거 부분(동선)이 2mm 이상 보이지 않도록 주의한다.
⑦ 버튼의 색상, 램프의 색상 등 배치도를 따라 작품을 완성한다.
⑧ 컨트롤 박스 안에서 커버를 열고 닫을 때 전선이 단자에서 빠지지 않도록 넉넉한 길이로 재단하고 램프나 버튼의 단자는 확실하게 단자 소임 후 커버를 닫는다.
⑨ 완성된 작품은 벨 테스터기를 활용하여 점검한다.

■ 동작 사항

① 전원을 투입하면 EOCR에 전원이 공급되고 GL이 점등된다.
② PBS_1을 누르면 GL이 소등되고, MC는 여자되어 RL은 점등, 전동기는 회전한다.
③ PBS_2를 누르면 MC는 소자되어, RL은 소등, 전동기는 정지하고 GL은 점등한다.
④ 전동기가 회전 중 EOCR이 동작하면 전동기는 정지하고 YL은 점등한다.

■ 계전기 내부 결선도

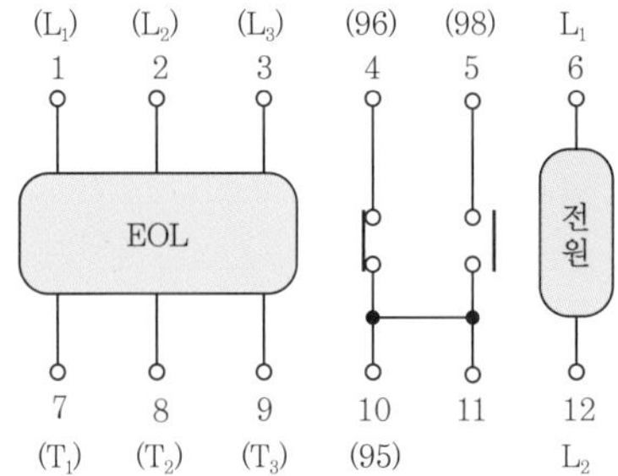

EOCR 내부 결선도

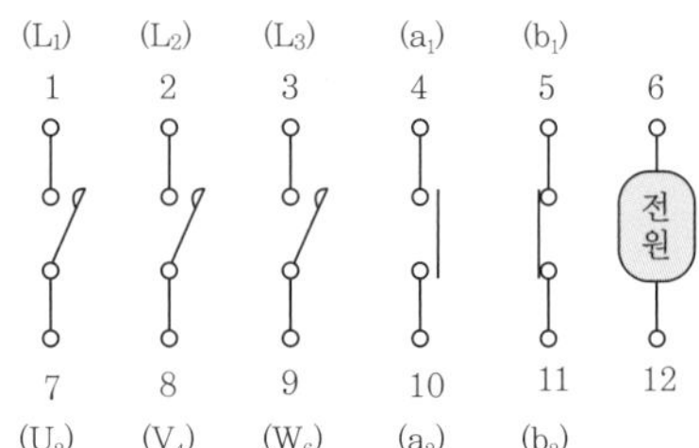

MC 내부 결선도

■ 회로도

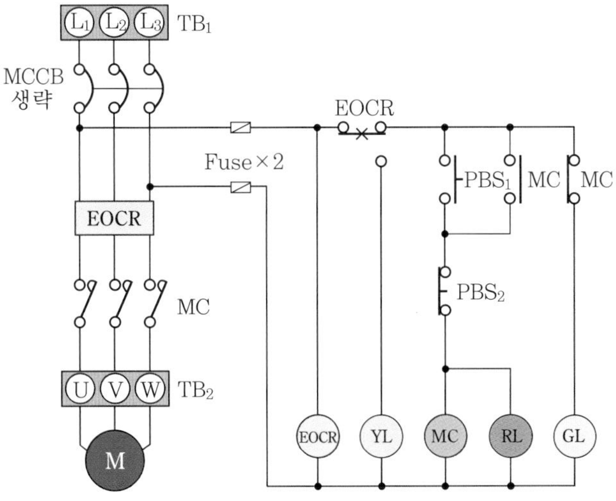

■ 기구 배치도

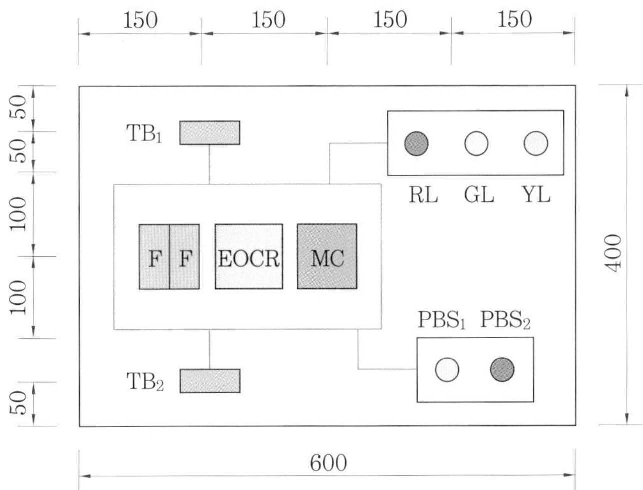

■ 범례

제어판	600×400mm	PBS_1	푸시 버튼 스위치(녹색)
TB_1, TB_2	전원(단자대 4P)	PBS_2	푸시 버튼 스위치(적색)
FF	퓨즈 홀더 2P	EOCR	12P 원형
MC	파워 릴레이 12P	RL	파일럿 램프(적색)
GL	파일럿 램프(녹색)	YL	파일럿 램프(황색)

실습 과제 26 3상 유도 전동기 직입 기동 회로(2)

■ 유의 사항

① 제어판 내의 기구배치는 도면에 준하되, 치수는 작업하기 알맞고 기구가 들어갈 수 있도록 간격을 유지하여 배치한다.
② 소켓(베이스) 홈이 아래로 향하게 배치하고, 소켓 번호에 유의하여 작업한다.
③ 범례와 제어판 안쪽의 가이드라인을 참고하여 회로를 구성한다.
④ 기구와 기구 사이에는 전선이 배선되지 않도록 주의한다.
⑤ 각 단자의 접속은 한 단자에 2선까지만 접속할 수 있다.
⑥ 단자에 접속된 전선의 피복이 단자에 물리거나 피복 제거 부분(동선)이 2mm 이상 보이지 않도록 주의한다.
⑦ 버튼의 색상, 램프의 색상 등 배치도를 따라 작품을 완성한다.
⑧ 컨트롤 박스 안에서 커버를 열고 닫을 때 전선이 단자에서 빠지지 않도록 넉넉한 길이로 재단하고 램프나 버튼의 단자는 확실하게 단자 조임 후 커버를 닫는다.
⑨ 완성된 작품은 벨 테스터기를 활용하여 점검한다.

■ 동작 사항

① 전원을 투입하면 EOCR에 전원이 공급되고 GL이 점등된다.
② PBS_1을 누르면 GL이 소등되고, MC는 여자되어 RL은 점등, 전동기는 회전한다.
③ PBS_2를 누르면 MC는 소자되어, RL은 소등, 전동기는 정지하고 GL은 점등한다.
④ 전동기가 회전 중 EOCR이 동작하면 전동기는 정지하고 FR이 여자되어 YL과 BZ가 설정된 시간으로 교번하며 동작한다.

■ 계전기 내부 결선도

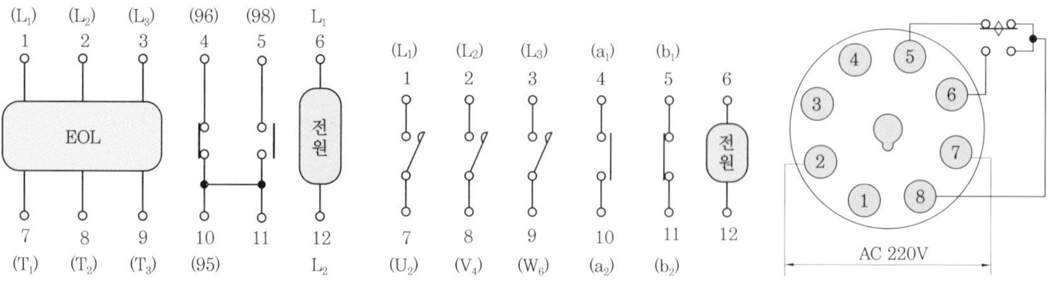

EOCR 내부 결선도 MC 내부 결선도 FR 내부 결선도

■ 회로도

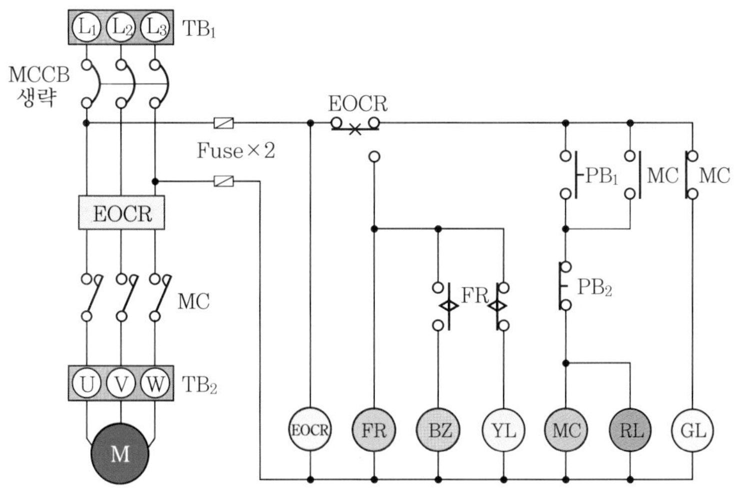

■ 기구 배치도

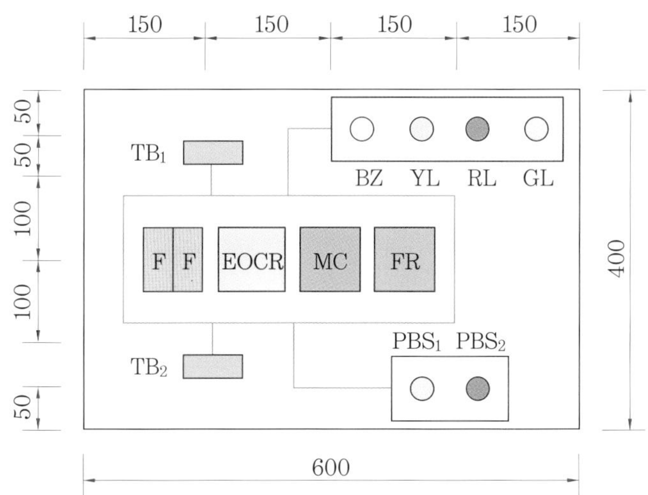

■ 범례

제어판	600×400mm	PBS_1	푸시 버튼 스위치(녹색)
TB_1, TB_2	전원(단자대 4P)	PBS_2	푸시 버튼 스위치(적색)
FF	퓨즈 홀더 2P	EOCR	12P 원형
MC	파워 릴레이 12P	FR	8P
BZ	버저	RL	파일럿 램프(적색)
GL	파일럿 램프(녹색)	YL	파일럿 램프(황색)

실습 과제 27 3상 유도 전동기 정·역 회로

■ 유의 사항

① 제어판 내의 기구배치는 도면에 준하되, 치수는 작업하기 알맞고 기구가 들어갈 수 있도록 간격을 유지하여 배치한다.
② 소켓(베이스) 홈이 아래로 향하게 배치하고, 소켓 번호에 유의하여 작업한다.
③ 범례와 제어판 안쪽의 가이드라인을 참고하여 회로를 구성한다.
④ 기구와 기구 사이에는 전선이 배선되지 않도록 주의한다.
⑤ 각 단자의 접속은 한 단자에 2선까지만 접속할 수 있다.
⑥ 단자에 접속된 전선의 피복이 단자에 물리거나 피복 제거 부분(동선)이 2mm 이상 보이지 않도록 주의한다.
⑦ 버튼의 색상, 램프의 색상 등 배치도를 따라 작품을 완성한다.
⑧ 컨트롤 박스 안에서 커버를 열고 닫을 때 전선이 단자에서 빠지지 않도록 넉넉한 길이로 재단하고 램프나 버튼의 단지는 확실하게 단자 조임 후 커버를 닫는다.
⑨ 완성된 작품은 벨 테스터기를 활용하여 점검한다.

■ 동작 사항

① 전원을 투입하면 EOCR에 전원이 공급된다.
② PBS_1을 누르면 MC_1은 여자되어 RL은 점등, 전동기는 정회전한다.
③ PBS_0를 누르면 MC_1은 소자되어 RL은 소등, 전동기는 정지한다.
④ PBS_2를 누르면 MC_2는 여자되어 GL은 점등, 전동기는 역회전한다.
⑤ PBS_0를 누르면 MC_2는 소자되어 , GL은 소등, 전동기는 정지한다.
⑥ 전동기가 회전 중 EOCR이 동작하면 전동기는 정지하고, FR이 여자되어 YL과 BZ가 설정된 시간으로 교번하며 동작한다.

■ 계전기 내부 결선도

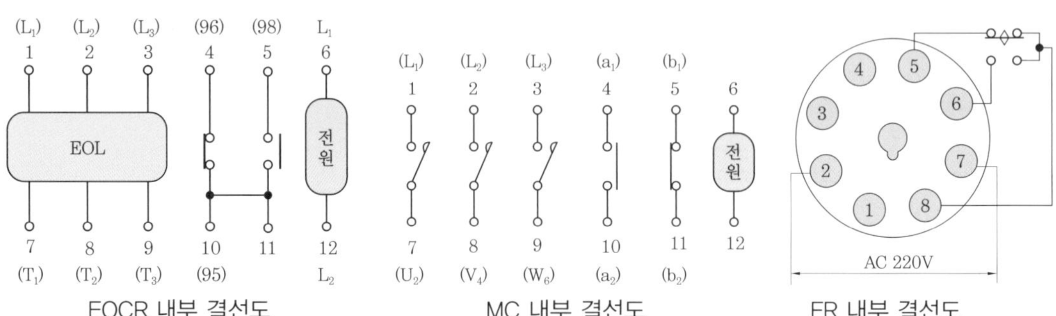

EOCR 내부 결선도　　MC 내부 결선도　　FR 내부 결선도

■ 회로도

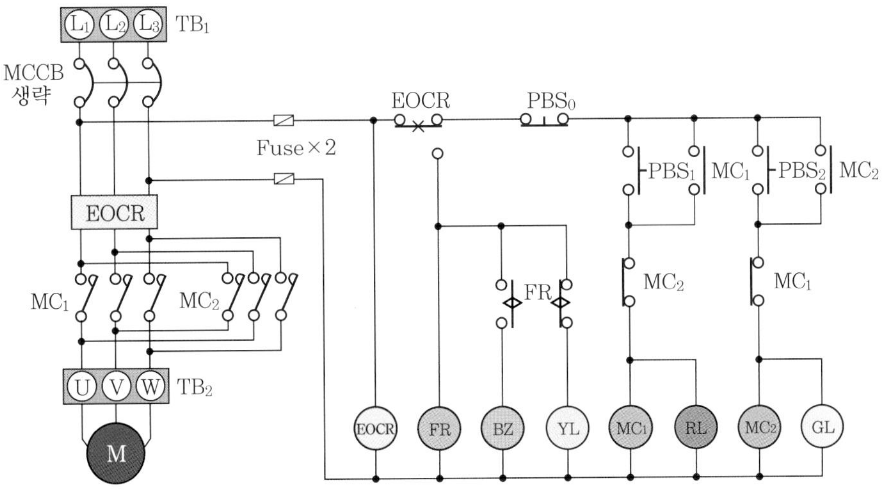

■ 기구 배치도

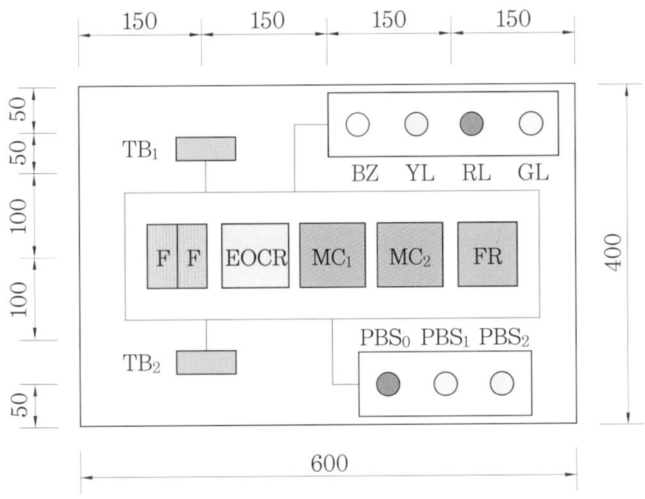

■ 범례

제어판	600×400mm	PBS_0	푸시 버튼 스위치(적색)
TB_1, TB_2	전원(단자대 4P)	PBS_1, PBS_2	푸시 버튼 스위치(녹색)
FF	퓨즈 홀더 2P	EOCR	12P 원형
MC	파워 릴레이 12P	FR	8P
BZ	버저	RL	파일럿 램프(적색)
GL	파일럿 램프(녹색)	YL	파일럿 램프(황색)

실습 과제 28 3상 유도전동기 원버튼 제어 회로

■ 유의 사항

① 제어판 내의 기구배치는 도면에 준하되, 치수는 작업하기 알맞고 기구가 들어갈 수 있도록 간격을 유지하여 배치한다.

② 소켓(베이스) 홈이 아래로 향하게 배치하고, 소켓 번호에 유의하여 작업한다.

③ 범례와 제어판 안쪽의 가이드라인을 참고하여 회로를 구성한다.

④ 기구와 기구 사이에는 전선이 배선되지 않도록 주의한다.

⑤ 각 단자의 접속은 한 단자에 2선까지만 접속할 수 있다.

⑥ 단자에 접속된 전선의 피복이 단자에 물리거나 피복 제거 부분(동선)이 2mm 이상 보이지 않도록 주의한다.

⑦ 버튼의 색상, 램프의 색상 등 배치도를 따라 작품을 완성한다.

⑧ 컨트롤 박스 안에서 커버를 열고 닫을 때 전선이 단자에서 빠지지 않도록 넉넉한 길이로 재단하고 램프나 버튼의 단자는 확실하게 단자 조임 후 커버를 닫는다.

⑨ 완성된 작품은 벨 테스터기를 활용하여 점검한다.

■ 동작 사항

① 전원을 투입하면 EOCR에 전원이 공급되고 GL램프는 점등된다.

② PBS를 누르면 GL이 소등되고, X_1이 여자되어 RL은 점등, MC는 여자되고 전동기는 회전한다.

③ PBS를 한번 더 누르면 X_1이 소자되어 RL은 소등, MC는 소자되고 전동기는 정지하며 GL은 점등한다.

④ 전동기가 회전 중 EOCR이 동작하면 전동기는 정지하고 BZ는 작동한다.

■ 계전기 내부 결선도

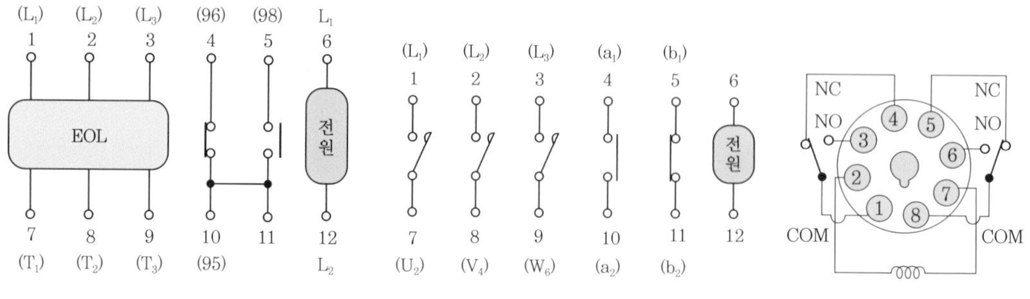

EOCR 내부 결선도　　MC 내부 결선도　　8핀 릴레이 내부 결선도

■ 회로도

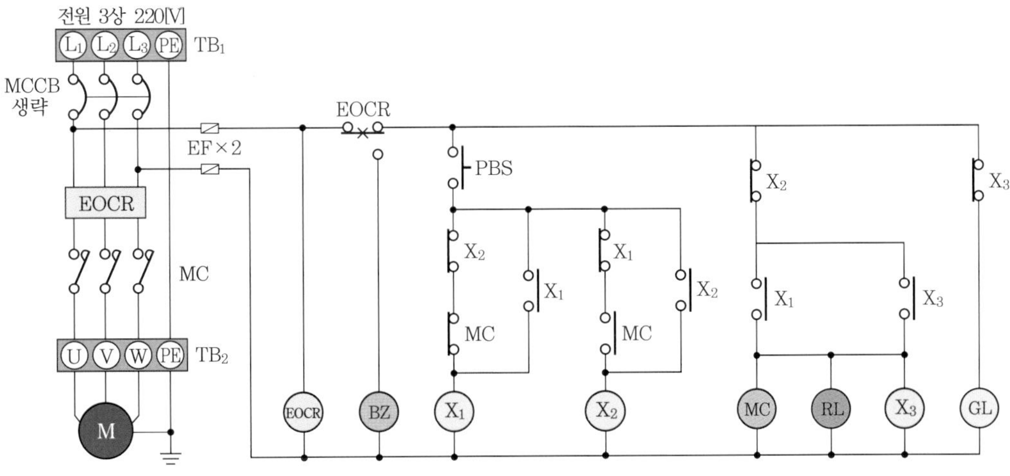

■ 기구 배치도

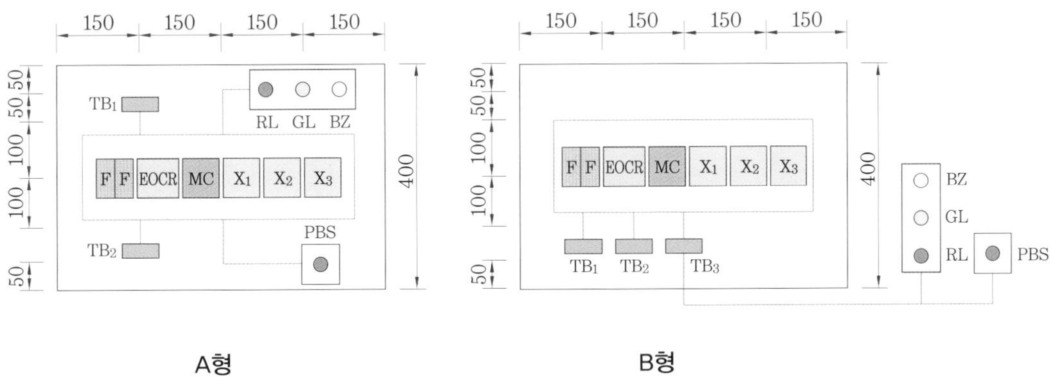

■ 범례

제어판	600×400mm	PBS	푸시 버튼 스위치(적색)
TB_1, TB_2	전원(단자대 4P)	EOCR	12P 원형
FF	퓨즈 홀더 2P	X	릴레이 8P
MC	파워 릴레이 12P	RL	파일럿 램프(적색)
BZ	버저		
GL	파일럿 램프(녹색)		

실습 과제 29 3상 유도전동기 Y-Δ 제어 회로

■ 유의 사항

① 제어판 내의 기구배치는 도면에 준하되, 치수는 작업하기 알맞고 기구가 들어갈 수 있도록 간격을 유지하여 배치한다.
② 소켓(베이스) 홈이 아래로 향하게 배치하고, 소켓 번호에 유의하여 작업한다.
③ 범례와 제어판 안쪽의 가이드라인을 참고하여 회로를 구성한다.
④ 기구와 기구 사이에는 전선이 배선되지 않도록 주의한다.
⑤ 각 단자의 접속은 한 단자에 2선까지만 접속할 수 있다.
⑥ 단자에 접속된 전선의 피복이 단자에 물리거나 피복 제거 부분(동선)이 2mm 이상 보이지 않도록 주의한다.
⑦ 버튼의 색상, 램프의 색상 등 배치도를 따라 작품을 완성한다.
⑧ 컨트롤 박스 안에서 커버를 열고 닫을 때 전선이 단자에서 빠지지 않도록 넉넉한 길이로 재단하고 램프나 버튼의 단자는 확실하게 단자 조임 후 커버를 닫는다.
⑨ 완성된 작품은 벨 테스터기를 활용하여 점검한다.

■ 동작 사항

① 전원을 투입하면 EOCR에 전원이 공급된다.
② 기동 스위치 PBS_1을 누르면 MC_1이 여자되고, 타이머 T가 여자되어 일정 시간 동안 MC_2가 여자, RL이 점등, Y결선으로 전동기가 기동된다.
③ 타이머의 일정시간 후에는 RL이 소등, MC_2가 소자되고 MC_3가 여자, GL이 점등, Δ결선으로 전동기가 운전된다.
④ MC_2와 MC_3가 동시에 동작되는 것을 방지하기 위해 인터로크 회로를 구성한다.
⑤ 전동기가 회전 중 EOCR이 동작하면 전동기는 정지하고 BZ는 작동한다.

■ 계전기 내부 결선도

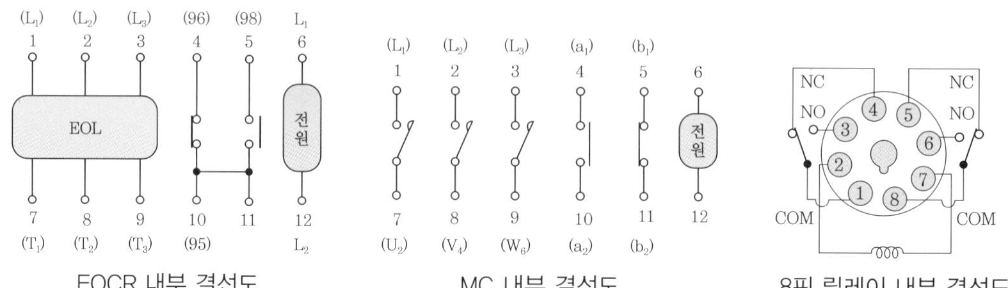

EOCR 내부 결선도　　MC 내부 결선도　　8핀 릴레이 내부 결선도

■ 회로도

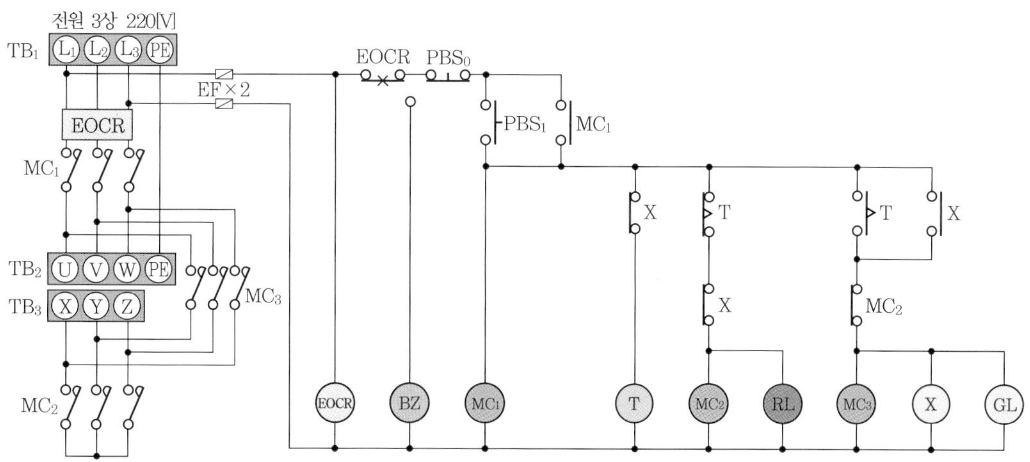

■ 기구 배치도

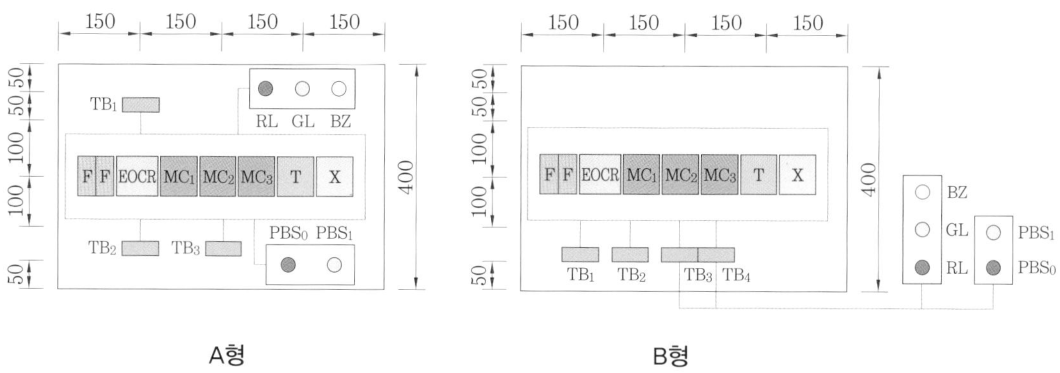

A형 B형

■ 범례

제어판	600×400mm	PBS_0	푸시 버튼 스위치(적색)
TB_1, TB_2, TB_3	전원(단자대 4P)	PBS_1	푸시 버튼 스위치(녹색)
FF	퓨즈 홀더 2P	EOCR	12P 원형
MC	파워 릴레이 12P	T	타이머 8P
X	릴레이 8P	RL	파일럿 램프(적색)
GL	파일럿 램프(녹색)	BZ	버저

실습 과제 30 자동 양수 제어 회로

■ 유의 사항

① 제어판 내의 기구배치는 도면에 준하되, 치수는 작업하기 알맞고 기구가 들어갈 수 있도록 간격을 유지하여 배치한다.
② 소켓(베이스) 홈이 아래로 향하게 배치하고, 소켓 번호에 유의하여 작업한다.
③ 범례와 제어판 안쪽의 가이드라인을 참고하여 회로를 구성한다.
④ 기구와 기구 사이에는 전선이 배선되지 않도록 주의한다.
⑤ 각 단자의 접속은 한 단자에 2선까지만 접속할 수 있다.
⑥ 단자에 접속된 전선의 피복이 단자에 물리거나 피복 제거 부분(동선)이 2mm 이상 보이지 않도록 주의한다.
⑦ 버튼의 색상, 램프의 색상 등 배치도를 따라 작품을 완성한다.
⑧ 컨트롤 박스 안에서 커버를 열고 닫을 때 진신이 딘자에서 빼지지 않도록 넉넉한 길이로 재단하고 램프나 버튼의 단자는 확실하게 단자 조임 후 커버를 닫는다.
⑨ 실렉터 스위치는 화살표 방향이 위로 가도록 배치하고 왼쪽 11시 방향 수동, 오른쪽 1시 방향 자동으로 위치시킨다.

■ 동작 사항

① 전원을 투입하면 EOCR에 전원이 공급되고 GL램프는 점등한다.
② 실렉터 스위치를 수동(Man)으로 놓고 기동 스위치 PBS_1을 누르면 릴레이 X가 여자되어 MC 여자, RL 점등, 펌프는 동작한다. 정지 스위치 PBS_0를 누르면 펌프는 정지한다.
③ 실렉터 스위치를 자동(Auto)으로 놓으면 리밋 스위치 LS-H, LS-L가 동작할 때 X가 여자되고 MC 여자, RL 점등, 펌프는 동작한다. LS-H가 열리면 펌프가 정지하는 자동 양수 제어 회로이다.
④ 펌프가 회전 중 EOCR이 동작하면 전동기는 정지하고 BZ는 작동한다.

■ 계전기 내부 결선도

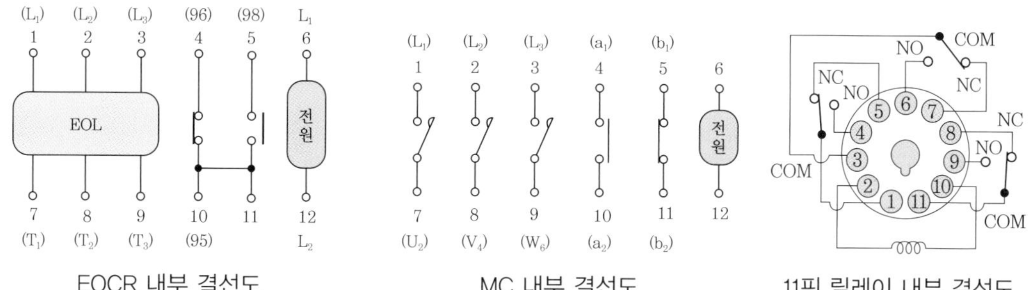

■ 회로도

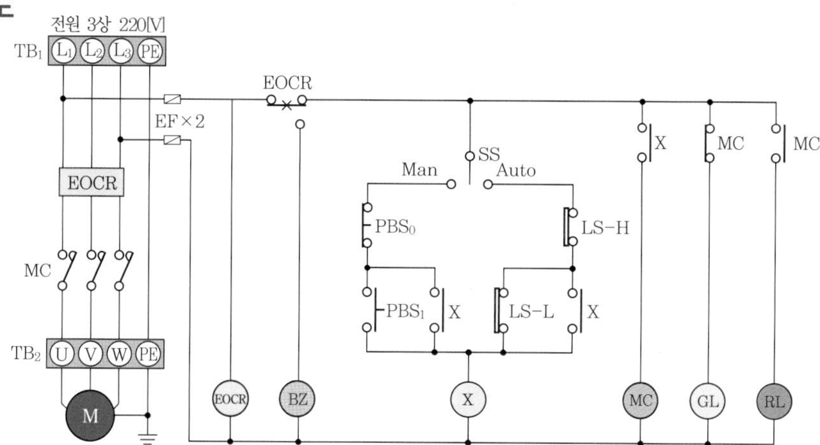

■ 기구 배치도

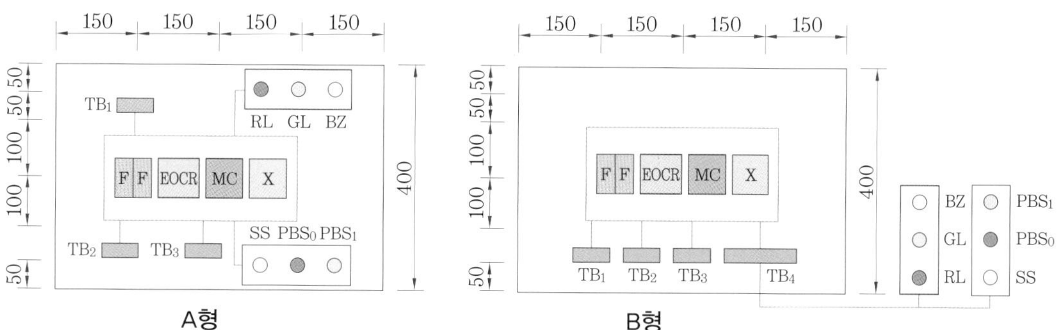

■ 범례

제어판	600×400mm	PBS_0	푸시 버튼 스위치(적색)
TB_1, TB_2, TB_3	단자대 4P	PBS_1	푸시 버튼 스위치(녹색)
FF	퓨즈 홀더 2P	SS	실렉터 스위치 3단
MC	파워 릴레이 12P	X	릴레이 11P
EOCR	12P 원형	RL	파일럿 램프(적색)
GL	파일럿 램프(녹색)	BZ	버저
LS-H, LS-L	TB_3	TB_4	단자대 10P

실습 과제 31 급수 제어 회로

■ 유의 사항

① 제어판 내의 기구배치는 도면에 준하되, 치수는 작업하기 알맞고 기구가 들어갈 수 있도록 간격을 유지하여 배치한다.
② 소켓(베이스) 홈이 아래로 향하게 배치하고, 소켓 번호에 유의하여 작업한다.
③ 범례와 제어판 안쪽의 가이드라인을 참고하여 회로를 구성한다.
④ 기구와 기구 사이에는 전선이 배선되지 않도록 주의한다.
⑤ 각 단자의 접속은 한 단자에 2선까지만 접속할 수 있다.
⑥ 단자에 접속된 전선의 피복이 단자에 물리거나 피복 제거 부분(동선)이 2mm 이상 보이지 않도록 주의한다.
⑦ 버튼의 색상, 램프의 색상 등 배치도를 따라 작품을 완성한다.
⑧ 컨트롤 박스 안에서 커버를 열고 닫을 때 전신이 단자에시 빠지지 않도록 넉넉한 길이로 재단하고 램프나 버튼의 단자는 확실하게 단자 조임 후 커버를 닫는다.
⑨ 실렉터 스위치는 화살표 방향이 위로 가도록 배치하고 왼쪽 11시 방향 수동, 오른쪽 1시 방향 자동으로 위치시킨다.

■ 동작 사항

① 전원을 투입하면 EOCR에 전원이 공급된다.
② 실렉터 스위치 SS가 수동(Man)으로 놓으면 GL은 점등한다. SS가 수동상태에서 PBS_1을 누르면 X 여자, MC 여자, 펌프 동작한다. PBS_0를 누르면 X 소자, MC 소자, 펌프는 정지한다.
③ 실렉터 스위치를 자동(Auto)으로 놓으면 RL램프는 점등하고 MC는 여자되어 펌프는 동작한다. (E_1, E_2, E_3가 물에 잠기면) MC 소자 펌프는 정지한다. 물탱크에 물이 빠지면(E_1, E_2, E_3에 물이 빠지면) MC는 여자되고 펌프는 동작한다.
④ 펌프가 회전 중 EOCR이 동작하면 전동기는 정지하고 BZ는 작동한다.

■ 계전기 내부 결선도

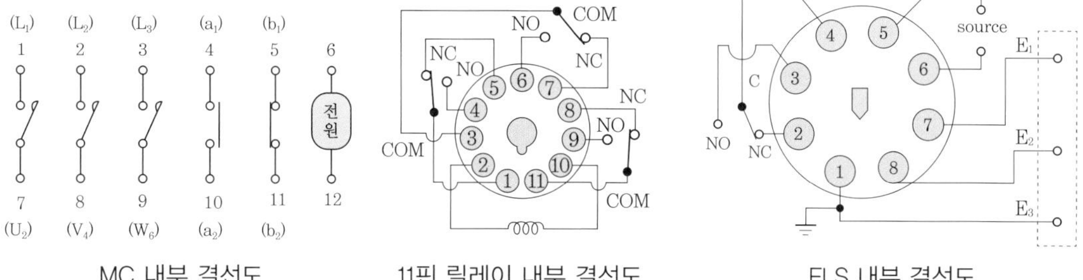

MC 내부 결선도 11핀 릴레이 내부 결선도 FLS 내부 결선도

■ 회로도

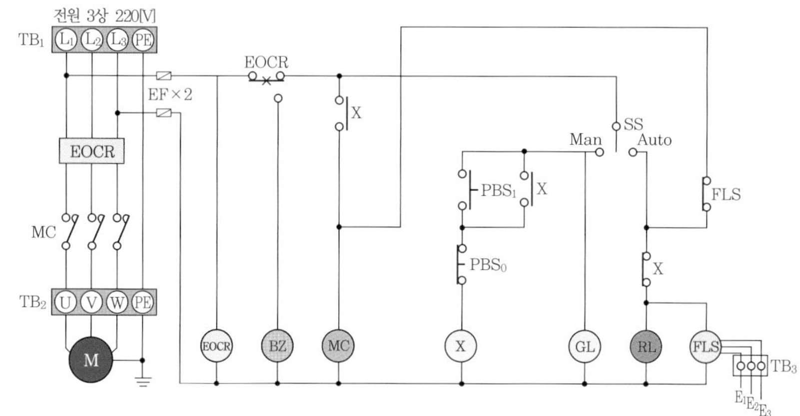

■ 기구 배치도

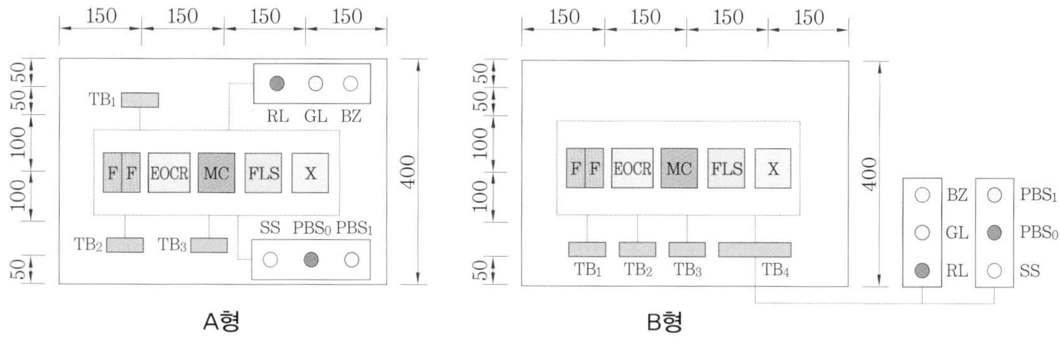

A형 B형

■ 범례

제어판	600×400mm	PBS_0	푸시 버튼 스위치(적색)
TB_1, TB_2, TB_3	단자대 4P	PBS_1	푸시 버튼 스위치(녹색)
FF	퓨즈 홀더 2P	SS	실렉터 스위치 3단
MC	파워 릴레이 12P	RL	파일럿 램프(적색)
EOCR	12P 원형	BZ	버저
X	릴레이 11P	TB_4	단자대 10P
GL	파일럿 램프(적색)	FLS	플로트리스 스위치

실습 과제 32 컨베이어 제어 회로

■ 유의 사항

① 제어판 내의 기구배치는 도면에 준하되, 치수는 작업하기 알맞고 기구가 들어갈 수 있도록 간격을 유지하여 배치한다.
② 소켓(베이스) 홈이 아래로 향하게 배치하고, 소켓 번호에 유의하여 작업한다.
③ 범례와 제어판 안쪽의 가이드라인을 참고하여 회로를 구성한다.
④ 기구와 기구 사이에는 전선이 배선되지 않도록 주의한다.
⑤ 각 단자의 접속은 한 단자에 2선까지만 접속할 수 있다.
⑥ 단자에 접속된 전선의 피복이 단자에 물리거나 피복 제거 부분(동선)이 2mm 이상 보이지 않도록 주의한다.
⑦ 버튼의 색상, 램프의 색상 등 배치도를 따라 작품을 완성한다.
⑧ 컨트롤 박스 안에서 커버를 열고 닫을 때 전선이 단자에서 빠지지 않도록 넉넉한 길이로 재단하고 램프나 버튼의 단자는 확실하게 단자 조임 후 커버를 닫는다.
⑨ 완성된 작품은 벨 테스터기를 활용하여 점검한다.

■ 동작 사항

① 전원을 투입하면 EOCR에 전원이 공급된다.
② 기동 스위치 PBS_1을 누르면 RL은 점등하고, MC가 여자되어 전동기가 회전하며 컨베이어가 움직인다.
③ 컨베이어가 동작하여 도그가 LS_1에 도착하면 전동기가 정지하면서 타이머가 동작한다. 타이머의 일정 시간 후 GL은 점등하고 릴레이 X가 여자되어 전동기가 회전하고 LS-1이 복귀되며 타이머 T가 소자된다.
④ 도그가 LS_2에 도착하면 릴레이 X는 소자되고 GL은 소등되어 원래의 상태로 되돌아간다.
⑤ 컨베이어가 동작 중 EOCR이 동작하면 컨베이어는 정지하고 BZ는 작동한다.

■ 계전기 내부 결선도

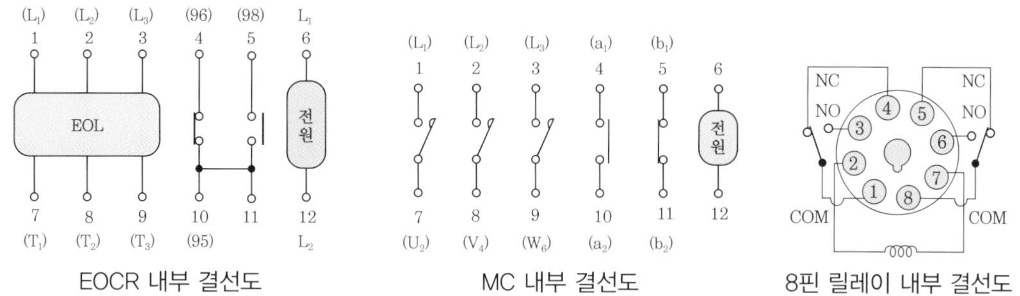

■ 회로도

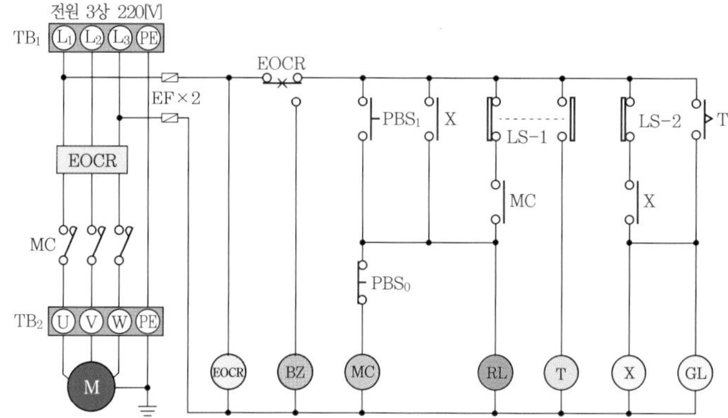

■ 기구 배치도

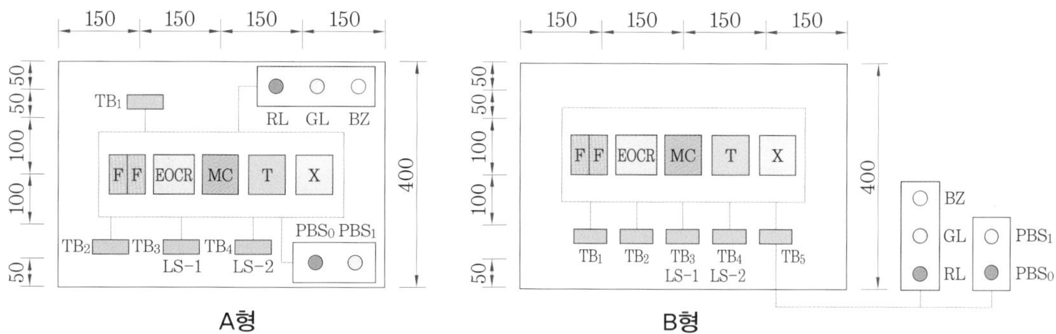

■ 범례

제어판	600×400mm	PBS_0	푸시 버튼 스위치(적색)
TB_1, TB_2, TB_3, TB_4	전원(단자대 4P)	PBS_1	푸시 버튼 스위치(녹색)
FF	퓨즈 홀더 2P	T	타이머 8P
MC	파워 릴레이 12P	X	릴레이 8P
EOCR	12P 원형	RL	파일럿 램프(적색)
GL	파일럿 램프(녹색)	BZ	버저
TB_5	단자대 10P		

실습 과제 33 리프트 자동 반전 제어 회로

■ 유의 사항

① 제어판 내의 기구배치는 도면에 준하되, 치수는 작업하기 알맞고 기구가 들어갈 수 있도록 간격을 유지하여 배치한다.
② 소켓(베이스) 홈이 아래로 향하게 배치하고, 소켓 번호에 유의하여 작업한다.
③ 범례와 제어판 안쪽의 가이드라인을 참고하여 회로를 구성한다.
④ 기구와 기구 사이에는 전선이 배선되지 않도록 주의한다.
⑤ 각 단자의 접속은 한 단자에 2선까지만 접속할 수 있다.
⑥ 단자에 접속된 전선의 피복이 단자에 물리거나 피복 제거 부분(동선)이 2mm 이상 보이지 않도록 주의한다.
⑦ 버튼의 색상, 램프의 색상 등 배치도를 따라 작품을 완성한다.
⑧ 컨트롤 박스 안에서 커버를 열고 닫을 때 전선이 단지에서 빠지지 않도록 넉넉한 길이로 재단하고 램프나 버튼의 단자는 확실하게 단자 조임 후 커버를 닫는다.
⑨ 완성된 작품은 벨 테스터기를 활용하여 점검한다.

■ 동작 사항

① 전원을 투입하면 EOCR에 전원이 공급된다.
② 정방향 기동 스위치 PBS_1을 누르면 MC_1이 여자, RL이 점등되어 전동기가 정방향으로 회전하여 리프트가 상승한다.
③ 리프트가 동작하여 도그가 LS_2에 도착하면 MC_1이 소자, RL이 소등되어 전동기가 정지하고 LS_2에 의해 타이머 T_1가 동작하여 일정 시간 후 MC_2가 여자되어 전동기가 역방향으로 회전하여 리프트가 반대로 하강한다.
④ 리프트가 동작하여 도그가 LS_1에 도착하면 MC_2가 소자되어 전동기가 정지하고 LS_1에 의해 T_2이 동작하여 일정시간 후 MC_1이 여자되어 전동기가 정회전하며 리프트가 자동적으로 반전되면서 상하 동작을 반복한다.
⑤ 리프트가 동작 중 EOCR이 동작하면 리프트는 정지하고 BZ는 작동한다.

■ 계전기 내부 결선도

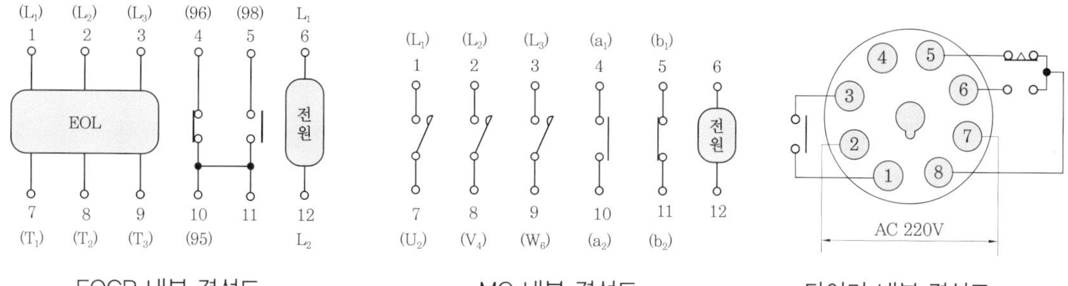

EOCR 내부 결선도　　MC 내부 결선도　　타이머 내부 결선도

■ 회로도

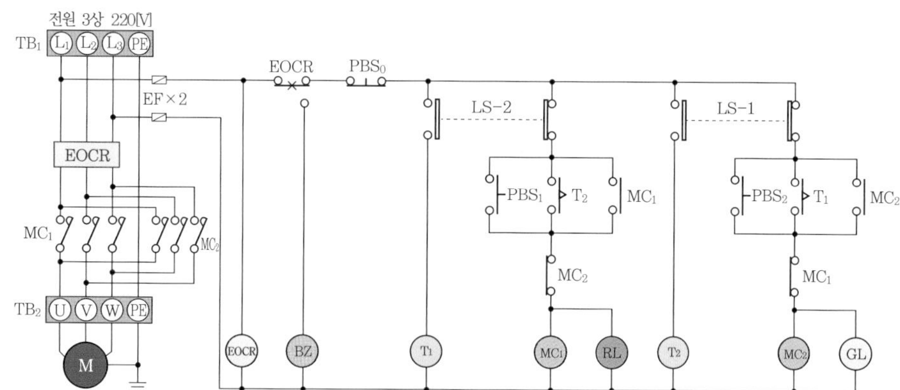

■ 기구 배치도

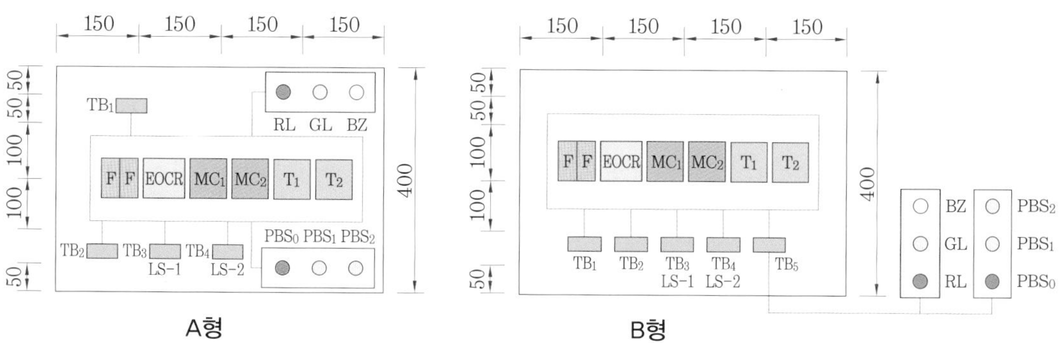

A형　　B형

■ 범례

제어판	600×400mm	PBS_0	푸시 버튼 스위치(적색)
TB_1, TB_2, TB_3, TB_4	전원(단자대 4P)	PBS_1, PBS_2	푸시 버튼 스위치(녹색)
FF	퓨즈 홀더 2P	EOCR	12P 원형
MC	파워 릴레이 12P	T	타이머 8P
GL	파일럿 램프(녹색)	RL	파일럿 램프(적색)
TB_5	단자대 10P	BZ	버저

실습 과제 34 전동기 자동, 수동 제어 회로

■ 유의 사항

① 제어판 내의 기구배치는 도면에 준하되, 치수는 작업하기 알맞고 기구가 들어갈 수 있도록 간격을 유지하여 배치한다.
② 소켓(베이스) 홈이 아래로 향하게 배치하고, 소켓 번호에 유의하여 작업한다.
③ 범례와 제어판 안쪽의 가이드라인을 참고하여 회로를 구성한다.
④ 기구와 기구 사이에는 전선이 배선되지 않도록 주의한다.
⑤ 각 단자의 접속은 한 단자에 2선까지만 접속할 수 있다.
⑥ 단자에 접속된 전선의 피복이 단자에 물리거나 피복 제거 부분(동선)이 2mm 이상 보이지 않도록 주의한다.
⑦ 버튼의 색상, 램프의 색상 등 배치도를 따라 작품을 완성한다.
⑧ 컨트롤 박스 안에서 커버를 열고 닫을 때 전선이 단자에서 빠지지 않도록 넉넉한 길이로 재단하고 램프나 버튼의 단자는 확실하게 단자 조임 후 커버를 닫는다.
⑨ 실렉터 스위치는 화살표 방향이 위로 가도록 배치하고 왼쪽 11시 방향 수동, 오른쪽 1시 방향 자동으로 위치시킨다.

■ 동작 사항

① 전원을 투입하면 EOCR에 전원이 공급된다.
② 실렉터 스위치 SS 수동(Man)에서 PBS_1을 누르면 RL이 점등, MC는 여자되어 전동기가 회전한다. PBS_0을 누르면 RL이 소등, MC가 소자, 전동기 정지한다.
③ 실렉터 스위치 SS 자동(Auto)에서 PBS_2를 누르면 GL이 점등, 타이머 T 여자, 릴레이 X여자, MC가 여자되어 전동기는 회전한다. 타이머 T의 설정된 시간 후 X소자, MC소자, 전동기는 정지한다.
④ 전동기가 동작 중 EOCR이 동작하면 전동기는 정지하고 BZ는 작동한다.

■ 계전기 내부 결선도

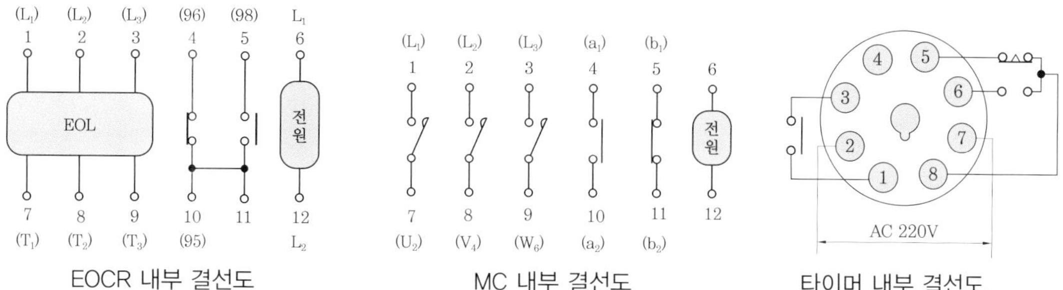

■ 회로도

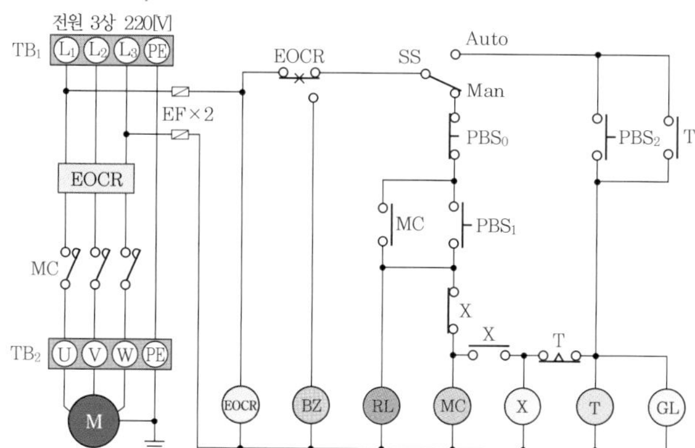

■ 기구 배치도

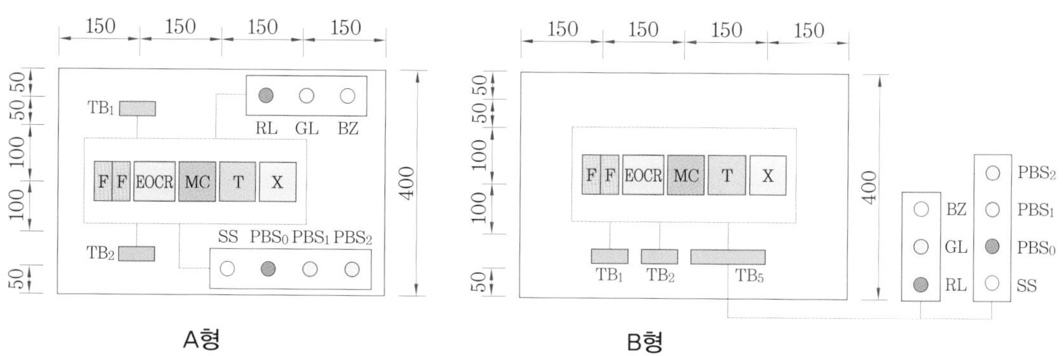

■ 범례

제어판	600×400mm	PBS_0	푸시 버튼 스위치(적색)
TB_1, TB_2	단자대 4P	PBS_1, PBS_2	푸시 버튼 스위치(녹색)
FF	퓨즈 홀더 2P	SS	실렉터 스위치 2단
MC	파워 릴레이 12P	EOCR	12P 원형
X	릴레이 8P	RL	파일럿 램프(적색)
GL	파일럿 램프(녹색)	BZ	버저
		TB_5	단자대 10P

실습 과제 35 건조로 제어 회로

■ 유의 사항

① 제어판 내의 기구배치는 도면에 준하되, 치수는 작업하기 알맞고 기구가 들어갈 수 있도록 간격을 유지하여 배치한다.
② 소켓(베이스) 홈이 아래로 향하게 배치하고, 소켓 번호에 유의하여 작업한다.
③ 범례와 제어판 안쪽의 가이드라인을 참고하여 회로를 구성한다.
④ 기구와 기구 사이에는 전선이 배선되지 않도록 주의한다.
⑤ 각 단자의 접속은 한 단자에 2선까지만 접속할 수 있다.
⑥ 단자에 접속된 전선의 피복이 단자에 물리거나 피복 제거 부분(동선)이 2mm 이상 보이지 않도록 주의한다.
⑦ 버튼의 색상, 램프의 색상 등 배치도를 따라 작품을 완성한다.
⑧ 컨트롤 박스 안에서 커버를 열고 닫을 때 전선이 단자에서 빠지지 않도록 넉넉한 실이로 재단하고 램프나 버튼의 단자는 확실하게 단자 조임 후 커버를 닫는다.
⑨ 실렉터 스위치는 화살표 방향이 위로 가도록 배치하고 왼쪽 11시 방향 수동, 오른쪽 1시 방향 자동으로 위치시킨다.

■ 동작 사항

① 전원을 투입하면 EOCR에 전원이 공급되고 YL램프는 점등된다.
② 실렉터 SS를 ON하면 GL램프는 점등한다.
③ 일정 온도가 되면 온도계전기가 동작되어 릴레이 X가 여자되고 MC_1이 여자되어 전동기가 기동하며 GL램프도 소등된다. 타이머의 설정시간이 되면 MC_2가 여자되어 히터가 동작한다. 다시 일정 온도가 되면 온도계전기가 복귀되어 전동기가 정지되고 히터도 정지된다.
④ 전동기 기동시에는 RL은 점등, 히터 동작시에는 WL은 점등, 정지 시 GL등이 점등된다. 히터 정지시에는 YL이 점등된다.
⑤ 전동기, 히터가 동작 중 EOCR이 동작하면 전동기, 히터는 정지하고 BZ는 작동한다.

■ 계전기 내부 결선도

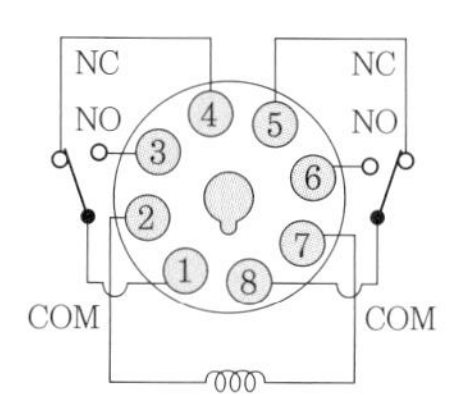

8핀 릴레이 내부 결선도

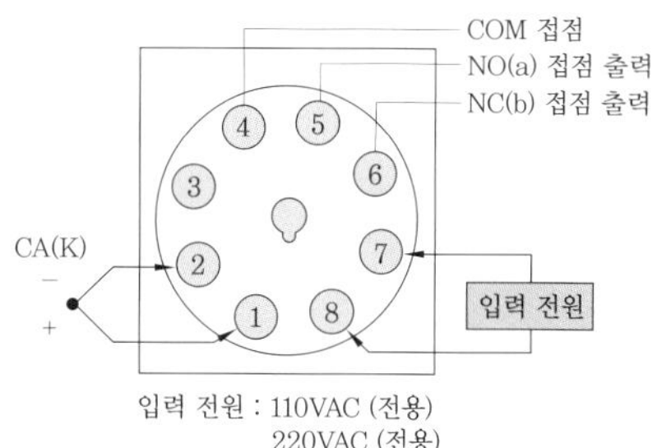

온도릴레이 TC 내부 결선도

■ 회로도

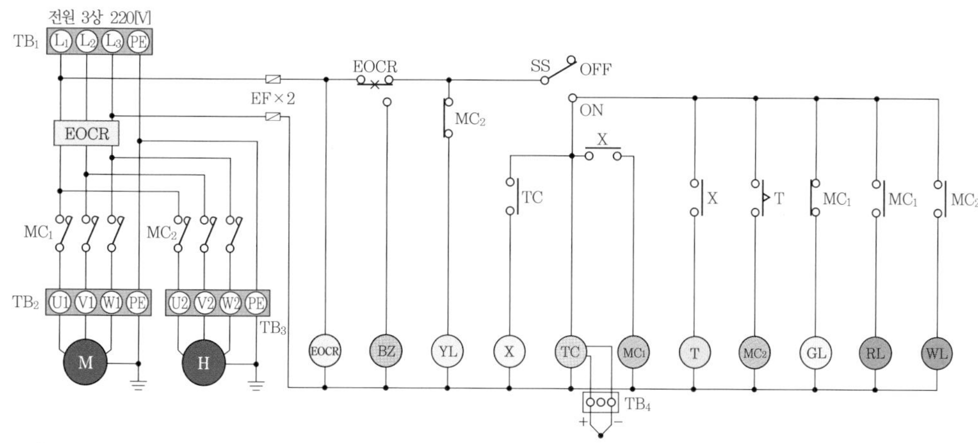

■ 기구 배치도

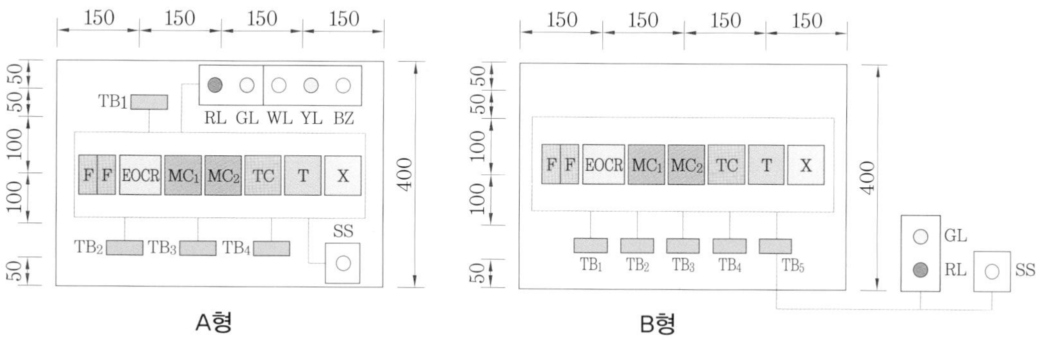

A형 B형

■ 범례

제어판	600×400mm	SS	실렉터 스위치 2단
TB_1, TB_2, TB_3, TB_4	단자대 4P	EOCR	12P 원형
FF	퓨즈 홀더 2P	TC	온도계전기 8P
MC	파워 릴레이 12P	RL	파일럿 램프(적색)
T	타이머 8P	BZ	버저
X	릴레이 8P	GL	파일럿 램프(녹색)
TB_5	단자대 6P		

실습 과제 36 SR 릴레이를 이용한 전동기 제어 회로

■ 유의 사항

① 제어판 내의 기구배치는 도면에 준하되, 치수는 작업하기 알맞고 기구가 들어갈 수 있도록 간격을 유지하여 배치한다.
② 소켓(베이스) 홈이 아래로 향하게 배치하고, 소켓 번호에 유의하여 작업한다.
③ 범례와 제어판 안쪽의 가이드라인을 참고하여 회로를 구성한다.
④ 기구와 기구 사이에는 전선이 배선되지 않도록 주의한다.
⑤ 각 단자의 접속은 한 단자에 2선까지만 접속할 수 있다.
⑥ 단자에 접속된 전선의 피복이 단자에 물리거나 피복 제거 부분(동선)이 2mm 이상 보이지 않도록 주의한다.
⑦ 버튼의 색상, 램프의 색상 등 배치도를 따라 작품을 완성한다.
⑧ 컨트롤 박스 안에서 커버를 열고 닫을 때 전선이 단자에서 빠지지 않도록 넉넉한 길이로 재단하고 램프나 버튼의 단자는 확실하게 단자 조임 후 커버를 닫는다.
⑨ 완성된 작품은 벨 테스터기를 활용하여 점검한다.

■ 동작 사항

① 전원을 투입하면 EOCR에 전원이 공급되고, L_1은 점멸하고, L_3는 점등한다.
② SR릴레이 SET 스위치를 누르면 L_4가 점등되고, PBS_1을 누르면 MC가 여자되어 전동기가 기동되며 L_2가 점등, 타이머 T가 여자, 설정시간 후 MC는 소자되어 전동기는 정지되고 L_2가 소등된다. 전동기 기동 중 PBS_0를 누르면 전동기는 정지한다.
③ SR릴레이 RESET 스위치를 누르면 L_3가 점등되고, FR_2가 여자되어 L_1이 설정 시간 간격으로 점멸되어 경보한다.
④ 전동기 동작 중 EOCR이 동작하면 전동기는 정지하고 FR_1이 여자되어 BZ가 설정 시간 간격으로 경보한다.

■ 계전기 내부 결선도

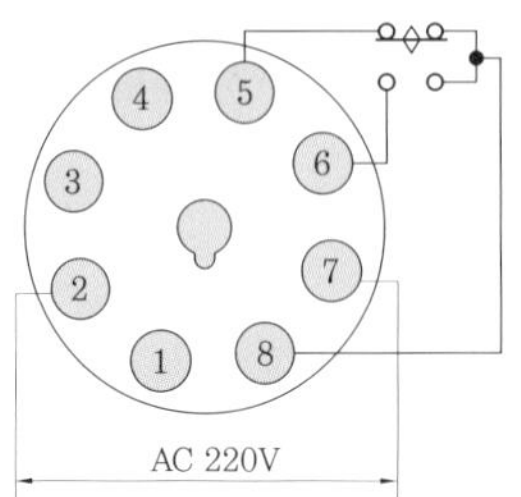

FR 내부 결선도

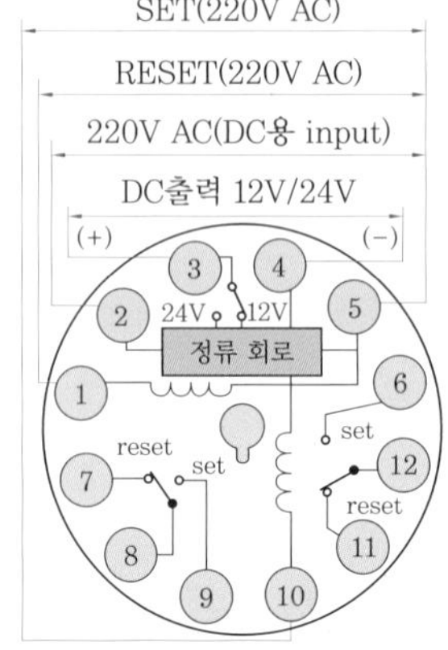

SR 릴레이 내부 결선도

■ 회로도

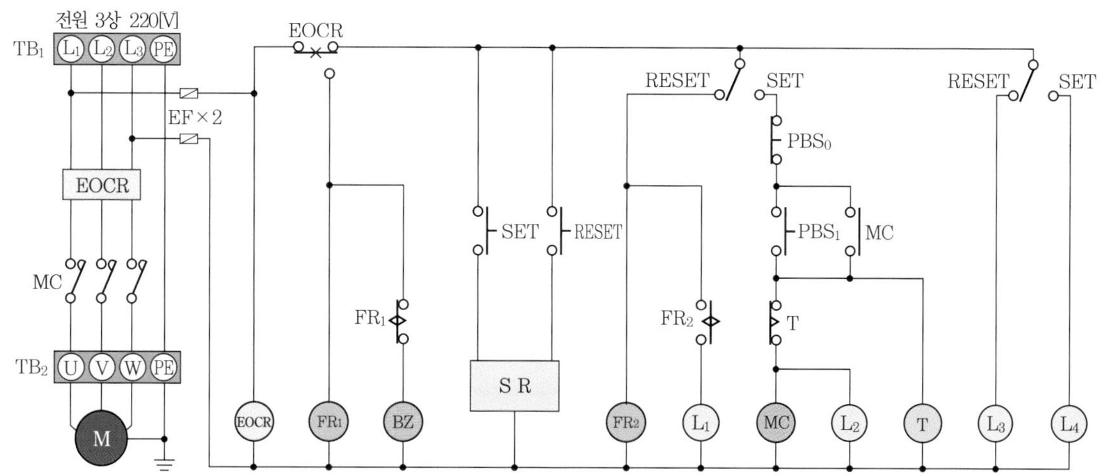

■ 기구 배치도

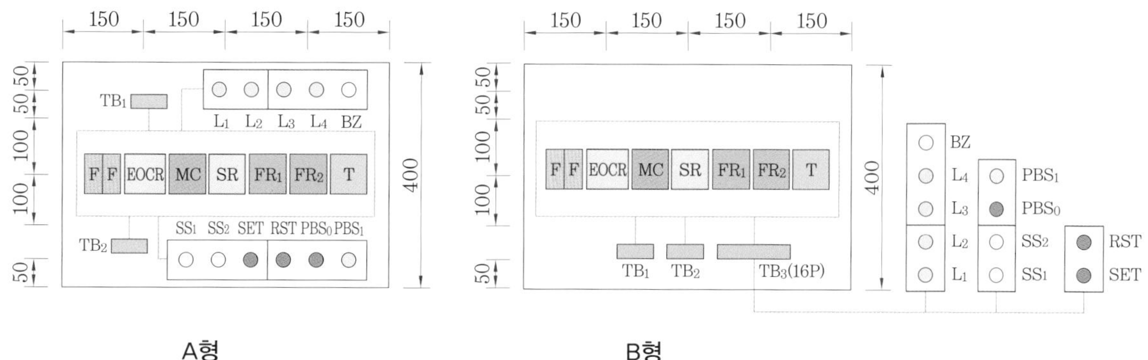

A형

B형

■ 범례

제어판	600×400mm	EOCR	12P 원형
TB_1, TB_2	전원(단자대 4P)	SR	12P
FF	퓨즈 홀더 2P	T	타이머 8P
MC	파워 릴레이 12P	SET/RST	푸시 버튼 스위치(적색)
FR	플리커 8P	RL	파일럿 램프(적색)
BZ	버저	YL	파일럿 램프(황색)
GL	파일럿 램프(녹색)	TB_3	단자대 16P
PBS_0	푸시 버튼 스위치(적색)	L_1, L_3	적색 램프
PBS_1	푸시 버튼 스위치(녹색)	L_2, L_4	녹색 램프

Chapter

3

내선공사 기초

내선공사는 전기에너지를 안전하게 사용할 수 있도록 전원 설비, 공급 설비, 부하 설비, 방재 설비 등 시공 및 유지보수일을 일컫는다. 이 장에서는 부하 설비(동력 설비)를 주로 다루고 있다.

1. 내선공사용 필요 공구
2. 내선공사 전체 작업 순서
3. 전기 설비 회로

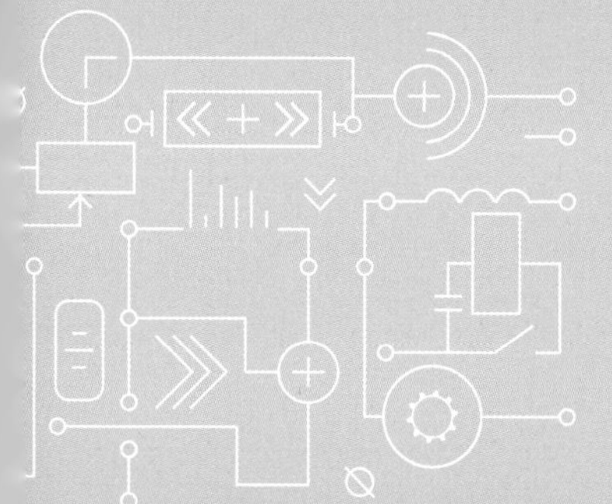
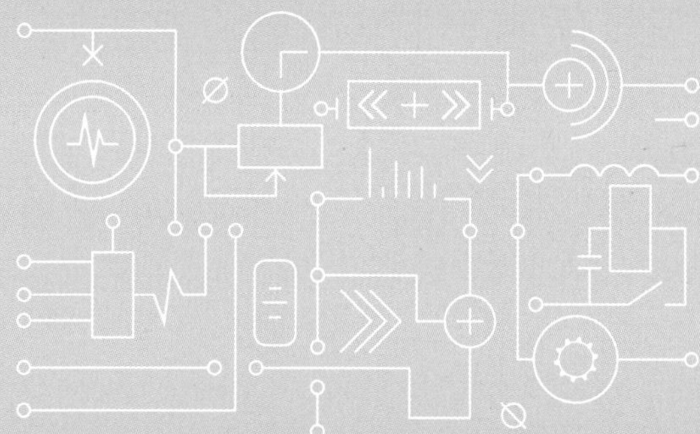
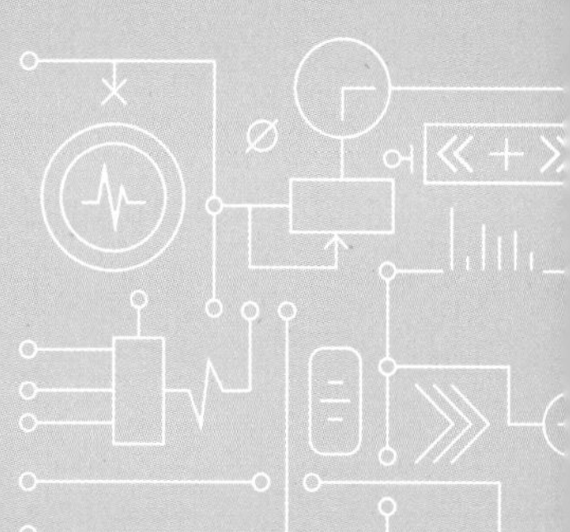

01 내선공사용 필요 공구

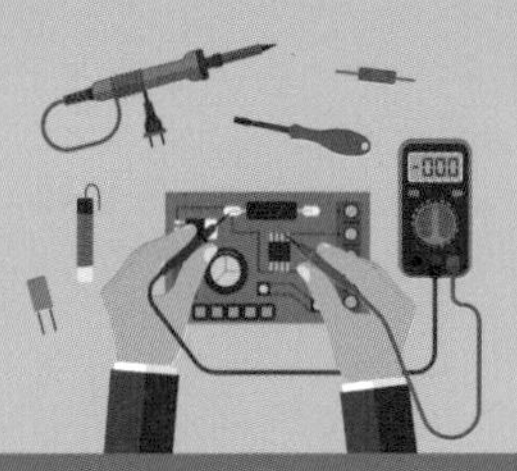

전동 공구

파이프커터

드라이버

스프링밴더

스트리퍼

니퍼

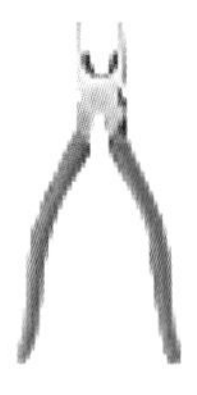

펜치

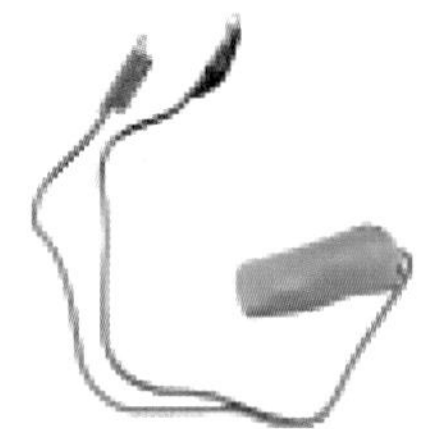

벨테스터

※ **외 기타 필요 물품**

분필, 마스킹테이프, 절연테이프, 칼, 대자(1m), 줄자

02 내선공사 전체 작업 순서

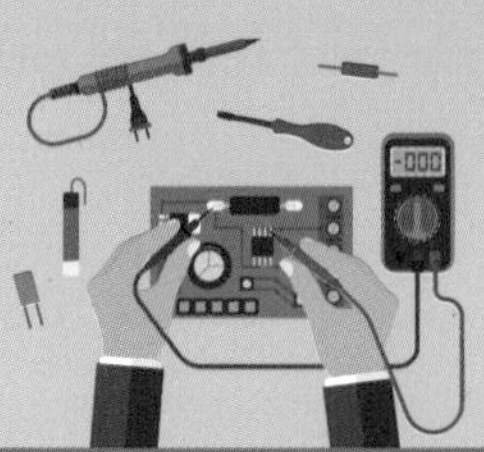

2-1 회로도 및 배치도

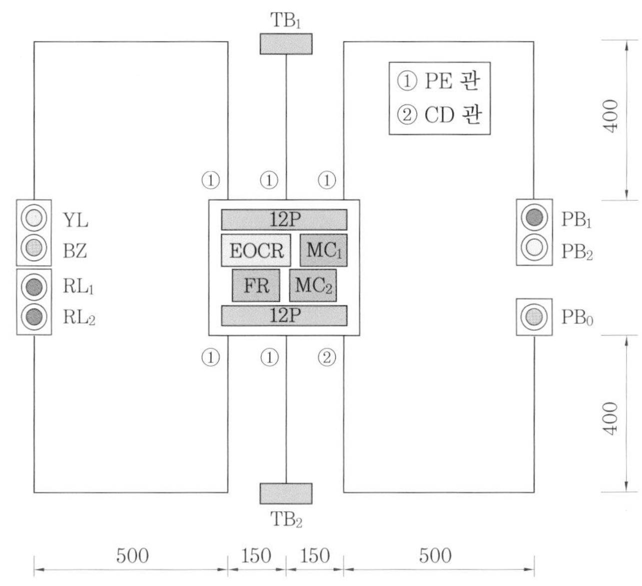

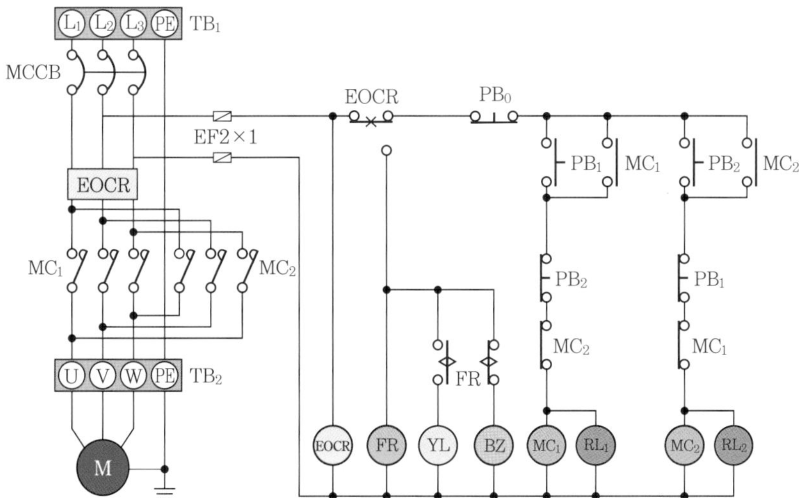

① 배치도 및 회로도를 참고하여 동작 사항을 파악하고 작업을 준비한다.

② 회로도에 계전기의 핀 번호를 부여한다.

2-2 제어판 치수 작도 및 기구 고정

① 제어판에 치수를 작도한다.

② 제어판에 기구를 배치하고 나사못으로 고정한다.

③ 제어판의 단자대에 마스킹테이프를 부착하고 회로도와 배치도를 참고하여 마스킹테이프 부분에 배선내용을 기록한다.

2-3 제어판 구성

주회로 및 보조회로를 결선한다. 결선시에는 베이스와 베이스 사이에 전선이 통과하지 않도록 주의한다.

2-4 새들 및 기구 부착

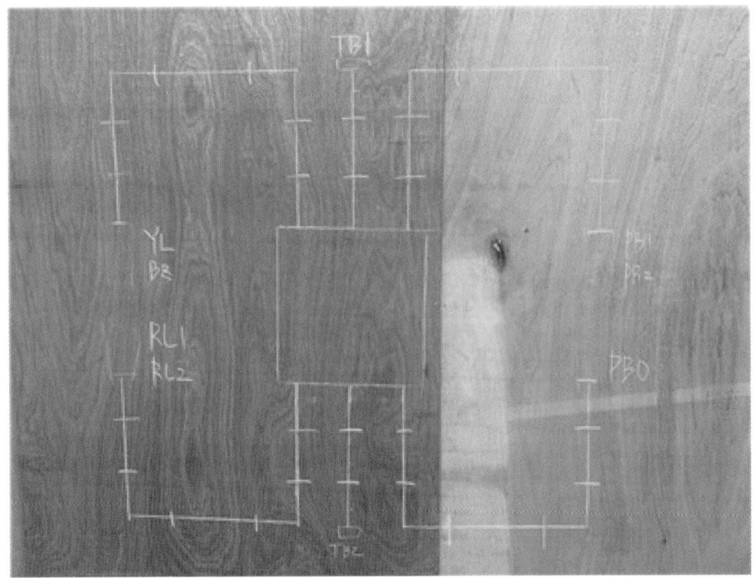

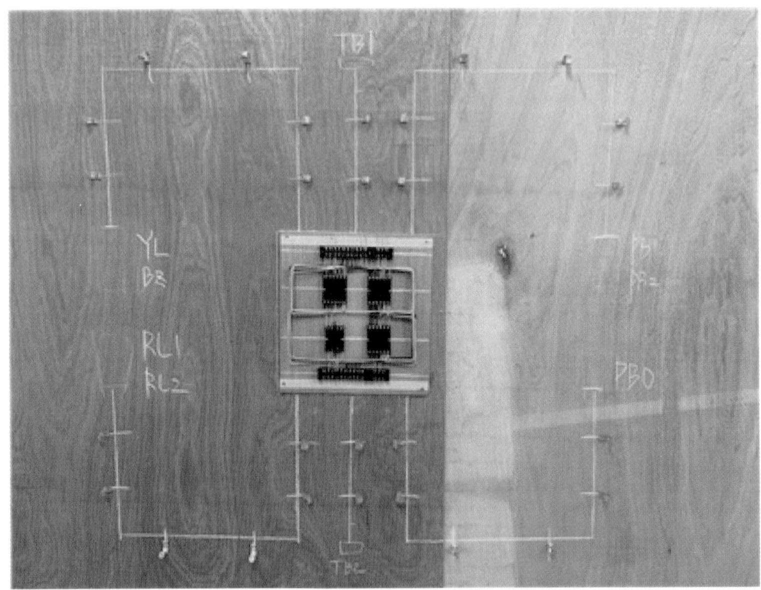

① 부착된 제어판을 기준으로 흰색 분필을 사용하여 배관라인을 작도한다.

② 배관라인 작도 후 새들의 위치를 그림과 같이 12~15cm 부분에 표시한다.

③ 표시된 새들 위치에 배관의 바깥쪽 방향으로 새들을 한쪽만 고정한다.

④ 배치도를 참고하여 스위치 및 램프 박스와 같은 기계기구를 고정한다.

2-5 배관 작업

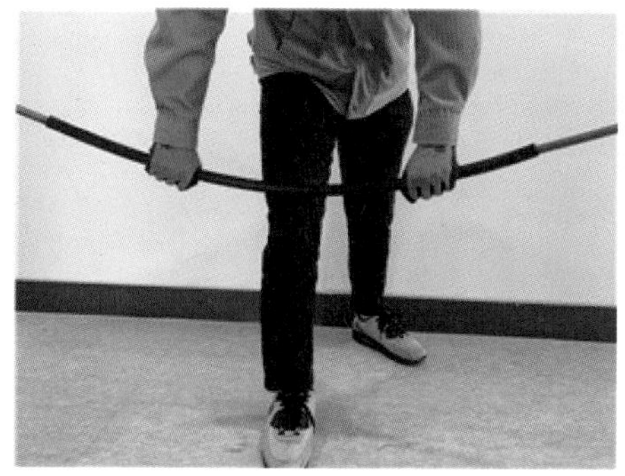

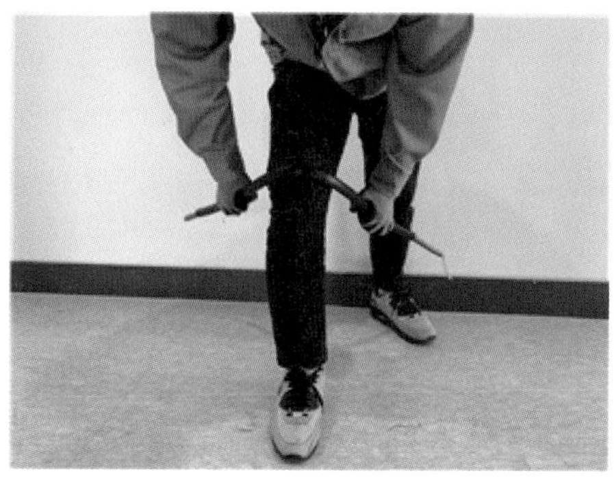

① 배관도면을 참고하여 PE, CD 관을 치수에 맞도록 준비하고 배관에 스프링 밴더를 삽입한다.
② 배관 처음 상태의 반대 방향으로 배관을 반듯하게 편다.
③ 배관 처음 상태의 반대 방향으로 배관을 구부린다.
④ 구부린 배관을 작업판 새들에 부착한다.
⑤ 배관에 삽입된 스프링 밴더를 뺀다.

2-6 입선 및 결선

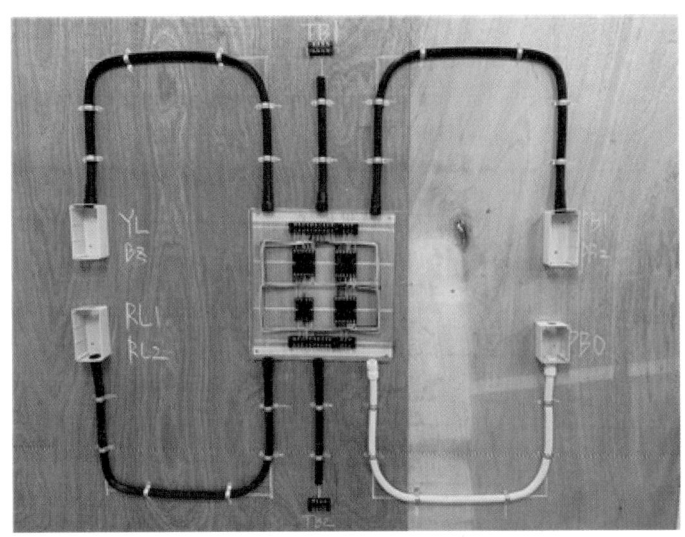

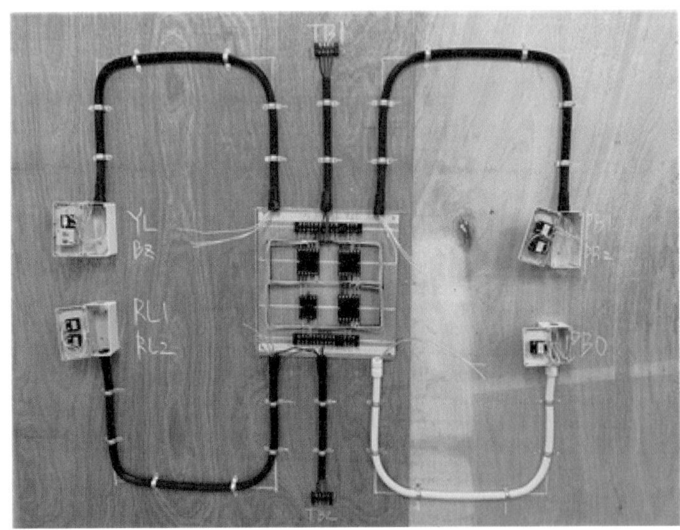

① 배관에 전선의 가닥이 맞도록 입선작업을 한다.

② 입선된 전선은 벨테스터를 사용하여 전선을 확인한 후 단자대 및 스위치, 램프에 결선한다.

2-7 완성 및 점검

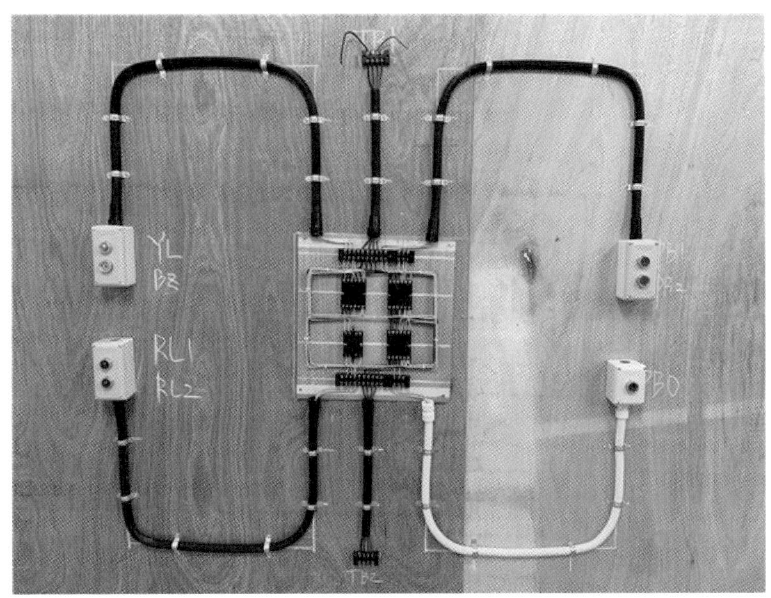

작업이 완료되면 배치도, 회로도 도면을 비교하면서 점검을 시작한다.

① 배관 치수 및 배관 종류 확인

② 램프 및 스위치 위치 색상 확인

③ 제어판 및 전체 도통 테스트

전기 설비 회로

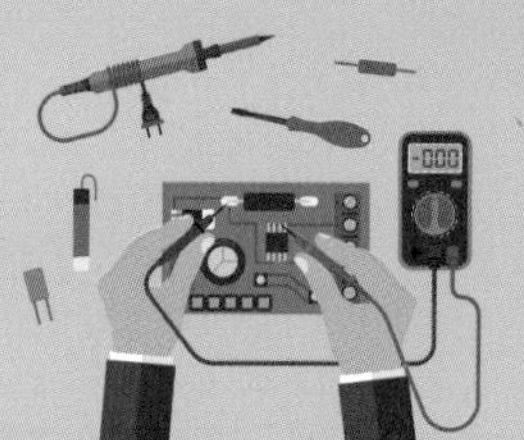

실습 과제 1 전동기 운전 제어 회로 (1)

■ 기구 배치 및 배관도

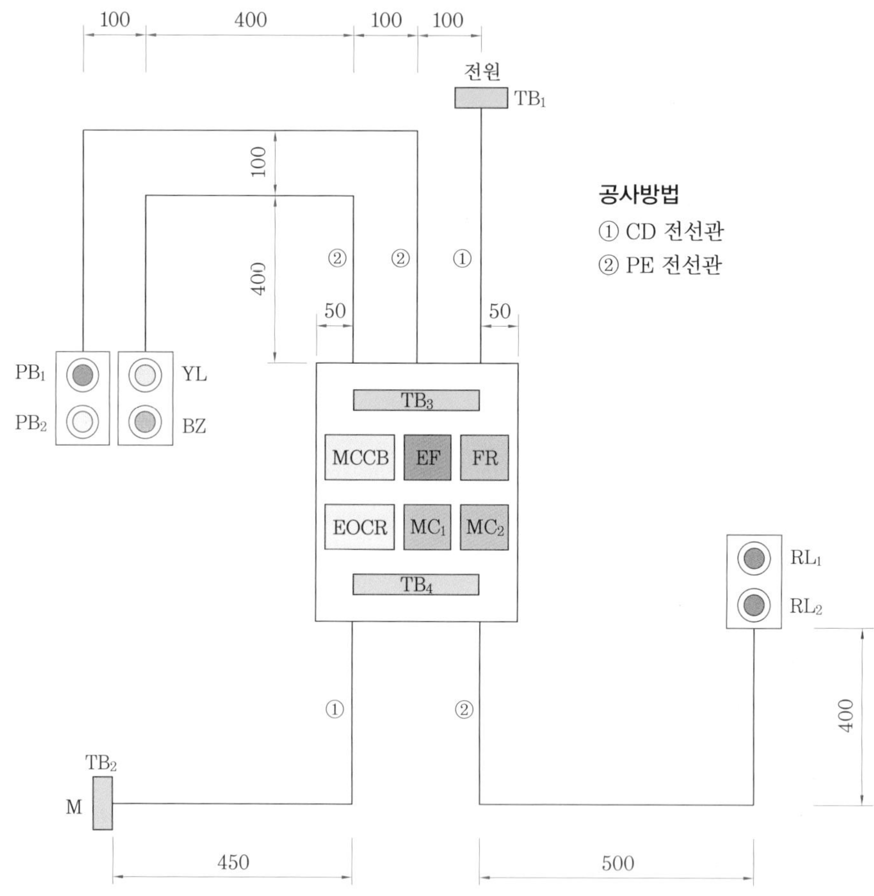

■ 범례

EOCR	EOCR 12P	PB_1	적색 버튼
MC_1, MC_2	전자접촉기 20P	PB_2	녹색 버튼
FR	플리커 릴레이 8P	RL_1, RL_2	적색 램프
MCCB	배선용 차단기	YL	황색 램프
TB_1, TB_2	단자대 4P	BZ	버저
TB_3, TB_4	단자대 12P	EF	퓨즈 홀더 2P

■ 제어 회로도

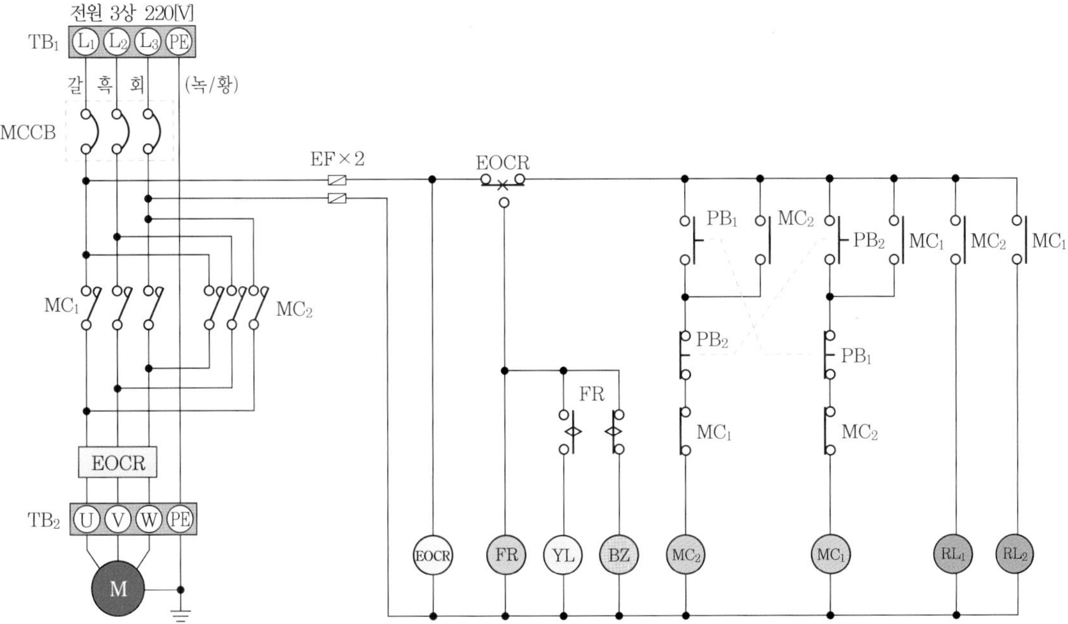

※ 12핀 MC를 사용할 경우 RL_1은 MC_2, RL_2는 MC_1으로 병렬 접속하세요.

■ 계전기 내부 결선도

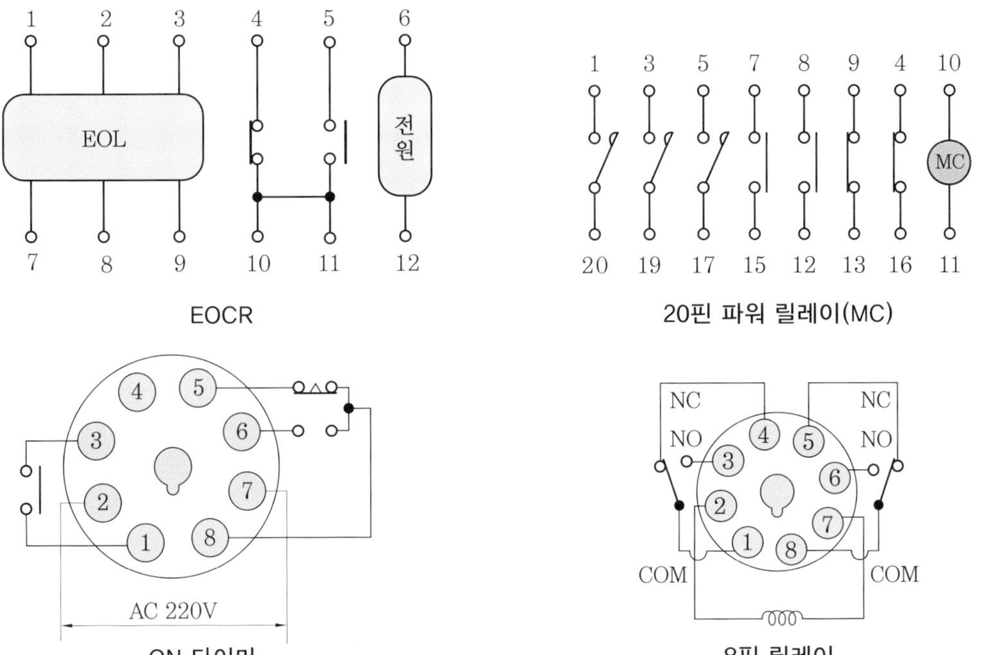

실습 과제 2 전동기 운전 제어 회로 (2)

■ 기구 배치 및 배관도

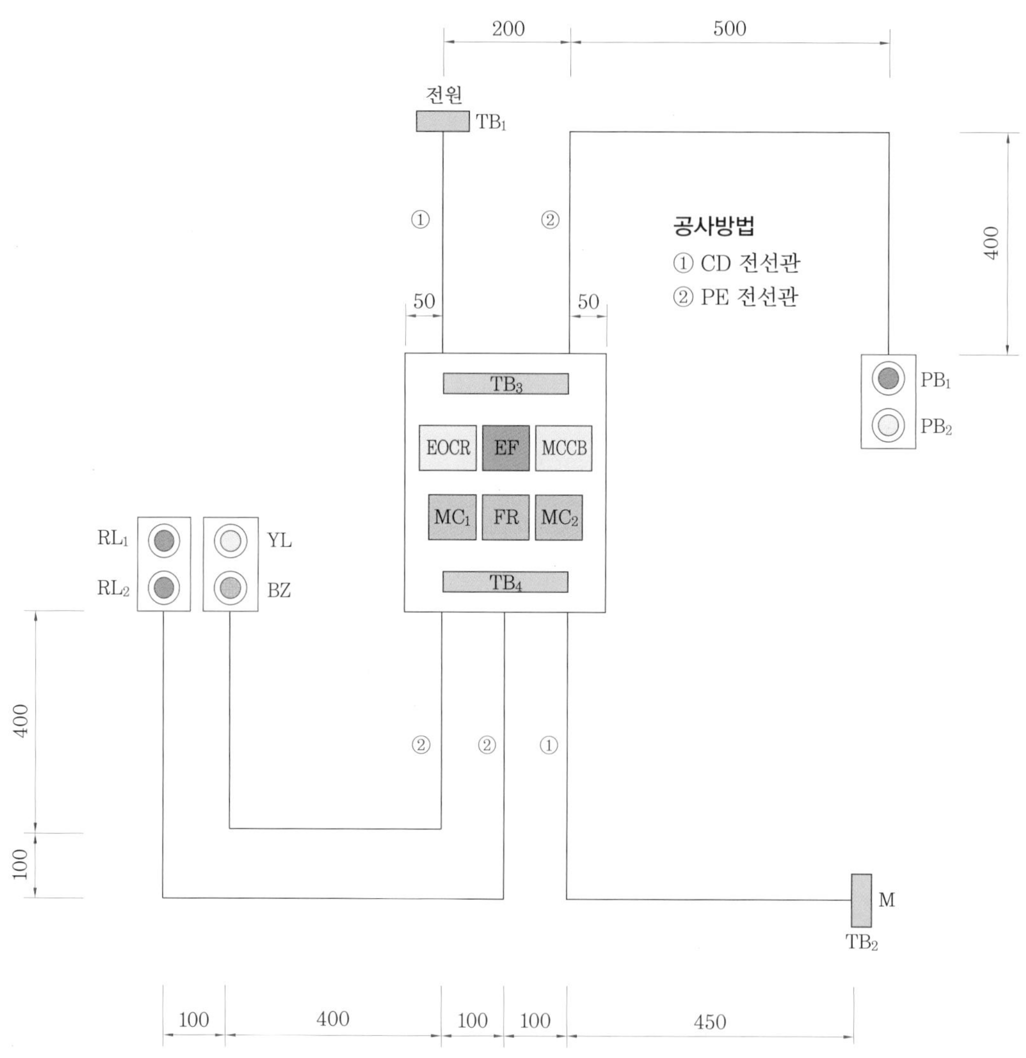

■ 범례

EOCR	EOCR 12P	PB_1	적색 버튼
MC_1, MC_2	전자접촉기 20P	PB_2	녹색 버튼
FR	플리커 릴레이 8P	RL_1, RL_2	적색 램프
MCCB	배선용 차단기	YL	황색 램프
TB_1, TB_2	단자대 4P	BZ	버저
TB_3, TB_4	단자대 12P	EF	퓨즈 홀더 2P

■ 제어 회로도

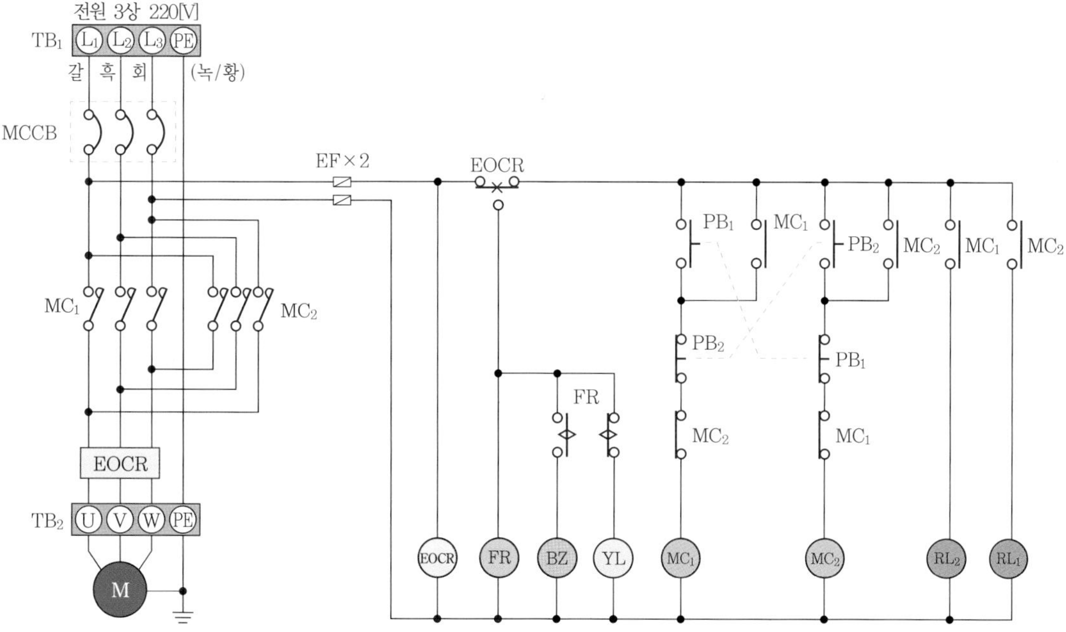

※ 12핀 MC를 사용할 경우 RL_1은 MC_2, RL_2는 MC_1으로 병렬 접속하세요.

■ 계전기 내부 결선도

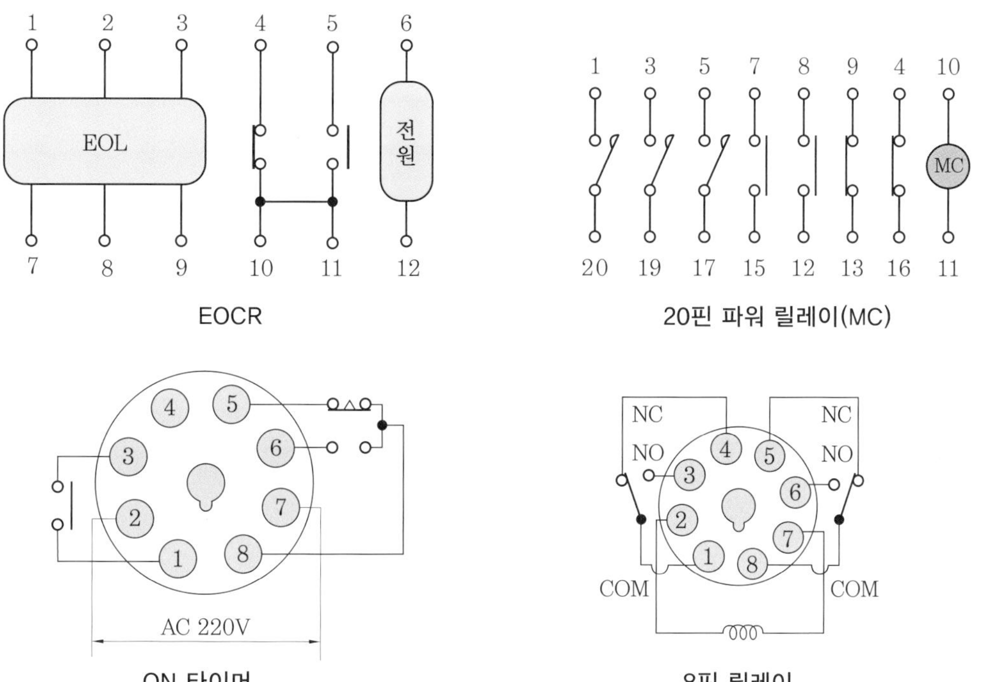

EOCR

20핀 파워 릴레이(MC)

ON 타이머

8핀 릴레이

실습 과제 3 전동기 운전 제어 회로 (3)

■ 기구 배치 및 배관도

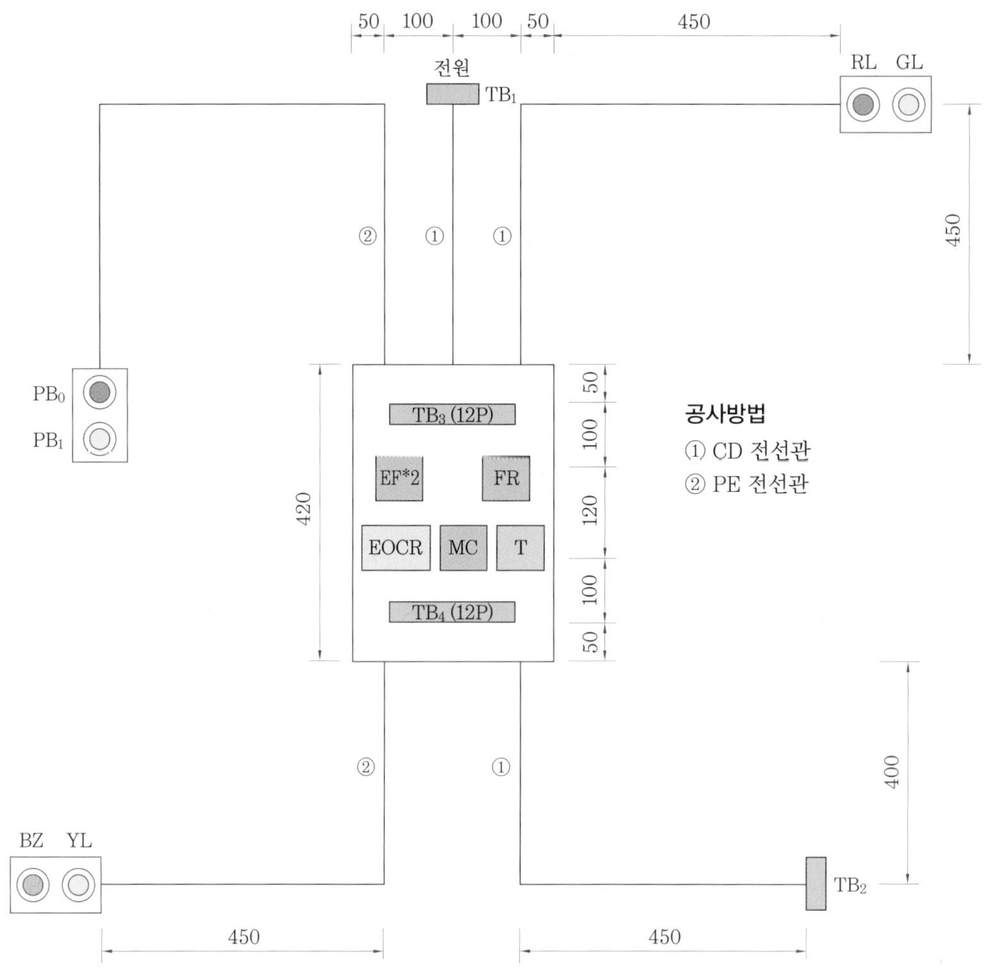

■ 범례

EOCR	EOCR 12P	PB_0	적색 버튼
MC	전자접촉기 12P	PB_1	녹색 버튼
FR	플리커 릴레이 8P	RL	적색 램프
EF	퓨즈 홀더2P	GL	녹색 램프
TB_1, TB_2	단자대 4P	YL	황색 램프
TB_3, TB_4	단자대 12P	BZ	버저
T	타이머 8P		

■ 제어 회로도

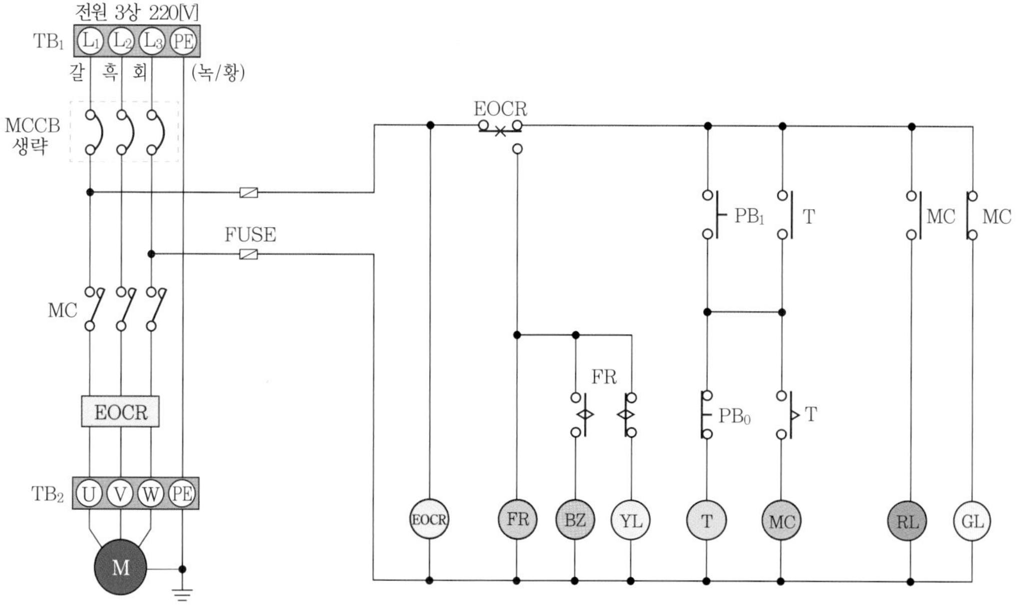

■ 계전기 내부 결선도

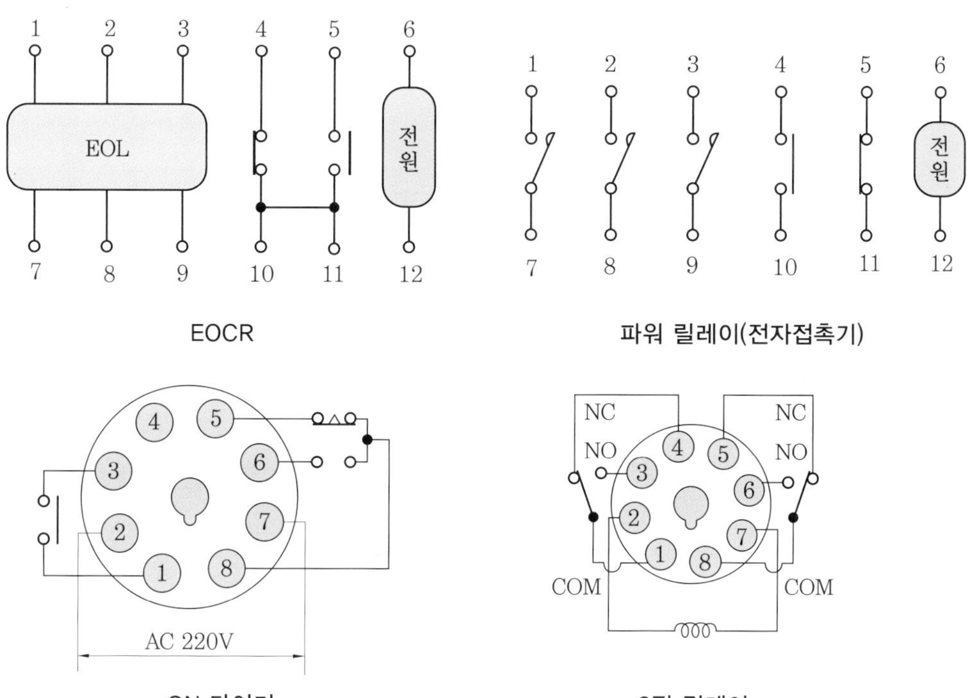

실습 과제 4 전동기 운전 제어 회로 (4)

■ 기구 배치 및 배관도

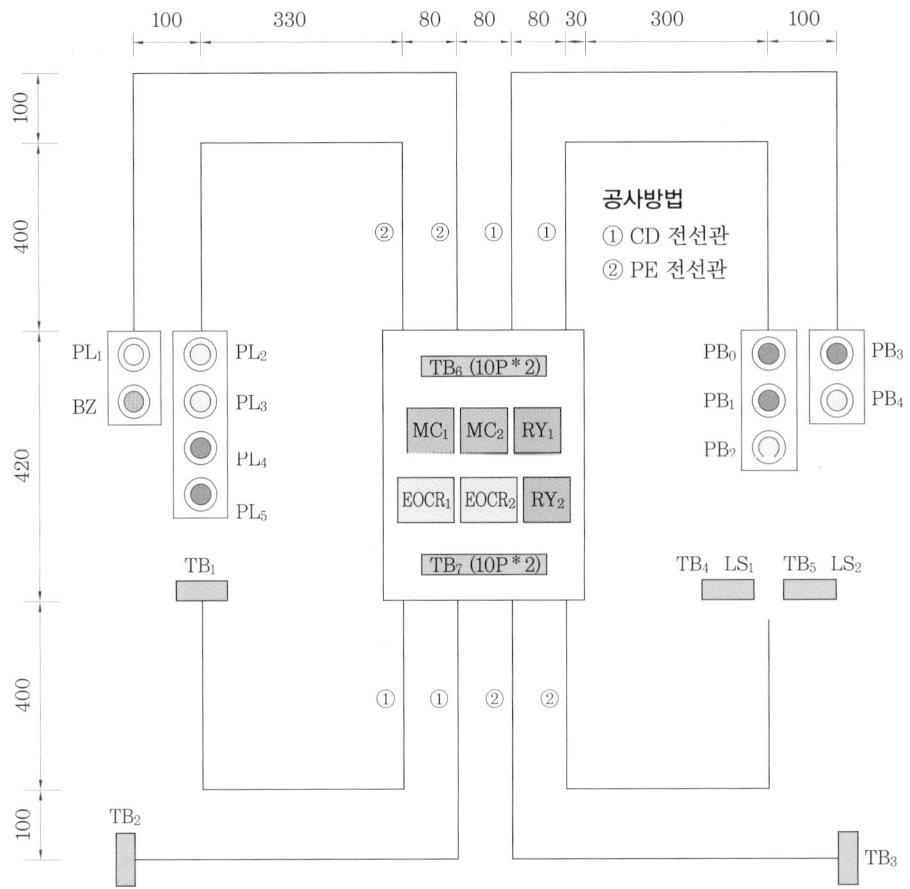

■ 범례

$EOCR_1$, $EOCR_2$	EOCR 12P	PL_2, PL_3	녹색 램프
MC_1, MC_2	전자접촉기 12P	PL_4, PL_5	적색 램프
RY_1, RY_2	릴레이 8P	BZ	버저
PB_0	적색 버튼	TB_1	단자대 4P
PB_1	적색 버튼	TB_2	단자대 4P
PB_2	녹색 버튼	TB_3	단자대 4P
PB_3	적색 버튼	TB_4	LS1 단자대 3P
PB_4	녹색 버튼	TB_5	LS2 단자대 3P
PL_1	백색 램프	TB_6, TB_7	단자대 10P + 2P

■ 제어 회로도

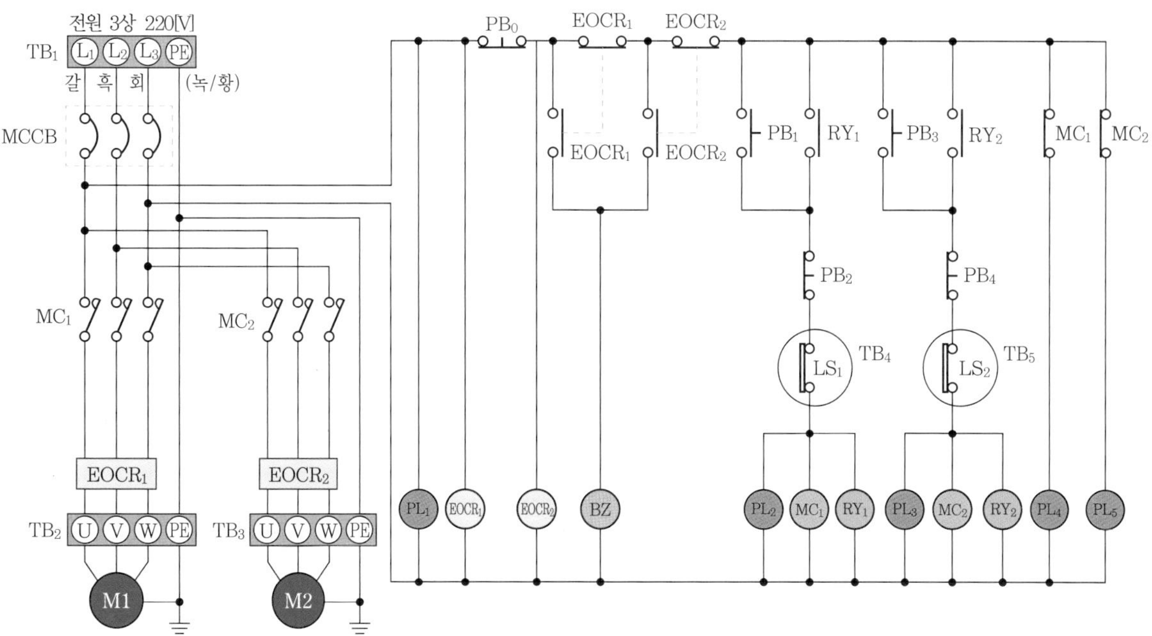

■ 계전기 내부 결선도

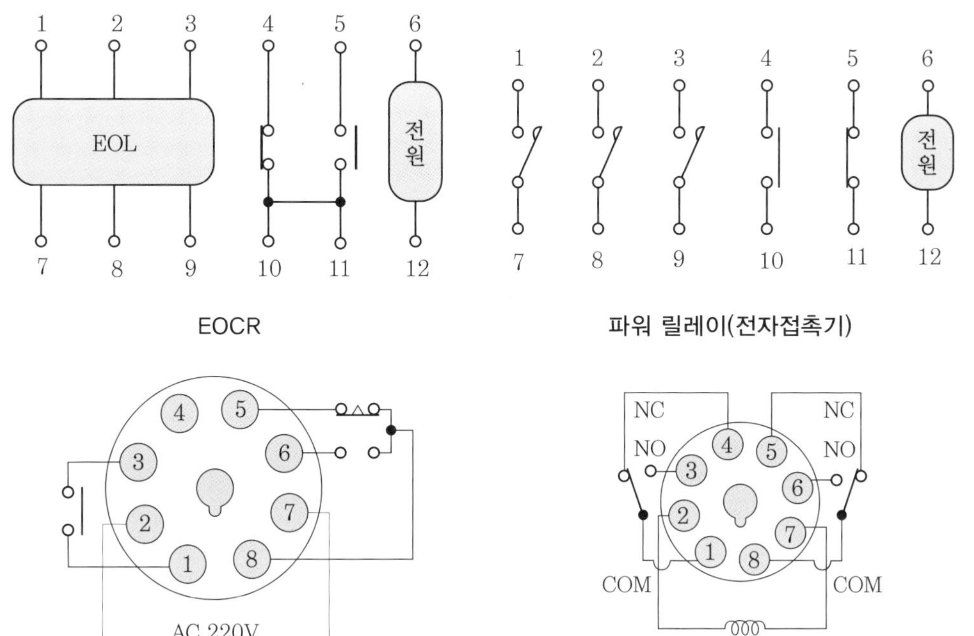

실습 과제 5 전동기 운전 제어 회로 (5)

■ 기구 배치 및 배관도

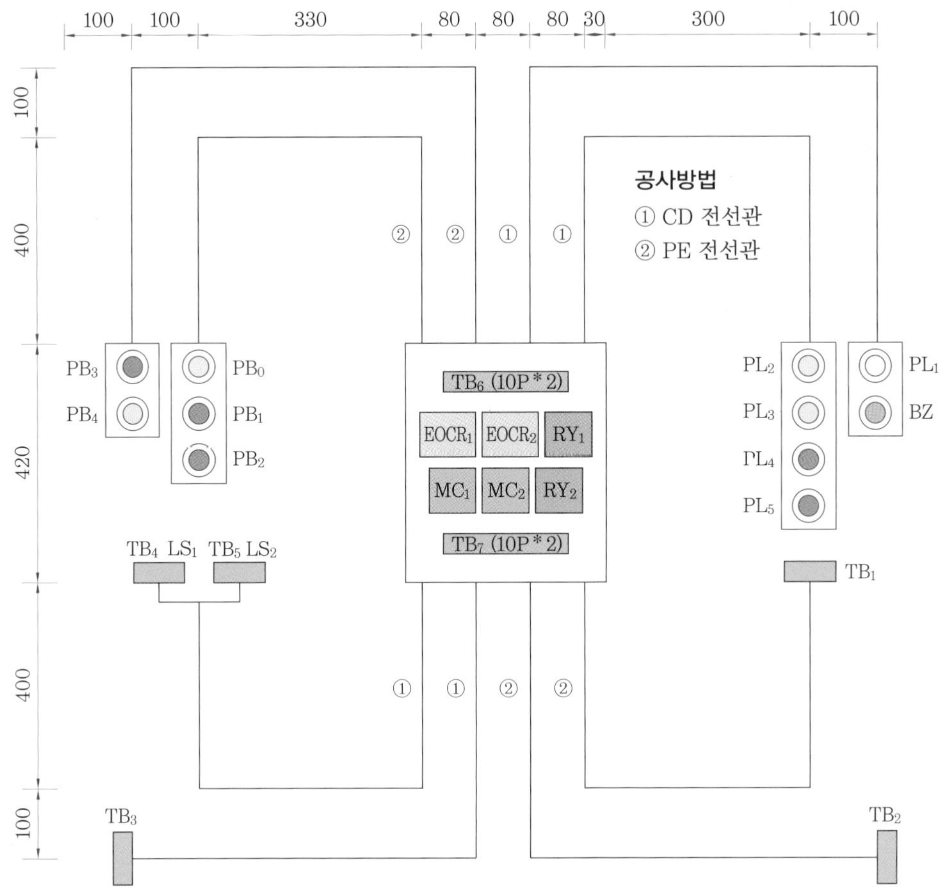

■ 범례

EOCR$_1$, EOCR$_2$	EOCR 12P	PL$_2$, PL$_3$	녹색 램프
MC$_1$, MC$_2$	전자접촉기 12P	PL$_4$, PL$_5$	적색 램프
RY$_1$, RY$_2$	릴레이 8P	BZ	버저
PB$_0$	적색 버튼	TB$_1$	단자대 4P
PB$_1$	적색 버튼	TB$_2$	단자대 4P
PB$_2$	녹색 버튼	TB$_3$	단자대 4P
PB$_3$	적색 버튼	TB$_4$	LS$_1$ 단자대 3P
PB$_4$	녹색 버튼	TB$_5$	LS$_2$ 단자대 3P
PL$_1$	백색 램프	TB$_6$, TB$_7$	단자대 10P + 2P

■ 제어 회로도

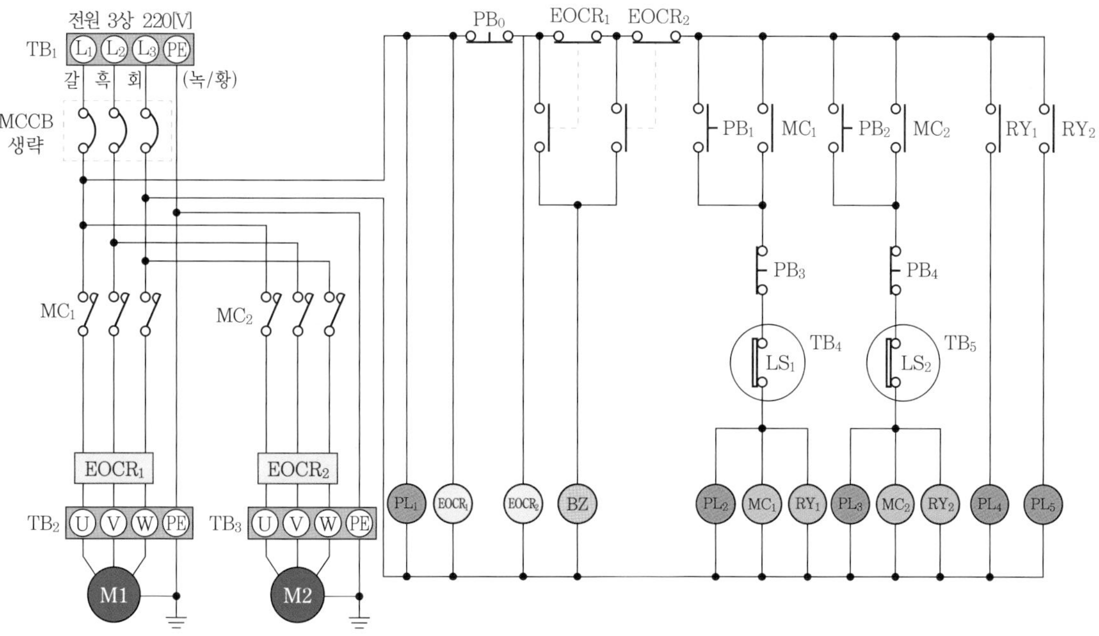

■ 계전기 내부 결선도

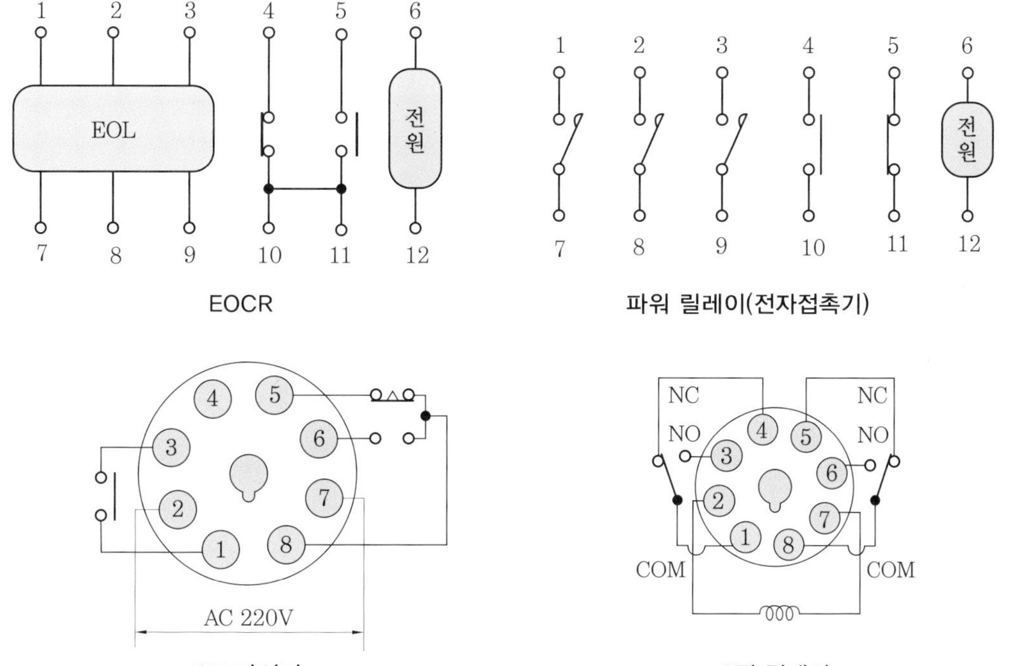

실습 과제 6 전동기 운전 제어 회로 (6)

■ 기구 배치 및 배관도

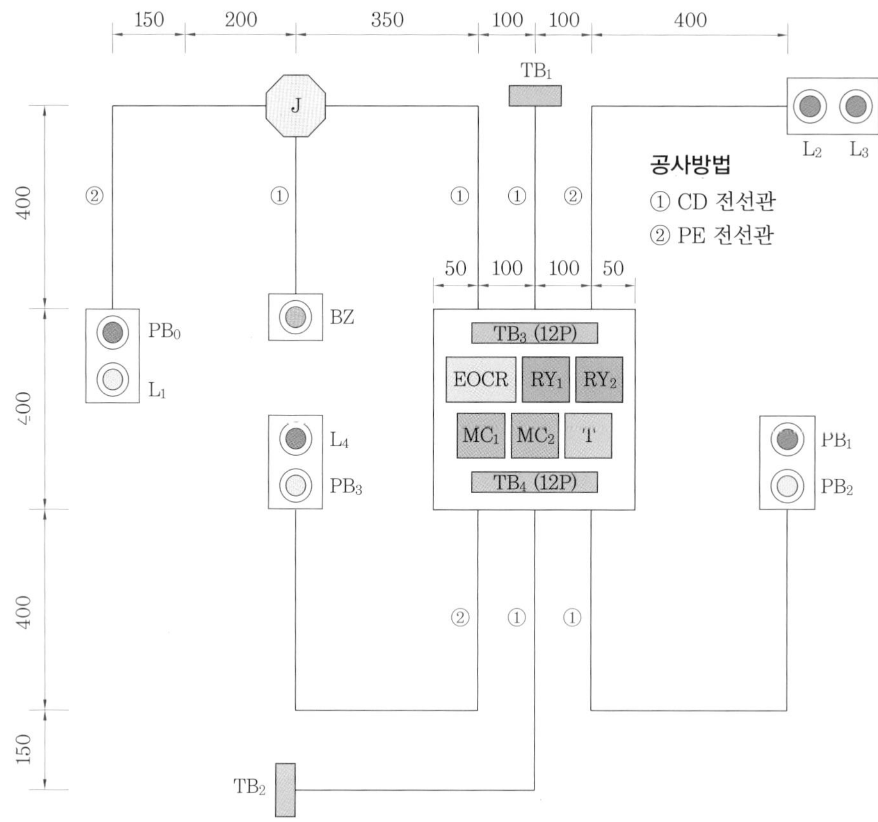

■ 범례

EOCR	EOCR 12P	L_1	녹색 램프
MC_1, MC_2	전자접촉기 12P	L_2	적색 램프
RY_1, RY_2	릴레이 8P	L_3	적색 램프
T	타이머 8P	L_4	적색 램프
PB_0	적색 버튼	TB_1	단자대 4P
PB_1	적색 버튼	TB_2	단자대 4P
PB_2	녹색 버튼	TB_3	단자대 12P
PB_3	녹색 버튼	TB_4	단자대 12P
J	8각 정크션 박스		

■ 제어회로도

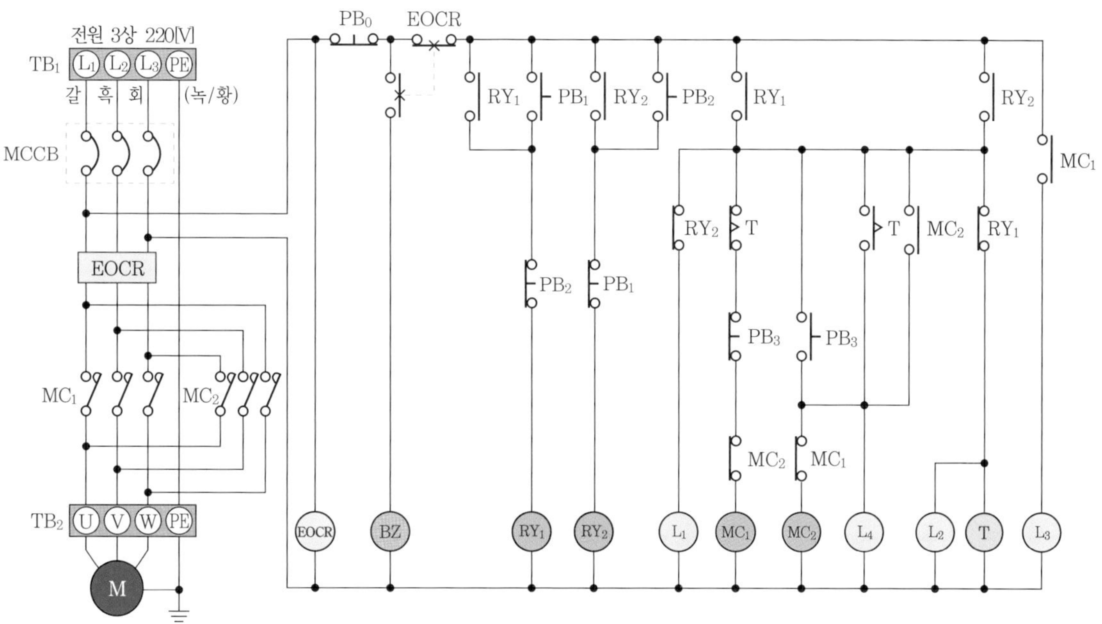

■ 계전기 내부 결선도

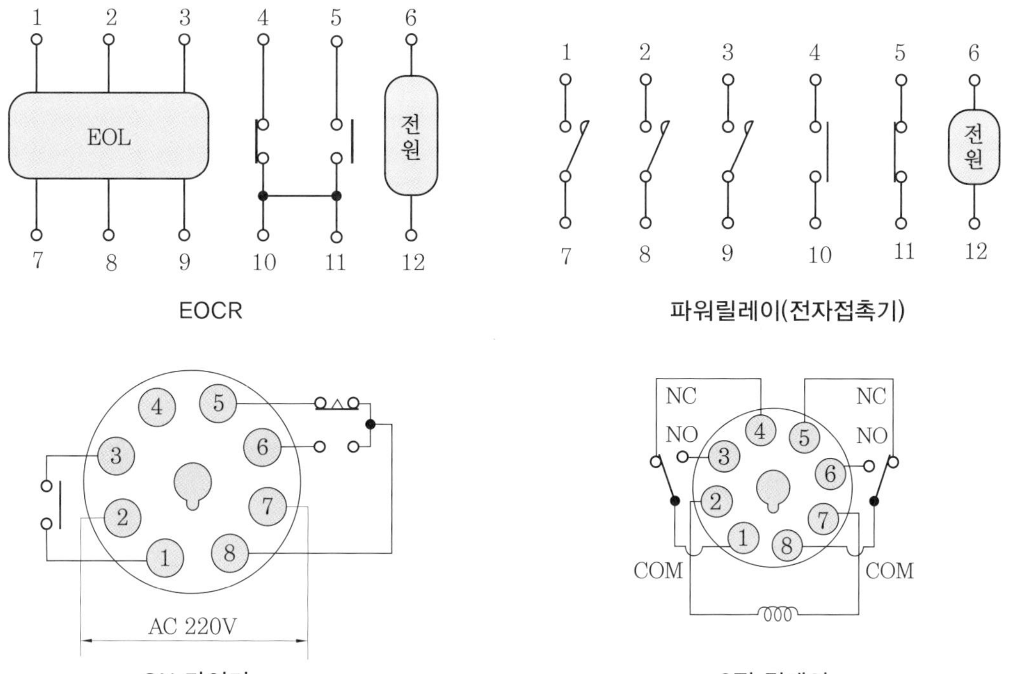

EOCR

파워릴레이(전자접촉기)

ON 타이머

8핀 릴레이

실습 과제 7 공장 전동기 제어 회로 (1)

■ 기구 배치 및 배관도

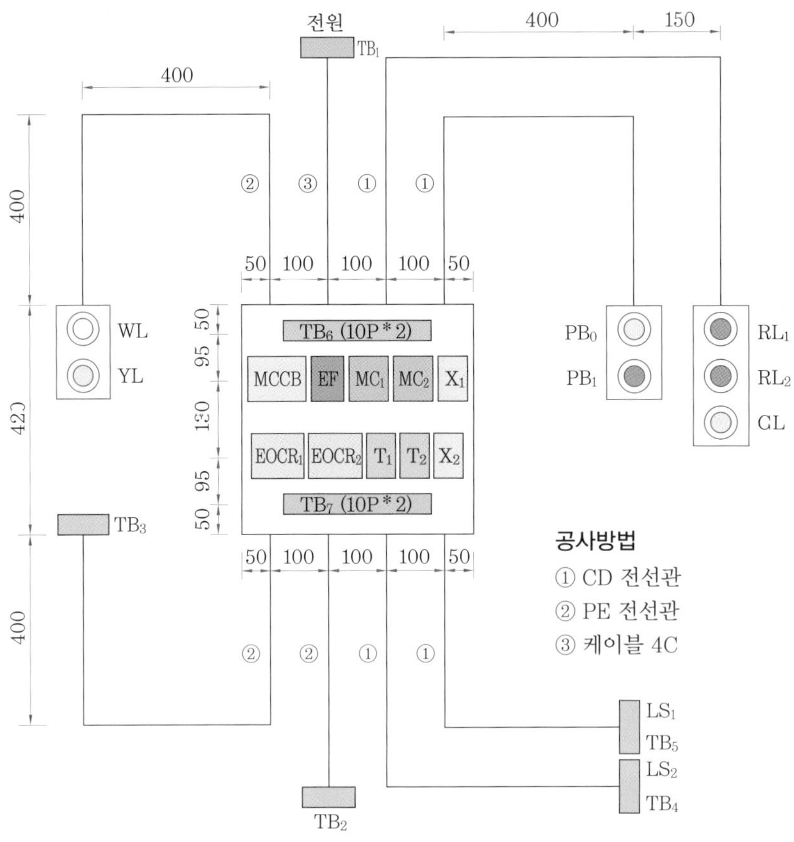

■ 범례

MCCB	배선용 차단기	TB_4, TB_5	단자대 3P
EF	퓨즈 홀더 2P	TB_6, TB_7	단자대 10P + 2P
MC_1, MC_2	전자접촉기 12P	PB_0	녹색 버튼
$EOCR_1$, $EOCR_2$	EOCR 12P	PB_1	적색 버튼
T_1, T_2	타이머 8P	RL_1, RL_2	적색 램프
X_1, X_2	릴레이 11P	GL	녹색 램프
TB_1, TB_2, TB_3	단자대 4P	WL	백색 램프
		YL	황색 램프

■ 제어 회로도

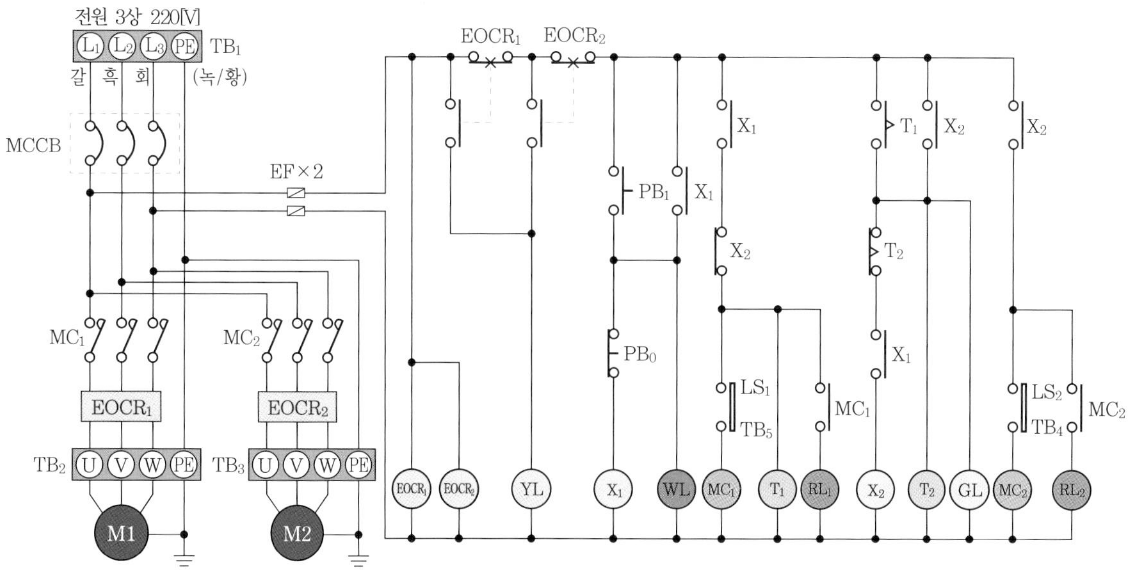

■ 계전기 내부 결선도

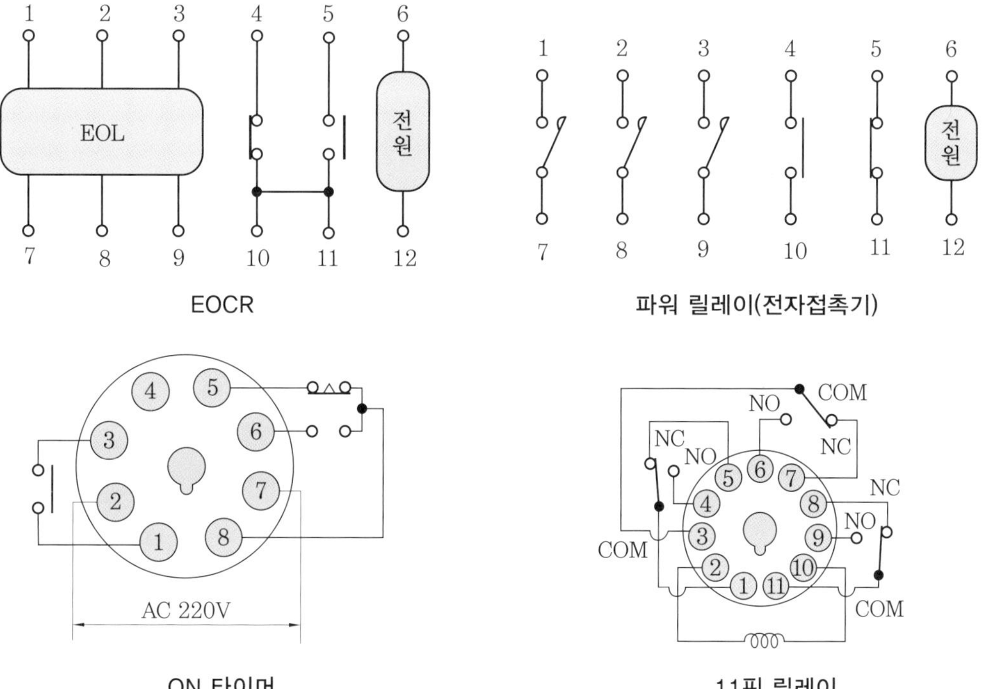

EOCR

파워 릴레이(전자접촉기)

ON 타이머

11핀 릴레이

실습 과제 8 공장 전동기 제어 회로 (2)

■ 기구 배치 및 배관도

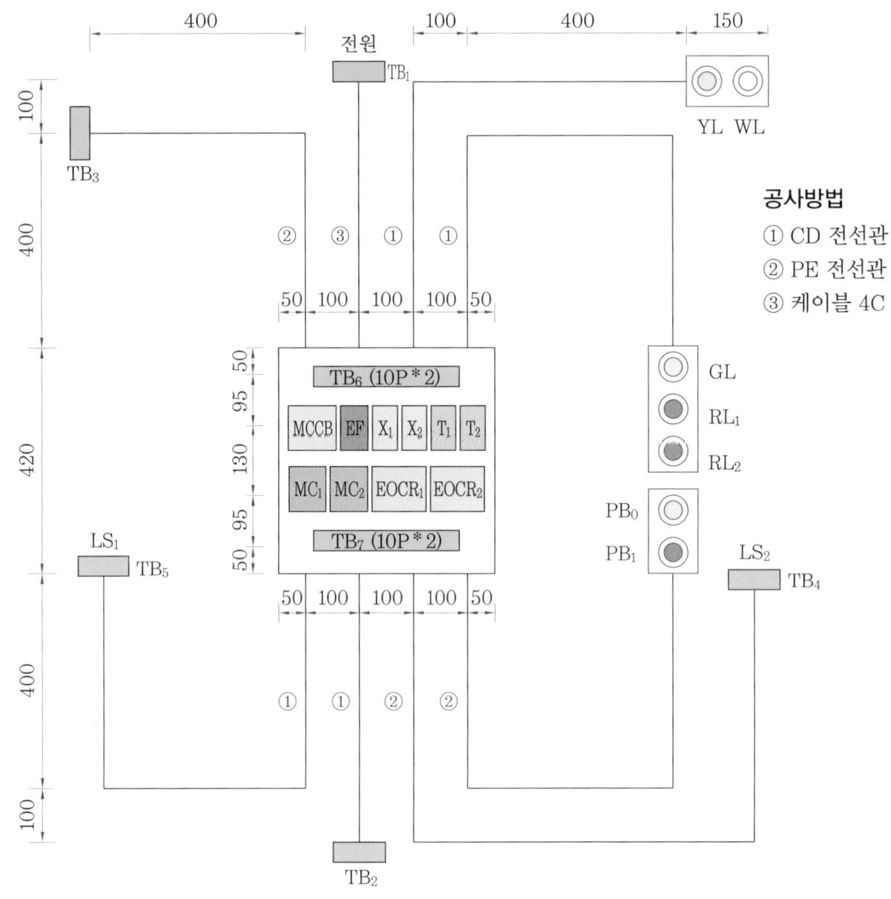

■ 범례

MCCB	배선용 차단기	TB_6, TB_7	단자대 10P + 2P
EF	퓨즈 홀더 2P	PB_0	녹색 버튼
MC_1, MC_2	전자접촉기 12P	PB_1	적색 버튼
$EOCR_1$, $EOCR_2$	EOCR 12P	RL_1, RL_2	적색 램프
T_1, T_2	타이머 8P	GL	녹색 램프
X_1, X_2	릴레이 11P	WL	백색 램프
TB_1, TB_2, TB_3	단자대 4P	YL	황색 램프
TB_4, TB_5	단자대 3P		

■ 제어 회로도

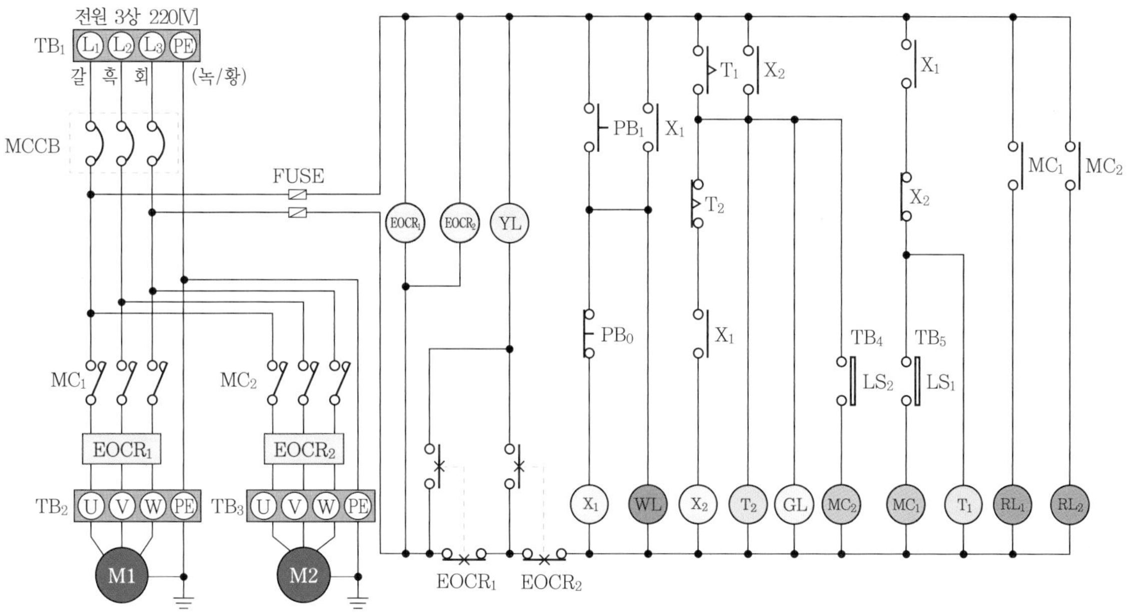

■ 계전기 내부 결선도

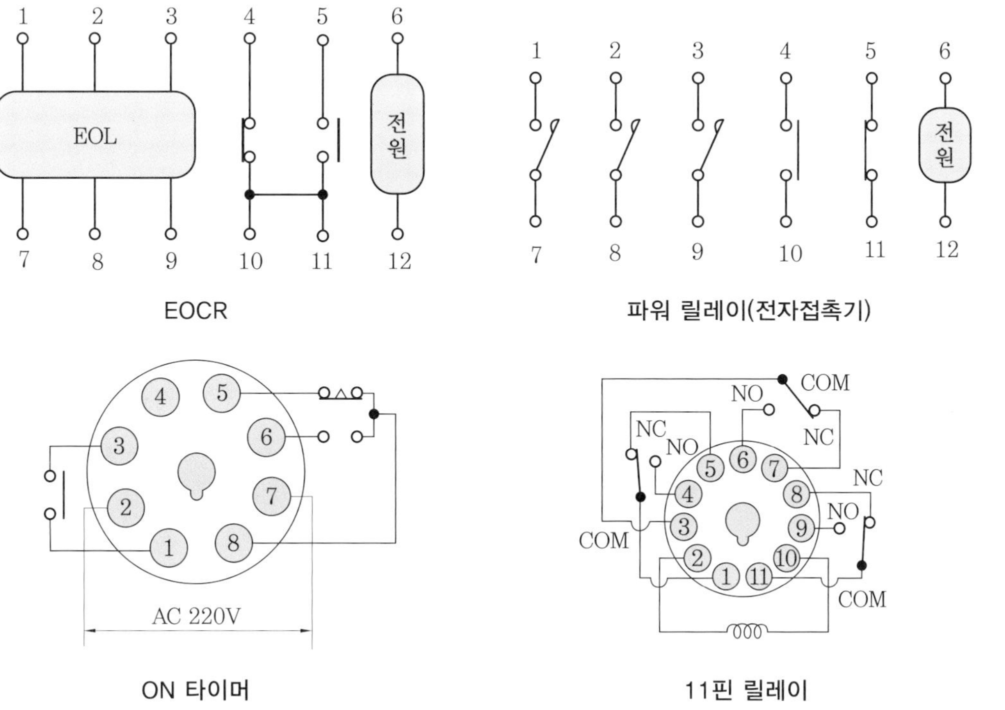

EOCR

파워 릴레이(전자접촉기)

ON 타이머

11핀 릴레이

실습 과제 9 수동 · 자동 정회전, 역회전 회로 (1)

■ 기구 배치 및 배관도

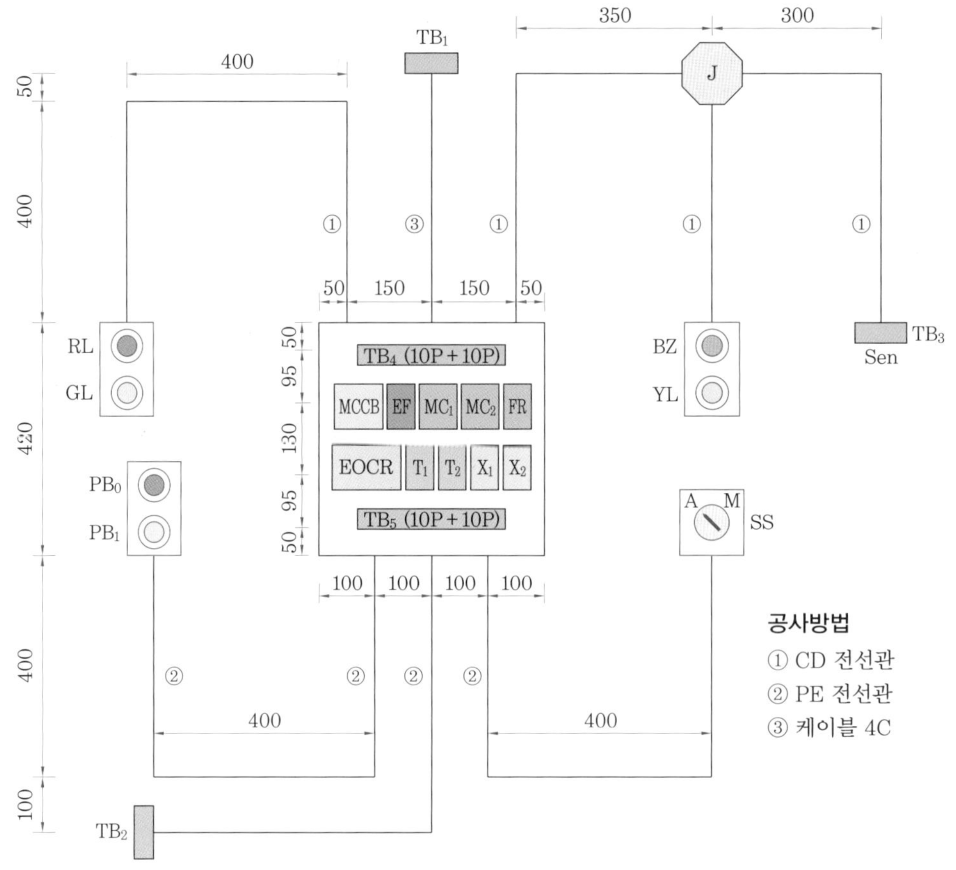

■ 범례

MCCB	배선용 차단기	TB_3	단자대 3P
EF	퓨즈 홀더 2P	TB_4, TB_5	단자대 10P+10P
MC_1, MC_2	전자접촉기 12P	PB_0	적색 버튼
EOCR	EOCR 12P	PB_1	녹색 버튼
T_1, T_2	타이머 8P	RL	적색 램프
X_1, X_2	릴레이 8P	GL	녹색 램프
FR	플리커 릴레이 8P	YL	황색 램프
SS(2단)	선택 스위치	BZ	버저
TB_1, TB_2	단자대 4P	J	8각 정크션 박스

■ 제어 회로도

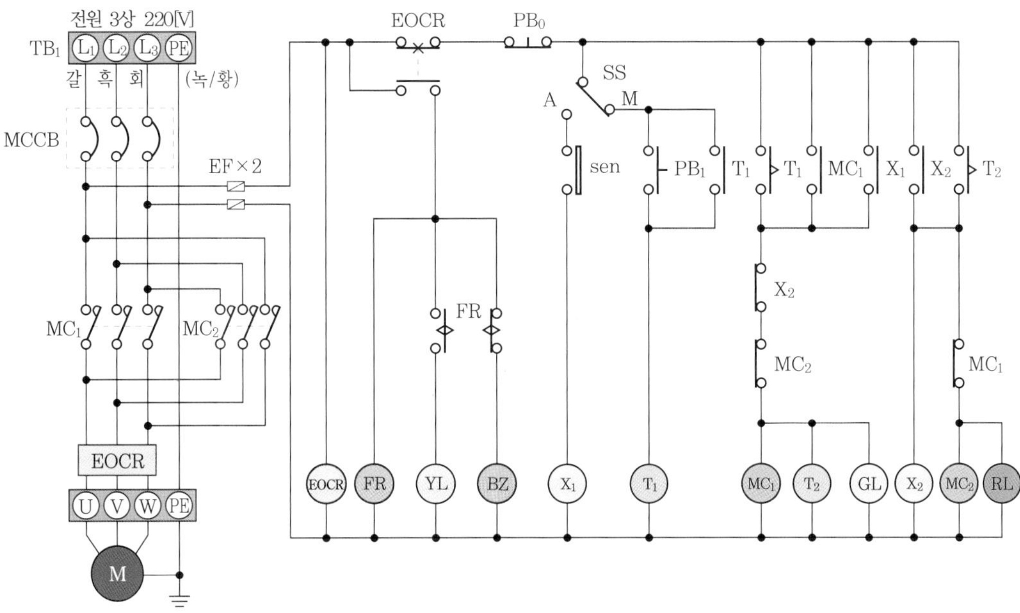

■ 계전기 내부 결선도

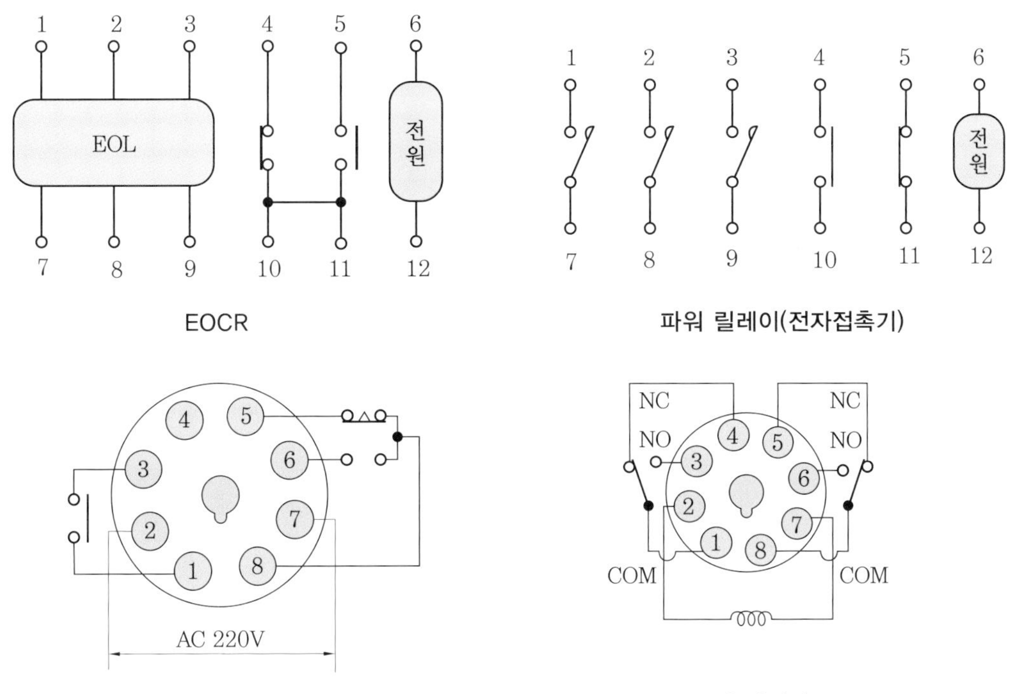

EOCR

파워 릴레이(전자접촉기)

ON 타이머

8핀 릴레이

실습 과제 10 수동 · 자동 정회전, 역회전 회로 (2)

■ 기구 배치 및 배관도

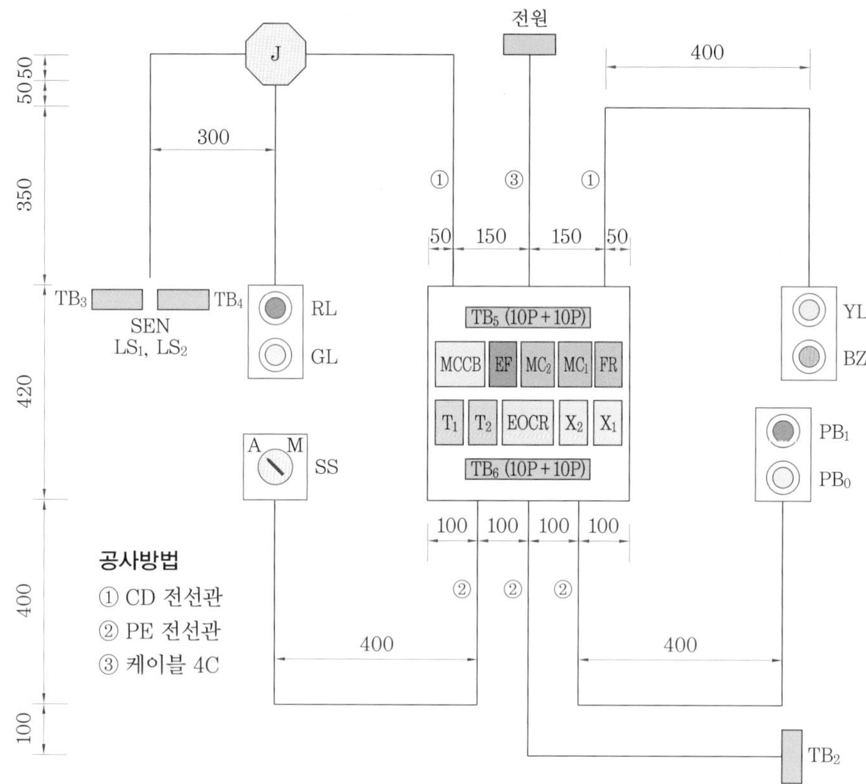

■ 범례

MCCB	배선용 차단기	TB_3, TB_4	단자대 3P
EF	퓨즈 홀더 2P	TB_5, TB_6	단자대 10P+10P
MC_1, MC_2	전자접촉기 12P	PB_0	적색 버튼
EOCR	EOCR 12P	PB_1	녹색 버튼
T_1, T_2	타이머 8P	RL	적색 램프
X_1, X_2	릴레이 8P	GL	녹색 램프
FR	플리커 릴레이 8P	YL	황색 램프
SS(2단)	선택 스위치	BZ	버저
TB_1, TB_2	단자대 4P	J	8각 정크션 박스

■ 제어 회로도

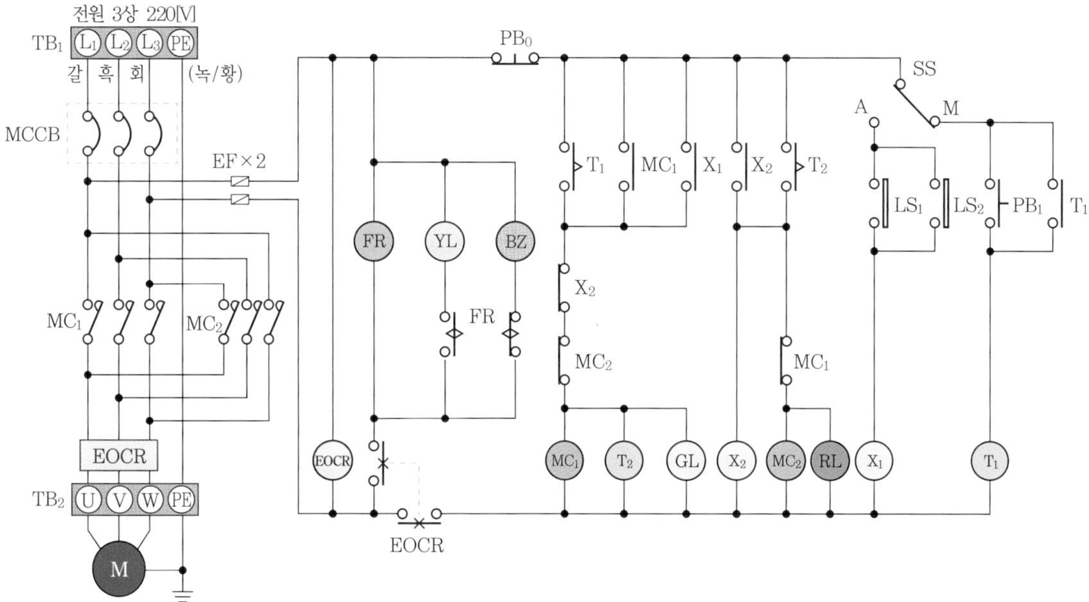

■ 계전기 내부 결선도

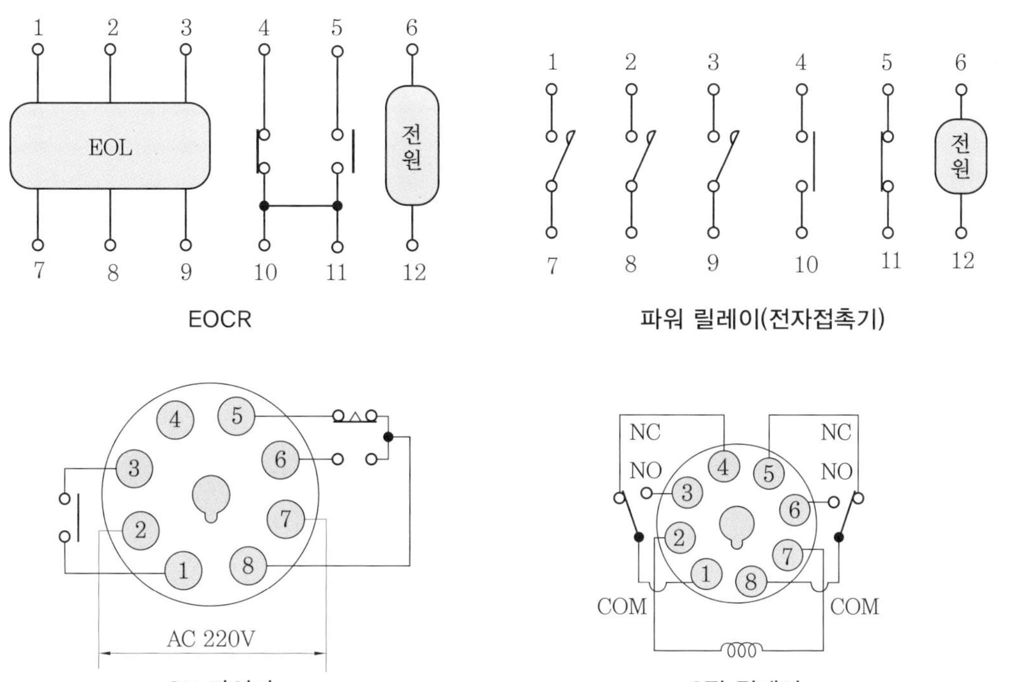

실습 과제 11 자동 온도조절 제어장치 회로 (1)

■ 기구 배치 및 배관도

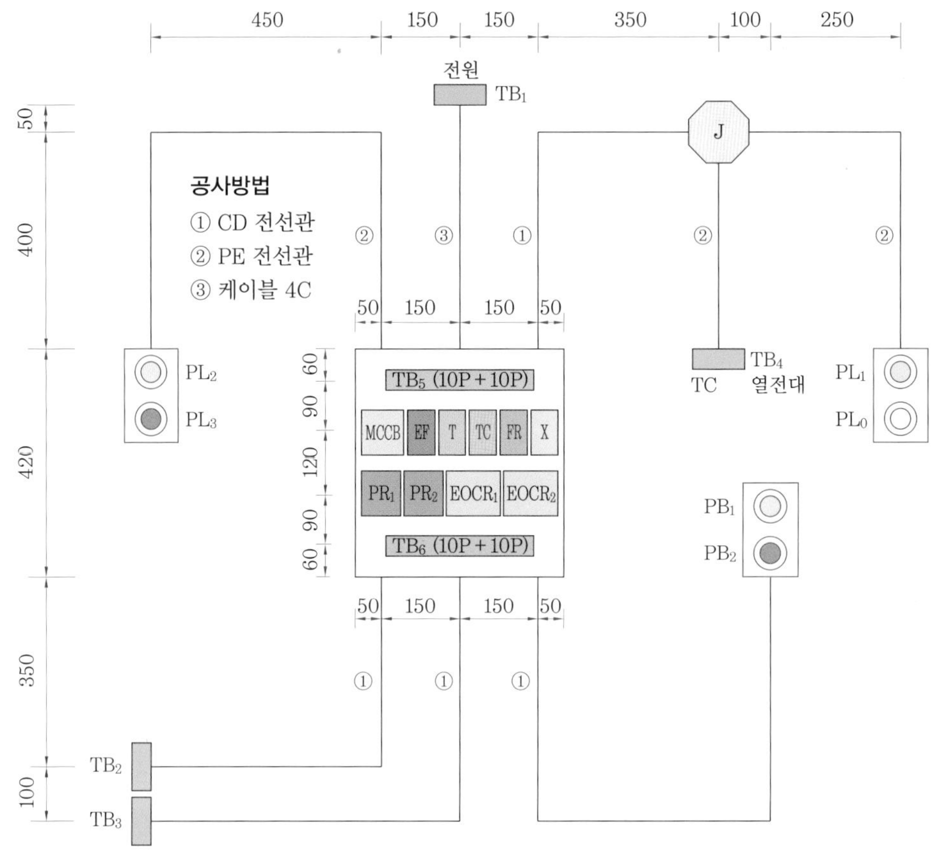

■ 범례

MCCB	배선용 차단기	TB_4	단자대 3P
EF	퓨즈 홀더 2P	TB_5, TB_6	단자대 10P+10P
PR_1, PR_2	전자접촉기 12P	PB_1	녹색 버튼
$EOCR_1$, $EOCR_2$	EOCR 12P	PB_2	적색 버튼
T	타이머 8P	PL_0	백색 램프
X	릴레이 8P	PL_1	황색 램프
FR	플리커 릴레이 8P	PL_2	녹색 램프
TC	온도계전기 8P	PL_3	적색 램프
TB_1, TB_2, TB_3	단자대 4P	J	8각 정크션 박스

■ 제어 회로도

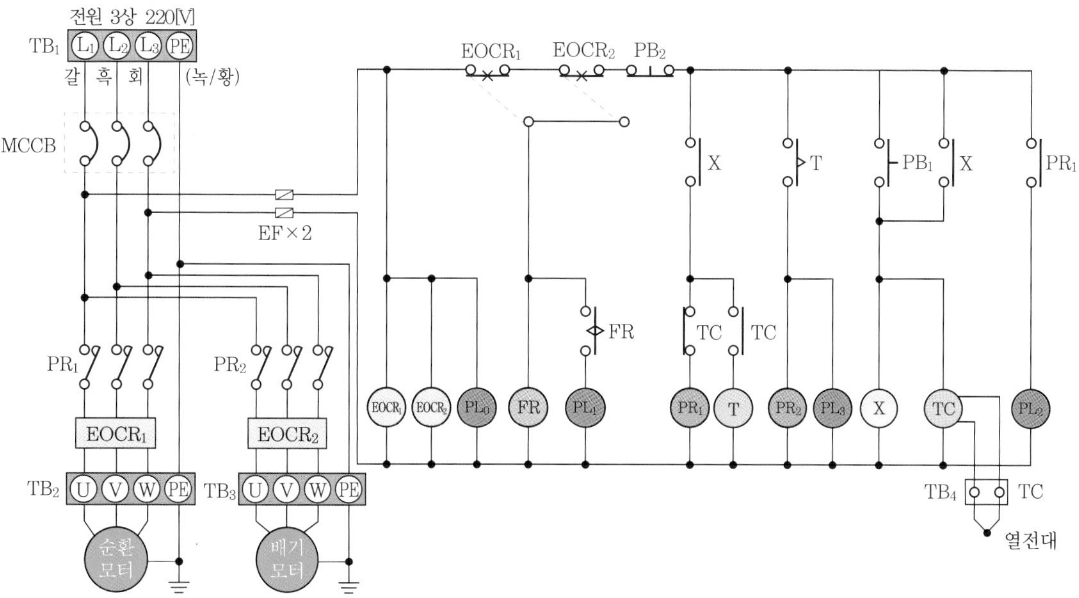

■ 계전기 내부 결선도

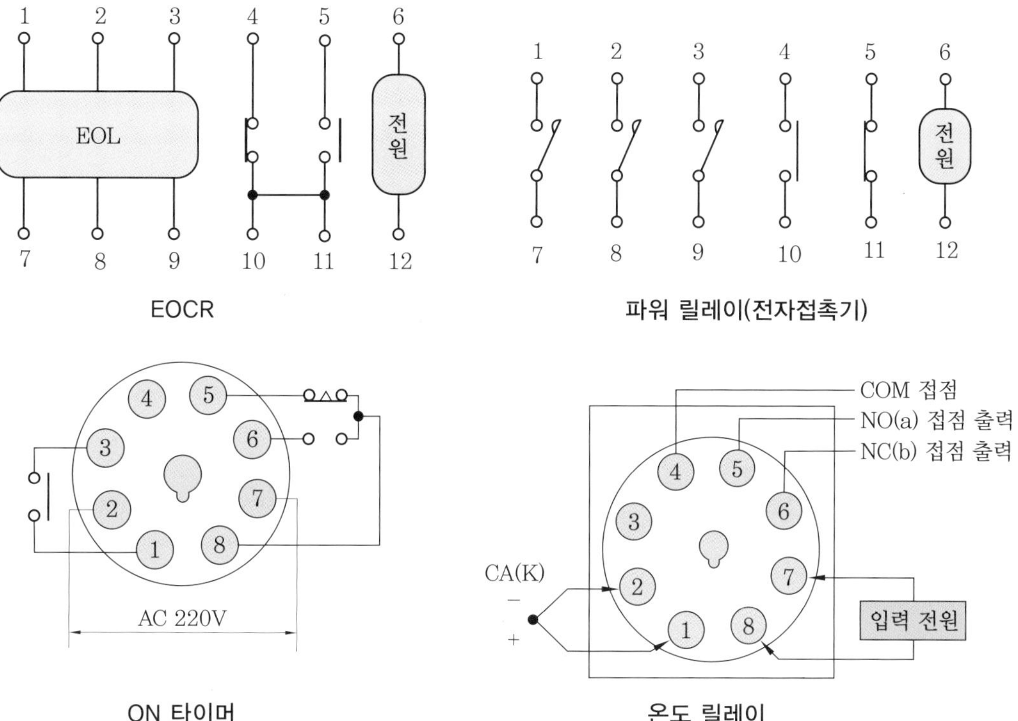

실습 과제 12 자동 온도조절 제어장치 회로 (2)

■ 기구 배치 및 배관도

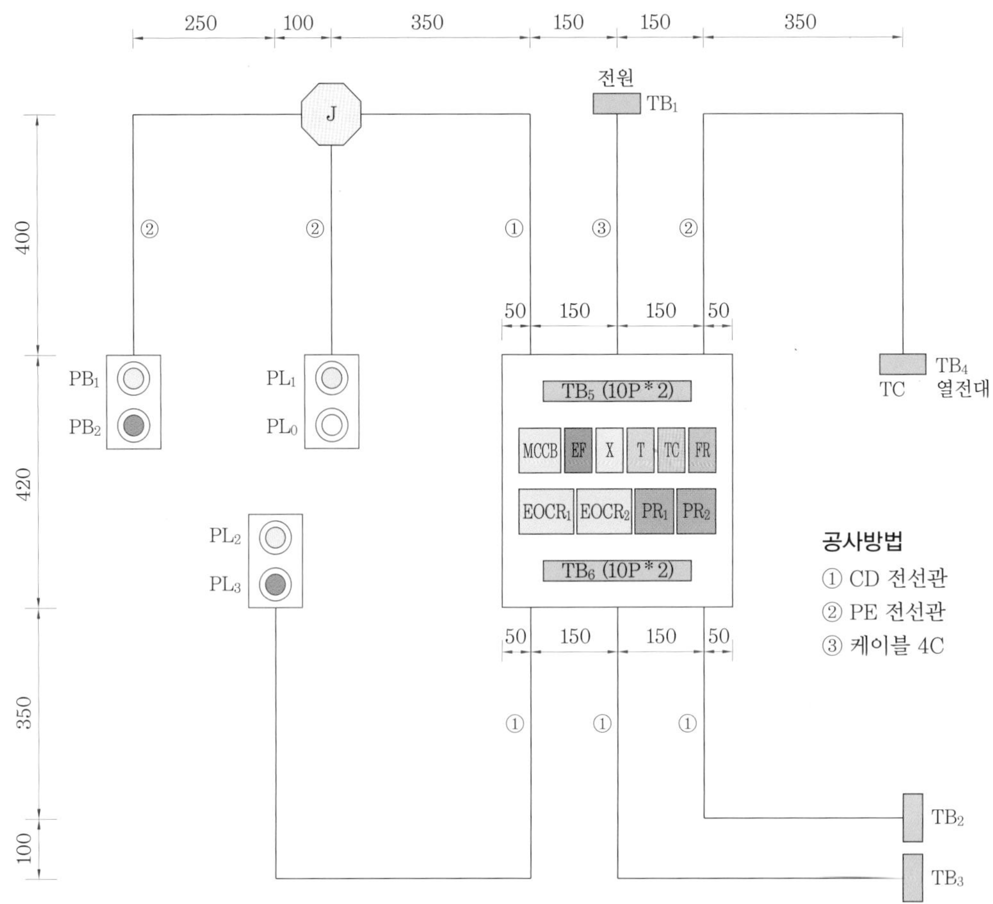

■ 범례

MCCB	배선용 차단기	PB_1	녹색 버튼
EF	퓨즈 홀더 2P	PB_2	적색 버튼
PR_1, PR_2	전자접촉기 12P	PL_0	백색 램프
$EOCR_1$, $EOCR_2$	EOCR 12P	PL_1	황색 램프
T	타이머 8P	PL_2	녹색 램프
X	릴레이 8P	PL_3	적색 램프
FR	플리커 릴레이 8P	GL	녹색 램프
TC	온도계전기 8P	YL	황색 램프
TB_1, TB_2, TB_3	단자대 4P	BZ	버저
TB_4	단자대 3P	J	8각 정크션 박스
TB_5, TB_6	단자대 10P+10P		

■ 제어 회로도

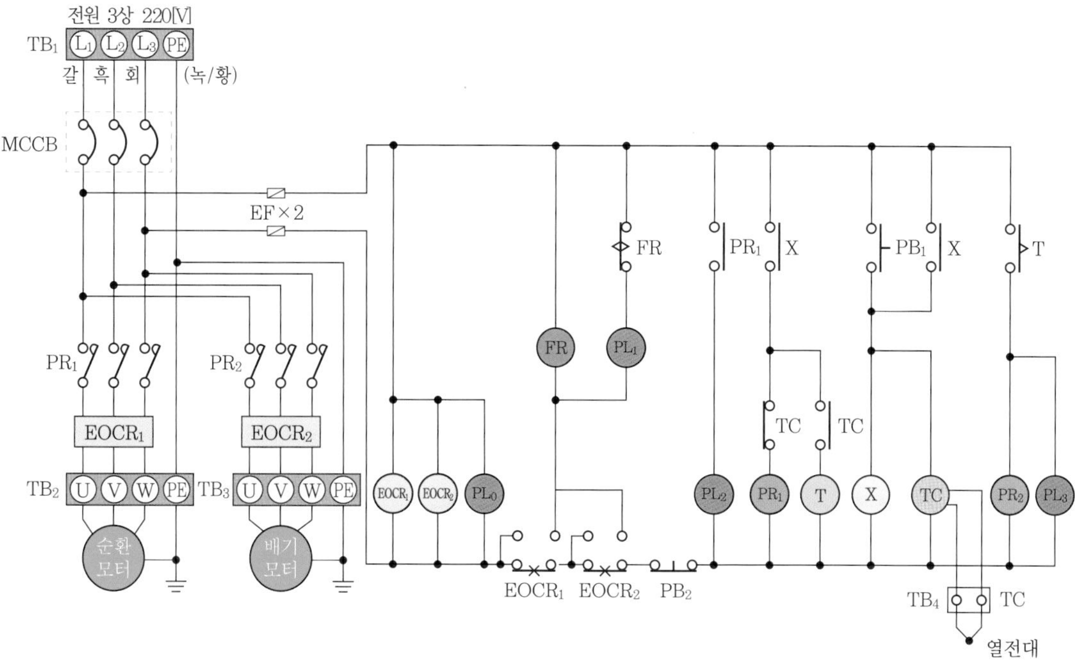

■ 계전기 내부 결선도

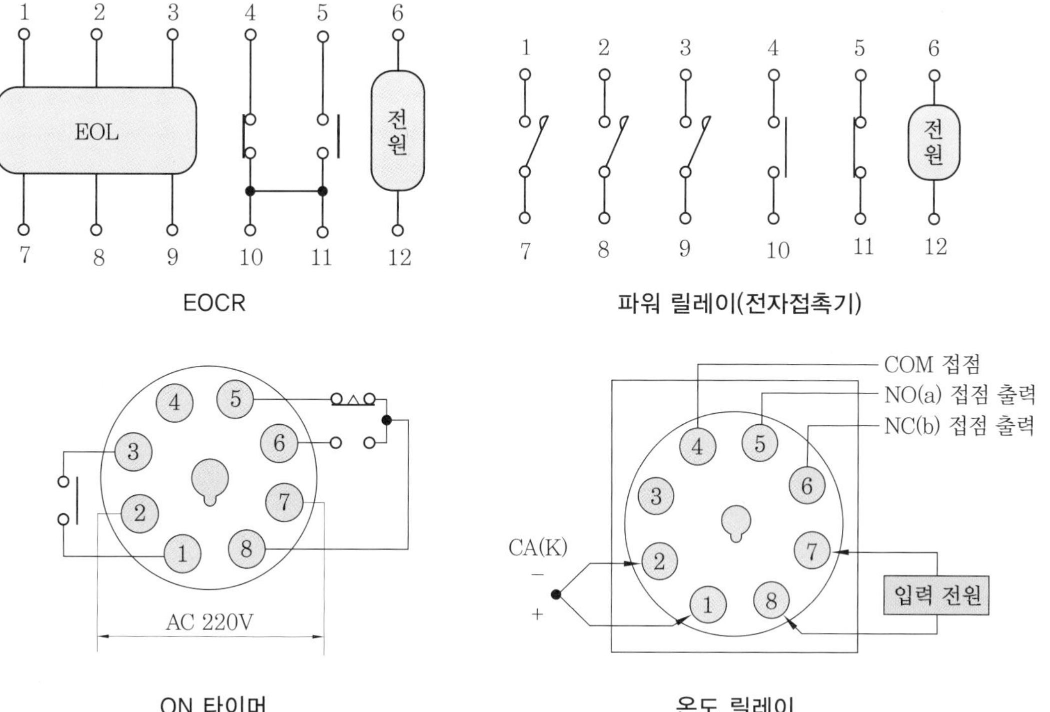

EOCR

파워 릴레이(전자접촉기)

ON 타이머

온도 릴레이

실습 과제 13 온실하우스 간이 난방 운전 회로 (1)

■ 기구 배치 및 배관도

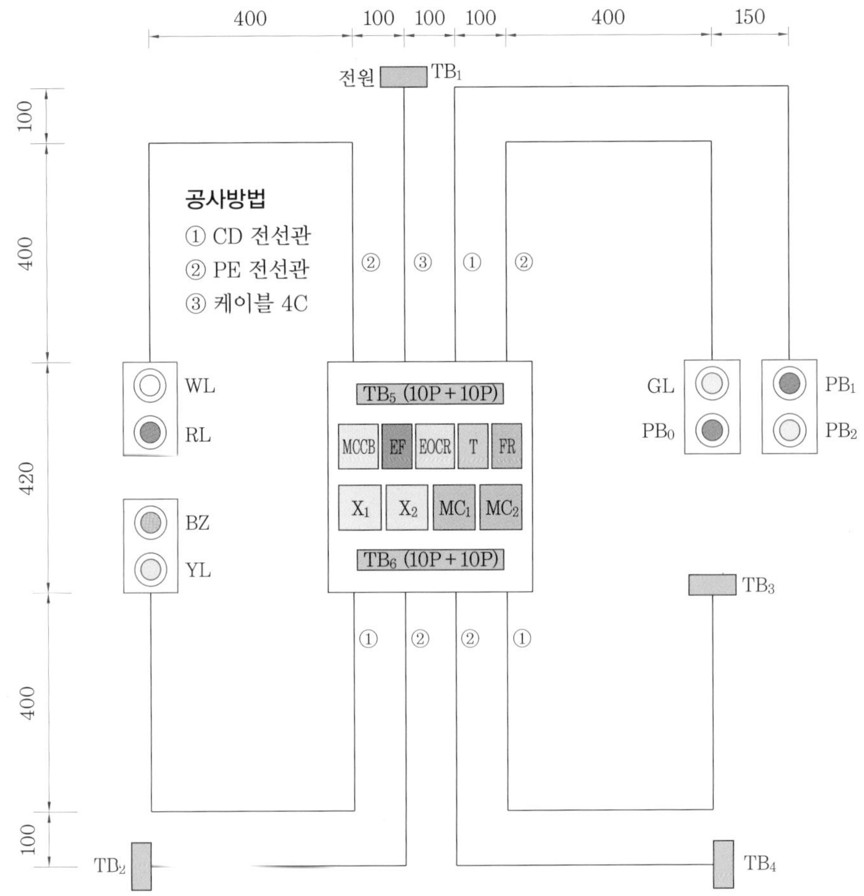

■ 범례

MCCB	배선용 차단기	TB_5, TB_6	단자대 10P+10P
EF	퓨즈 홀더 2P	PB_0	적색 버튼
MC_1, MC_2	전자접촉기 12P	PB_1	적색 버튼
EOCR	EOCR 12P	PB_2	녹색 버튼
T	타이머 8P	RL	적색 램프
X_1, X_2	릴레이 8P	GL	녹색 램프
FR	플리커릴레이 8P	YL	황색 램프
TB_1, TB_2, TB_3	단자대 4P	BZ	버저
TB_4	단자대 3P	WL	백색 램프

■ 제어 회로도

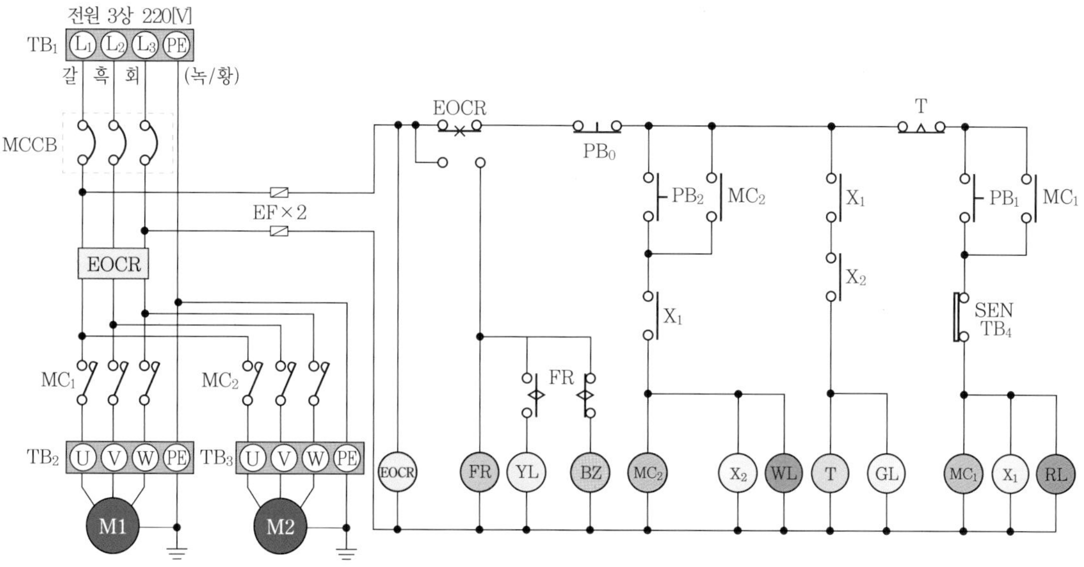

■ 계전기 내부 결선도

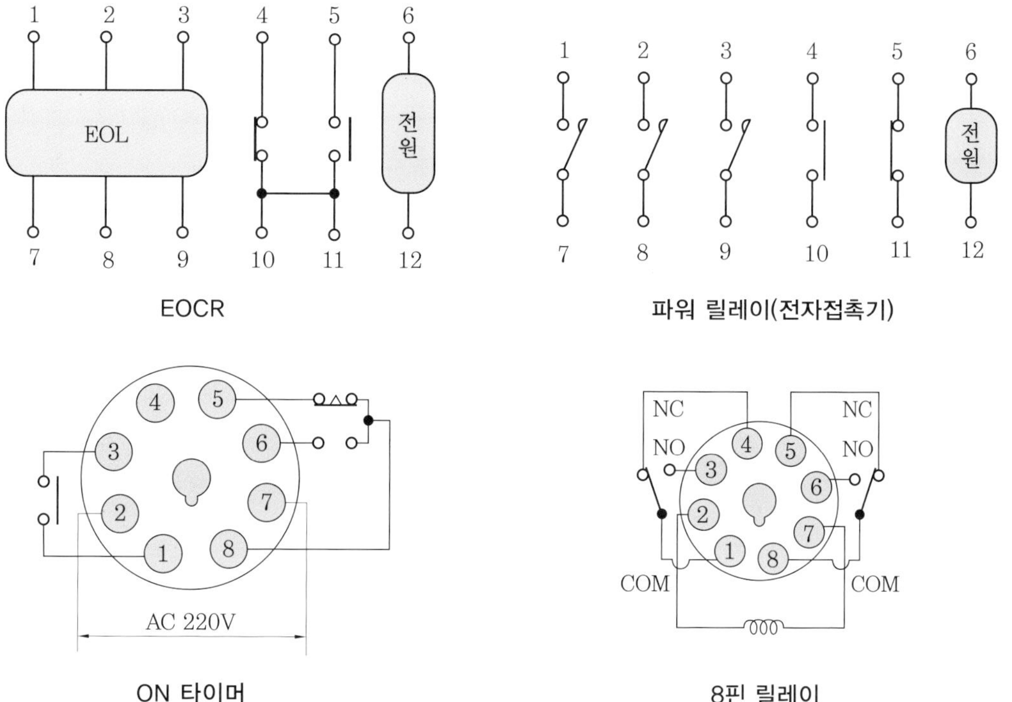

EOCR

파워 릴레이(전자접촉기)

ON 타이머

8핀 릴레이

실습 과제 14 온실하우스 간이 난방 운전 회로 (2)

■ 기구 배치 및 배관도

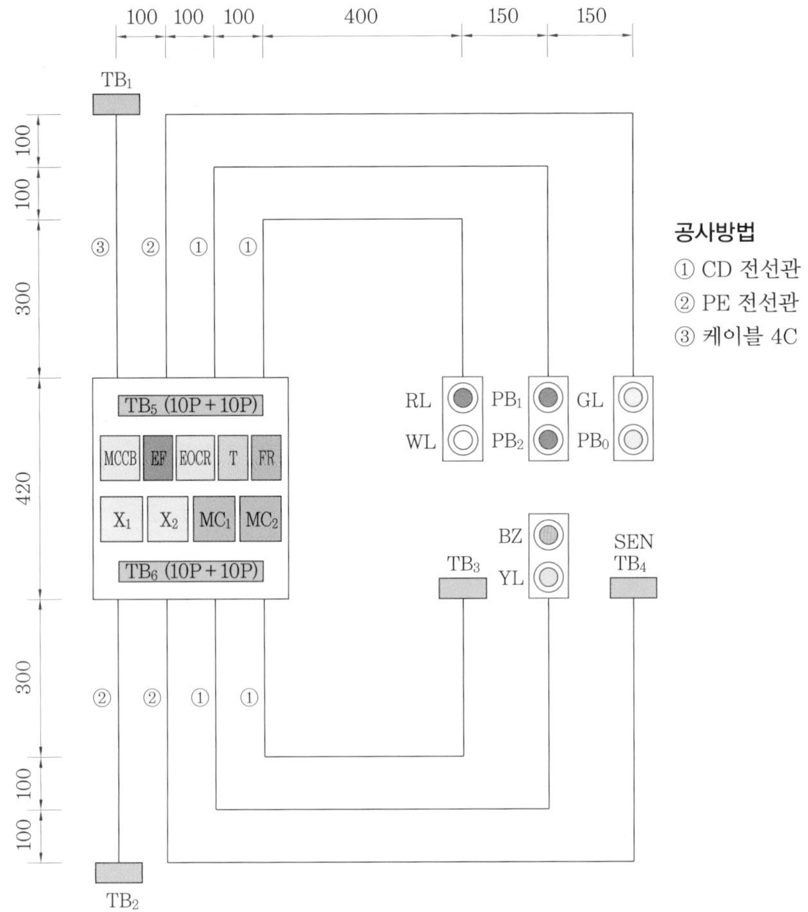

■ 범례

MCCB	배선용 차단기	TB_5, TB_6	단자대 10P+10P
EF	퓨즈 홀더 2P	PB_0	녹색 버튼
MC_1, MC_2	전자접촉기 12P	PB_1	적색 버튼
EOCR	EOCR 12P	PB_2	적색 버튼
T	타이머 8P	RL	적색 램프
X_1, X_2	릴레이 8P	GL	녹색 램프
FR	플리커 릴레이 8P	YL	황색 램프
TB_1, TB_2, TB_3	단자대 4P	BZ	버저
TB_4	단자대 3P	WL	백색 램프

■ 제어 회로도

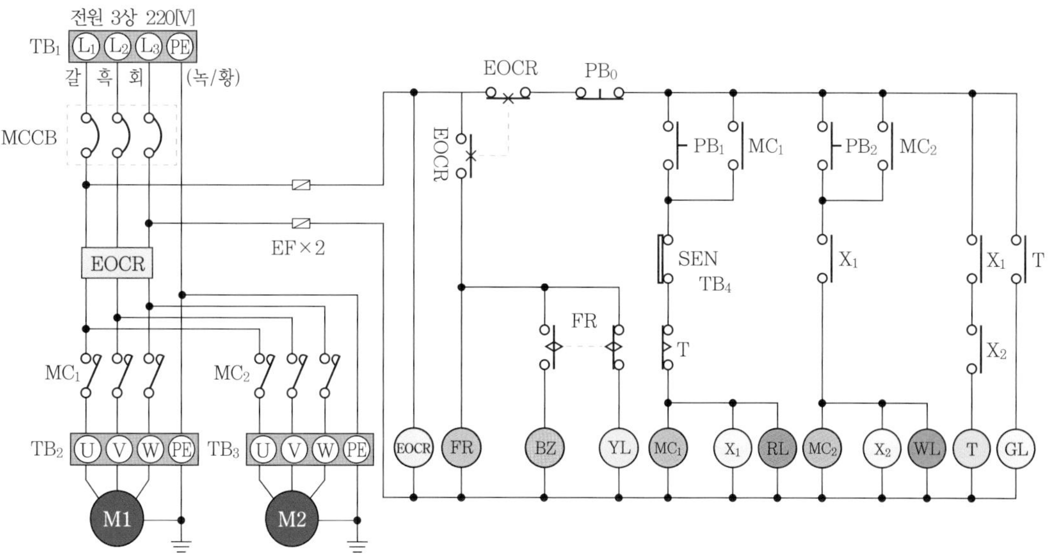

■ 계전기 내부 결선도

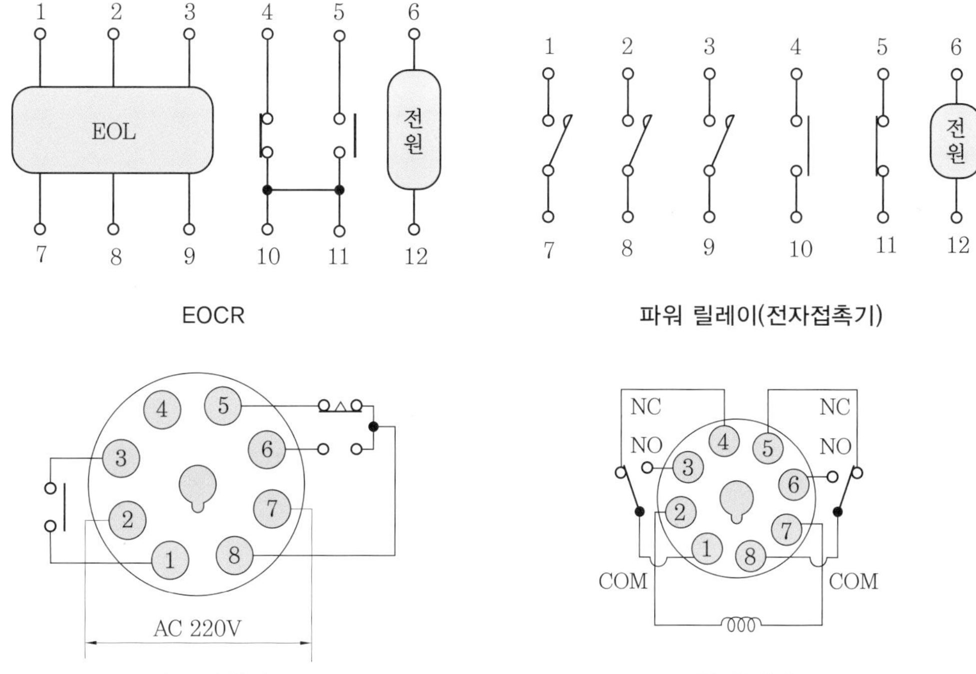

EOCR

파워 릴레이(전자접촉기)

ON 타이머

8핀 릴레이

실습 과제 15 급 · 배수 제어 회로 (1)

■ 기구 배치 및 배관도

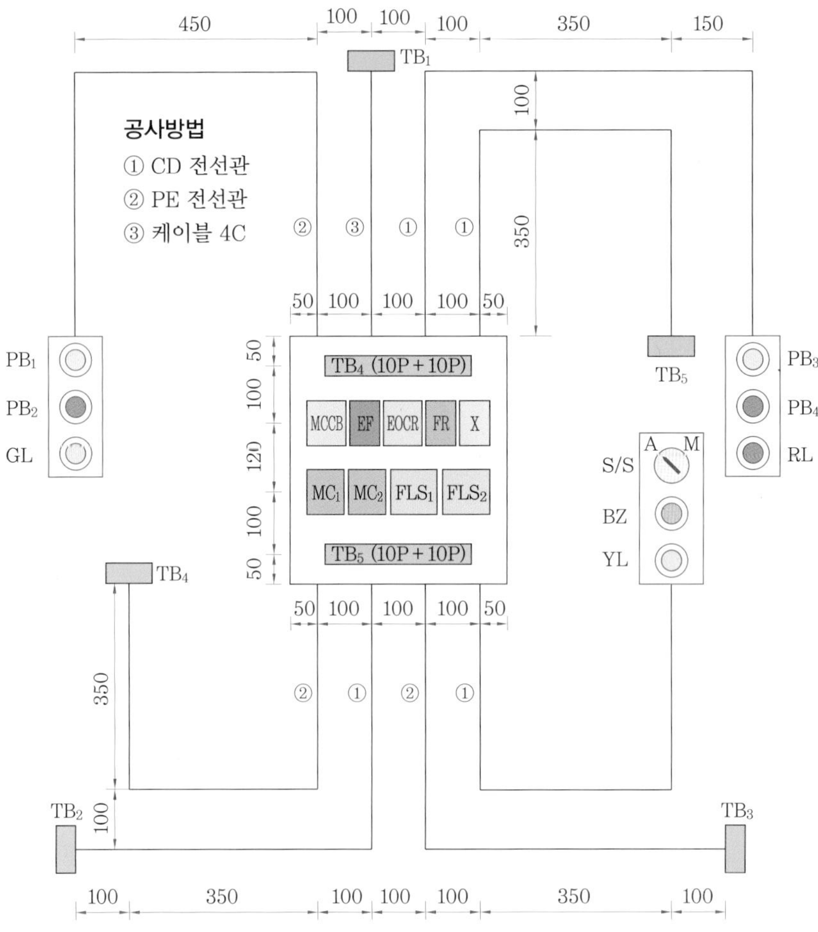

■ 범례

MCCB	배선용 차단기	TB_4, TB_5	단자대 10P+10P
EF	퓨즈 홀더 2P	SS(2단)	선택 스위치
MC_1, MC_2	전자접촉기 12P	PB_1, PB_3	적색 버튼
EOCR	EOCR 12P	PB_2, PB_4	녹색 버튼
FLS_1, FLS_2	플로트리스 스위치8P	RL	적색 램프
X	릴레이 8P	GL	녹색 램프
FR	플리커 릴레이 8P	YL	황색 램프
TB_1, TB_2, TB_3	단자대 4P	BZ	버저

■ 제어 회로도

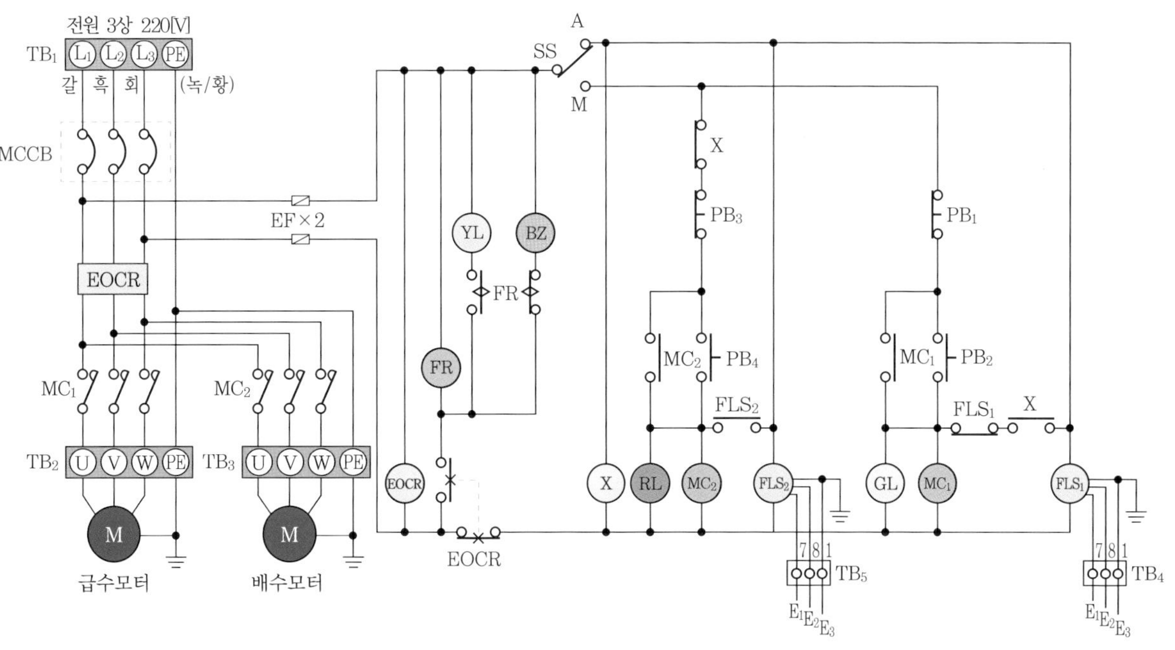

■ 계전기 내부 결선도

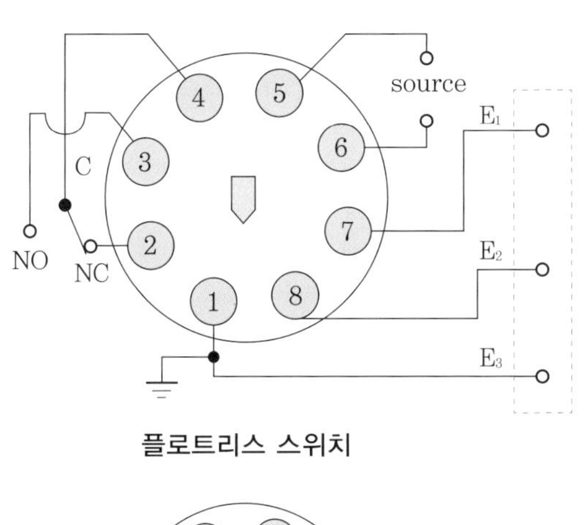

플로트리스 스위치

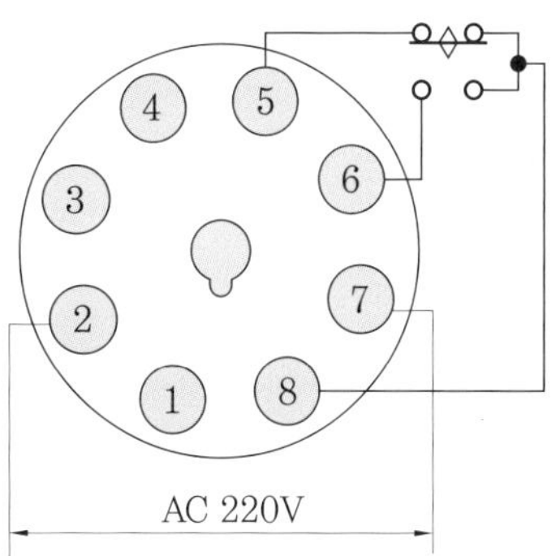

플리커 릴레이

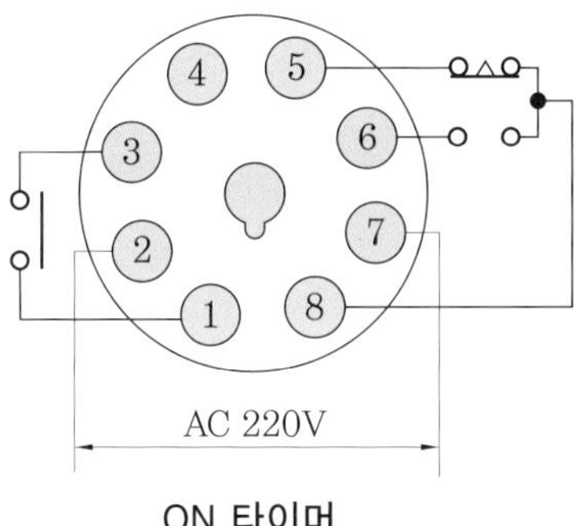

ON 타이머

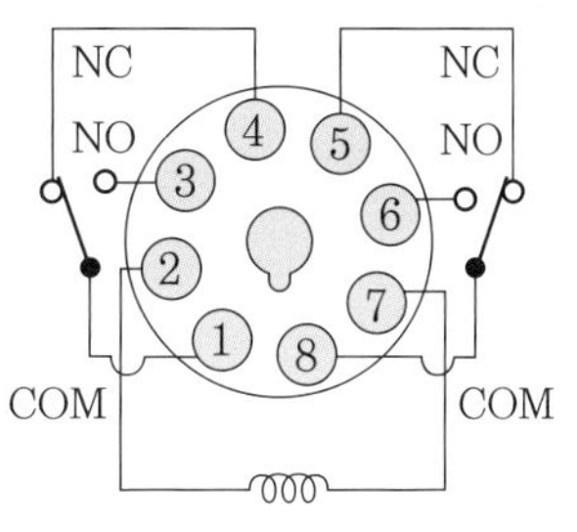

8핀 릴레이

실습 과제 16 급 · 배수 제어 회로 (2)

■ 기구 배치 및 배관도

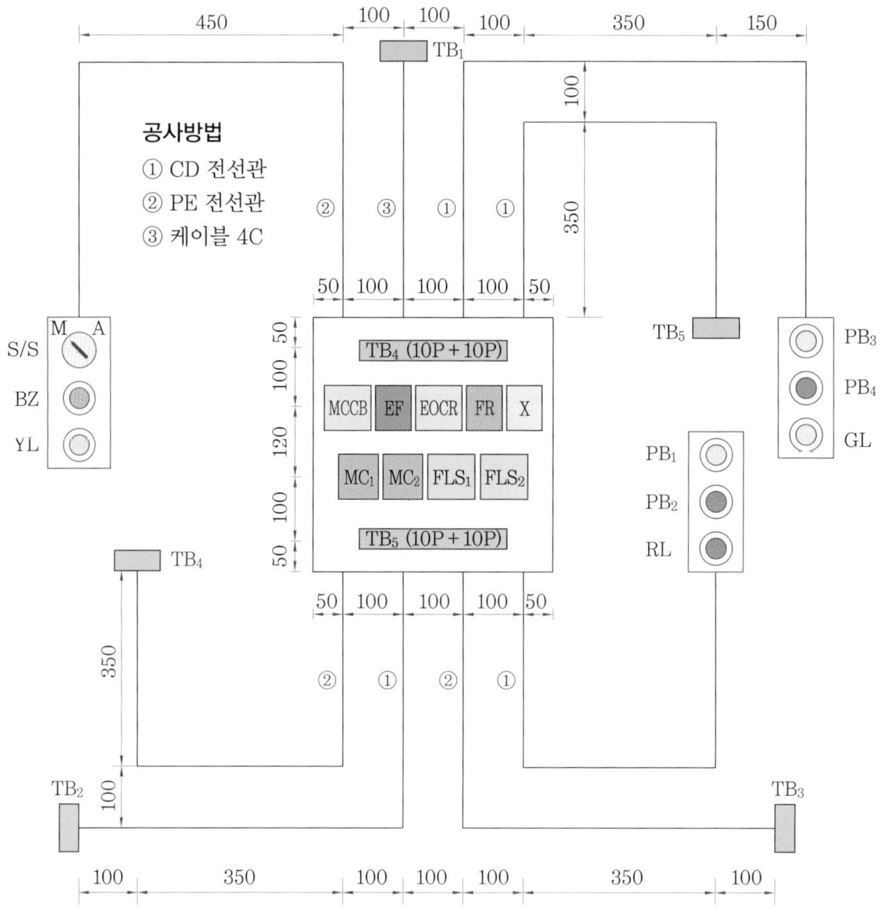

■ 범례

MCCB	배선용 차단기	TB_4, TB_5	단자대 10P+10P
F	퓨즈 홀더 2P	SS(2단)	선택 스위치
MC_1, MC_2	전자접촉기 12P	PB_1, PB_3	적색 버튼
EOCR	EOCR 12P	PB_2, PB_4	녹색 버튼
FLS_1, FLS_2	플로트리스 스위치8P	RL	적색 램프
X	릴레이 8P	GL	녹색 램프
FR	플리커 릴레이 8P	YL	황색 램프
TB_1, TB_2, TB_3	단자대 4P	BZ	버저

■ 제어 회로도

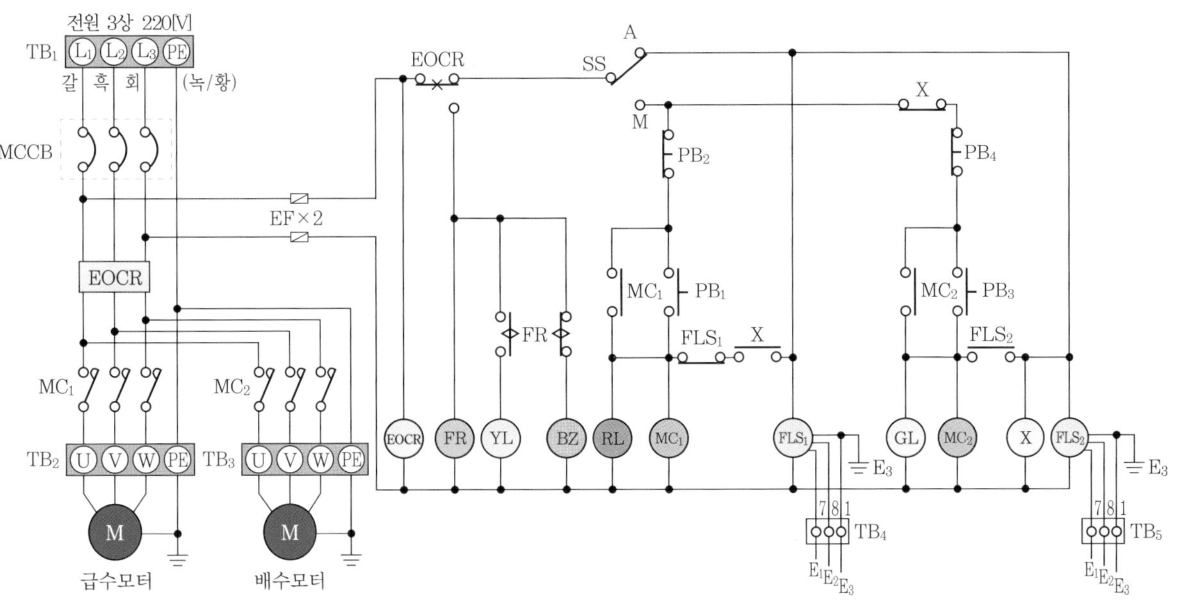

■ 계전기 내부 결선도

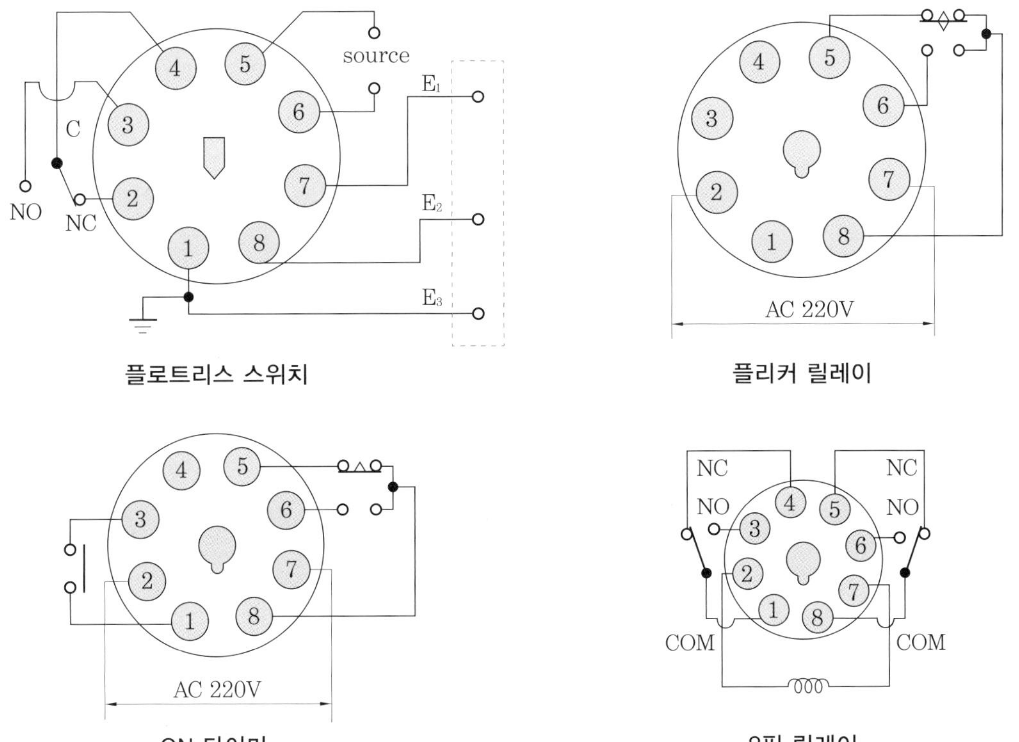

플로트리스 스위치

플리커 릴레이

ON 타이머

8핀 릴레이

실습 과제 17 급 · 배수 제어 회로 (3)

■ 기구 배치 및 배관도

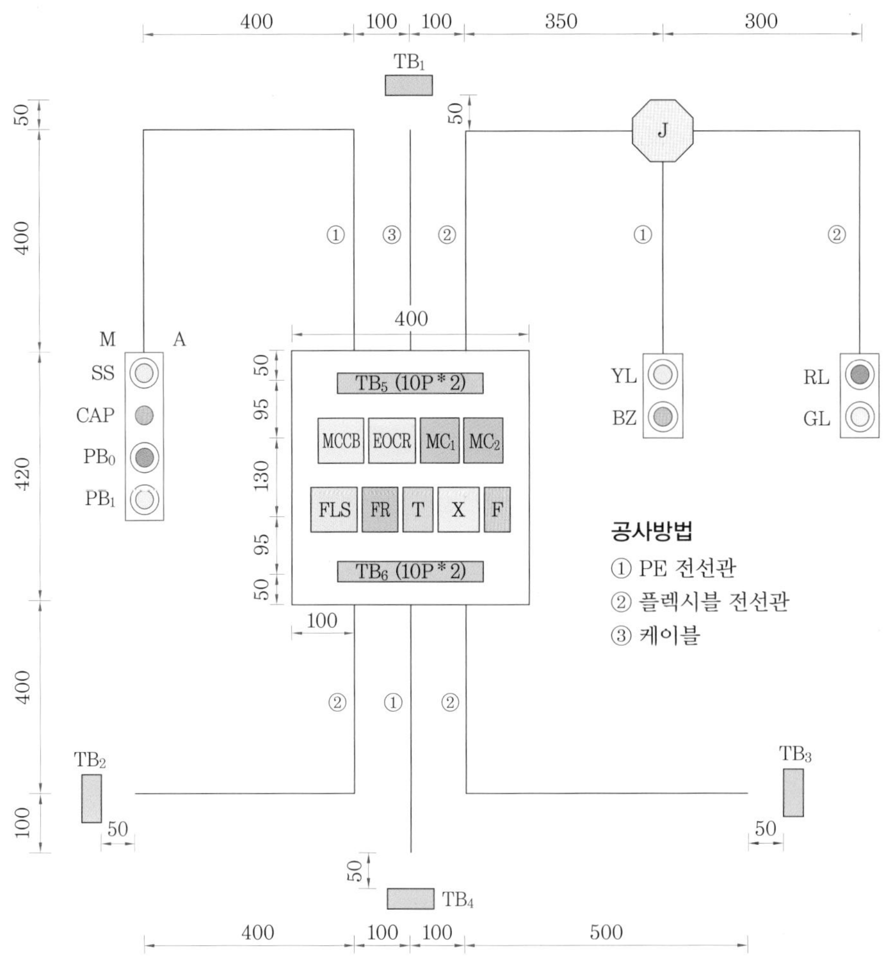

■ 범례

MCCB	배선용 차단기	TB_1, TB_2, TB_3, TB_4	단자대 4P
F	퓨즈 홀더 2P	TB_5, TB_6	단자대 10P+10P
MC_1, MC_2	전자접촉기 12P	PB_0	적색 버튼
EOCR	EOCR 12P	PB_1	녹색 버튼
FLS	플로트리스 스위치 8P	YL	황색 램프
X	릴레이 8P	BZ	버저
FR	플리커 릴레이 8P	RL	적색 램프
SS	2단 선택 스위치	GL	녹색 램프

■ 제어 회로도

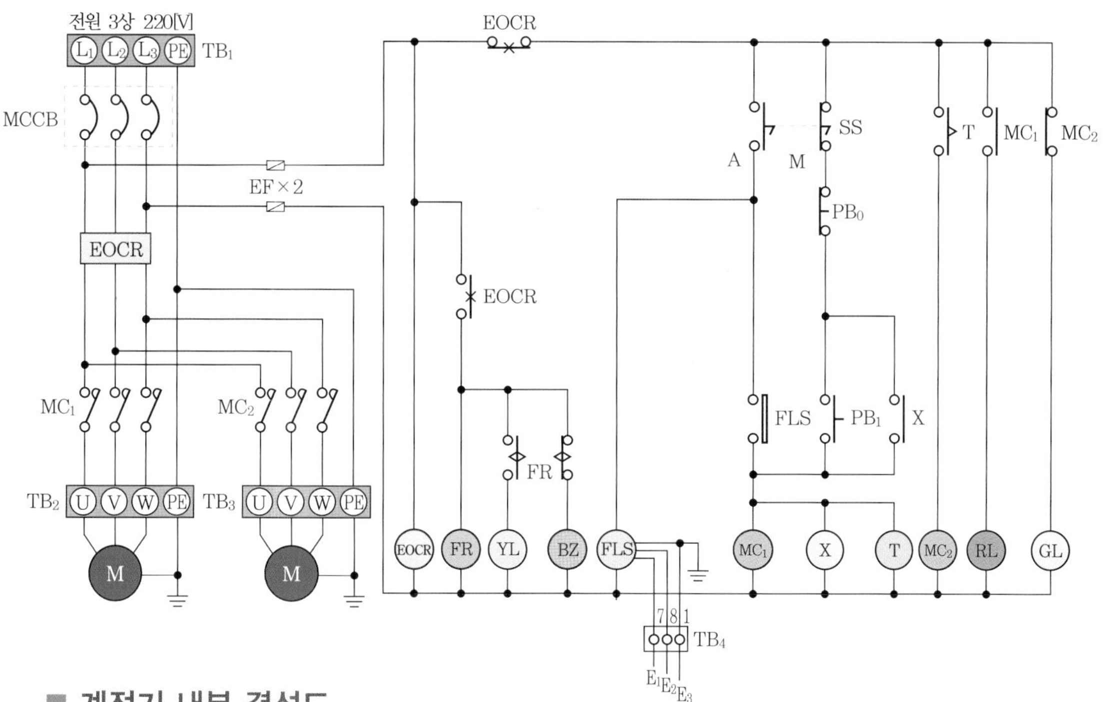

■ 계전기 내부 결선도

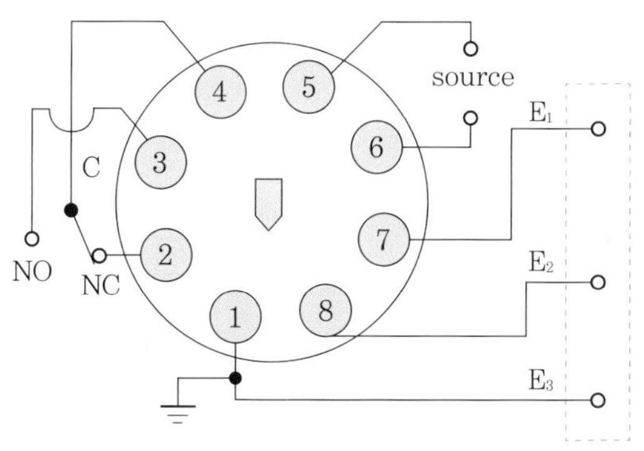

플로트리스 스위치

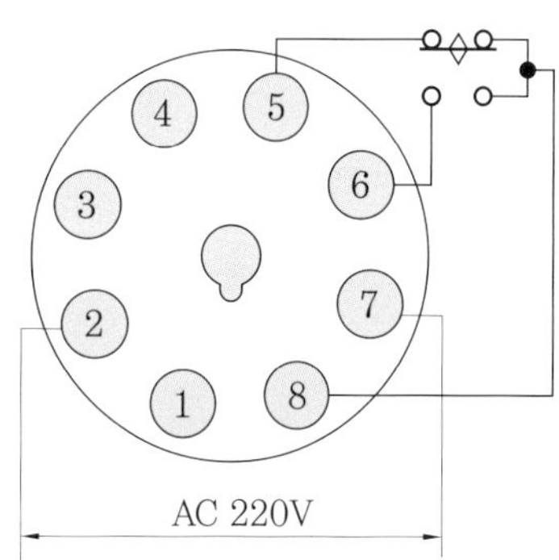

플리커 릴레이

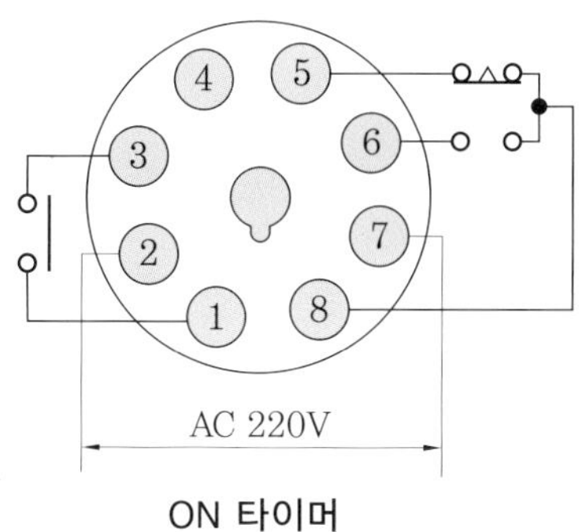

ON 타이머

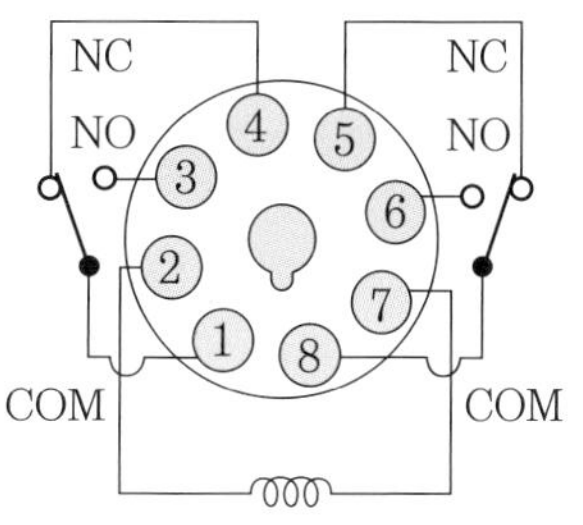

8핀 릴레이

실습 과제 18 급 · 배수 제어 회로 (4)

■ 기구 배치 및 배관도

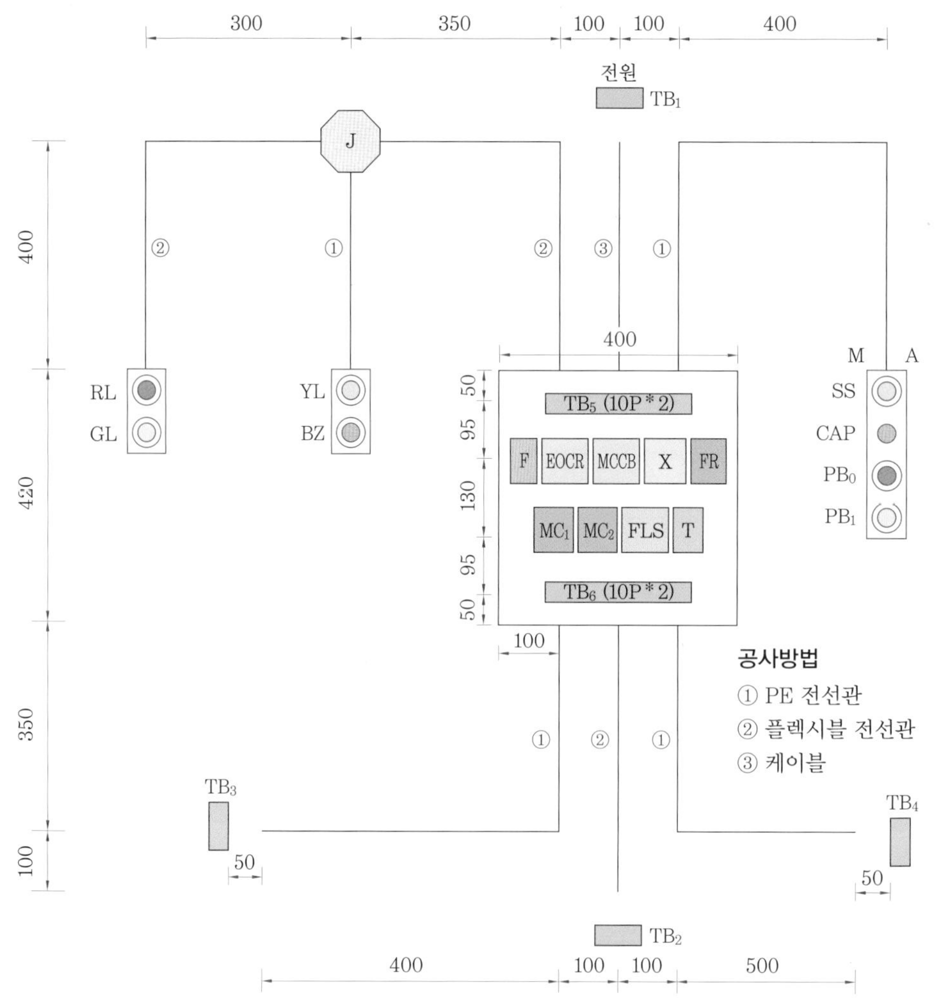

■ 범례

MCCB	배선용 차단기	TB_1, TB_2, TB_3, TB_4	단자대 4P
F	퓨즈 홀더 2P	TB_5, TB_6	단자대 10P+10P
MC_1, MC_2	전자접촉기 12P	PB_0	적색 버튼
EOCR	EOCR 12P	PB_1	녹색 버튼
FLS	플로트리스 스위치 8P	YL	황색 램프
X	릴레이 8P	BZ	버저
FR	플리커 릴레이 8P	RL	적색 램프
SS	2단 선택 스위치	GL	녹색 램프

■ 제어 회로도

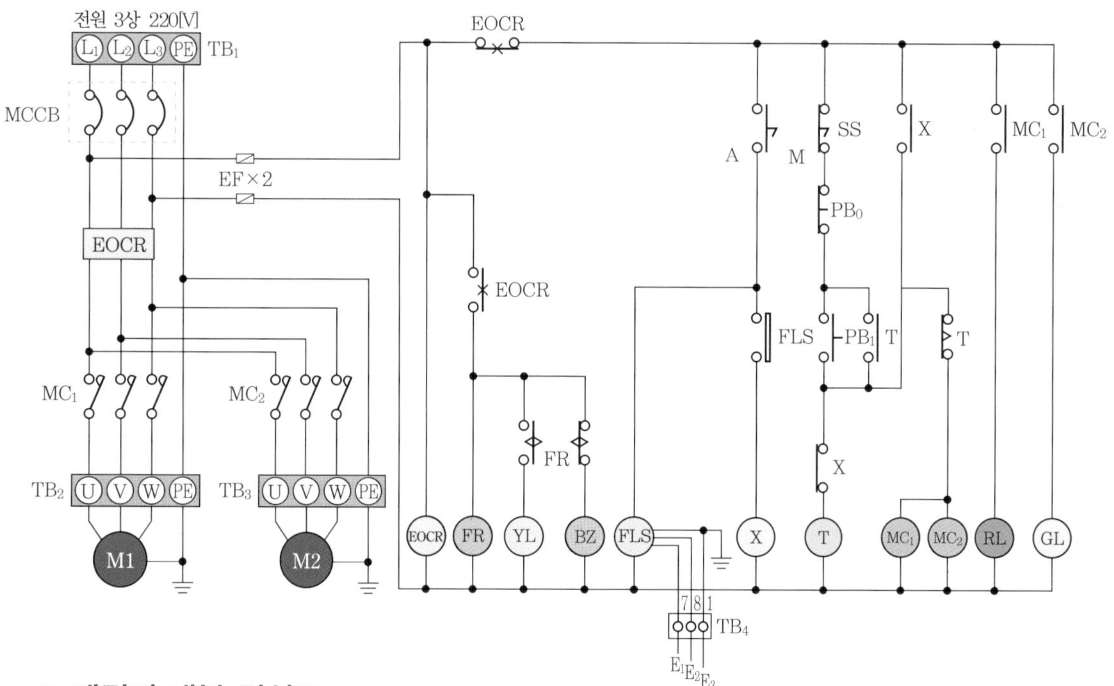

■ 계전기 내부 결선도

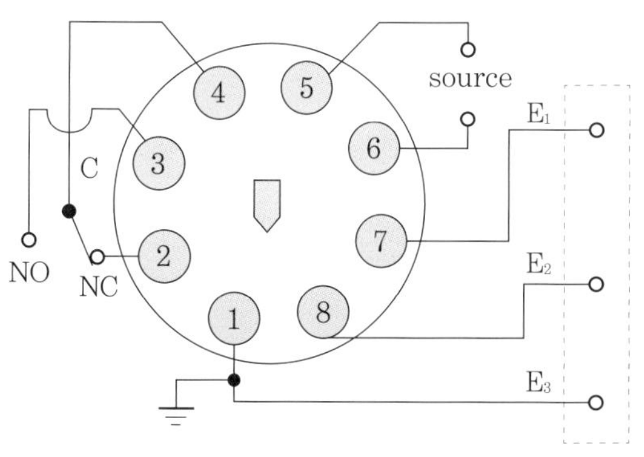

플로트리스 스위치

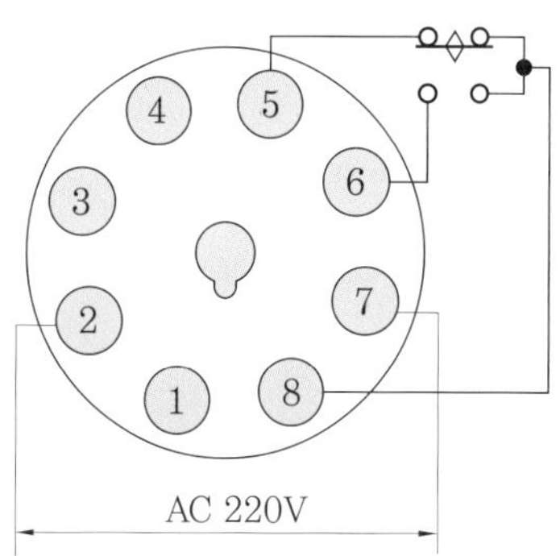

플리커 릴레이

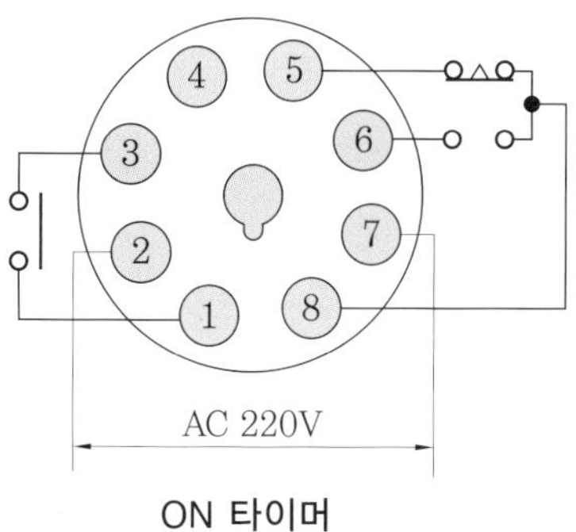

ON 타이머

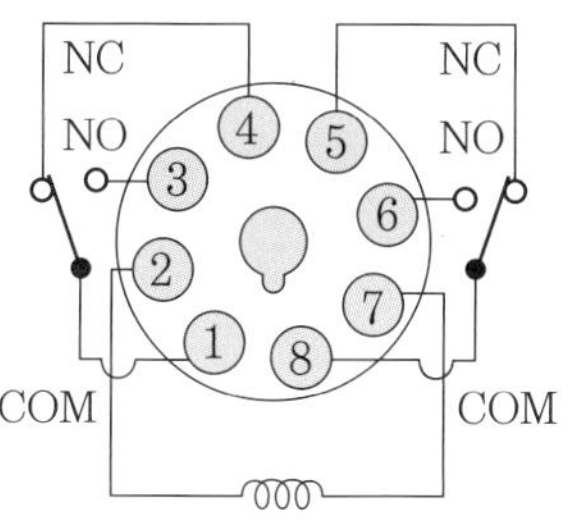

8핀 릴레이

Chapter

4

XGT PLC(XGB)

프로그램 내용은 LS산전의 XGT PLC 시리즈 중에서 XGB를 기준으로 구성하였다.

1. PLC의 개요
2. PLC 프로그램 설치
3. XG5000 프로그램 따라하기

PLC의 개요

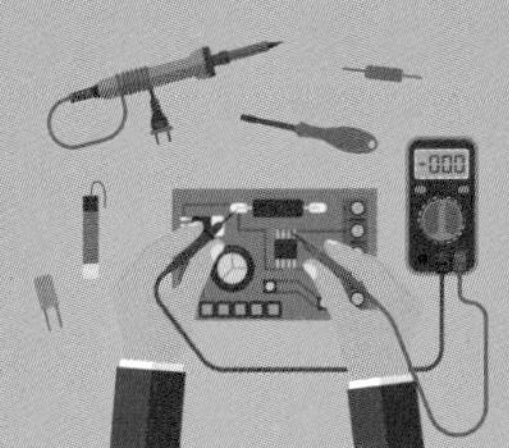

PLC(programmable logic controller)란 제어반에 사용하는 릴레이, 타이머, 카운터 등의 기능을 IC, 트랜지스터 등의 반도체 소자로 대체시켜, 기본적인 시퀀스 제어 기능에 수치 연산 기능을 추가하여 프로그램이 가능한 제어장치이다.

미국 전기 공업회 규격에서 각종 기계나 프로세서 등의 제어를 위하여 시퀀스, 로직, 타이머, 카운팅, 연산과 같은 특수한 기능을 수행하기 위하여 프로그램이 가능한 메모리에 사용하고 여러 종류의 기계나 프로세서를 제어하는 디지털 동작의 전자 장치로 쉽게 시퀀스를 실현하기 위한 산업용 제어기라고 해도 좋을 것이다.

1-1 PLC의 특징과 선정

1 PLC의 특징

PLC와 다른 제어장치들의 특징 및 기능을 비교하면 다음과 같다.

표 3-1

구분	릴레이 제어반	디지털 로직	PC	PLC
가격	매우 저가	저가	고가	저가
크기	대형	매우 소형	적당	매우 소형
처리 속도	느림	매우 빠름	매우 빠름	빠름
노이즈	우수	양호	아주 우수	양호
유지 보수	어려움	어려움	쉬움	쉬움

2 PLC의 선정

PLC를 선정하려면 제어 대상에 대한 내용을 정확히 이해하고 제어 대상의 가격, 확장성, 사후 관리 등을 고려하여야 한다.

(1) 입력, 출력 점수의 파악

입력은 누름 스위치, 리밋 스위치 등의 명령을 내리는 입력 신호 수가 근접 센서, 포토 센서, 리드 스위치 등의 신호 수를 더하여 입력 점수로 산정하고, 출력은 전원 표시등, 운전 표시등, 과부하 표시등, 버저, 솔레노이드 밸브, 릴레이, 전자 접촉기의 수를 더하여 출력 점수로 산정한다.

(2) CPU 및 특수 모듈의 지원

일반적으로 digital I/O, analog I/O, 특수 카드 등과 CPU의 특성을 고려하여 선정하여야 한다.

1-2 PLC의 적용 분야

설비의 자동화와 고능률화의 요구에 따라 PLC의 적용 범위는 확대되고 있다. 특히 공장 자동화와 FMS(flexible manufuring system)에 따른 PLC의 요구는 과거 큰 규모 이상의 릴레이 제어반 대체 효과에서 현재 고기능화, 고속화의 추세로 시스템 설비 등에 적용되고 있다.

- 자동차 : 자동 조립 라인 제어
- 식료 산업 : 생산 라인 자동 제어, 컨베이어 제어
- 제철, 제강 : 하역, 수송, 압연 라인 제어
- 기계 산업 : 산업용 로봇, 배수 펌프 제어, 공작 기계 자동 제어

1-3 PLC의 연산 처리

PLC의 연산 처리 방법은 입력 리프레시(refresh) 과정을 통해 입력의 상태를 PLC의 CPU가 인식하고, 인식된 정보를 조건 또는 데이터로 이용하여 프로그램의 처음부터 마지막까지 순차적으로 연산을 실행하고 출력 리프레시를 한다.

이러한 동작은 고속으로 반복되는데 이러한 방식을 '반복 연산 방식'이라 하고, 한 바퀴를 실행하는 데 걸리는 시간을 '1 스캔 타임'(1 연산 주기)라고 한다.

1 입력 리프레시

PLC는 운전이 시작되면 입력 모듈을 통해 입력되는 데이터들을 메모리의 입력 영역으로 받고, 이 정보들은 다시 입력 이미지 영역으로 복사되어 연산이 수행되는 동안에 입력 데이터로 이용된다. 이러한 입력 영역의 데이터를 입력 이미지 영역으로 복사하는 것을 입력 리프레시(input refresh)라고 한다.

2 출력 리프레시

스캔 프로그램 및 태스크 프로그램의 연산 도중에 만들어진 결과는 바로 출력으로 보내어지지 않고 출력 이미지 영역에 저장되는 과정을 출력 리프레시(output refresh)라고 한다.

3 자기 진단

연산의 과정에서 만들어진 결과는 바로 출력으로 내보내지 않고 출력 이미지 영역에 저장되게 하는 이유는 프로그램의 마지막 스텝 연산이 끝나고 나면 PLC의 CPU는 시스템 상에 오류가 있는지를 검사하고 오류가 없을 때만 출력을 내보내기 때문이다. 이것을 자기 진단이라고 한다.

4 END 처리

연산에 성공적으로 수행되고 자기 진단 결과 시스템에 오류가 없으면 출력 이미지 영역에 저장된 데이터를 출력 영역으로 복사함으로써 실질적인 출력을 내보는 과정을 END 처리라고 한다.

1-4 XGT PLC 시스템 구성

LS산전의 PLC 중 XGT 시리즈는 XGK, XGI, XGB 등으로 구분된다.

PLC 단위 시스템은 베이스(base), 전원부(SMPS), CPU부, digital 입·출력부를 포함한 기본 구성에 옵션인 특수, 통신 모듈 등을 추가한 시스템으로 구분할 수 있다.

PLC 단위 시스템이 하나의 제품에 포함한 TYPE을 블록형(일체형)이라 하고, 이에 속하는 기종으로 XGB 시리즈가 있다.

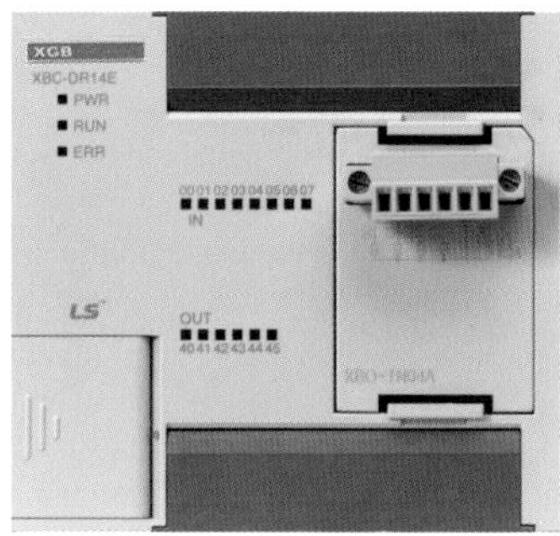

그림 3-1 블록형(일체형)

각각의 구성품으로 이루어진 TYPE을 모듈형이라고 하며 이에 속하는 기종으로 XGK, XGI 등이 있다. 기본 시스템은 전원부가 가장 좌측에 위치하며, 다음에 CPU부, 이후에 입 · 출력부가 위치하게 된다. 각각의 구성품은 베이스 위에 장착되며 베이스의 슬롯 수는 전원부와 CPU를 제외한 슬롯 수로 표시한다.

입력과 출력 모듈은 CPU가 자동 인식하며 베이스의 slot에 관계없이 사용자가 설계에 따라 장착할 수 있다.

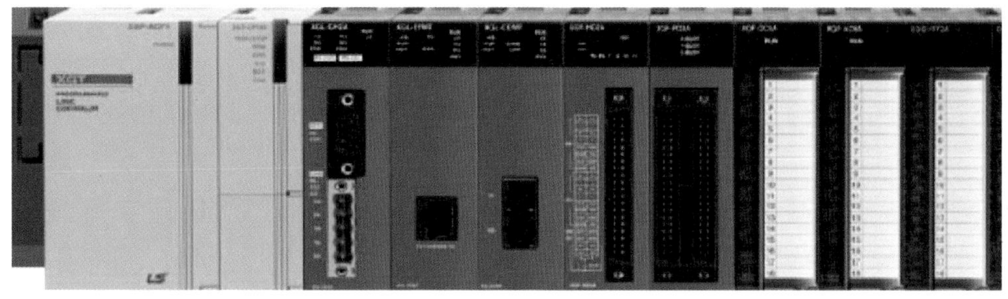

그림 3-2 모듈형

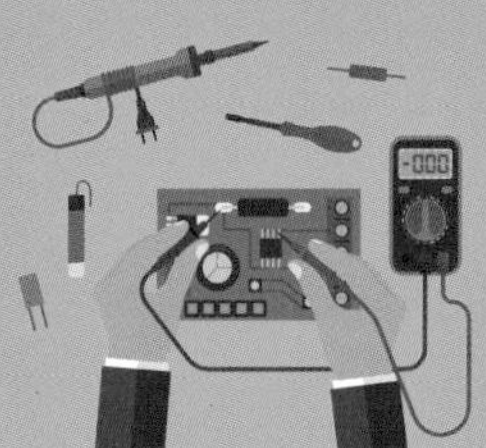

02 PLC 프로그램 설치

2-1 XG5000 설치

01 LS산전 PLC의 제어 프로그램은 LS산전 홈페이지에 접속하여 다운로드 센터에서 XG5000을 검색한다.

그림 3-3 LS산전 홈페이지

02 XG5000_V4.20_Kr(2017-04-06)_REL.zip를 실행하여 설치한다.

03 다음을 눌러 진행한다.

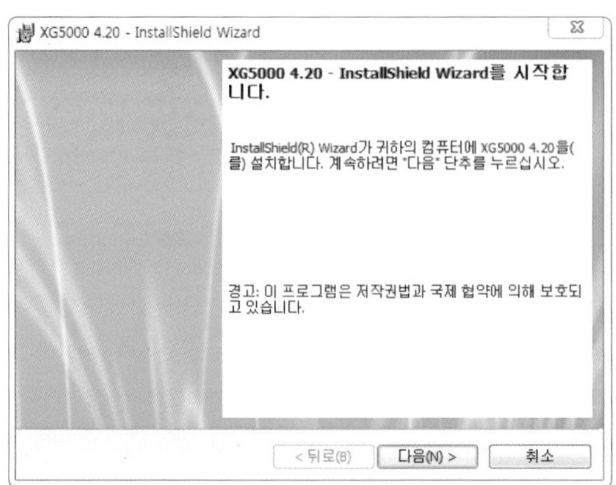

그림 3-4

04 사용자 정보를 입력 후 다음을 눌러 진행한다.

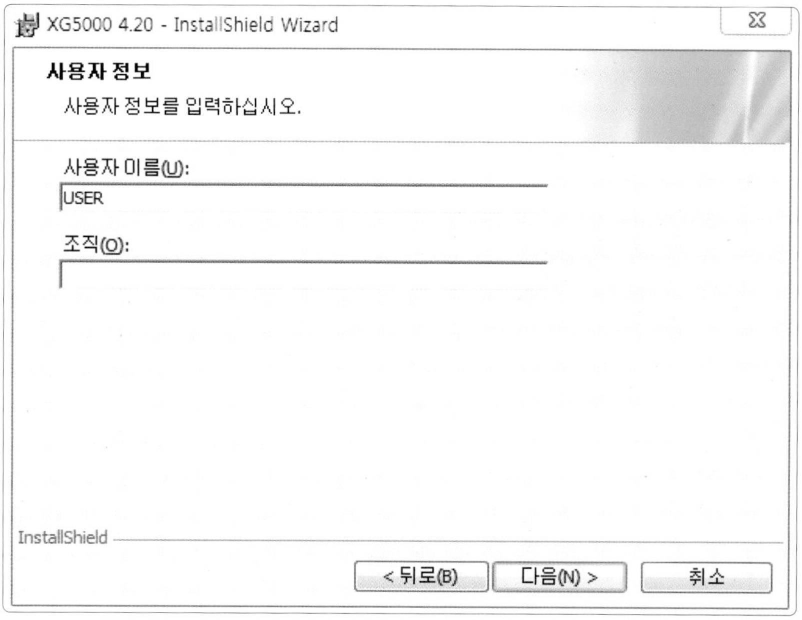

XG5000 4.20 - InstallShield Wizard

사용자 정보

사용자 정보를 입력하십시오.

사용자 이름(U):

USER

조직(O):

InstallShield

< 뒤로(B) 다음(N) > 취소

그림 3-5

05 프로그램 설치 경로를 지정하고 다음을 눌러 설치를 진행한다.

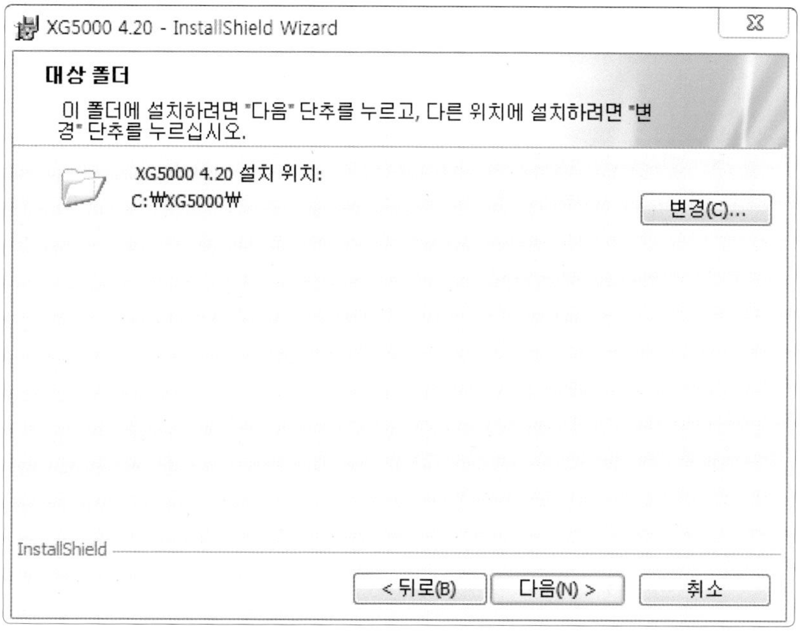

XG5000 4.20 - InstallShield Wizard

대상 폴더

이 폴더에 설치하려면 "다음" 단추를 누르고, 다른 위치에 설치하려면 "변경" 단추를 누르십시오.

XG5000 4.20 설치 위치:

C:₩XG5000₩

변경(C)...

InstallShield

< 뒤로(B) 다음(N) > 취소

그림 3-6

06 설치 준비가 완료되었으면 설치를 눌러 프로그램 설치를 시작한다.

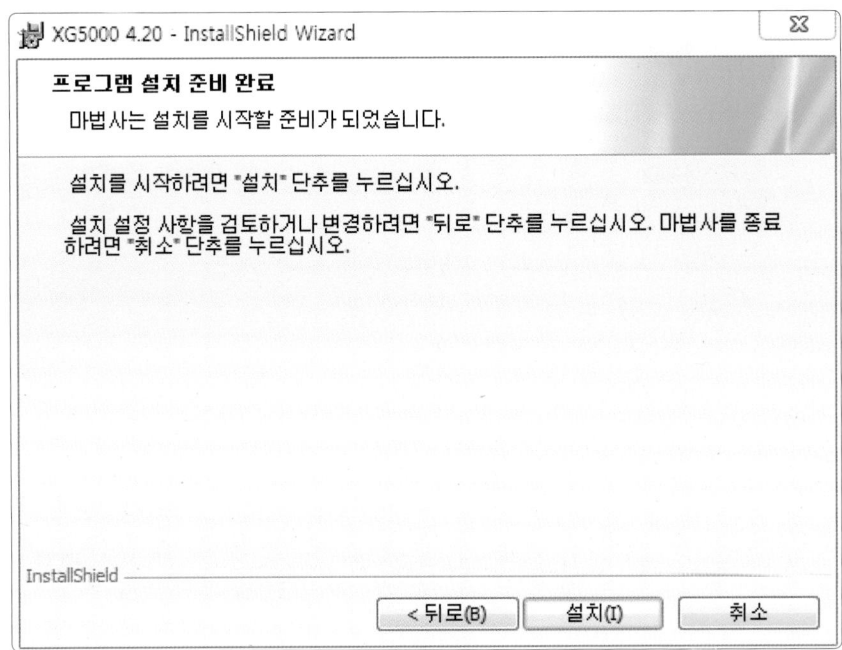

그림 3-7

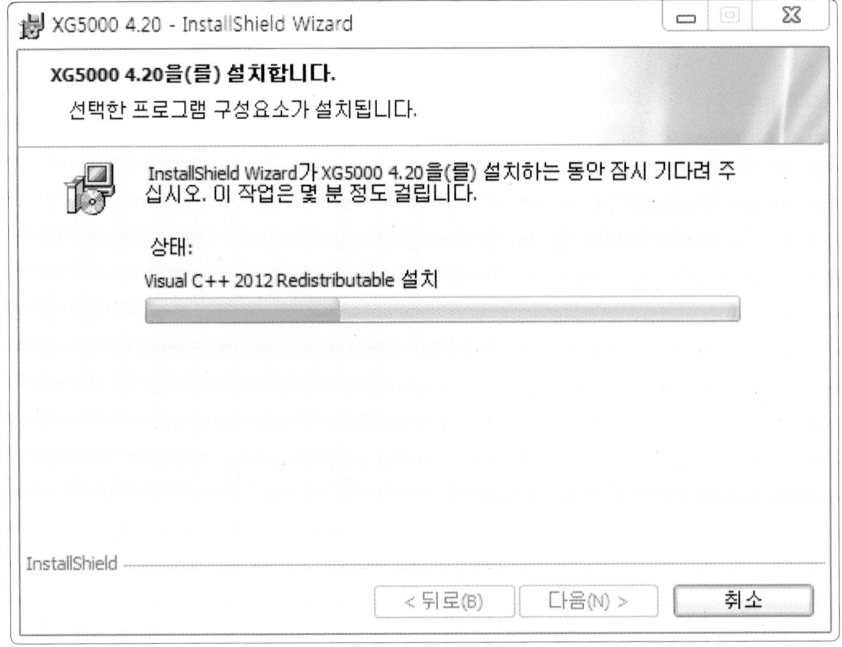

그림 3-8

07 설치를 완료한다.

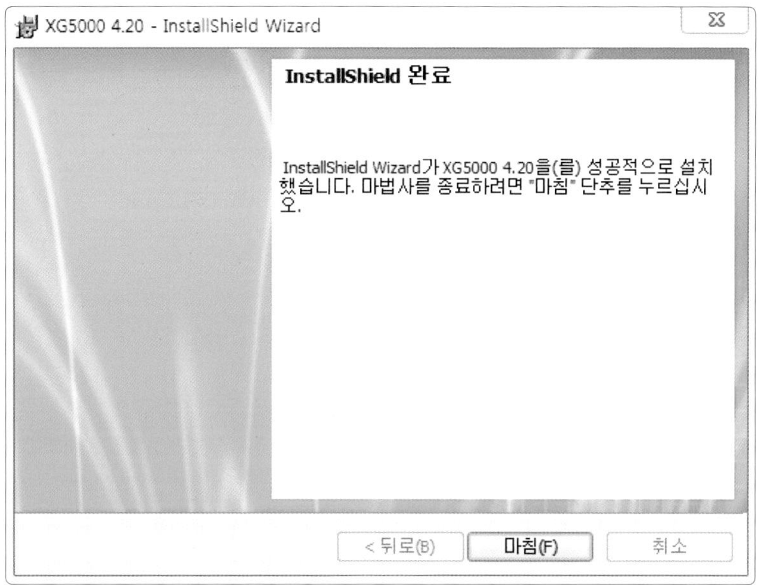

그림 3-9

2-2 USB driver 설치

PC-PLC USB 통신을 하기 위해서 PC에 별도의 USB 드라이버를 설치해야 한다.

드라이버 위치는 C:\XG5000\Drivers 폴더 안의 파일을 이용해 USB 드라이버를 수동으로 설치할 수 있다.

▸ 컴퓨터 ▸ 로컬 디스크 (C:) ▸ XG5000 ▸ Drivers

라이브러리에 포함 ▾ 공유 대상 ▾ 굽기 새 폴더

이름	수정한 날짜	유형	크기
devcon	2013-07-15 오후...	응용 프로그램	80KB
install_driver	2013-07-15 오후...	Windows 배치 파일	1KB
lsis_winusb	2013-07-15 오후...	보안 카탈로그	9KB
LSIS_WinUSB	2013-07-15 오후...	설치 정보	3KB
WdfCoInstaller01009.dll	2013-07-15 오후...	응용 프로그램 확장	1,682KB
winusbcoinstaller2.dll	2013-07-15 오후...	응용 프로그램 확장	980KB
WUDFUpdate_01009.dll	2013-07-15 오후...	응용 프로그램 확장	2,102KB

그림 3-10

01 USB 드라이버 경로를 지정해 설치한다.

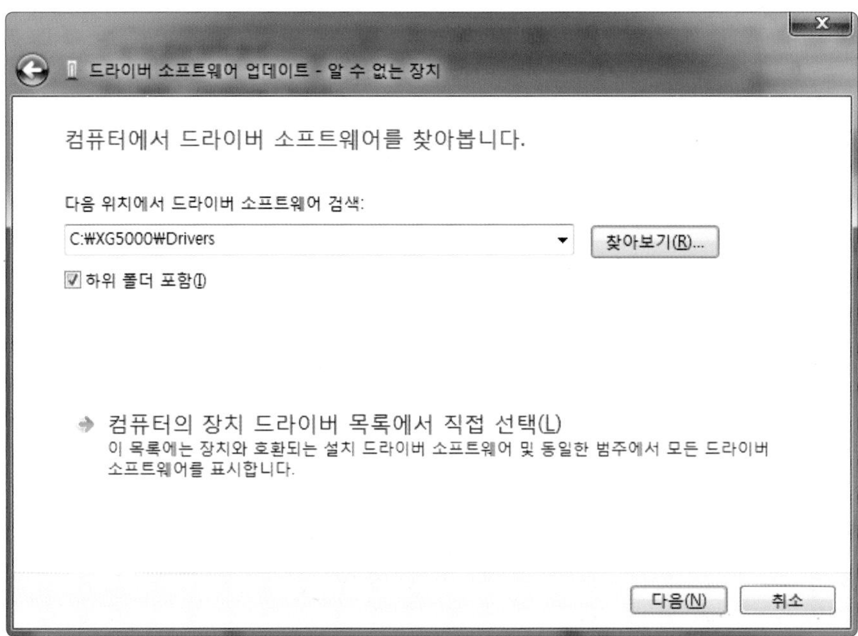

그림 3-11

02 USB 드라이버 소프트웨어 설치를 확인한다.

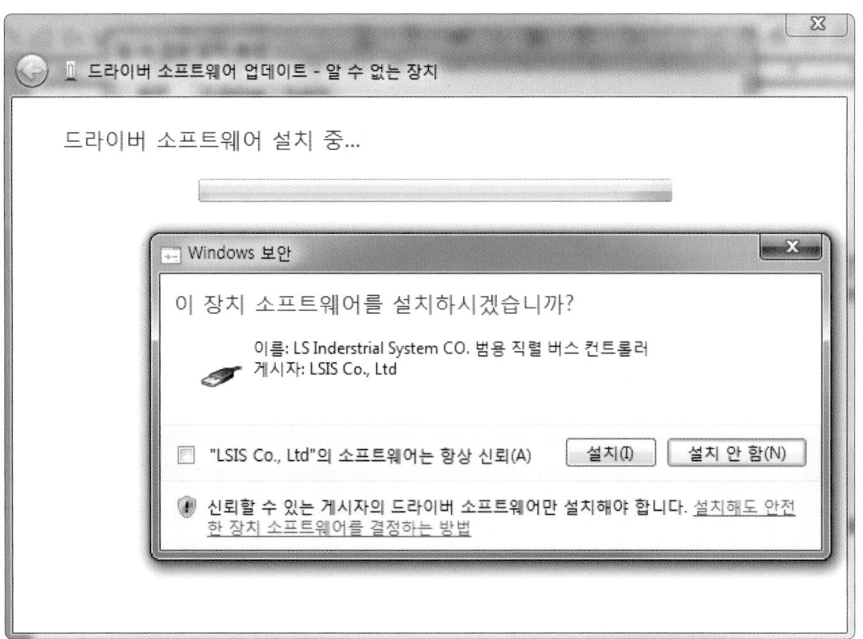

그림 3-12

2-3 USB 디바이스 드라이버 설치 확인

USB 접속이 안 될 경우 다음과 같이 디바이스 드라이버 설치를 확인한다.

01 바탕화면 **[내 컴퓨터]** 아이콘에서 마우스 오른쪽 버튼을 클릭한 후 메뉴 **[관리]**를 선택한다.

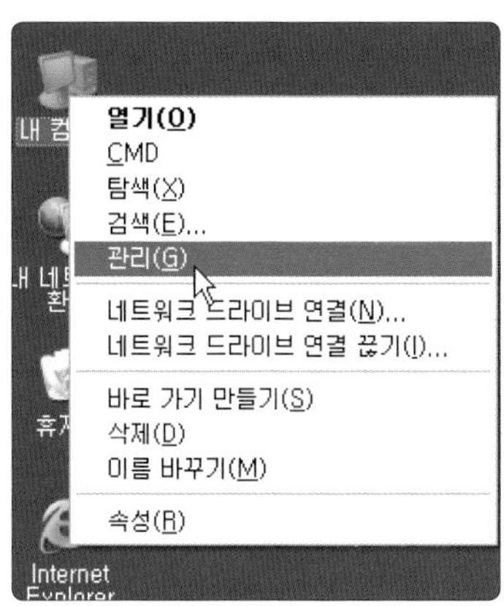

그림 3-13

02 그림 3-14와 같은 컴퓨터 관리 대화상자가 나타난다. 대화상자의 왼쪽 트리 목록에서 **[컴퓨터 관리(로컬)]-[시스템 도구]-[장치 관리자]**를 차례로 확장한다. 오른쪽 목록에 나타나는 항목은 컴퓨터에 설치된 장치마다 서로 다르게 나타날 수 있으므로, **[제어판]-[시스템 도구]-[장치 관리자]**에서 검색할 수도 있다.

(1) 정상인 경우

[범용 직렬 버스 컨트롤러] 하위에 [LSIS XGSeries] 라는 목록이 그림 3-14와 같이 나타나면 정상적으로 디바이스 드라이버가 설치된 것이다.

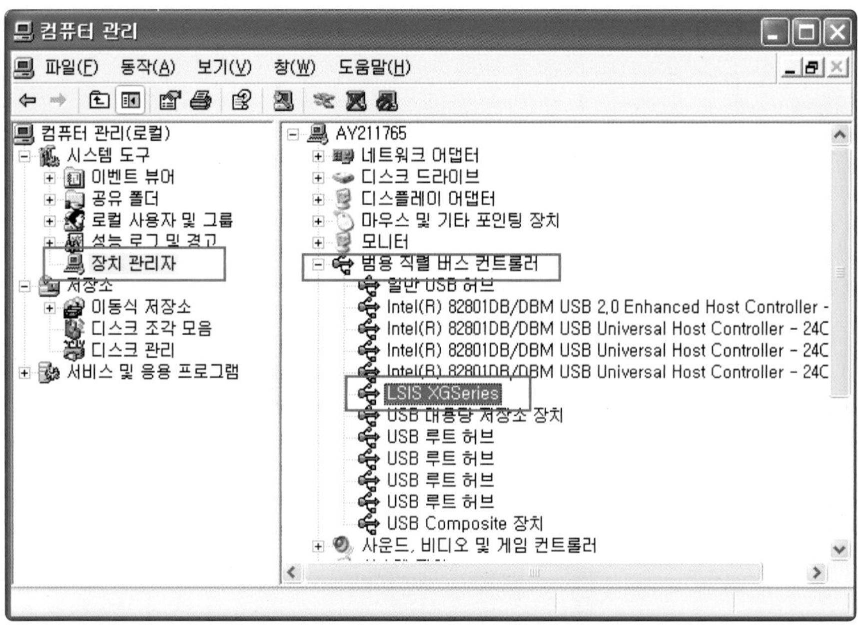

그림 3-14

(2) 비정상인 경우

다음과 같은 그림이 나타나면 디바이스 드라이버가 정상으로 설치되지 않은 경우이다. 다음과 같은 상태에서는 드라이버를 다시 설치한다.

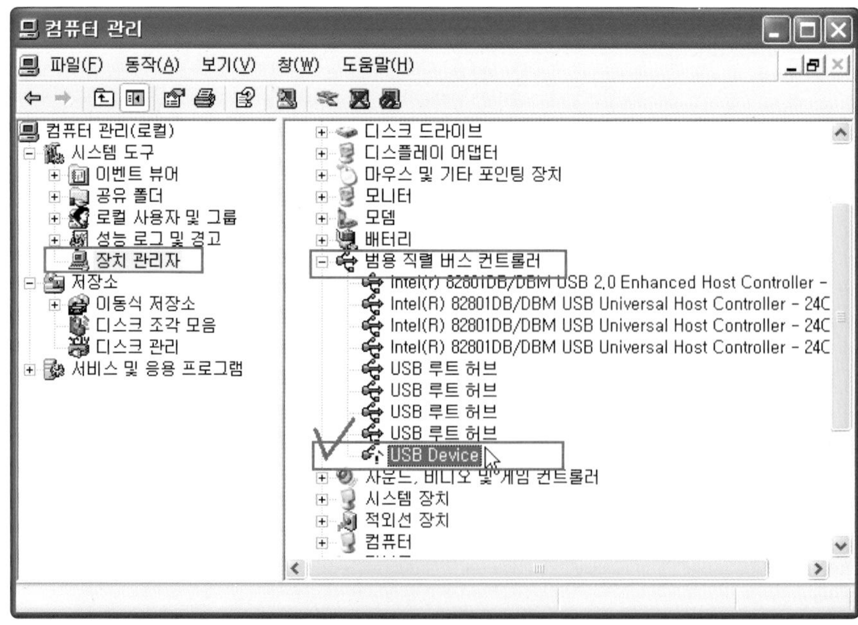

그림 3-15

XG5000 프로그램 따라하기

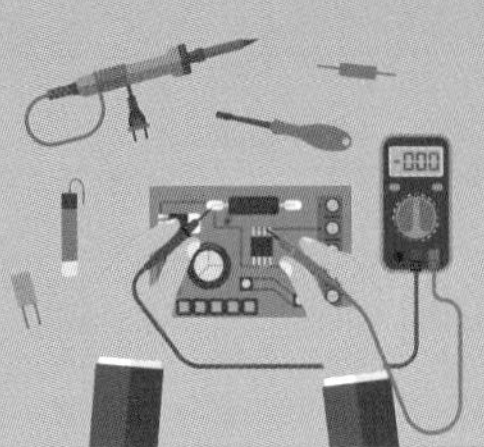

3-1 새 프로젝트 만들기

01 바탕화면의 아이콘을 클릭하여 XG5000을 실행시킨다. 다음과 같이 [**프로젝트**]–[**새 프로젝트**]를 클릭한다.

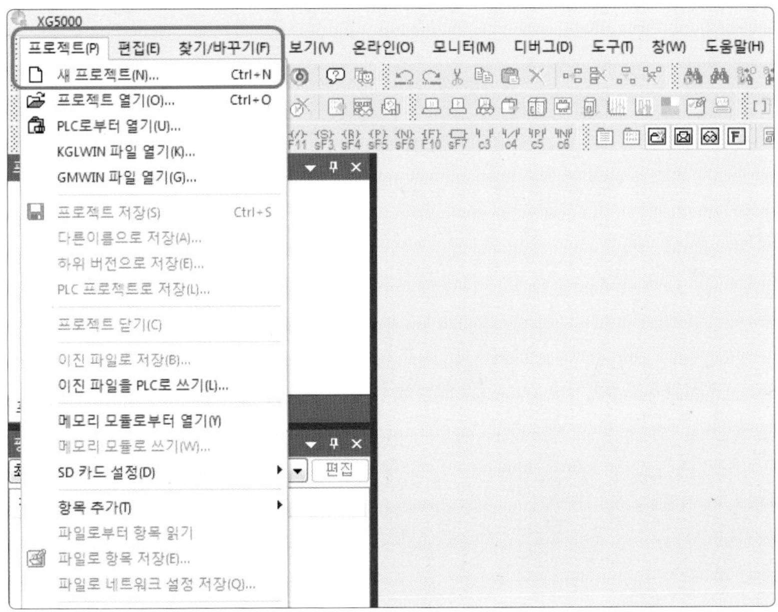

그림 3–16

02 다음과 같이 새 프로젝트 창이 열린다.

① 프로젝트 이름을 기입한다.

② PLC 시리즈를 선택한다. [XGB]

③ PLC의 CPU 종류를 선택한다. [XGB–XBCH] (PLC 기종에 따라 다름.)

④ [확인] 버튼을 누르면 새 프로젝트 창이 활성화된다.

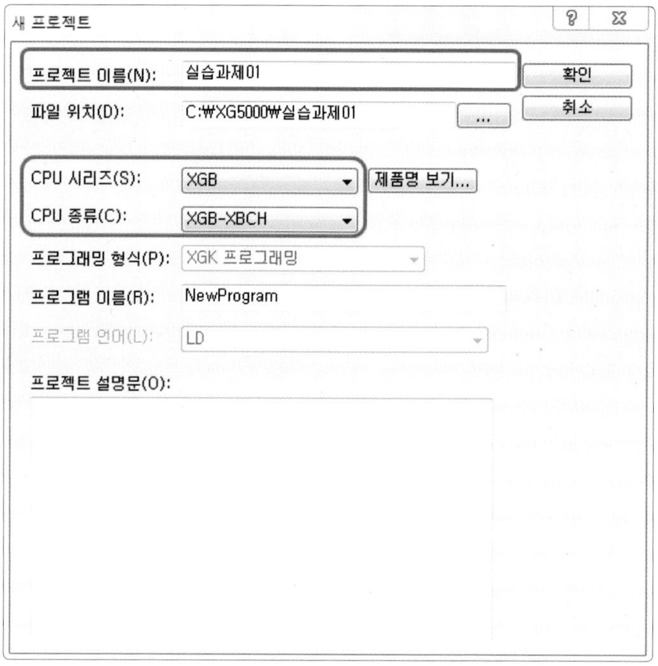

새 프로젝트

프로젝트 이름(N): 실습과제01 확인

파일 위치(D): C:₩XG5000₩실습과제01 ... 취소

CPU 시리즈(S): XGB 제품명 보기...

CPU 종류(C): XGB-XBCH

프로그래밍 형식(P): XGK 프로그래밍

프로그램 이름(R): NewProgram

프로그램 언어(L): LD

프로젝트 설명문(O):

그림 3-17

03 새 프로젝트를 만들면 다음과 같은 화면 구성으로 활성화된다.

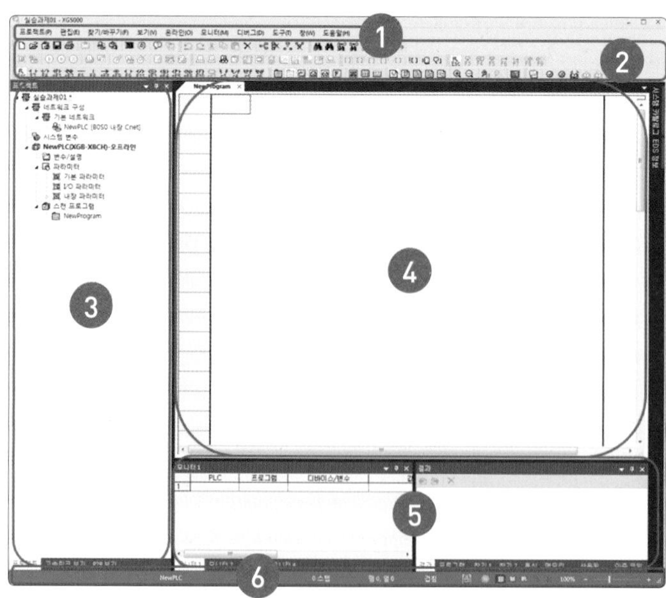

그림 3-18

화면의 구성

❶ **메뉴** : 프로그램을 위한 기본 메뉴이다.

❷ **도구 모음** : 메뉴 [도구]-[사용자 정의]에서 자주 사용되는 메뉴를 선택하여 단축 아이콘 형태로 나타내어 간단히 사용할 수 있게 한다.

❸ **프로젝트 창** : 현재 열려 있는 프로젝트의 구성 요소를 나타낸다.

❹ **편집 창** : LD 편집 창으로 프로그램을 할 수 있는 편집 창이다.

❺ **메시지 창** : XG5000 사용 중에 발생하는 각종 메시지를 나타낸다.

❻ **상태 바** : XG5000의 상태, 접속된 PLC의 정보 등을 나타낸다.

04 다음과 같이 편집도구 창을 이용하여 프로그램을 할 수 있으며, 단축키를 사용하면 프로그램의 시간을 많이 단축할 수 있다.

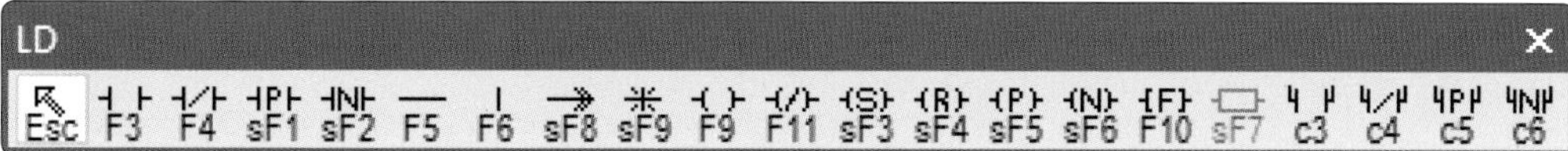

그림 3-19

표 3-2 단축키

단축키	설명	단축키	설명
ESC	선택 모드로 변경	F11	역 코일
F3	평상시 열린 접점	Shift + F3	셋(latch) 코일
F4	평상시 닫힌 접점	Shift + F4	리셋(unlatch) 코일
Shift + F1	양 변환 검출 접점	Shift + F5	양 변환 검출 코일
Shift + F2	음 변환 검출 접점	Shift + F6	음 변환 검출 코일
F5	가로선	F10	응용 명령어
F6	세로선	Ctrl + 3	평상시 열린 OR 접점
Shift + F8	연결선	Ctrl + 4	평상시 닫힌 OR 접점
Shift + F9	반전 입력	Ctrl + 5	양 변환 검출 OR 접점
F9	코일	Ctrl + 6	음 변환 검출 OR 접점

3-2 변수 표현 방식과 프로그램 기본 명령

1 변수 표현 방식

프로그램 안에서 사용되는 데이터는 값을 프로그램이 실행되는 동안에 값이 바뀌지 않는 상수와 그 값이 변하는 변수가 있다. 프로그램 블록, 응용명령 등의 프로그램 구성 요소에서 변수를 사용하기 위해서는 우선 변수의 표현 방식을 결정하며, 변수 표현 방식은 직접 변수와 네임드 변수의 두 가지로 구분된다.

- 직접 변수 : 변수 선언 불필요(지정된 메모리 영역의 식별자를 사용)
- 네임드 변수 : 변수 선언 필요(사용자가 이름으로 부여하고 사용)

(1) 직접 변수

직접 변수에는 P의 입 · 출력 변수와 M의 내부 메모리 변수가 있다.

P[베이스 번호] [슬롯 번호] [접점 번호]

- 입력 변수 지정 : P00000, P00001, P00002, P00003 등
- 출력 변수 지정 : P00040, P00041, P00042, P00043 등
- 내부 메모리 변수 지정 : M00000, M00001, M00002, M00003 등

	ⓐ	ⓑ	ⓒ	ⓓ	ⓔ	ⓕ
입력	P	0	0	0	0	0
출력	P	0	0	0	4	0

ⓐ 위치 접두어 : P(입력), P(출력), M(내부 메모리)으로 나타낸다.
ⓑ 베이스, 슬롯 번호(접점 수가 늘거나 확장했을 경우 바뀐다.)
ⓒ 슬롯 번호, 베이스 번호(접점 수가 늘거나 확장했을 경우 바뀐다.)
ⓓ 베이스 번호이고 확장했을 경우 슬롯 번호로 바뀐다.
ⓔ 입 · 출력 모듈이 장착된 슬롯 번호이고 확장했을 경우 접점 번호로 바뀐다.
ⓕ 입 · 출력 모듈의 접점 번호를 나타내며, 최대 0~F의 값을 갖는다.

(2) 네임드(named) 변수

네임드 변수는 사용자가 변수 이름과 형 등을 선언하고 사용한다.

① 네임드 변수의 이름은 한글은 8자, 영문은 16자까지 선언 가능하다.

② 한글, 영문, 숫자 및 밑줄(_) 문자를 조합하여 사용할 수 있다.

③ 영문의 경우 대소문자를 구별하지 않고 모두 대문자로 인식하며 빈칸을 포함하지 않아야 한다.

(3) 내부 메모리 M

PLC 내의 내부 릴레이로서 외부로 직접 출력이 불가능하나 입·출력 P와 연결하여 외부 출력이 가능하다. 전원 On 시와 RUN 시에 파라미터 설정에 의해 불휘발성 영역으로 지정되지 않은 영역은 전부 0으로 소거된다.

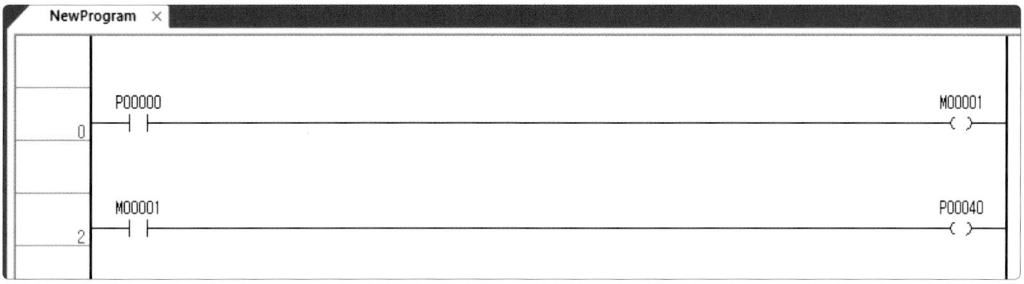

NewProgram
0 P00000 M00001
2 M00001 P00040

그림 3-20

2 타이머(TON, TMR)

입력(P00)이 ON일 때 카운트 값이 설정값(10)보다 크거나 같아지면 타이머(T0)가 ON되는 프로그램이다.

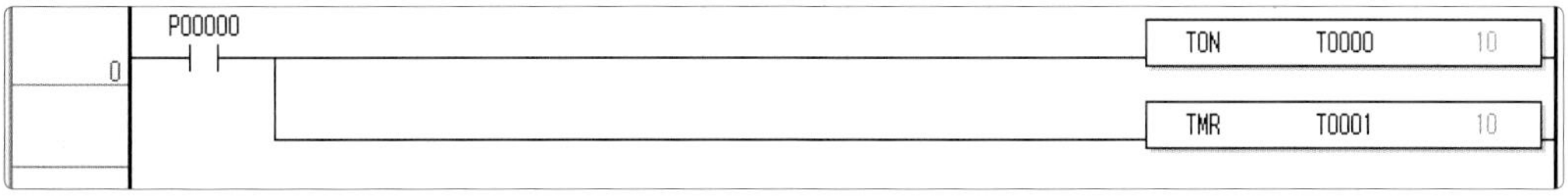

0 P00000
TON T0000 10
TMR T0001 10

그림 3-21

입력 방법 : TON D 설정값

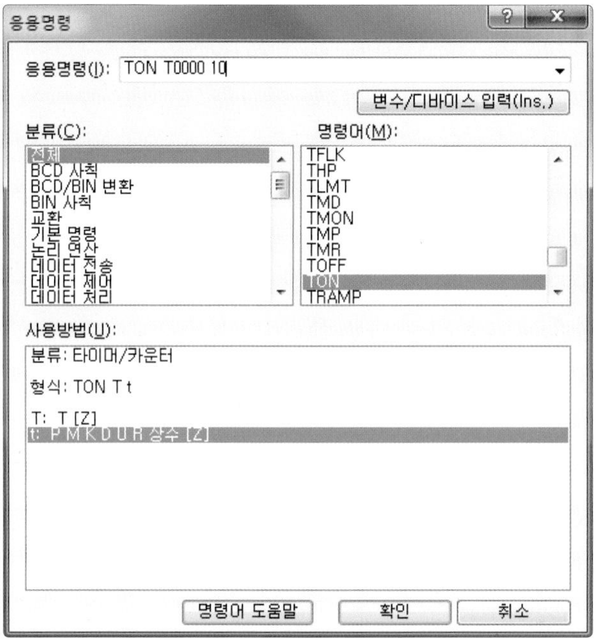

응용명령

응용명령(I): TON T0000 10

변수/디바이스 입력(Ins.)

분류(C):
전체
BCD 사칙
BCD/BIN 변환
BIN 사칙
교환
기본 명령
논리 연산
데이터 전송
데이터 제어
데이터 처리

명령어(M):
TFLK
THP
TLMT
TMD
TMON
TMP
TMR
TOFF
TON
TRAMP

사용방법(U):
분류: 타이머/카운터
형식: TON T t
T: T [Z]
t: P M K D U R 상수 [Z]

명령어 도움말 확인 취소

그림 3-22

입력 방법 : TMR D 설정값

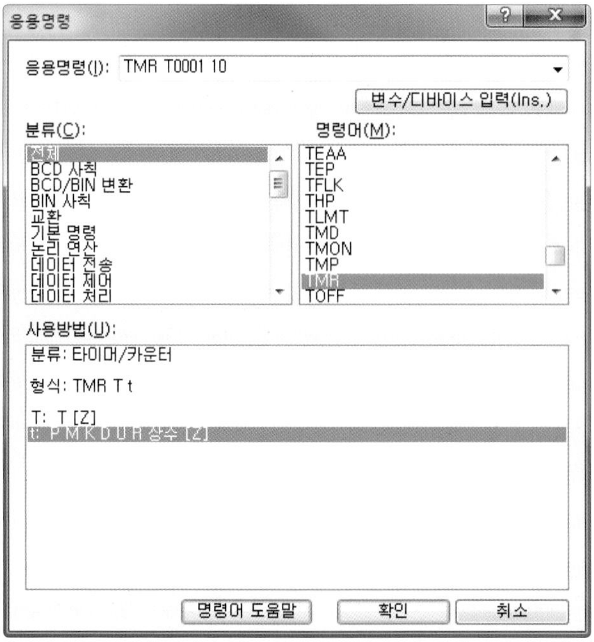

응용명령

응용명령(I): TMR T0001 10

변수/디바이스 입력(Ins.)

분류(C):
전체
BCD 사칙
BCD/BIN 변환
BIN 사칙
교환
기본 명령
논리 연산
데이터 전송
데이터 제어
데이터 처리

명령어(M):
TEAA
TEP
TFLK
THP
TLMT
TMD
TMON
TMP
TMR
TOFF

사용방법(U):
분류: 타이머/카운터
형식: TMR T t
T: T [Z]
t: P M K D U R 상수 [Z]

명령어 도움말 확인 취소

그림 3-23

3 카운터(CTU)

입력(P00)이 ON일 때 카운트 값이 설정값(10)과 같아지면 카운터(C0)가 ON되는 프로그램이다.

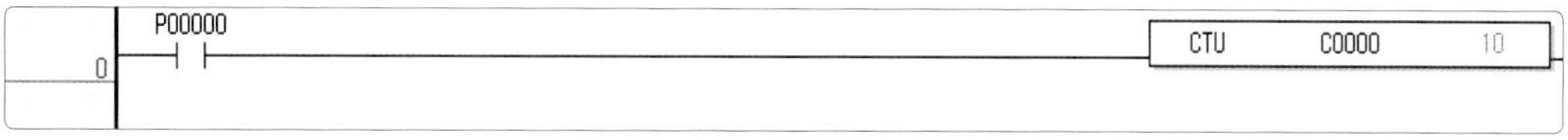

P00000
0
CTU C0000 10

그림 3-24

입력 방법 : D 설정값

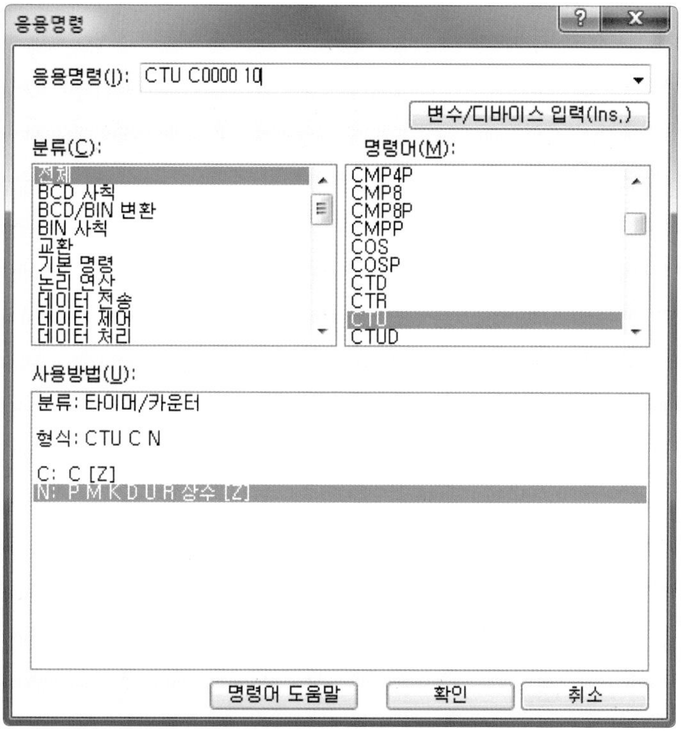

응용명령
응용명령(I): CTU C0000 10
변수/디바이스 입력(Ins.)
분류(C):
전체
BCD 사칙
BCD/BIN 변환
BIN 사칙
교환
기본 명령
논리 연산
데이터 전송
데이터 제어
데이터 처리
명령어(M):
CMP4P
CMP8
CMP8P
CMPP
COS
COSP
CTD
CTR
CTU
CTUD
사용방법(U):
분류: 타이머/카운터
형식: CTU C N
C: C [Z]
N: P M K D U R 상수 [Z]
명령어 도움말 확인 취소

그림 3-25

4 세트(SET), 리셋(RST)

입력(P000)이 ON일 때 출력(P020)을 세트시켜 입력(P000)이 OFF되어도 출력(P020)이 ON 상태를 유지한다.

입력(P001)이 ON일 때 출력(P020)을 리셋시켜 출력(P020)을 OFF한다.

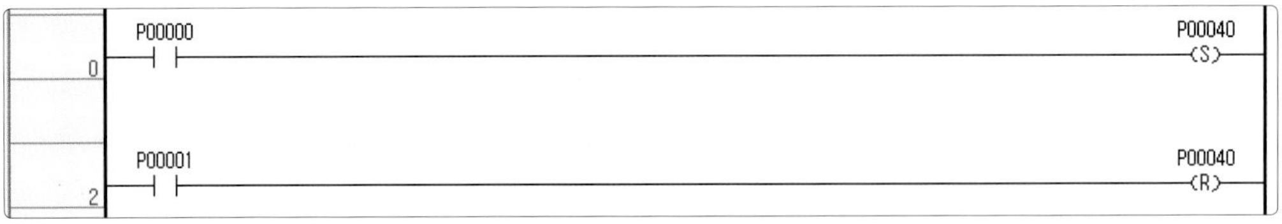

그림 3-26

사용 방법 : 세트 출력 접점

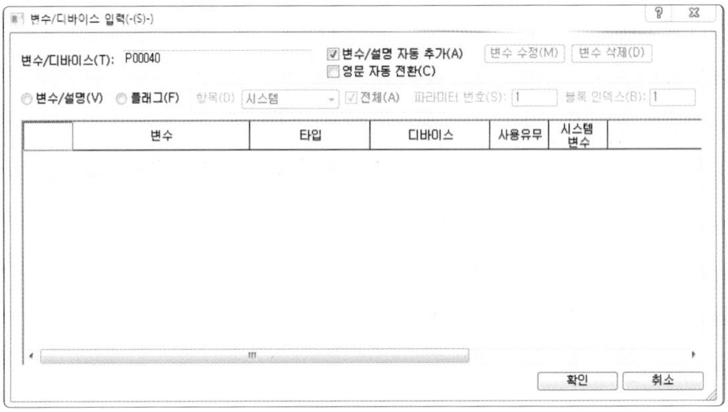

그림 3-27

사용 방법 : 리셋 출력 접점

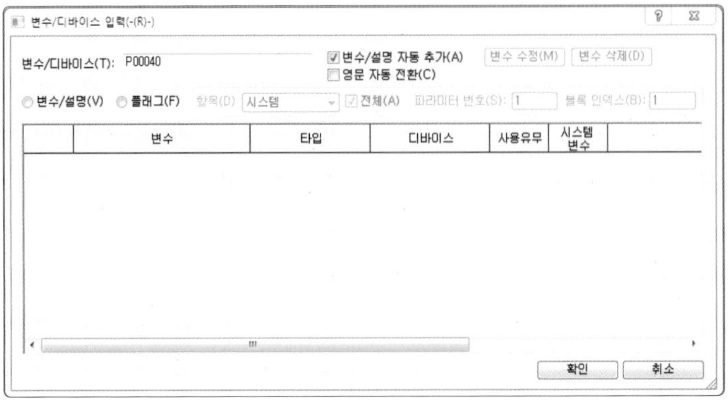

그림 3-28

5 펄스 상승, 펄스 하강 출력(LOADP, LOADN)

입력(P00)이 OFF→ON일 때 1 스캔 입력 신호를 내부 릴레이(M000)에 보내고, 입력(P001)이 ON→OFF일 때 1 스캔 입력 신호를 내부 릴레이(M001)에 보내는 프로그램이다.

그림 3-29

사용 방법 : 양 변환 검출 접점(LOADP) D

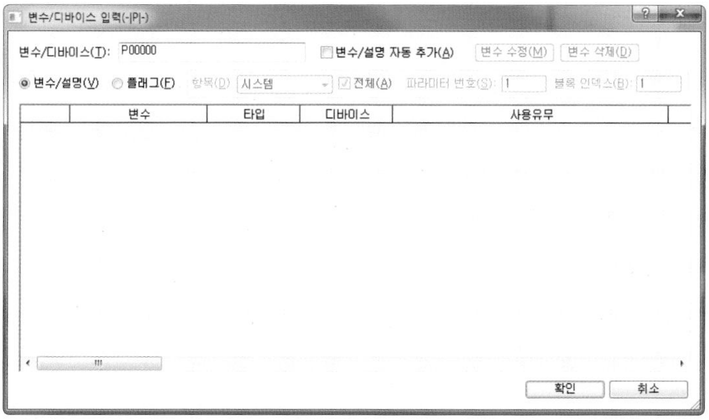

그림 3-30

사용 방법 : 음 변환 검출 접점(LOADN) D

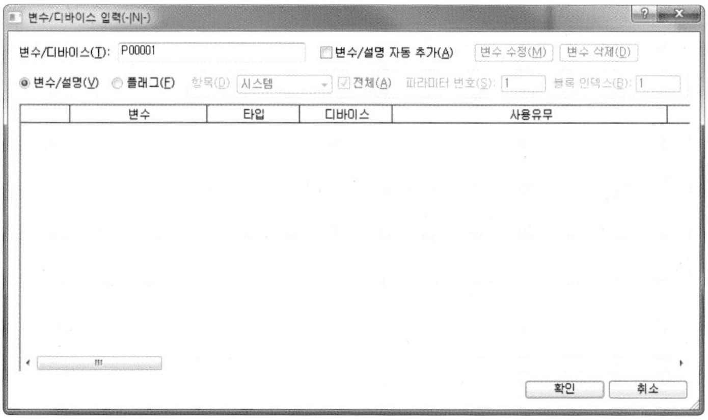

그림 3-31

3-3 기본 회로 프로그램 따라하기

LD 프로그램을 할 때는 마우스를 사용하거나 키보드의 방향키와 단축키를 사용한다. 프로그램 편집 창을 선택하여 키보드의 방향키를 이동시키면 파란색 선택 커서가 이동된다.

그림 3-32

01 프로그램 편집 창에서 커서를 좌측 모선(적색 세로줄)에 위치시키고, 단축키 F3 (열린 접점)을 누른다.

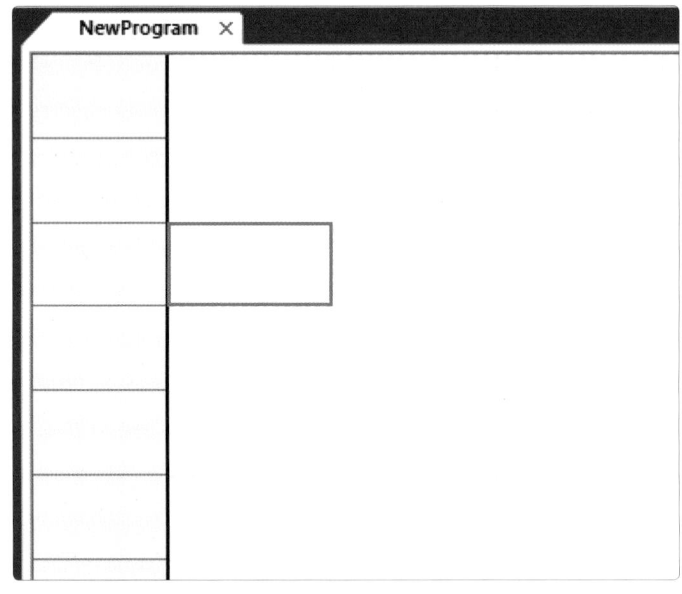

그림 3-33

02 F3 단축키를 누르면 다음과 같이 [변수/디바이스] 입력 창이 활성화되며 입력 디바이스 P00000를 입력하거나 P0를 입력하고 Enter 를 누른다.

변수/디바이스 입력(-| |-)

변수/디바이스(T): p0
변수/설명 자동 추가(A)
영문 자동 전환(C)
변수 수정(M) 변수 삭제(D)
변수/설명(V) 플래그(F) 항목(D) 시스템 전체(A) 파라미터 번호(S): 1 블록 인덱스(B): 1

	변수	타입	디바이스	사용유무	시스템 변수

확인 취소

그림 3-34

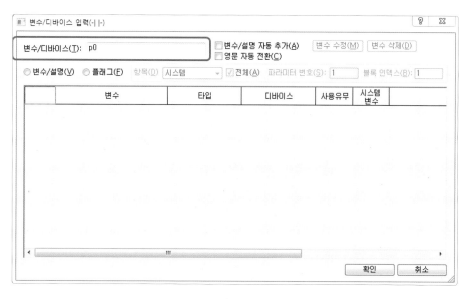

03 다음과 같이 입력 P00000의 열린 접점이 만들어지며 커서 위치를 다음과 같이 위치시키고 단축키 F9 (코일)을 누른다.

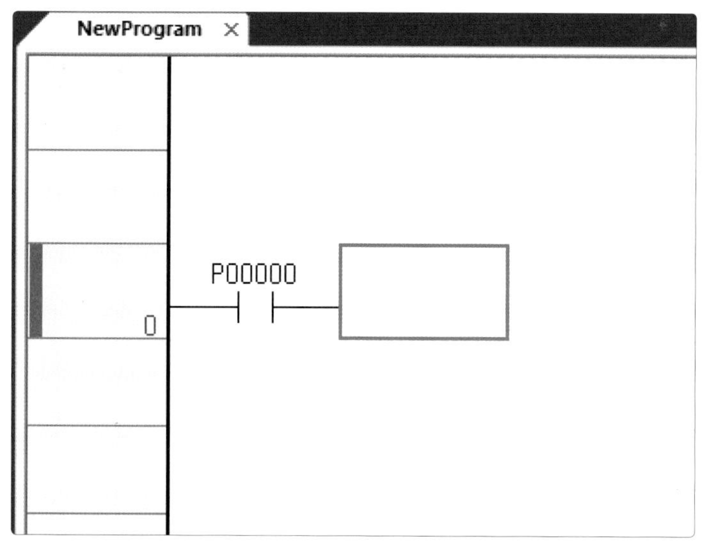

그림 3-35

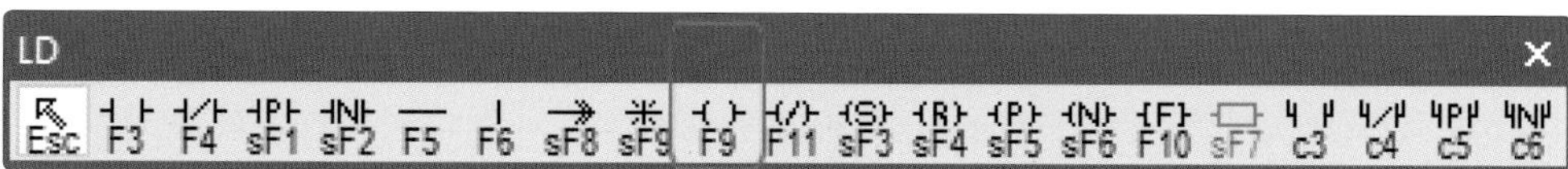

그림 3-36

04 디바이스 입력 창에서 P00040이나 P40을 입력한 후 Enter 를 누른다.

변수/디바이스 입력(-(S)-)

변수/디바이스(T): P00040 ☑변수/설명 자동 추가(A) 변수 수정(M) 변수 삭제(D)
☐영문 자동 전환(C)
◎변수/설명(V) ◎플래그(F) 항목(D) 시스템 ☑전체(A) 파라미터 번호(S): 1 블록 인덱스(B): 1

	변수	타입	디바이스	사용유무	시스템 변수

확인 취소

그림 3-37

그림 3-38

05 커서 위치를 다음과 같이 위치시키고 F10 (응용명령)을 누른다.

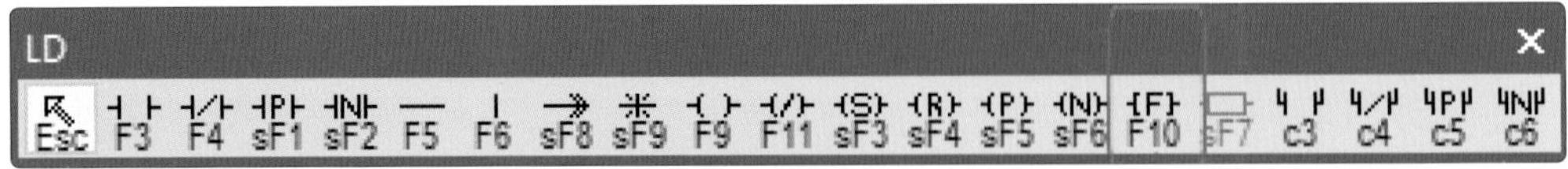

그림 3-39

06 응용명령 창에서 [END]를 입력 후 Enter 를 누르면 기본적인 프로그램이 완성된다.

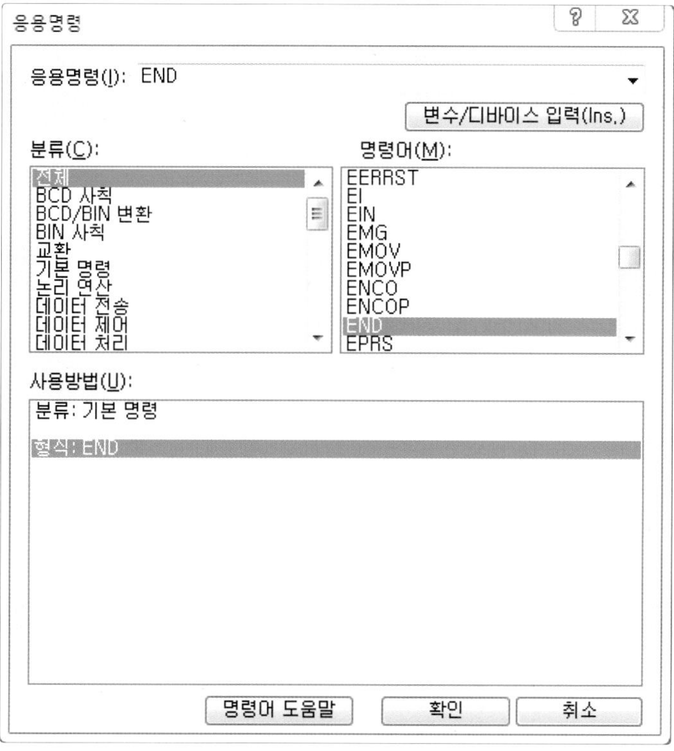
응용명령
응용명령(I): END
변수/디바이스 입력(Ins.)
분류(C):
명령어(M):
전체
BCD 사칙
BCD/BIN 변환
BIN 사칙
교환
기본 명령
논리 연산
데이터 전송
데이터 제어
데이터 처리
EERRST
EI
EIN
EMG
EMOV
EMOVP
ENCO
ENCOP
END
EPRS
사용방법(U):
분류: 기본 명령
형식: END
명령어 도움말
확인
취소

그림 3-40

그림 3-41

3-4 프로그램 쓰기 및 모니터 모드 따라하기

프로그램을 PLC에 쓰기 위해서는 접속하기 전에 PLC와 PC 간의 통신 케이블(USB나 RS232)이 연결되어야 하고 PLC의 전원이 인가되어 있어야 한다.

01 **[메뉴]–[온라인]**에서 접속 설정을 선택하면 접속 설정 창이 활성화되며, 접속 옵션에서 접속 방법을 선택하고 **[메뉴]–[온라인]**에서 [접속]을 선택한다.

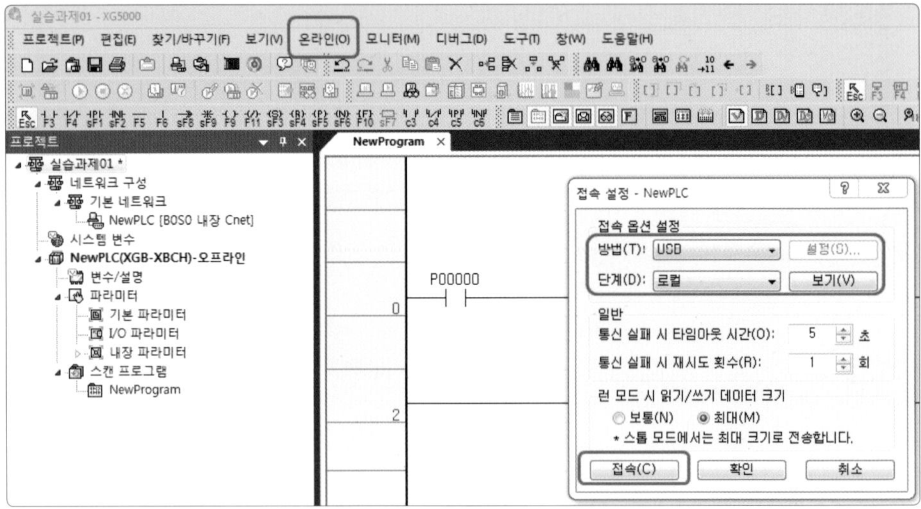

그림 3–42

02 접속이 성공하면 다음과 같이 읽기, 쓰기 비교 등의 메뉴가 활성화된다. [쓰기] 버튼을 선택하고, 쓰기창이 활성화 되면 [확인] 버튼을 선택한다. (프로그램 쓰기를 할 때 PLC의 전환 스위치는 리모트 위치에 있어야 한다.)

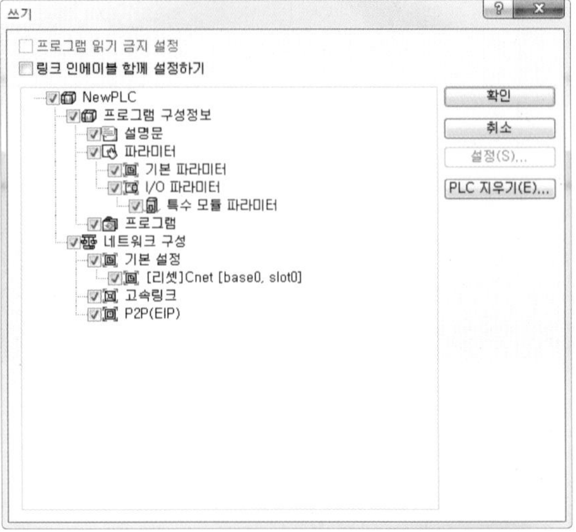

그림 3–43

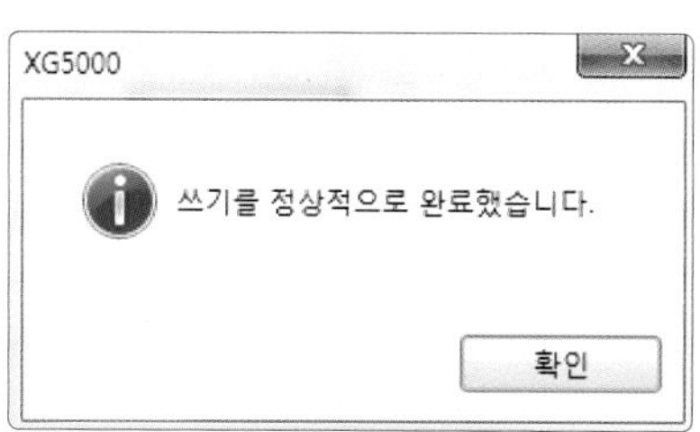

그림 3-44

03 프로그램 쓰기를 완료하였다.

[메뉴]-[온라인]-[모드 전환]에서 [런]을 선택하면 PLC는 런 모드로 전환된다.

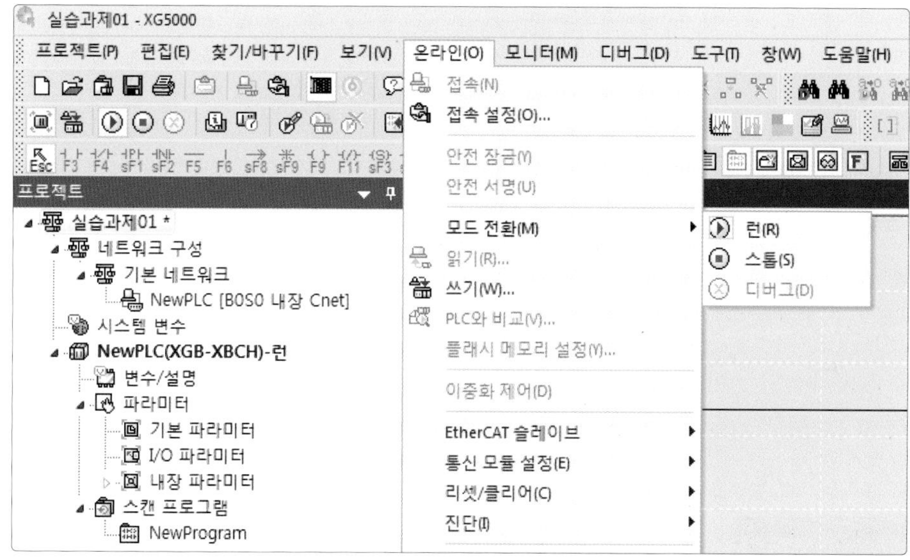

그림 3-45

04 PLC 결선은 결선 부분을 참조한다. 다음과 같이 PLC 결선에서 P00000에 입력이 되면 P00040(코일) 출력이 점등되는 것을 확인할 수 있다.

그림 3-46

05 XG5000에서는 시스템 모니터, 트렌드 모니터, 특수 모듈 모니터, PID 모니터 등 다양한 모니터를 할 수 있다. 시스템 모니터로 시뮬레이션을 하는 경우 프로젝트- I/O 파라미터에서 슬롯을 PLC에 맞도록 설정 후 적용시킨 다음, 시스템 모니터로 동작을 확인한다.

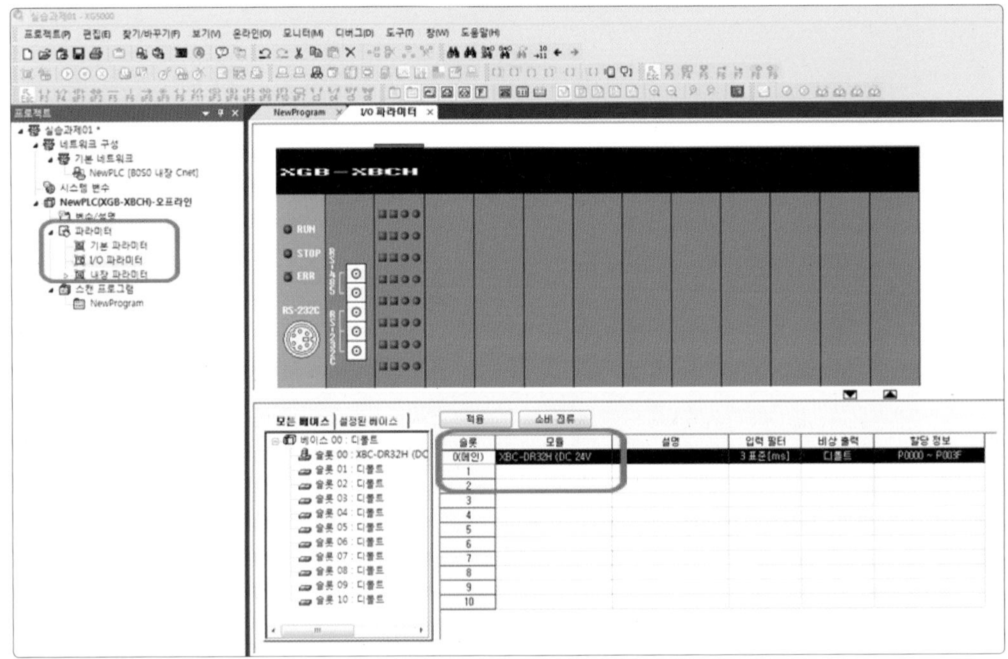

그림 3-47

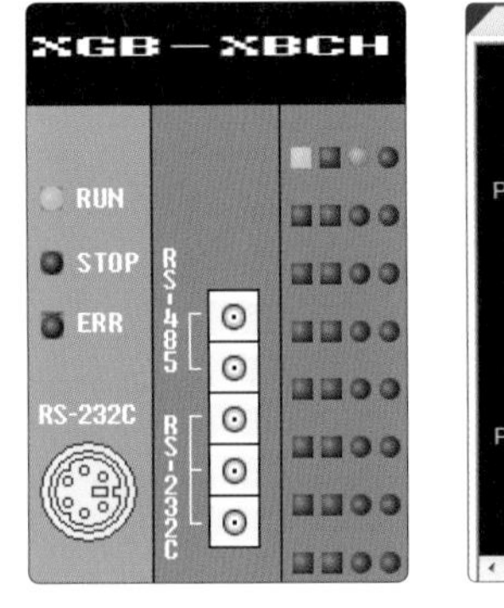

그림 3-48 시스템 모니터

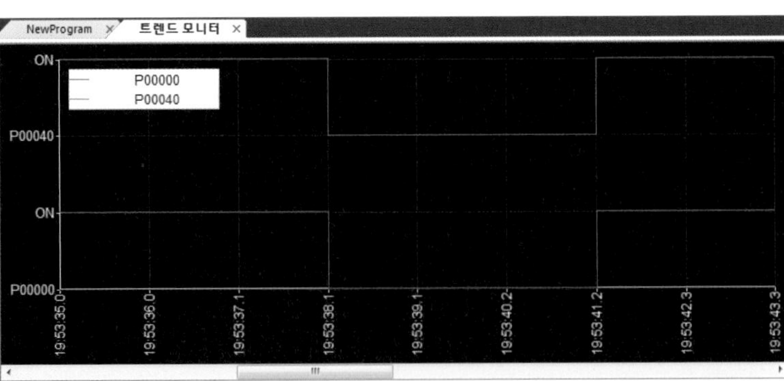

그림 3-49 트렌드 모니터

3-5 단축키를 이용한 기본 회로 따라하기

1 자기 유지 회로와 타이머 회로 구성

01 **[메뉴]-[프로젝트]-[새 프로젝트]**를 선택하고 기본 회로를 프로그램한다. 프로그램 편집 창에 좌측 모선에 커서를 위치시키고 단축키 F3을 누르고, 디바이스는 P0(P00000)을 입력한다.

그림 3-50

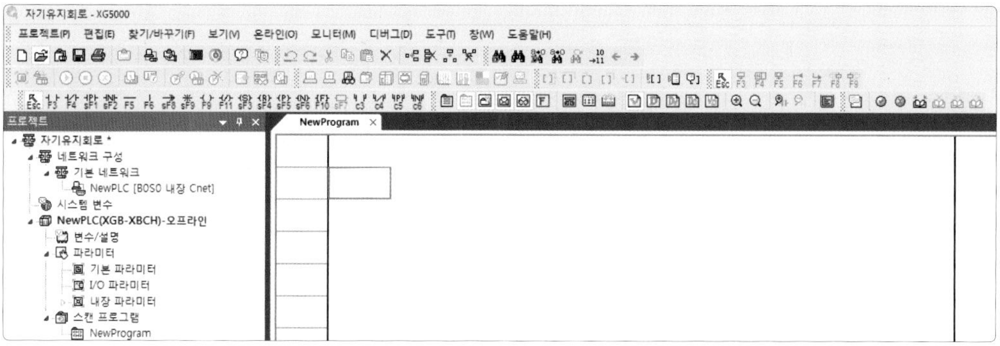

그림 3-51

02 P00000 열린 접점이 만들어지며, 다음 커서 위치에서 F9(코일)을 선택하고, 디바이스에 [m0]을 입력한다.

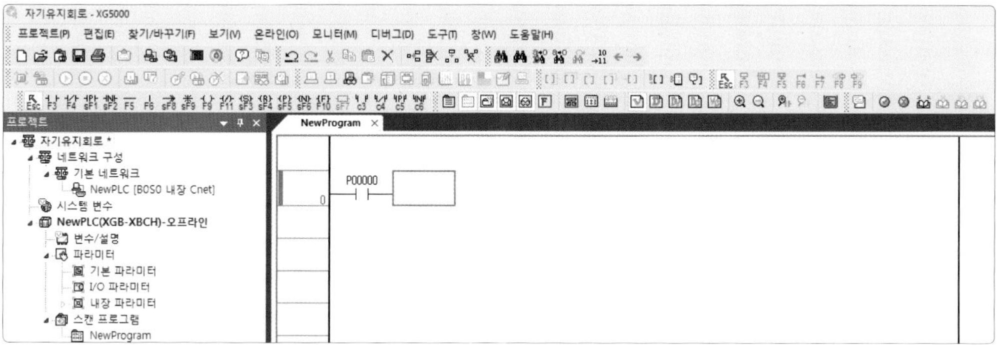

그림 3-52

03 다음과 같이 커서를 위치시키고 F3(열린 접점)을 누르고, 디바이스는 [M0]을 입력한다.

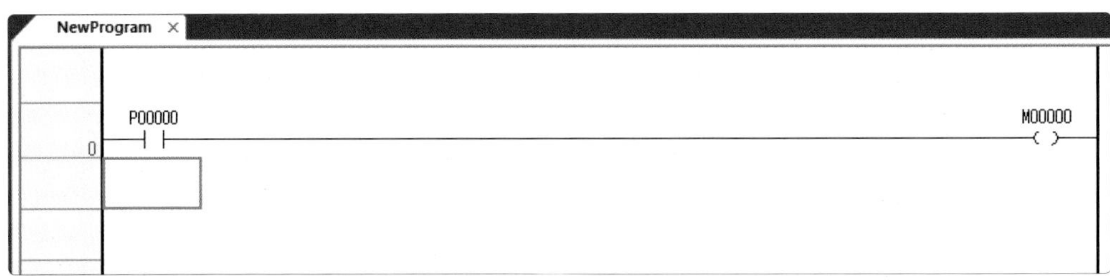

그림 3-53

04 다음과 같이 커서를 위치시키고 F6(세로줄)을 누른다.

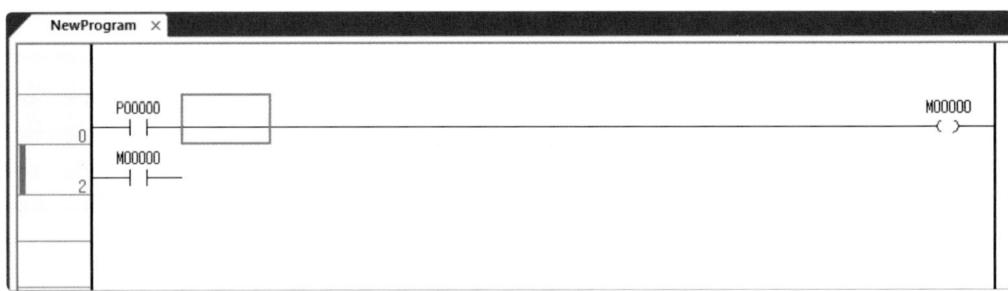

그림 3-54

05 다음과 같이 커서를 위치시키고 F3(열린 접점)을 누르고, 디바이스는 [P1(P00001)]을 입력한다.

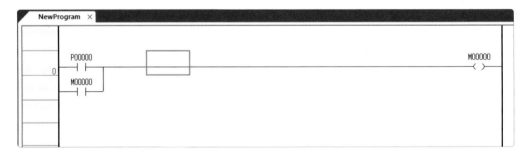

그림 3-55

06 다음과 같이 커서를 위치시키고 F3 (열린 접점)을 누르고, 디바이스는 [M0 (M00000)]을 입력한다.

그림 3-56

07 다음은 타이머를 만들어 보려고 한다. 다음과 같이 커서를 위치시키고 F10 (펑션)을 누르면 응용명령 창이 활성화된다. 응용명령 창에 [TON T0 30]을 입력하고 [확인]을 선택한다.

그림 3-57

08 다음과 같이 ON 타이머가 생성된다. 다음 위치에 커서를 위치시키고 F3 (열린 접점)을 누르고, 디바이스는 [M0(M00000)]을 입력한다.

그림 3-58

09 다음 위치에 커서를 위치시키고 F9 (코일)을 누르고, 디바이스는 [P40(P00040)]을 입력한다.

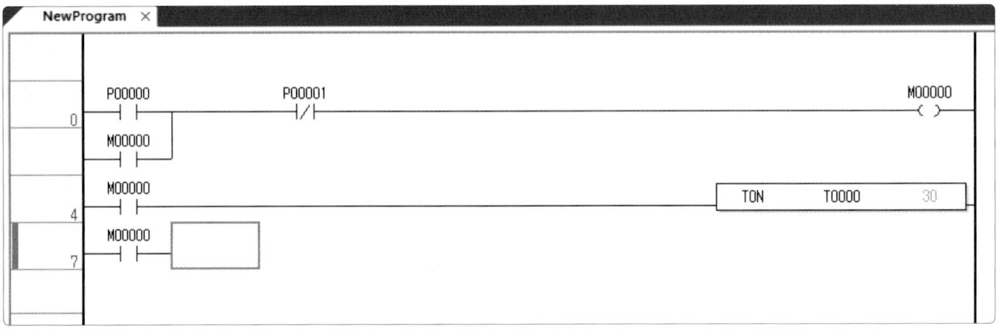

그림 3-59

10 다음 위치에 커서를 위치시키고 F3 (열린 접점)을 누르고, 디바이스는 [T0(T0000)]을 입력한다.

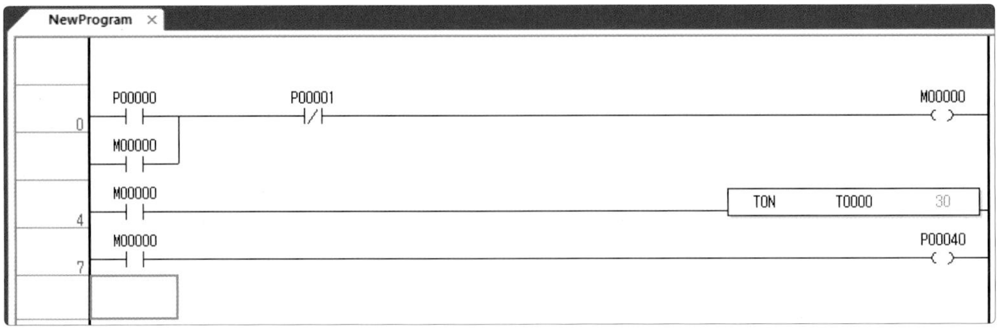

그림 3-60

11 다음 위치에 커서를 위치시키고 F9 (코일)을 누르고, 디바이스는 [P41(P00041)]을 입력한다.

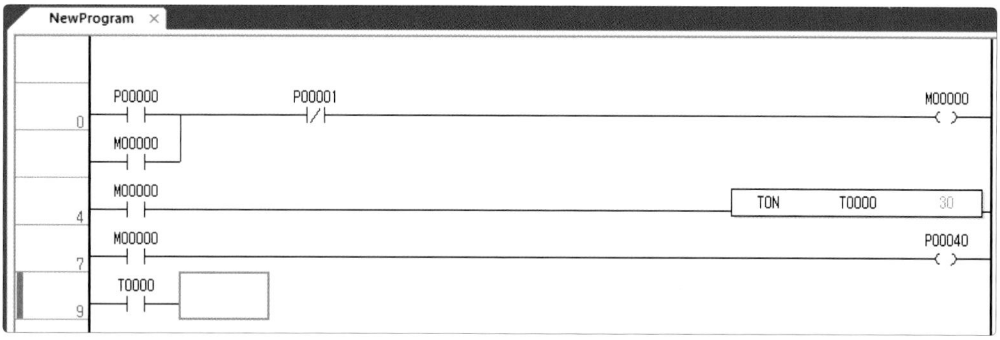

그림 3-61

12 다음 위치에 커서를 위치시키고 F10 (응용명령)을 누르고, 응용명령 창에 [END] 명령을 입력한다.

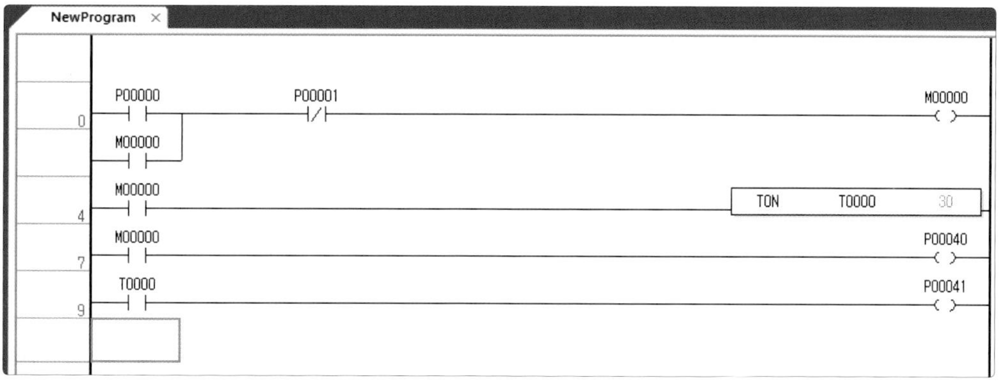

그림 3-62

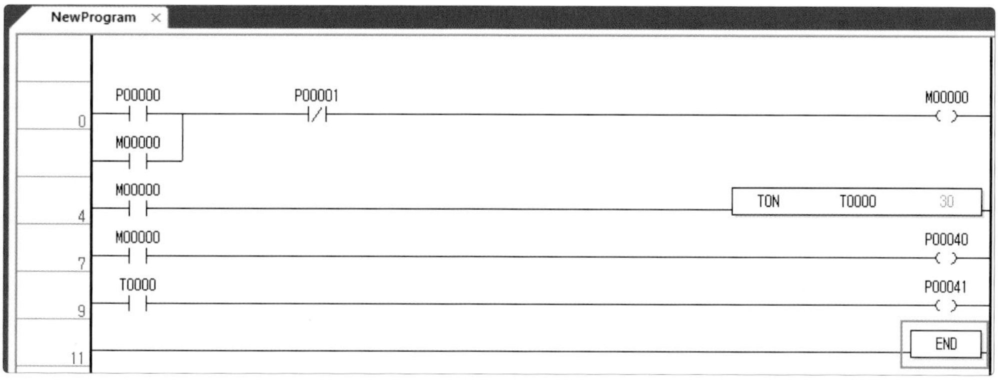

그림 3-63

2 렁 설명문과 출력 설명문 삽입하기

01 다음 위치에 커서를 위치시키고 Enter를 누르면 설명/레이블 창이 활성화되면 설명문에 내용을 입력한다.

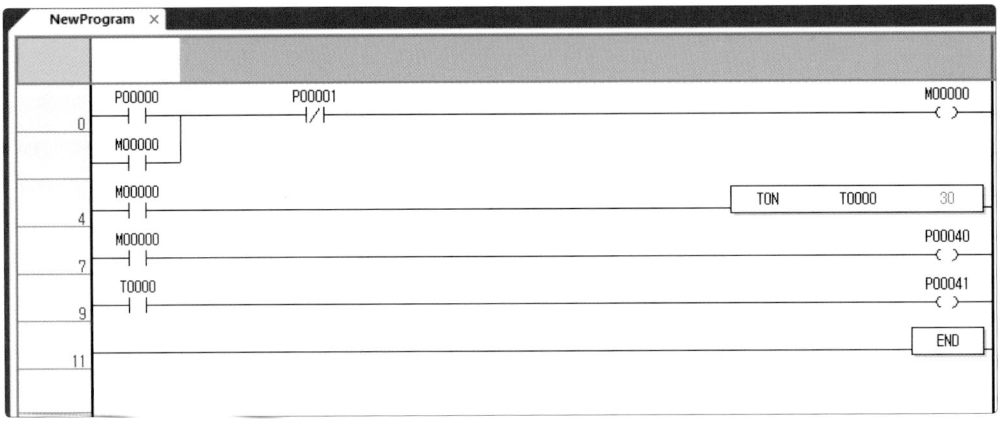

그림 3-64

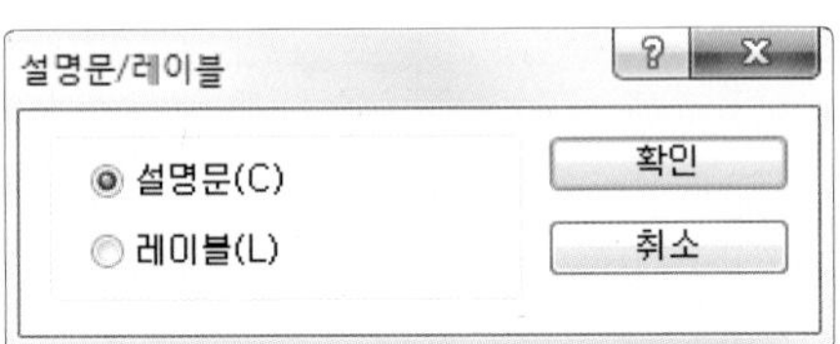

그림 3-65

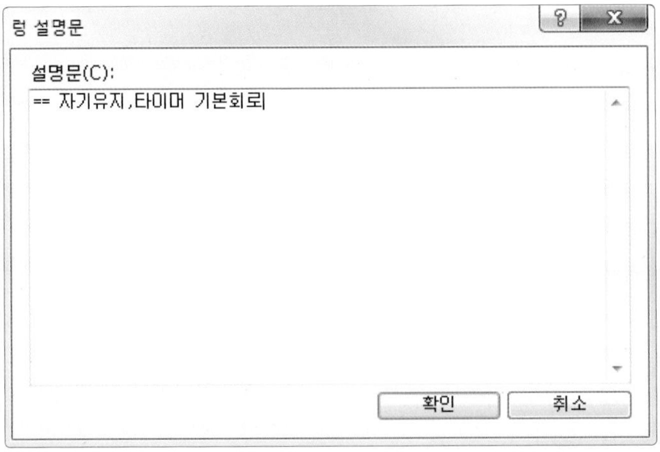

그림 3-66

02 다음과 같이 설명문을 사용할 수 있으며, 프로그램 스텝 수가 길어져 서로 단락 구분을 할 때 설명문을 유용하게 이용할 수 있다.

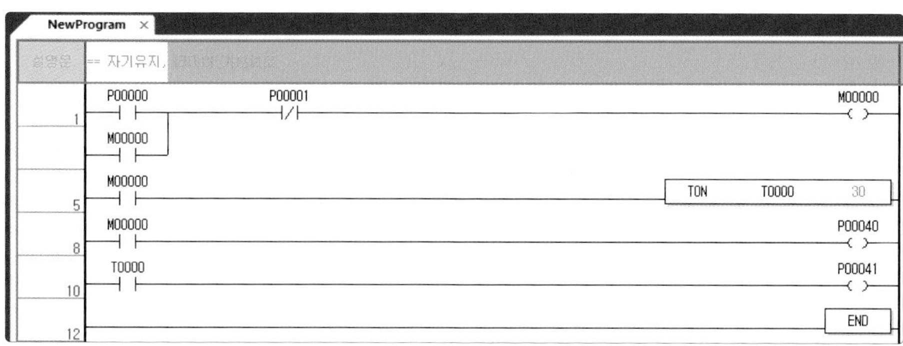

그림 3-67

03 다음 위치에 커서를 위치시키고 Enter 를 누르면 출력 설명문 창이 활성화되고 설명문에 내용을 입력한다.

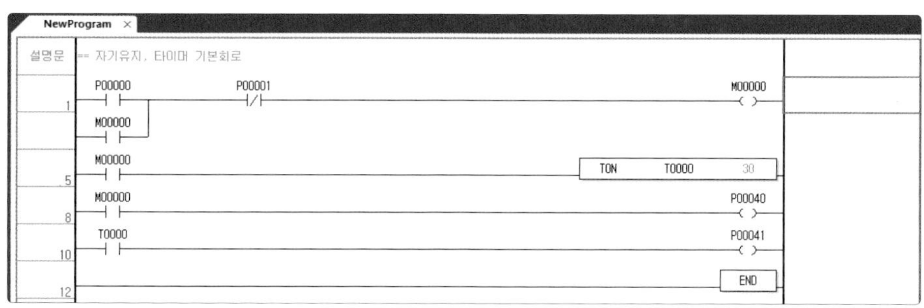

그림 3-68

04 다음과 같이 출력 설명문을 사용할 수 있다. 출력의 접점 수가 많을수록 혼동의 우려가 있으므로 출력 설명문을 이용하여 편리하게 사용할 수 있다.

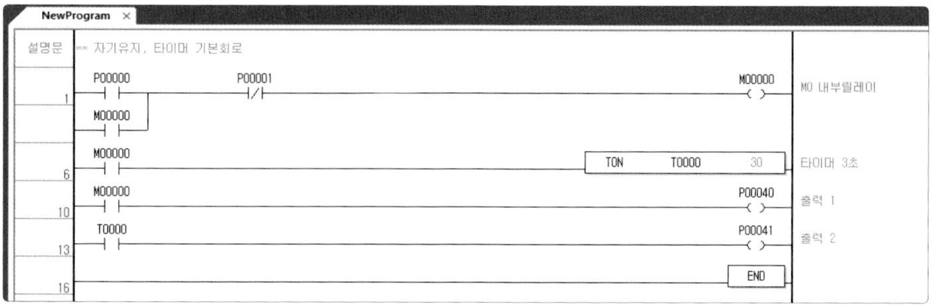

그림 3-69

※ 프로그램에 주로 많이 사용되는 단축키는 프로그램을 통해서 숙달하도록 한다.

- 라인 삽입 : Shift + L
- 라인 삭제 : Shift + D
- 범위 지정 : Shift + 방향키 (←, ↑, ↓, →)
- 라인 복사 : 복사할 라인의 범위 지정을 하고 Ctrl + C 를 누른다.
- 라인 붙여넣기 : 붙여넣기 할 부분을 선택하여 Ctrl + V 를 누른다.

중복 명령이 많이 사용되는 프로그램에서는 유용하게 사용할 수 있다.

실습 과제 1 ON 우선 동작 회로

■ 요구 사항

① 입 · 출력도와 시퀀스 회로도를 참조하여 프로그램하시오.

② 결선도와 래더 프로그램은 QR코드를 참고한다.

■ 동작 사항

① PLC에 전원을 투입하고 RUN 모드로 변경한다.

② PBS_1을 누르면 RL은 계속 점등되고 PBS_2를 누르면 RL은 소등된다.

■ 입·출력도

입 력		출 력	
PBS_1	P00000	P00040	RL
PBS_2	P00001	P00041	–
–	P00002	P00042	–
–	P00003	P00043	–
–	P00004	P00044	–

■ 시퀀스 회로도

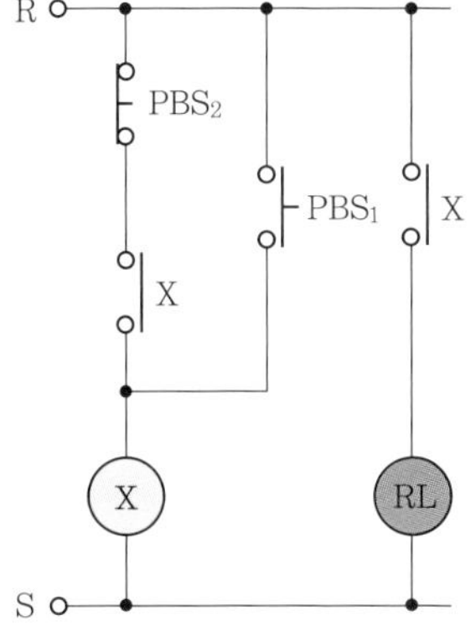

실습 과제 2 일치(EX-NOR) 회로

■ 요구 사항

① 입 · 출력도와 시퀀스 회로도를 참조하여 프로그램하시오.
② 결선도와 래더 프로그램은 QR코드를 참고한다.

■ 동작 사항

① PLC에 전원을 투입하고 RUN 모드로 변경하면 RL은 점등된다.
② PBS_1을 누르면 X_1이 자기 유지되며 RL은 소등된다.
③ PBS_2를 누르면 X_2가 자기 유지되면서 RL은 점등된다.
④ PBS_0를 누르면 릴레이는 모두 소자되고 RL은 점등된다.
⑤ RL은 X_1, X_2가 동시에 소자되거나 여자될 때 점등된다.

■ 입·출력도

입 력		출 력	
PBS_0	P00000	P00040	RL
PBS_1	P00001	P00041	–
PBS_2	P00002	P00042	–
–	P00003	P00043	–
–	P00004	P00044	–

■ 시퀀스 회로도

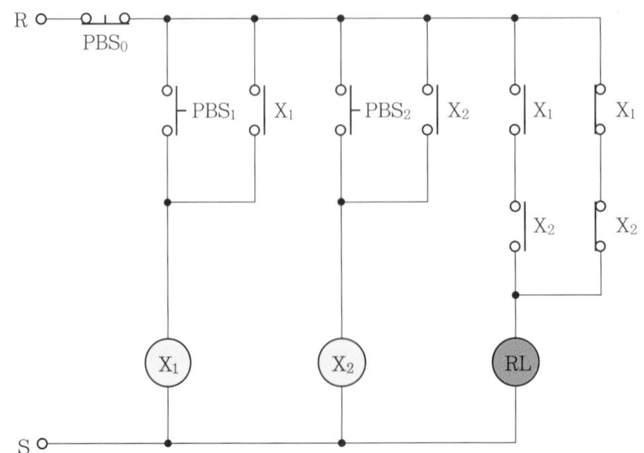

실습 과제 3 지연 동작 회로

■ 요구 사항

① 입 · 출력도와 시퀀스 회로도를 참조하여 프로그램하시오.

② 결선도와 래더 프로그램은 QR코드를 참고한다.

■ 동작 사항

① PLC에 전원을 투입하고 RUN 모드로 변경하면 GL은 점등된다.

② PBS_1을 누르면 설정된 시간 후에 GL은 소등되고 RL은 점등된다.

③ PBS_0를 누르면 타이머는 소자되고 초기화된다.

■ 입·출력도

입 력		출 력	
PBS_0	P00000	P00040	RL
PBS_1	P00001	P00041	GL
–	P00002	P00042	–
–	P00003	P00043	–
–	P00004	P00044	–

■ 시퀀스 회로도

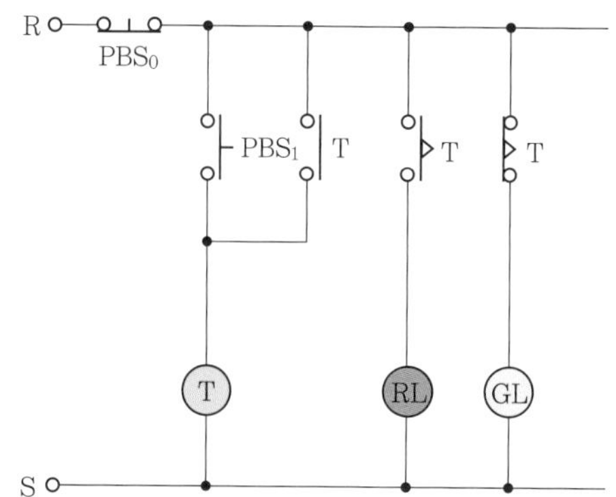

실습 과제 4 지연 간격 동작 회로

■ 요구 사항

① 입 · 출력도와 시퀀스 회로도를 참조하여 프로그램하시오.

② 결선도와 래더 프로그램은 QR코드를 참고한다.

■ 동작 사항

① PLC에 전원을 투입하고 RUN 모드로 변경한다.

② PBS_1을 누르면 T_1이 여자되고 설정된 시간 후 T_2가 여자되며 GL은 점등된다.

③ T_2의 설정 시간 후 X는 여자되고 GL은 소등된다.

④ 동작 중 PBS_2를 누르면 초기화된다.

■ 입·출력도

입 력		출 력	
PBS_1	P00000	P00040	GL
PBS_2	P00001	P00041	–
–	P00002	P00042	–
–	P00003	P00043	–
–	P00004	P00044	–

■ 시퀀스 회로도

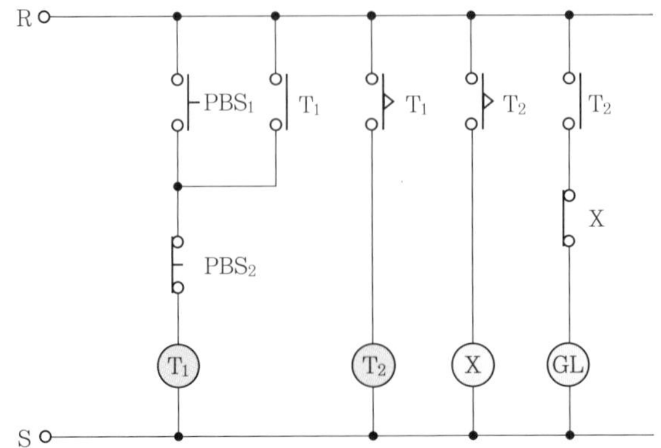

실습 과제 5 순위별 우선 회로

■ 요구 사항

① 입 · 출력도와 시퀀스 회로도를 참조하여 프로그램하시오.

② 결선도와 래더 프로그램은 QR코드를 참고한다.

■ 동작 사항

① PLC에 전원을 투입하고 RUN 모드로 변경한다.

② PBS_1을 누르는 동안 X_1은 여자된다. X_1이 여자되면 X_1의 b 접점에 의해 X_2, X_3, X_4의 회로를 차단한다.

③ PBS_1을 누른 후 PBS_2를 눌렀을 때 먼저와 같이 X_2는 여자되지 않는다.

④ PBS_2를 누른 후 PBS_1의 입력을 주었을 때도 X_2는 여자되지 않는다. 릴레이 코일 X_2가 동작되면 릴레이 코일 X_2의 b 접점에 의해 X_3, X_4 회로를 off시킨다. 그러나 입력 PBS_1을 누르면 다시 릴레이 코일 X_1은 동작되고 b 접점 X_1에 의해 릴레이 코일 X_2의 동작은 정지된다.

■ 입·출력도

입 력		출 력	
PBS_1	P00000	P00040	L_1
PBS_2	P00001	P00041	L_2
PBS_3	P00002	P00042	L_3
PBS_4	P00003	P00043	L_4
–	P00004	P00044	–

■ 시퀀스 회로도

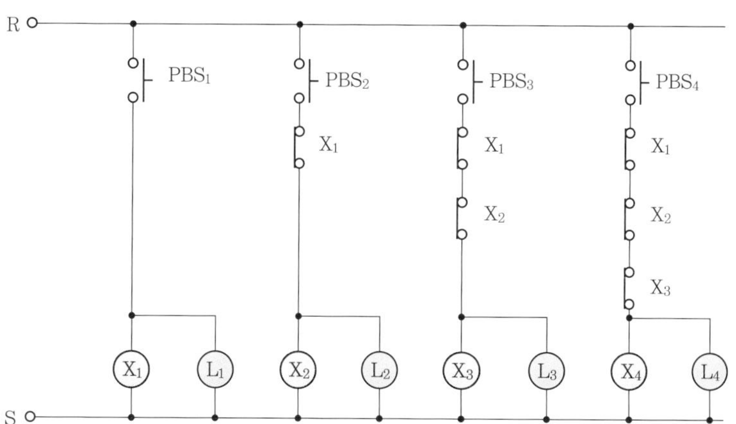

실습 과제 6 우선 동작 순차 회로

■ 요구 사항

① 입 · 출력도와 시퀀스 회로도를 참조하여 프로그램하시오.

② 결선도와 래더 프로그램은 QR코드를 참고한다.

■ 동작 사항

① PLC에 전원을 투입하고 RUN 모드로 변경한다.

② PBS_1, PBS_2, PBS_3 중 가장 먼저 누른 스위치에 의해 X_4가 여자된다. 이때 다른 버튼 스위치를 눌러도 릴레이는 동작하지 않는다. 가장 먼저 누른 신호가 우선이 된다.

③ PBS_0를 누르면 초기화된다.

■ 입·출력도

입 력		출 력	
PBS_0	P00000	P00040	L_1
PBS_1	P00001	P00041	L_2
PBS_2	P00002	P00042	L_3
PBS_3	P00003	P00043	L_4
–	P00004	P00044	–

■ 시퀀스 회로도

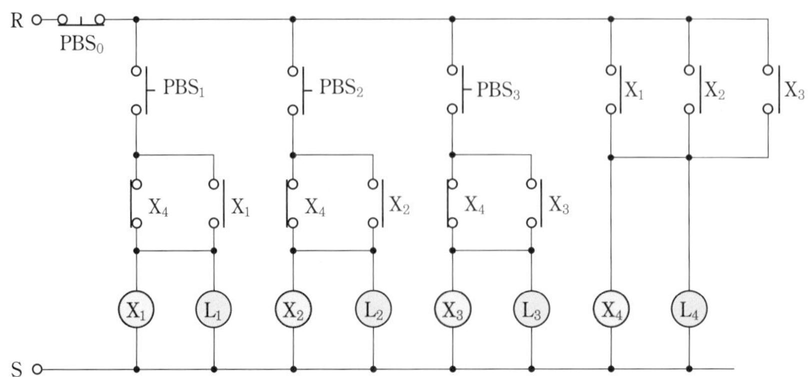

실습 과제 7 신입 동작 우선 회로

■ 요구 사항

① 입 · 출력도와 시퀀스 회로도를 참조하여 프로그램하시오.

② 결선도와 래더 프로그램은 QR코드를 참고한다.

■ 동작 사항

① PLC에 전원을 투입하고 RUN 모드로 변경한다.

② 릴레이 X_1이 여자되면 L_1이 점등, 릴레이 X_2가 여자되면 L_2가 점등, 릴레이 X_3가 여자되면 L_3가 점등, 릴레이 X_4가 여자되면 L_4가 점등된다.

③ PBS_1, PBS_2, PBS_3, PBS_4 중 누르는 버튼의 릴레이가 여자되는 신입 동작 우선 회로이다.

④ PBS_0를 누르면 초기화된다.

■ 입·출력도

입 력		출 력	
PBS_0	P00000	P00040	L_1
PBS_1	P00001	P00041	L_2
PBS_2	P00002	P00042	L_3
PBS_3	P00003	P00043	L_4
PBS_4	P00004	P00044	–

■ 시퀀스 회로도

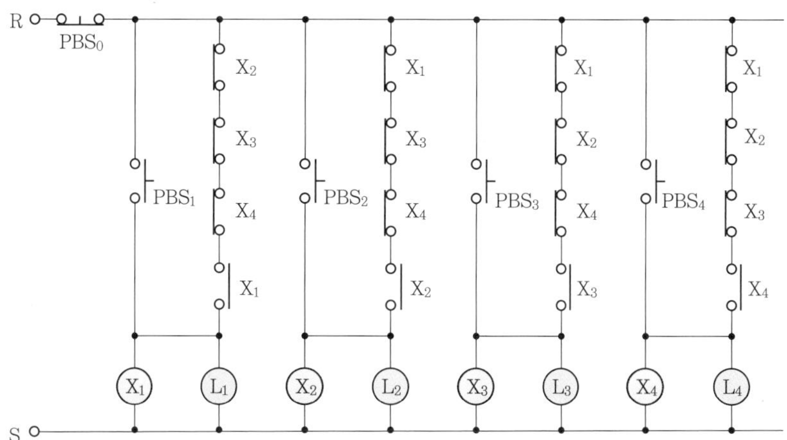

실습 과제 8 3상 유도 전동기 직입 기동 회로(1)

■ 요구 사항

① 입 · 출력도를 참조하여 점선 안에 시퀀스 회로를 프로그램하시오.

② 결선도와 래더 프로그램은 QR코드를 참고한다.

■ 동작 사항

① PLC에 전원을 투입하고 RUN 모드로 변경하면 GL이 점등된다.

② PBS_1을 누르면 MC가 여자되어 전동기는 회전하며, RL이 점등되고 GL이 소등된다.

③ PBS_2를 누르면 전동기는 정지하고 모두 초기화된다.

④ 전동기가 회전 중 EOCR가 동작하면 전동기는 정지하고 RL은 소등되며 YL은 점등된다.

■ 입·출력도

입 력		출 력	
EOCR	P00000	P00040	RL
PBS_1	P00001	P00041	GL
PBS_2	P00002	P00042	YL
–	P00003	P00043	MC
–	P00004	P00044	–

■ 시퀀스 회로도

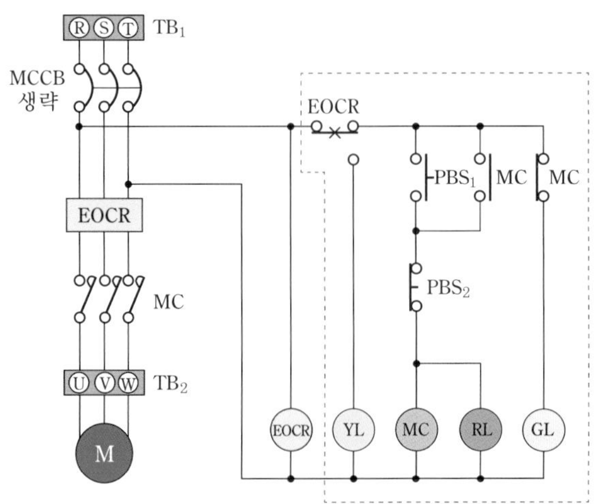

실습 과제 9 3상 유도 전동기 직입 기동 회로(2)

■ 요구 사항

① 입 · 출력도를 참조하여 점선 안에 시퀀스 회로를 프로그램하시오.
② 결선도와 래더 프로그램은 QR코드를 참고한다.

■ 동작 사항

① PLC에 전원을 투입하고 RUN 모드로 변경하면 GL이 점등된다.
② PBS_1을 누르면 MC가 여자되어 전동기는 회전하며, RL이 점등되고 GL이 소등된다.
③ PBS_2를 누르면 전동기는 정지하고 모두 초기화된다.
④ 전동기가 회전 중 EOCR가 동작하면 전동기는 정지하고 RL은 소등되며 YL과 BZ는 설정된 시간에 따라 교번하며 동작한다.

■ 입·출력도

입 력		출 력	
EOCR	P00000	P00040	RL
PBS_1	P00001	P00041	GL
PBS_2	P00002	P00042	YL
–	P00003	P00043	BZ
–	P00004	P00044	MC

■ 시퀀스 회로도

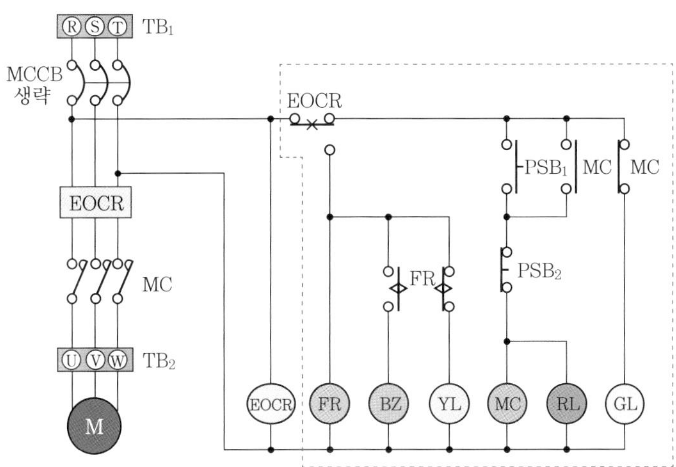

실습 과제 10 3상 유도 전동기 정 · 역 회로

■ 요구 사항

① 입 · 출력도를 참조하여 점선 안에 시퀀스 회로를 프로그램하시오.

② 결선도와 래더 프로그램은 QR코드를 참고한다.

■ 동작 사항

① PLC에 전원을 투입하고 RUN 모드로 변경한다.

② PBS_1을 누르면 MC_1이 여자되어 전동기는 정회전하며 RL이 점등된다. 이때 PBS_2를 눌러도 전동기는 역회전하지 않는다.

③ PBS_0를 누르면 전동기는 정지하고 모두 초기화된다.

④ PBS_2를 누르면 MC_2이 여자되어 전동기는 역회전하며 RL이 점등된다. 이때 PBS_1을 눌러도 전동기는 정회전하지 않는다.

⑤ 전동기가 회전 중 EOCR가 동작하면 전동기는 정지하고 RL, GL은 소등하고 YL과 BZ는 설정된 시간에 따라 교번하며 동작한다.

■ 입·출력도

입 력		출 력	
EOCR	P00000	P00040	RL
PBS_0	P00001	P00041	GL
PBS_1	P00002	P00042	MC_1
PBS_2	P00003	P00043	MC_2
–	P00004	P00044	BZ
–	P00005	P00045	YL

■ 시퀀스 회로도

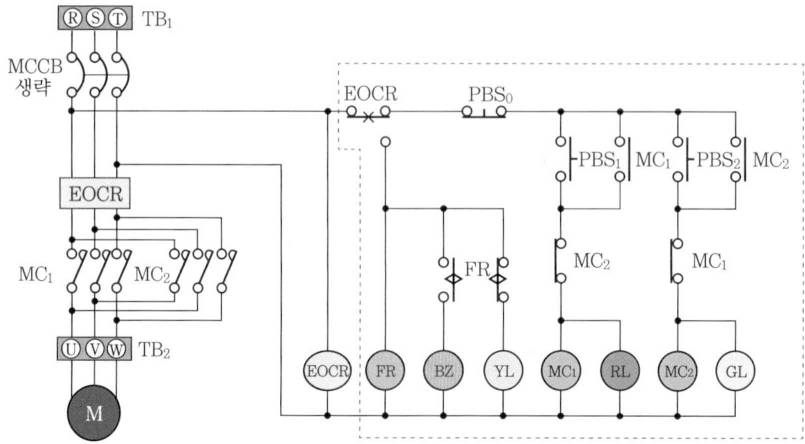

실습 과제 11 타임차트를 이용한 프로그램

■ 요구 사항

① 입 · 출력도를 확인하고 동작 사항과 타임차트에 맞도록 프로그램을 작성한다.

② 결선도와 래더 프로그램은 QR코드를 참고한다.

■ 동작 사항

① PB_1을 누르면 RL램프가 점등되고 5초 후 GL램프가 점등되며, 10초 후 BZ가 동작한다.

② PB_2를 누르면 모든 동작은 정지한다.

■ 입·출력도

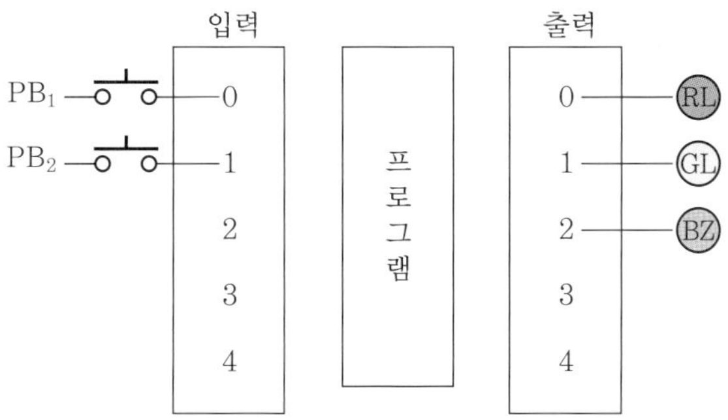

■ 타임차트

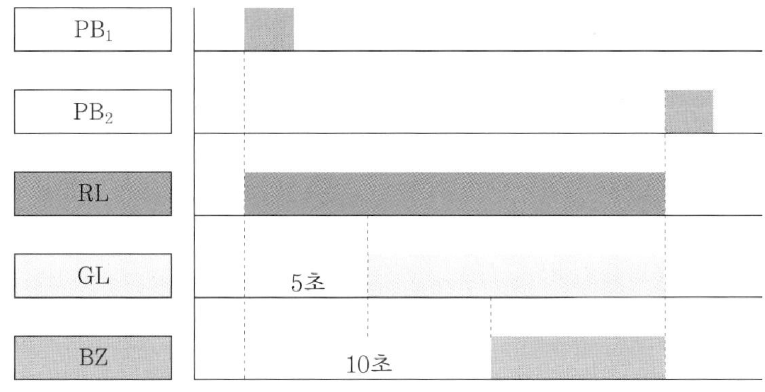

실습 과제 12 타임차트를 이용한 프로그램

■ 요구 사항

① 입 · 출력도를 확인하고 동작 사항과 타임차트에 맞도록 프로그램을 작성한다.

② 결선도와 래더 프로그램은 QR코드를 참고한다.

■ 동작 사항

① PB_1을 누르면 2초 후 RL램프가 점등되고 RL램프 점등 3초 후 GL램프가 점등되며, GL램프 점등 4초 후 BZ가 동작한다.

② PB_2를 누르면 모든 동작은 정지한다.

■ 입·출력도

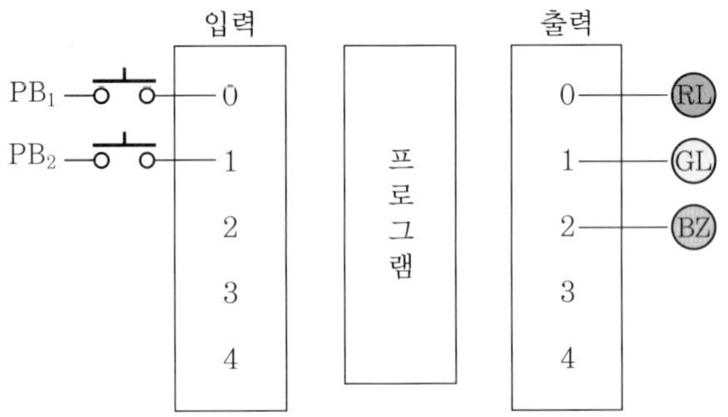

■ 타임차트

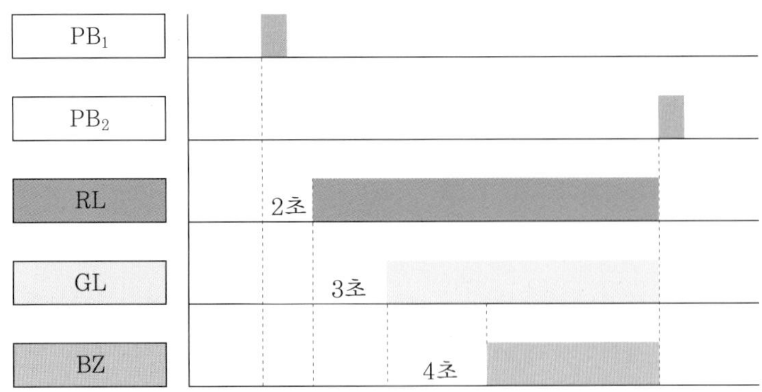

실습 과제 13 타임차트를 이용한 프로그램

■ 요구 사항

① 입 · 출력도를 확인하고 동작 사항과 타임차트에 맞도록 프로그램을 작성한다.
② 결선도와 래더 프로그램은 QR코드를 참고한다.

■ 동작 사항

① PB_1을 누르면 RL, GL, BZ가 점등, 동작된다.
② RL램프는 점등 5초 후 소등되며, RL램프가 소등되고 5초 후 GL램프가 소등된다. GL램프 소등 5초 후 BZ가 동작을 정지한다.
③ PB_2를 누르면 모든 동작은 정지한다.

■ 입·출력도

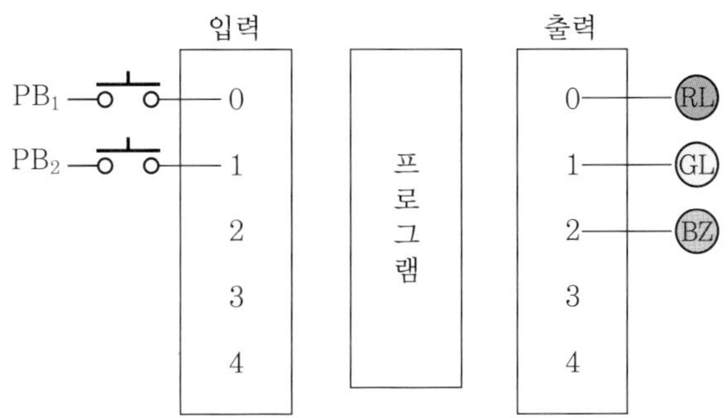

■ 타임차트

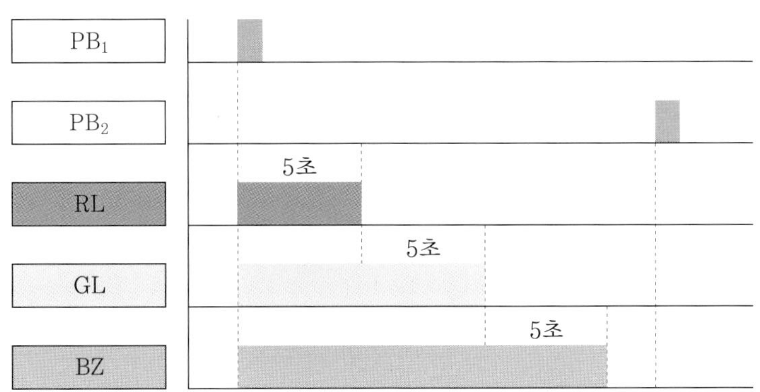

실습 과제 14 타임차트를 이용한 프로그램

■ 요구 사항

① 입 · 출력도를 확인하고 동작 사항과 타임차트에 맞도록 프로그램을 작성한다.

② 결선도와 래더 프로그램은 QR코드를 참고한다.

■ 동작 사항

① PB_1을 누르면 RL램프는 점등되고 3초 후 GL램프가 점등되며, 2초 후 BZ가 동작한다.

② BZ가 동작하고 5초 후 BZ는 동작을 정지하고 2초 후 GL램프가 정지되며, 3초 후 RL램프가 정지한다.

③ 동작 중에 PB_2를 누르면 모든 동작은 정지한다.

■ 입·출력도

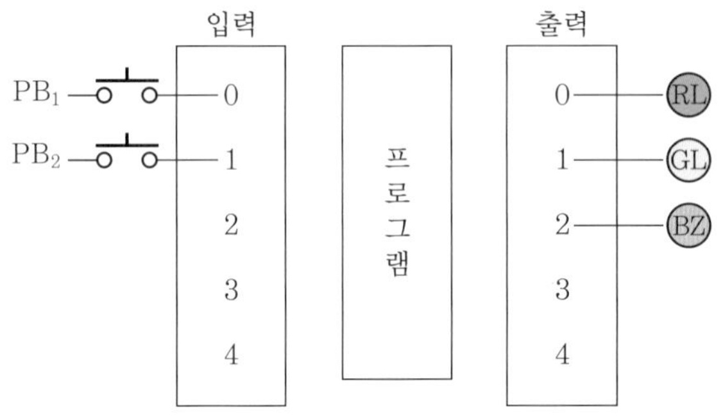

■ 타임차트

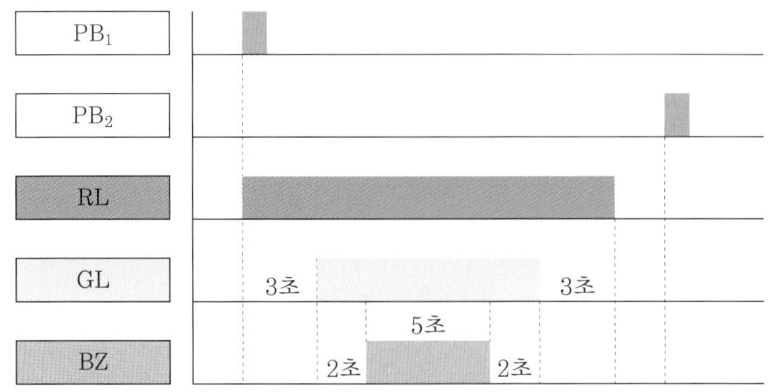

실습 과제 15 타임차트를 이용한 프로그램

■ 요구 사항

① 입 · 출력도를 확인하고 동작 사항과 타임차트에 맞도록 프로그램을 작성한다.
② 결선도와 래더 프로그램은 QR코드를 참고한다.

■ 동작 사항

① PB_1을 누르면 RL램프는 점등되고 5초 후 소등되며, GL램프는 점등되고 5초 후 소등 되며, BZ가 동작한다.
② PB_2를 누르면 BZ는 정지한다.
③ 동작 중 PB_2를 누르면 모든 동작은 정지한다.

■ 입·출력도

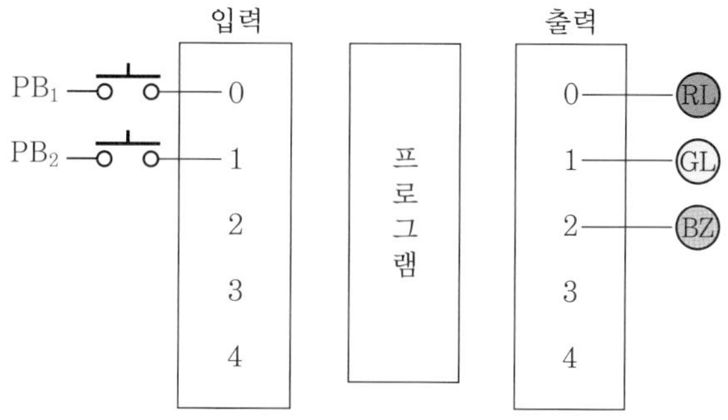

■ 타임차트

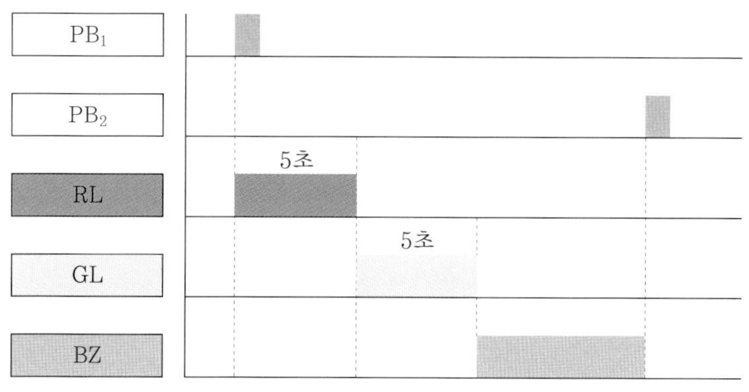

실습 과제 16 타임차트를 이용한 프로그램

■ 요구 사항

① 입 · 출력도를 확인하고 동작 사항과 타임차트에 맞도록 프로그램을 작성한다.
② 결선도와 래더 프로그램은 QR코드를 참고한다.

■ 동작 사항

① PB_1을 누르면 RL램프는 점등되고 5초 후 소등되며, GL램프는 점등되고 4초 후 소등된다. RL램프는 다시 점등된다.
② PB_2를 누르면 RL램프는 소등된다.
③ 동작 중에 PB_2를 누르면 모든 동작은 정지한다.

■ 입·출력도

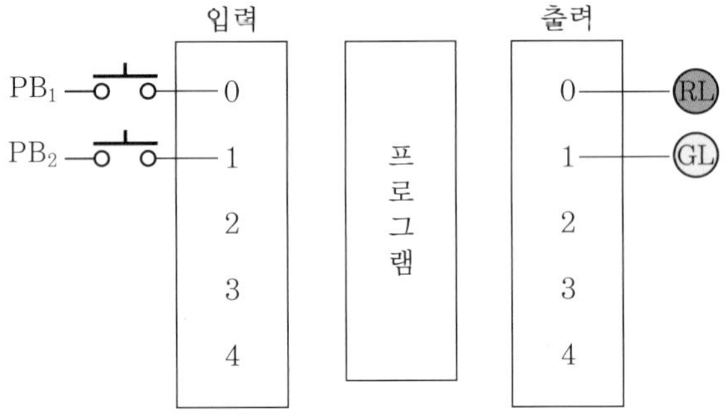

■ 타임차트

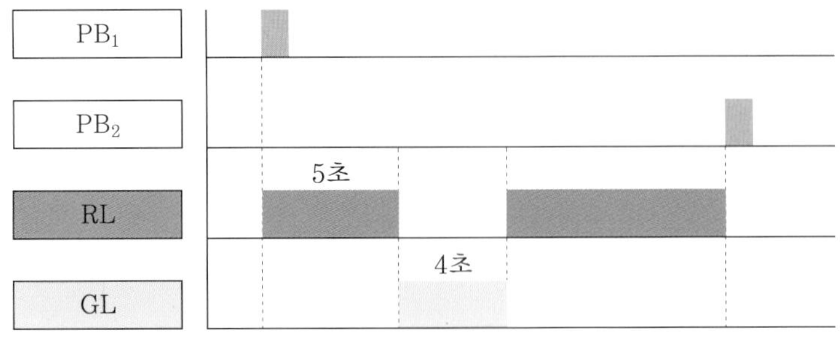

실습 과제 17 타임차트를 이용한 프로그램

■ 요구 사항

① 입 · 출력도를 확인하고 동작사항과 타임차트에 맞도록 프로그램을 작성한다.

② 결선도와 래더 프로그램은 QR코드를 참고한다.

■ 동작 사항

① PB_1을 누르면 RL램프는 점등되고 3초 후 GL램프가 점등되며, GL램프 점등 2초 후 YL램프가 점등된다.

② PB_2을 누르면 YL램프는 소등되고 2초 후 GL램프가 소등되며, GL램프 소등 3초 후 RL램프가 소등된다.

■ 입·출력도

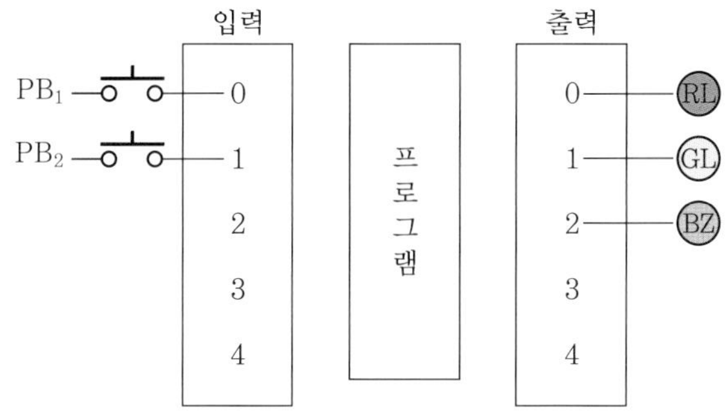

■ 타임차트

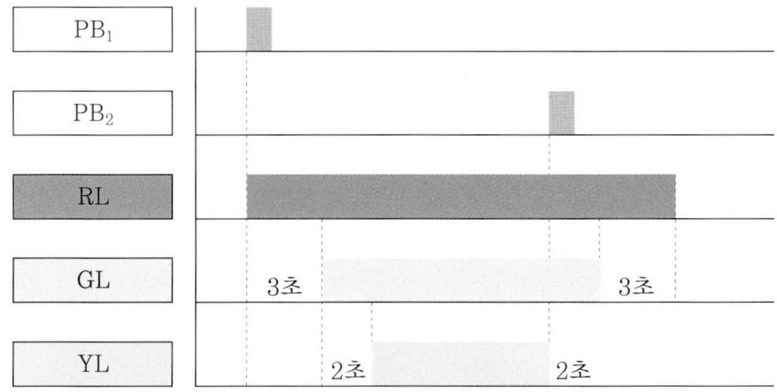

실습 과제 18 타임차트를 이용한 프로그램

■ 요구 사항

① 입 · 출력도를 확인하고 동작 사항과 타임차트에 맞도록 프로그램을 작성한다.

② 결선도와 래더 프로그램은 QR코드를 참고한다.

■ 동작 사항

① PB_1을 누르면 RL램프는 점등되고 2초 후 소등되며, GL램프가 점등되고 3초 후 소등된다. BZ가 동작하고 4초 후 동작을 멈추고 다시 RL램프가 점등되며 동작을 반복한다.

② 동작 중에 PB_2를 눌렀다 놓으면 모든 동작은 정지한다.

■ 입·출력도

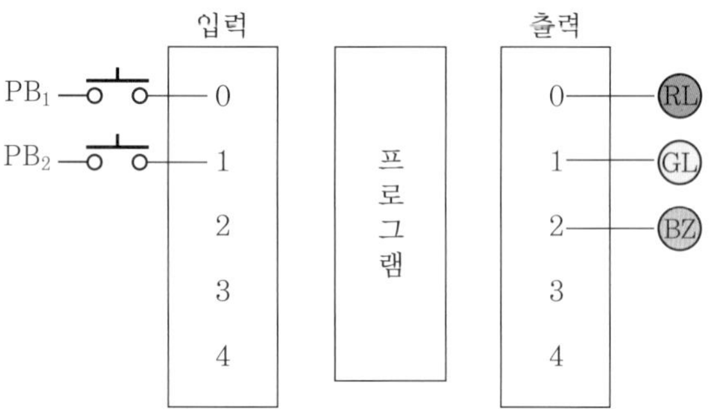

■ 타임차트

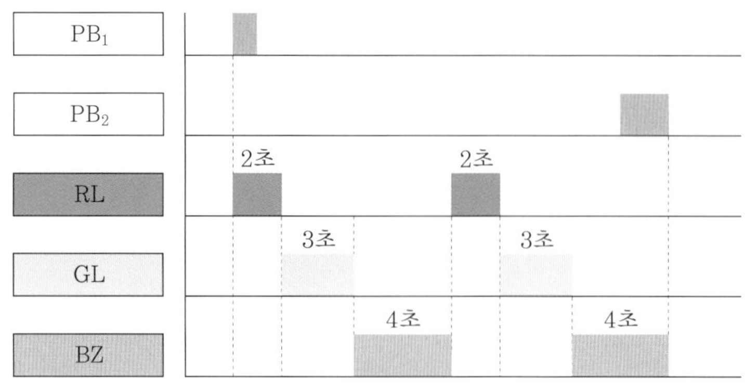

실습 과제 19 타임차트를 이용한 프로그램

■ 요구 사항

① 입 · 출력도를 확인하고 동작 사항과 타임차트에 맞도록 프로그램을 작성한다.

② 결선도와 래더 프로그램은 QR코드를 참고한다.

■ 동작 사항

① PB_1을 눌렀다 놓으면 RL램프는 4초 OFF – 2초 ON을 반복하고, GL램프는 1초 후 3초 ON – 3초 OFF을 반복한다. BZ는 4초 후 3초 ON – 3초 OFF를 반복한다.

② 동작 중에 PB_2를 누르면 모든 동작은 정지한다.

■ 입·출력도

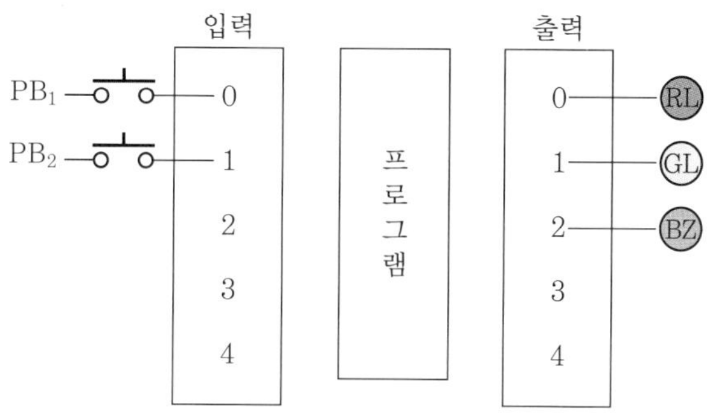

■ 타임차트

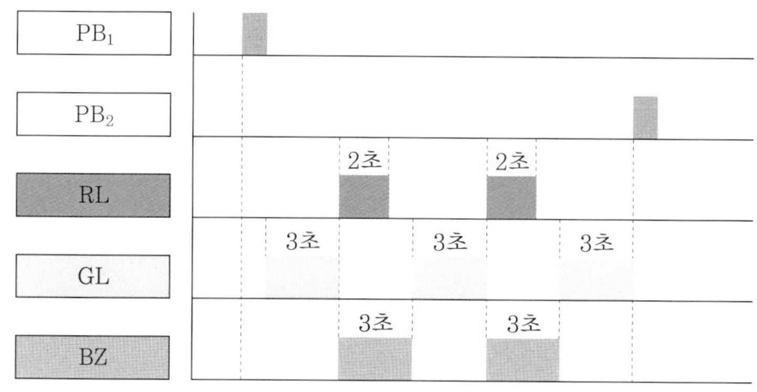

실습 과제 20 타임차트를 이용한 프로그램

■ 요구 사항

① 입 · 출력도를 확인하고 동작 사항과 타임차트에 맞도록 프로그램을 작성한다.

② 결선도와 래더 프로그램은 QR코드를 참고한다.

■ 동작 사항

① PB_1을 누르면 릴레이 X_3는 여자되고 GL램프는 2초 OFF – 3초 ON을 반복하며, BZ는 3초 ON – 2초 OFF를 반복한다.

② 동작 중에 PB_2를 눌렀다 놓으면 모든 동작은 정지한다.

■ 입·출력도

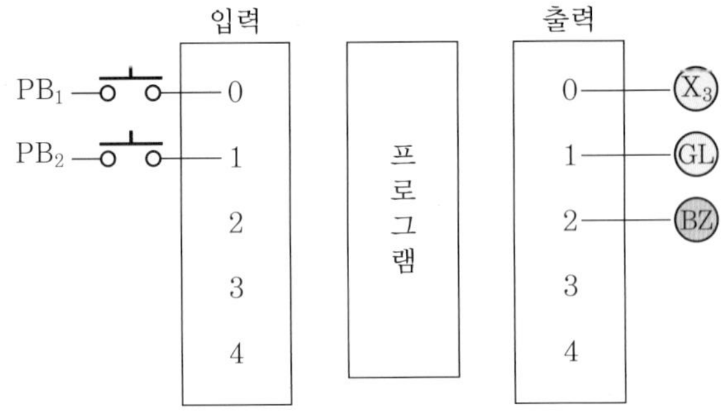

■ 타임차트

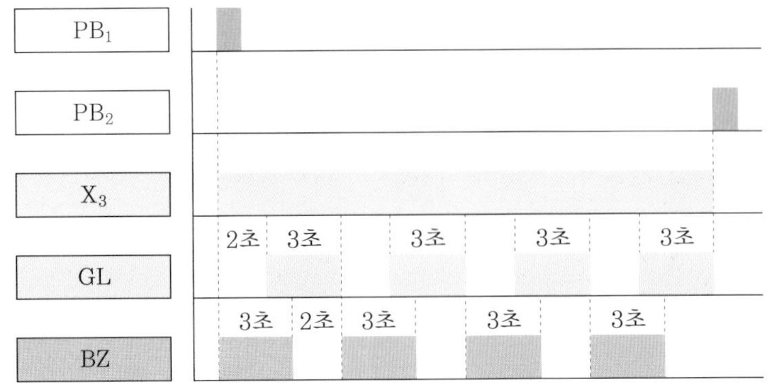

Chapter

5

전기 회로 측정

용도에 맞는 측정기를 사용하여 절연 저항, 전압, 전류, 회전 속도, 조도를 측정할 수 있다.

1. 회로 시험기 사용
2. 전압 전류 측정
3. 절연 저항 측정
4. 회전 속도 측정
5. 조도 측정

01 회로 시험기 사용

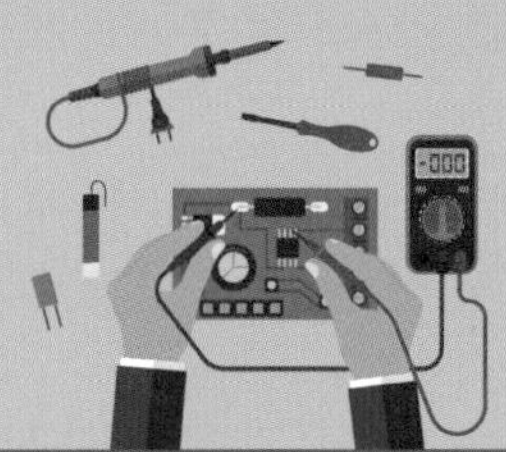

1-1 회로 시험기

회로 시험기를 VOM(Volt−Ohm−Meter) 또는 멀티테스터(multi−tester)라 부르기도 하는데 회로의 점검, 측정 등에 사용되며 전기, 전자 분야에서 가장 흔히 쓰이는 계기이다.

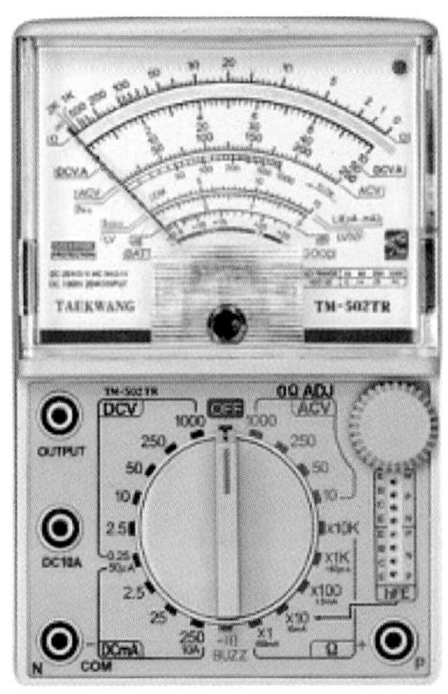

그림 4-1 회로 시험기

회로 시험기는 직류 전압, 교류 전압, 직류 전류, 교류 전류, 저항 등의 기본적인 전기량을 측정할 수 있으며 콘덴서, 다이오드, 트랜지스터 등을 측정할 수 있는 기능이 있다. 전압은 1000 V 이내, 전류는 약 250 mA, 저항은 20 MΩ 정도까지 측정할 수 있으며, 측정 결과를 표시하는 방법에 따라 아날로그 방식과 측정 결과를 수치로 나타내는 디지털 방식으로 구분된다.

1-2 회로 시험기 사용 시 유의 사항

① 사용 시에는 흑색 리드선은 COM(−) 단자에, 적색 리드선은 V·Ω·A(+) 단자에 삽입한다.
② 사용하지 않을 때에는 선택 스위치를 OFF 위치에 놓는다.
③ 측정 리드선을 접속한 상태에서 선택 스위치를 전환하지 않도록 한다.
④ 동작 중인 기기의 저항은 절대 측정하지 않는다.
⑤ 대용량 콘덴서의 측정 시에는 꼭 방전 후에 실시한다.
⑥ 2배 이상의 정격에서는 회로 시험기가 파손되므로 주의한다.
⑦ 사용 후에는 리드선을 회로 시험기에서 분리한다.

1-3 회로 시험기 실습 순서

(1) 작업 준비

① 회로 시험기 및 리드선을 준비하고 상태를 점검한다.
② 회로 시험기의 내부 건전지의 상태를 확인한다.

(2) 0점을 조정

① 지침이 눈금관의 좌측 0점을 지시하는지 확인한다.
② 지침이 0점을 지시하지 않을 경우 눈금판 바로 밑에 있는 0점 조정용 나사를 소형 드라이버로 좌우로 미세 조정하여 지침이 0점을 지시하도록 조정한다.

(3) 저항값 측정

① 회로 시험기와 저항값이 다른 색저항을 준비한다.
② 적색 리드선을 회로 시험기의 V·Ω·A(+) 단자, 흑색 리드선을 COM(−) 단자에 구분하여 삽입한다.
③ 선택 스위치를 저항 범위(range)×1K에 놓고 리드선의 단자봉을 서로 단락한 후 회로 시험기의 전면 좌측에 있는 0Ω 조정 스위치(0Ω ADJ)를 조절하여 지침이 눈금판 오른쪽 끝 0을 지시하도록 조정한다.
④ 준비된 색 저항의 저항을 측정한다.

⑤ 지침이 무한대 부근을 지시하면 선택 스위치를 ×10K로 바꾸고, 0 부근을 지시하면 ×100, ×1로 바꾸어 지침의 지시가 눈금판 중앙 부근을 지시하도록 조절하여 측정한다.

선택 스위치를 바꿀 때마다 각 배율에서 0을 조정한 후 측정하고, 측정값은 실측된 눈금값에 선택된 배율을 곱하여 얻는다.

(4) 교류 전압을 측정

① 교류 전원을 측정하기 위하여 선택 스위치를 "AC V" 범위 중에서 교류 전압 최대 측정 범위인 1000V에 놓는다.

② 회로 시험기의 두 리드선 단자봉 극성 없이 피측정 전압의 양단에 접촉하고 지침이 멈춘 위치의 교류 전압 눈금 중에서 선택된 전압 레인지에 해당하는 값을 읽는다.

③ 측정값이 너무 높거나 낮으면 지침이 눈금판의 중앙 부근을 지시하도록 선택 스위치를 20, 50, 10V 등으로 바꾸어 측정한다.

④ 실습실 벽체 콘센트 전압을 측정한다.

⑤ 예측이 불가능한 교류 전압을 측정할 경우 반드시 높은 전압 범위에서부터 낮은 전압 범위로 선택을 변화시켜가면서 측정한다.

⑥ 낮은 전압 범위(range)를 선택하여 높은 전압을 측정하면 회로 시험기가 파손되는 경우가 있으므로 주의한다.

표 4-1

측정 개소	선택 전압 레인지	측정 전압[V]
1		
2		
3		

(5) 직류 전압을 측정한다.

① 건전지 2개를 준비한다.

② 선택 스위치를 "DC V" 범위에서 10V에 놓는다.

③ 직류 전압의 측정은 극성을 일치시켜야 하므로 회로 시험기의 적색 리드선의 단자봉은 건전지의 (+) 단자에, 흑색 리드선의 단자봉은 (−) 단자에 접속한다.

④ 지침이 멈추면 측정 범위의 선택값을 최댓값으로 읽기 편한 눈금을 선택하여 측정값을 읽는다.
⑤ 미지의 전압을 측정할 경우 높은 전압 범위부터 선택하여 측정하며 측정값이 작아지면 지침이 눈금판의 중앙 부근을 지시하도록 선택 스위치의 범위를 작은 값으로 낮추어가면서 측정한다.
⑥ 직류 전압 측정 중에 지침이 시계 반대 방향으로 움직이면 단자봉 접속을 반대로 하여 측정한다.
⑦ 건전지를 한 개 두 개를 직·병렬로 접속을 바꾸어가며 전압을 측정한다.

표 4-2

측정 대상	선택 전압 레인지	측정 전압[V]
건전지 1개		
직렬 접속		
병렬 접속		

(6) 직류 전류를 측정한다.

① 건전지 색저항 300Ω 10kΩ을 준비한다.
② 선택 스위치를 DCmA 범위에서 최대 측정 범위인 250mA에 놓는다.
③ 건전지와 저항을 직렬로 연결하고 회로시험기에 적색 리드선에 단자봉은 건전지의(=) 단자 측에, 흑색 리드선의 단자봉은 (−) 단자 측에 접속한다.
④ 미지값의 측정 시 높은 범위를 선택하여 낮은 범위로 낮추어가면서 측정하며, 일반적으로 회로 시험기를 사용하여 전류의 측정은 하지 않는 것이 보통이다.
⑤ 저항 300Ω, 10kW을 6V의 전원에 연결하여 전류를 측정하고 결과를 다음 표에 작성한다.

표 4-3

측정 대상	선택 전압 레인지	측정 전압[V]
300V		
10V		

02 전압 전류 측정

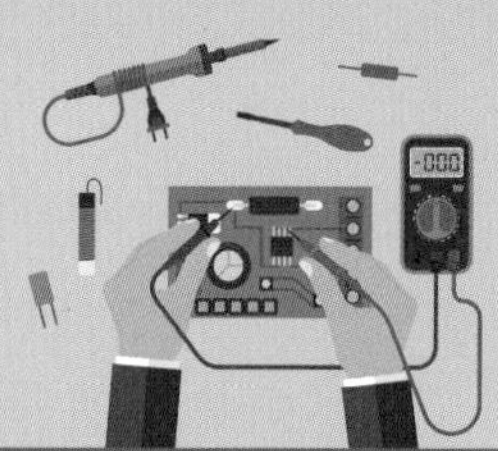

2-1 옴의 법칙

전기 회로에 흐르는 전류 I[A]는 회로에 인가된 전압 V[V]에 비례하고 저항 R[Ω]에 반비례하여 흐르며 다음의 관계가 성립한다.

$$I[\mathrm{A}] = \frac{V[\mathrm{V}]}{R[\Omega]}$$

$$R[\Omega] = \frac{V[\mathrm{V}]}{I[\mathrm{A}]}$$

$$V[\mathrm{V}] = I[\mathrm{A}] \times R[\Omega]$$

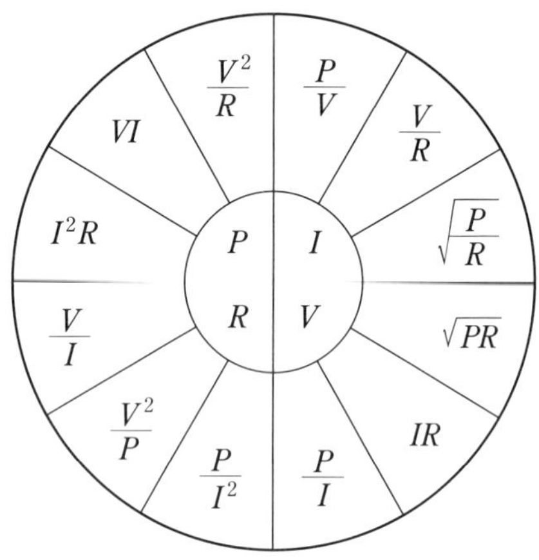

그림 4-2

2-2 저항의 접속

① 직렬 접속에서의 합성 저항은 다음의 식으로 계산한다.

$$R = R_1 + R_2 + R_3 + \cdots + R_N[\Omega]$$

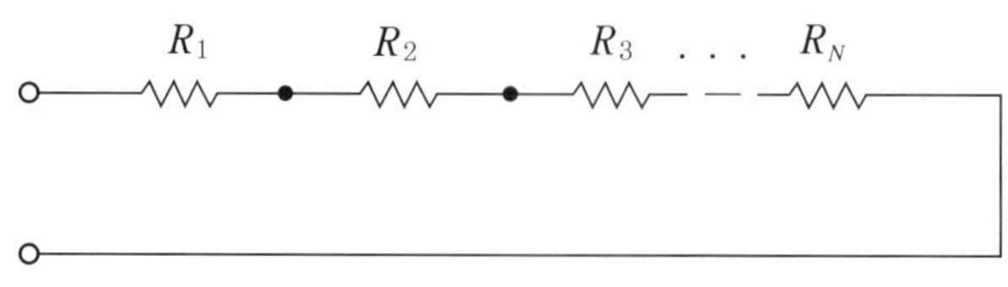

그림 4-3

② 병렬 접속에서의 합성 저항은 다음의 식으로 계산하며, 병렬 시의 합성 저항값은 병렬 연결된 저항 중에서 가장 적은 값보다 적은 값으로 나타낸다.

$$R=\frac{1}{\frac{1}{R_1}+\frac{1}{R_2}+\frac{1}{R_3}+\cdots+\frac{1}{R_N}}[\Omega]$$

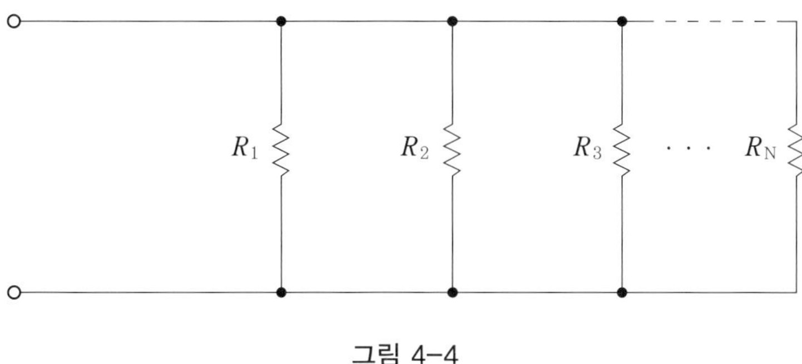

그림 4-4

③ 직 · 병렬 접속에서의 합성 저항은 병렬 접속된 부분의 저항을 구한 다음, 각 그룹이 직렬 접속된 것으로 보아 다음의 식으로 계산한다.

$$R=R_0+\frac{1}{\frac{1}{R_1}+\frac{1}{R_2}}[\Omega]$$

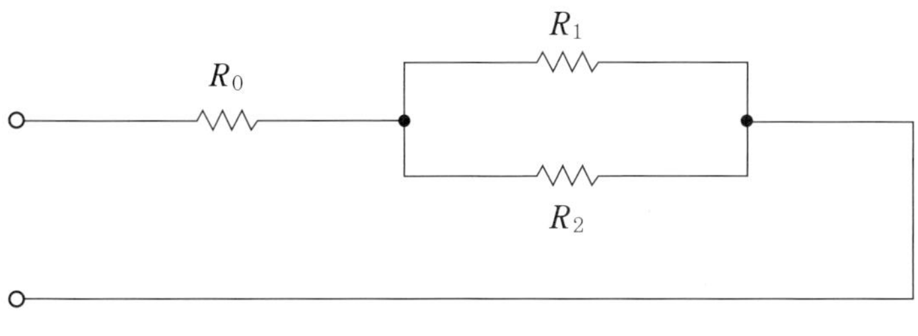

그림 4-5

2-3 분압 법칙과 분류 법칙

① 분압 법칙은 저항이 직렬로 연결되어 있는 회로에서 각각의 저항에 걸리는 전압의 크기는 그 저항값에 비례함을 정의한 법칙이다.

$$V_1 = \frac{R_1}{R_1 + R_2} V$$

$$V_2 = \frac{R_2}{R_1 + R_2} V$$

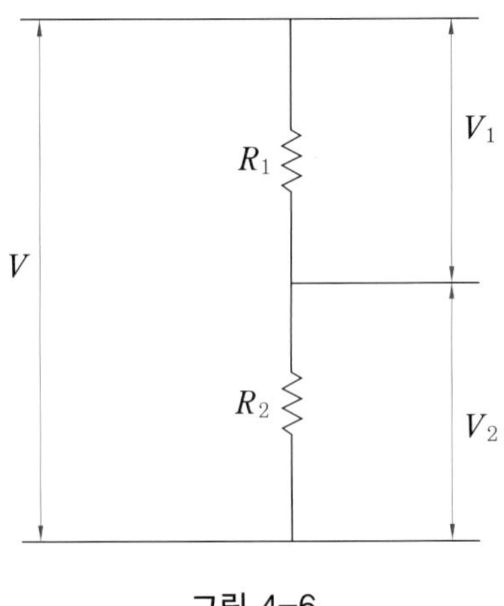

그림 4-6

② 분류 법칙은 저항이 병렬로 연결된 회로에서 각각의 저항을 흐르는 전류의 크기는 그 저항값에 반비례함을 정의한 법칙이다.

$$I_1 = \frac{R_2}{R_1 + R_2} I$$

$$I_2 = \frac{R_1}{R_1 + R_2} I$$

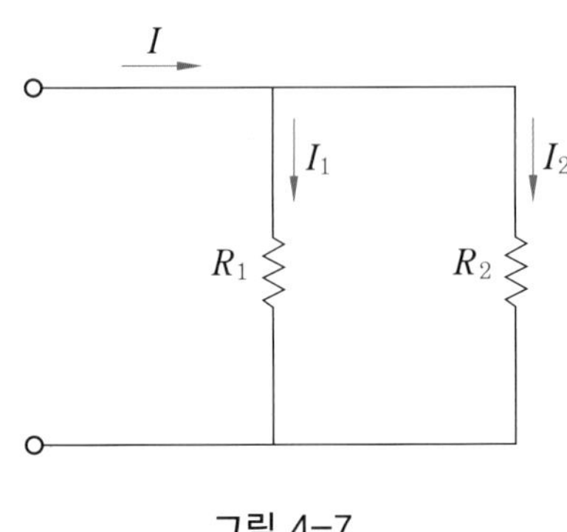

그림 4-7

2-4 직류 전압계 및 직류 전류계

① 직류 전압계 및 직류 전류계는 가동 코일형 계기로 영구 자석의 두 극 사이에 가동 코일을 설치하여 피측정 전기량에 의해 가동 코일에 흐르는 전류와 영구 자석의 자장 사이에 발생되는 전자력에 의해 구동 토크를 얻는 계기이다.

② 가동 코일형 계기는 평등 눈금으로 구동 토크가 크고 감도나 정확도가 높으며 온도나 외부 자장에 의한 오차가 적은 것이 특징이다.

③ 직류 전압계나 직류 전류계로 전압, 전류를 측정할 때는 극성에 유의한다. 그러나 교류 전압계나 교류 전류계에서는 극성을 고려하지 않는다.

2-5 실습 순서

(1) 직류 전압, 전류 측정에 필요한 장비를 준비한다.

(2) 회로에 전압을 측정한다.

① 전압 측정을 위한 회로를 구성한다.

② 직류 전압계의 측정 전압에 알맞은 측정 레인지를 확인한다.

③ 측정 대상 회로에 전원을 인가하지 않은 상태에서 전압계의 (+) 단자는 전원 측의 (+)극 쪽에 접속하고, (−) 단자는 측정에 적당한 단자를 선택하여 전원 측의 (−)극 쪽에 전압을 측정하려는 저항 R_1의 양단에 병렬로 접속한다.

④ 전원을 인가하면 지침이 왼쪽에서 오른쪽으로 움직인다. 지침이 멈춘 후 지시값을 읽는다. 만약 지침의 움직임이 반대라면 전압계의 극성이 바뀐 경우이다.

⑤ 저항 R_1, R_3 양단 전압과 R_1-R_2, R_2-R_3 및 R_1-R_3의 양단 전압을 차례로 측정한다.

⑥ 측정 결과를 표에 작성한다.

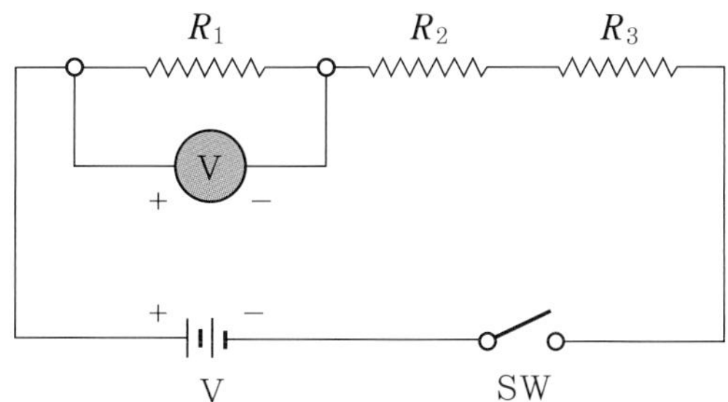

그림 4-8 R_1 저항 양단의 전압 측정

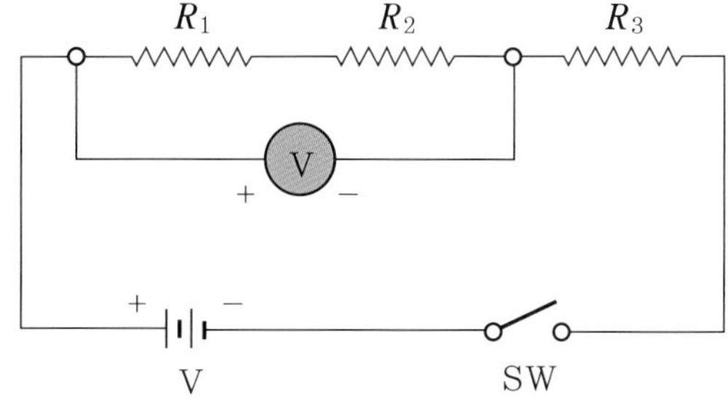

그림 4-9 R_1-R_2 저항 양단의 전압 측정

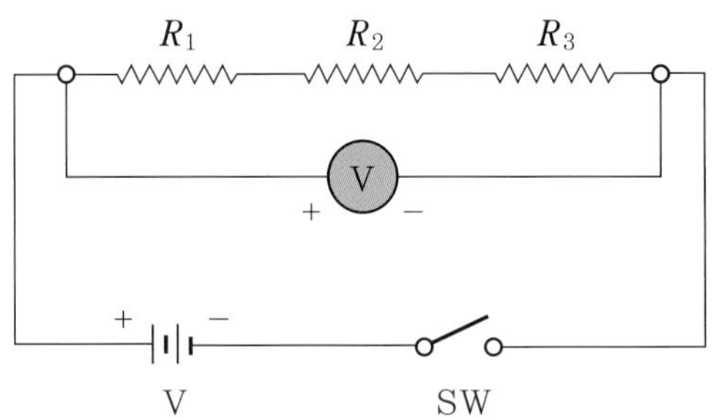

그림 4-10 R_1-R_3 저항 양단의 전압 측정

표 4-4 측정 결과표

$V=$ [V], $R_1=$ [Ω], $R_2=$ [Ω], $R_3=$ [Ω]		
측정 대상	측정 전압[V]	계산 전압[V]
R_1		
R_2		
R_3		
R_1+R_2		
R_1+R_3		
$R_1+R_2+R_3$		

(3) 회로의 전류를 측정한다.

① 직류 전류계의 측정 전류에 알맞은 측정 레인지를 확인한다.

② 전류 측정을 위한 회로를 구성한다.

③ 측정 대상 회로에 전원을 인가하지 않은 상태에서 전류를 측정하려는 지점에 전류계의 (+) 단자는 전원 측의 (+)극 쪽에 결선하고, (−) 단자를 부하 측에 직렬로 접속한다.

④ 전원을 인가하는 지침이 왼쪽에서 오른쪽으로 움직인다. 지침이 멈춘 후 지시값을 읽는다. 만약 지침의 움직임이 반대라면 전류계의 극성이 바뀐 경우이다.

⑤ 저항 R_1만의 회로, R_2, R_3의 직렬 회로 및 R_1과 R_2가 병렬 접속 시 전류를 측정한다.

⑥ 측정 결과를 표에 작성한다.

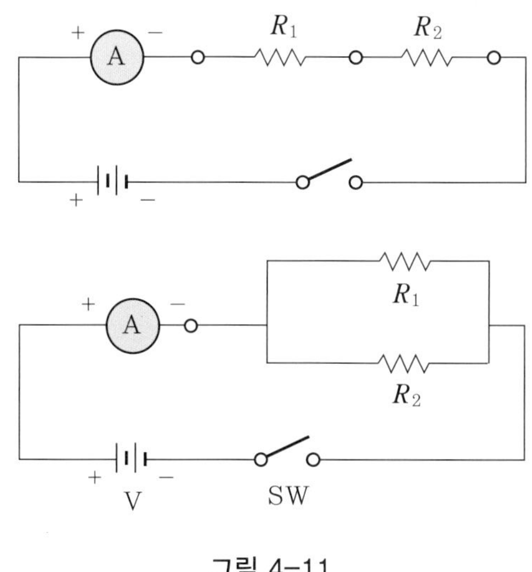

그림 4-11

표 4-5 측정 결과표

$V=$ [V], $R_1=$ [Ω], $R_2=$ [Ω]			
측정 대상		측정 전류[A]	계산 전류[V]
R_1	I		
R_1, R_2 직렬	I		
R_1, R_2 병렬	I		
	I		
	I		

(4) 전압 및 전류를 동시에 측정하기 위한 회로를 구성한다.

① 전압 및 전류를 동시에 측정하기 위한 회로를 구성한다.

② 측정 대상 회로에 전원을 인가하지 않은 상태에서 전압계는 극성을 맞추어 저항 R_0에 병렬로, 전류계는 저항 R_0에 직렬로 결선한다.

③ 전원 전압 V의 값을 변화시키고 각각의 경우에서 전압 및 전류를 측정한다.

④ 측정 결과를 표에 작성한다.

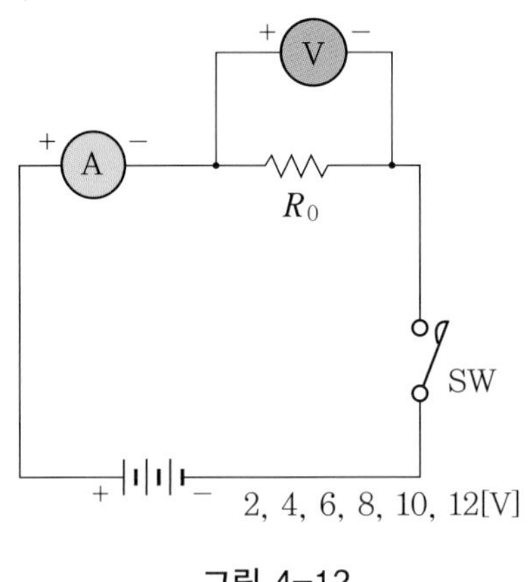

그림 4-12

(5) 측정 회로에서 측정 결과와 계산값을 비교하여 분석한다.

표 4-6 측정 결과표

전원 전압	측정 전압[V]	측정 전류[A]	저항값[Ω]
2V			
4V			
6V			
8V			
10V			
12V			

03 절연 저항 측정

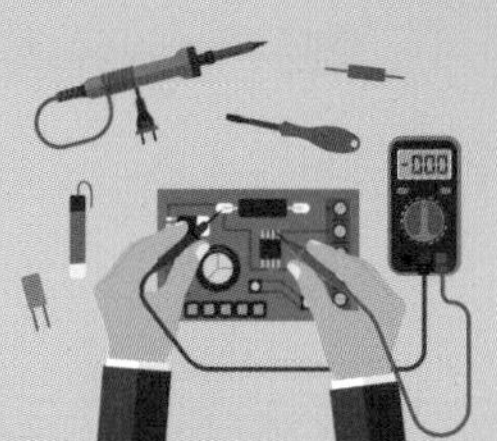

3-1 절연 저항계

절연 저항계는 전선로나 전기 기기의 절연 저항을 측정한다. 일반적으로 메거(Megger)라고 부른다.

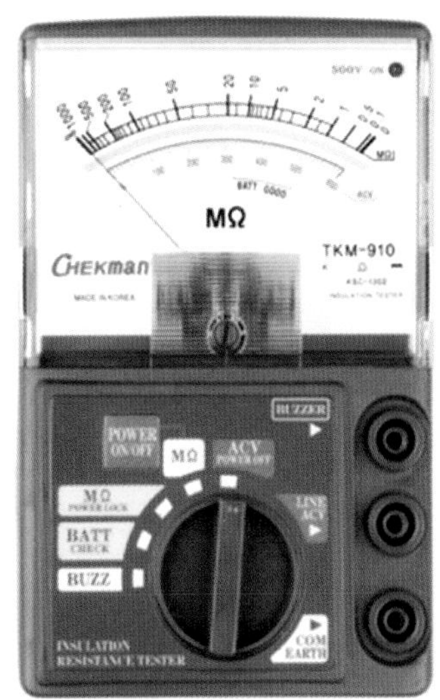

그림 4-13 절연 저항계

① 절연 저항이란 절연된 두 물체 간에 전압을 가했을 때 절연물을 통해 작은 누설 전류가 흐르게 되는데 이때의 전압과 전류의 비를 의미한다. 측정된 절연 지향 값이 낮다는 것은 절연 상태가 나쁨을 의미한다. 오랜만에 사용되는 기기는 운전 전에 안전을 위하여 반드시 절연의 불량 여부를 확인하여야 하며, 전기 설비는 절연 저항을 정기적으로 측정하여 점검하여야 한다.

② 전압의 옥내 배선과 여기에 접속되는 전기 기기의 전선 상호 간 및 전선과 대지 사이의 절연 저항은 한국전기설비규정(KEC) 제52조에 명시하고 있는 사용 전압에 따른 기준 이상이어야 한다.

표 4-7 전로의 최저 절연 저항값

전로의 사용 전압 구분		절연 저항
400V 미만	대지 전압이 150V 이하인 경우	0.1MΩ
	대지 전압이 150V 초과 300V 이하인 경우	0.2MΩ
	사용 전압이 300V 초과 400V 미만인 경우	0.3MΩ
400V 이상		0.4MΩ

3-2 절연 저항계 실습 순서

(1) 작업 준비를 한다.

① 절연 저항계 본체 및 리드선의 상태를 점검한다. 전지식인 경우 내부 건전지를 검사한다.

② 절연 저항계의 Line 단자와 Earth 단자를 개방한 상태에서 (∞)를 지시하는가를 확인한다.

③ Line 단자와 Earth 단자를 단락하고 핸들을 돌렸을 때 지침이 0을 지시하는지 확인한다.

(2) 옥내 배선의 선 간 절연 저항을 측정한다.

① 측정할 전로의 분기 개폐기를 OFF하여 전원으로부터 분리한다.

② 개폐기로부터 분기된 회로에 연결된 모든 스위치를 OFF시킨다.

③ 개폐기로부터 분기된 회로에 설치된 콘센트에서 모든 기구를 제거한다.

④ L단자 리드선과 E단자 리드선을 회로의 각 선에 연결하여 먼저 핸들을 천천히 돌려 단락 개소가 없는지를 확인한다. 만약 단락 개소가 있다면 지침은 0을 지시한다.

⑤ 단락되지 않은 것을 확인한 후 핸들을 규정 속도로 회전시켜 절연 저항값을 측정한다.

⑥ 측정한 결과를 표에 기록한다.

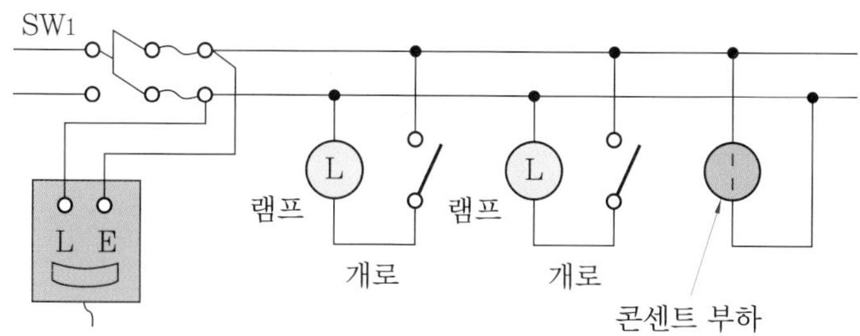

그림 4-14 선 간 절연 저항 측정

(3) 옥내 배선의 대지 간 절연 저항을 측정한다.

① 측정할 전로의 분기 개폐기를 OFF하여 전원으로부터 분리한다.

② 개폐기로부터 분기된 회로에 연결된 모든 전등이 설치되어 있는 상태로 스위치를 ON시킨다.

③ 개폐기로부터 분기된 회로에 사용하는 모든 전기 기구를 콘센트에 연결한다.

④ L단자 리드선은 분기 회로를 공통으로 묶어 연결하고 E 단자 리드선은 접지선, 접지된 철재, 수도관 중 한 곳에 연결한다.

⑤ 핸들을 규정 속도로 회전시켜 절연 저항값을 측정한다.

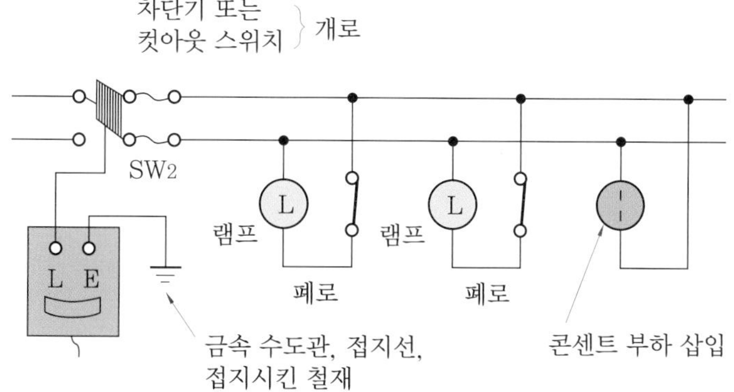

그림 4-15 대지 간 절연 저항 측정

(4) 전동기의 권선과 외함 사이의 절연 저항을 측정한다.

① 전동기의 전원을 차단한다.

② L단자 리드선을 전동기 전원선 단자를 공통으로 묶어 연결하고, E단자 리드선은 페인트가 칠해지지 않은 외함의 한 곳이나 외함의 접지선, 회전축 등의 한 곳과 연결하여 측정한다.

③ 측정한 결과를 표에 기록한다.

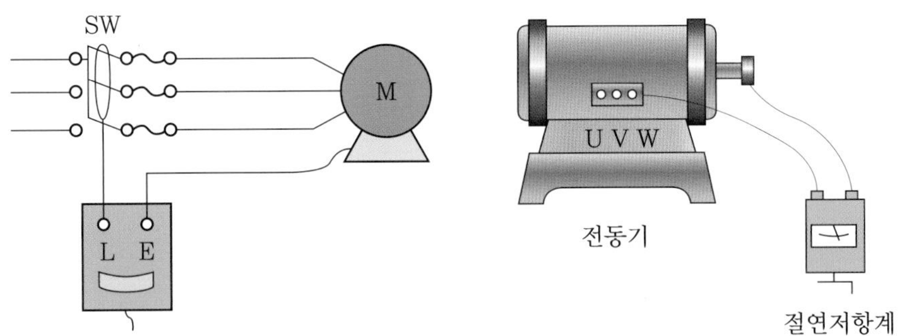

그림 4-16 전동기의 권선과 외함 사이의 절연 저항 측정

표 4-8 측정 결과표

측정 대상	옥내 배선		전동기 권선과 외함
	전선 상호 간	전선과 대지 간	
절연 저항 [MΩ]			

04 회전 속도 측정

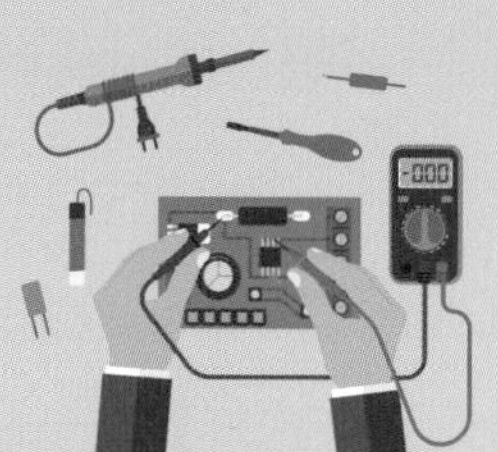

4-1 회전계

회전 속도를 측정하는 회전계에는 작동 방법에 따라 접촉식, 비접촉식 등이 있다.

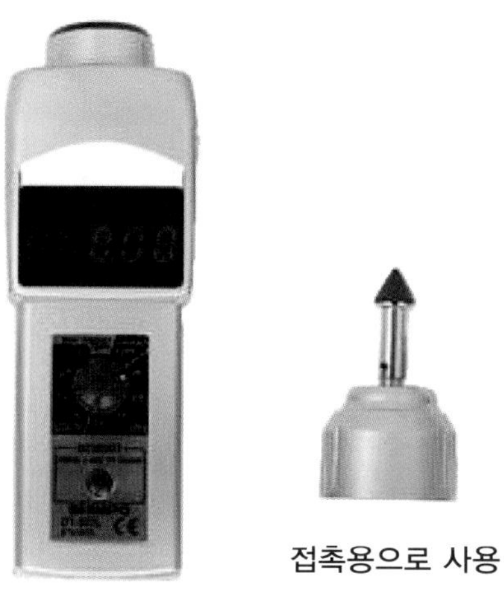

그림 4-17 회전계

① 교류 전동기에서 회전계의 회전수는 극수의 주파수에 의해 결정된다. 일반적으로 기계 장치의 구동원으로 많이 사용되는 3상 농형 유도 전동기의 회전 속도는 동기 속도보다 조금 느리게 회전된다.

- 동기 속도 $(N_S) = \dfrac{120 \times 주파수(f)}{극수(P)}$ [rpm]
- 전동기 회전 속도 $(N) = (1-s)N_S$[rpm]

* s는 슬립으로 3% 정도의 값을 갖는다.

② 시계식 회전계는 구동축 접촉자를 회전체의 축 중심과 일치시켜 접속시킨 후 스타트 버튼을 누르면 전도 기구가 연결되어 지침이 회전수를 지시한다. 장침의 1회전은 1000 rpm을 나타내며, 장침 1회전당 단침은 1눈금씩 움직인다. 측정 후 0점으로의 복귀는 버튼을 눌러 실시한다.

③ 광전식 회전계는 회전축 상에 적당한 크기로 반사 테이프를 부착하고 30 cm 정도 멀어진 거리에서 빛을 조사시키면 반사된 빛이 눈의 잔상과 같이 대칭될 때 지침이 정지되어 회전수를 측정할 수 있다.

④ 발전식은 발전기의 기전력이 회전수에 비례하는 원리를 이용한 것으로 그 발생 전압을 회전수로 표시한 회전계이다.

4-2 회전계 실습 순서

(1) 작업을 준비한다.

① 회전계 및 측정 대상 기구를 준비한다.
② 광전식 회전계의 경우 내장된 건전지를 검사한다.

(2) 시계식 회전계로 회전 속도를 측정한다.

① 회전체의 구동축의 상태를 확인하여 알맞은 회전계의 구동축용 접촉자를 선택한다.

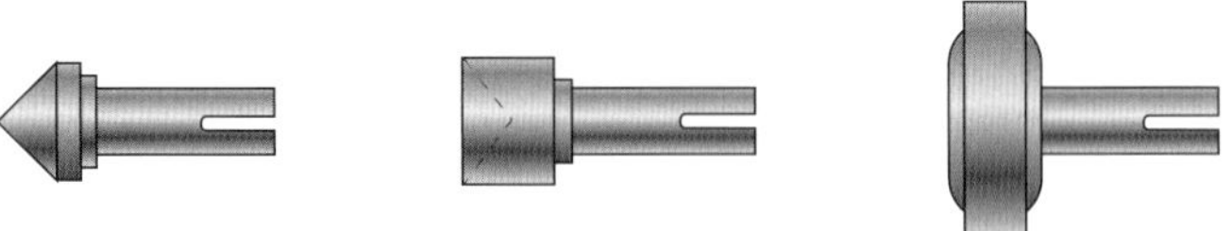

그림 4-18 접촉식 회전계 접촉자

② 구동축용 접촉자를 회전계의 회전축에 삽입하여 고정시킨다. 이때 무리한 힘을 가하면 고정용 키가 손상되므로 주의한다.
③ 정지된 회전체의 구동축과 접촉자를 끼운 회전계의 회전축이 일치하도록 접촉시킨다.
④ 회전체를 구동시킨 다음 회전계의 동작 버튼을 누르고 3초 이상 회전시킨 후 지침의 값을 읽는다.

⑤ 측정 후 복귀 버튼을 눌러 지침을 0점으로 복귀시킨다.

⑥ 유도 전동기 회전수와 선풍기를 1단, 2단, 3단으로 회전 변경시켜 주면서 각각의 회전수를 측정하여 표에 기록한다.

(3) 광전식 회전계로 회전 속도를 측정한다.

① 회전체의 구동축의 상태를 확인하여 알맞은 위치에 반사 테이프를 붙인다.

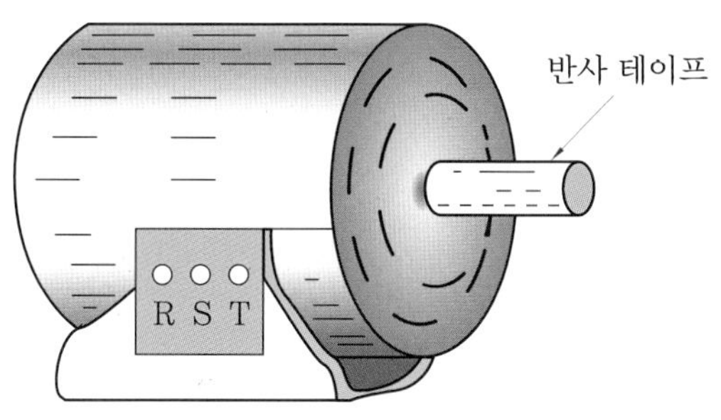

그림 4-19 반사 테이프 부착 위치

② 회전계를 구동시킨 후 30 cm 정도 떨어진 위치에서 반사 테이프에 빛이 조사되도록 방향을 조절하여 동작 버튼을 누른 후 회전계의 지침이 정지되면 값을 읽는다.

③ 유도 전동기 회전수와 선풍기를 1단, 2단, 3단으로 회전 변화시켜 주면서 각각의 회전수를 측정하여 표에 기록한다.

표 4-9 측정 결과표

측정 대상 \ 종류		시계식 회전식(rpm)	광전식 회전식(rpm)
유도 전동기			
선풍기	1단		
	2단		
	3단		

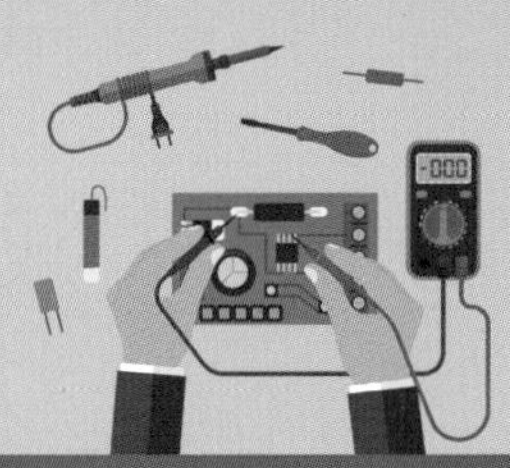

05 조도 측정

5-1 조도계

조도계는 단위 면적당으로 조사되는 측광량을 측정하는 계기이다.

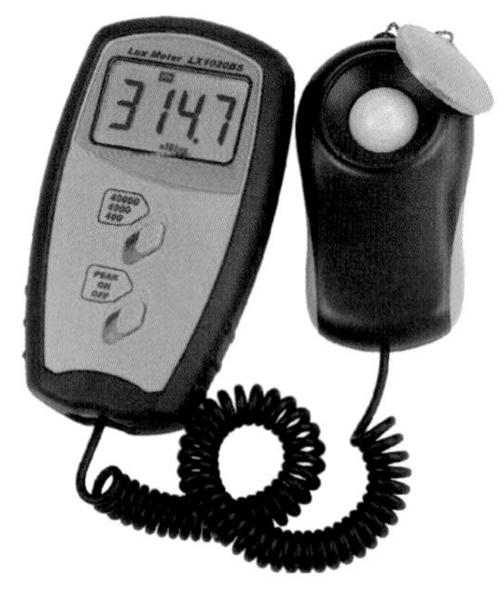

그림 4-20 조도계

① 조도계는 수광부와 지시부로 구성되어 있다.

- 수광부로 빛을 받아들이는 부분이다.
- 배율 선택 스위치로 측정 범위를 선택한다.

② 조도(illumination)는 단위 면적당에 입사되는 광속을 의미하며, 측정 면의 밝기 정도를 나타내는 양으로 단위는 럭스(lux)를 사용한다.

③ 조도는 광속의 면적 밀도로 밝기를 의미하며, 광선과 피조면의 위치에 따라 법선 조도, 수평선 조도, 수직면 조도로 분류된다.

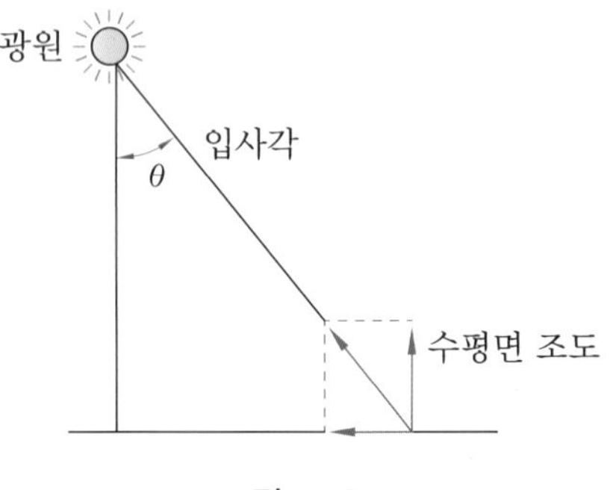

그림 4-21

④ 실내 조명의 경우 실의 용도, 사용 목적, 작업 내용에 따라 조도의 기준값이 한국산업규격(KS A 3011)에 규정되어 있다.

표 4-10 조도의 기준값

종 류		조도(lux)
사무실	응접실, 회의실	50~100
	일반 사무실	100~200
	제도실	200~400
학교	강당, 집회실, 체육실	20~50
	보통 교실, 실험실	50~100
	제도실, 도서실	100~200
주택	거주용 방, 부엌	100
	독서	100~200
	재봉, 어린이 공부방	200~400
상점	가구, 잡화, 육류	100~200
	서적, 문방구, 약국, 식료품	150~300
	의료, 양품, 귀금속	200~500

정밀 정도	작업 내용	전반 조명 조도(lux)	국부 조명에 의한 작업 부분 조도(lux)
초정밀	기계, 정밀 검사	50~200	1000~5000
정밀	기계, 금속, 인쇄	40~80	300~1000
	자동차, 도장, 조립	100~200	100~300
보통	기계, 주조, 용접	30~60	–
	금속, 화학, 방직	50~100	50~100
상점	목공	20~40	–
	금속, 화학, 구조	20~50	–

5-2 조도계 실습 순서

(1) 작업 준비를 한다.

① 수광부에 빛이 조사되지 않게 하여 지시계의 0점을 체크한다.

② 측정 범위 선택 스위치를 최대 레인지인 3000lux에 맞춘다.

2) 조도를 측정한다.

① 측정에 알맞은 측정 범위 선택 스위치로 맞춘다.

② 수과부를 측정하려는 위치에 둔다.

③ 작업면의 수평면 조도를 측정할 때는 실의 바닥면에서 85cm 정도 떨어진 면에서 수광부의 수광면이 바닥과 나란하게 놓는다. (그림 4-22)

④ 작업면의 법선 조도를 측정할 경우에는 입사 광선과 직각이 되도록 수광부의 수광면을 놓는다. (그림 4-23)

그림 4-22

그림 4-23

⑤ 일반적인 측정은 1분 정도로 정밀 측정의 경우 5분 정도 수광부에 빛을 조사시켜 지시가 안정되어 있을 때 지시값을 읽는다.

⑥ 지침이 눈금의 1/3 이하를 지시할 경우 배율 선택 스위치의 배율을 낮추어 정확한 측정을 한다.

⑦ 측정 대상을 측정 위치에 따르거나 현장의 상황에 맞도록 재설정하여 수평면 조도를 측정하여 측정 결과를 기록하고 보고서를 작성한다.

⑧ 4점 측정법이나 5점 측정법을 이용하여 전반 조명의 측정 지점 수평면 조도를 측정하여 산술 평균값을 구한다.

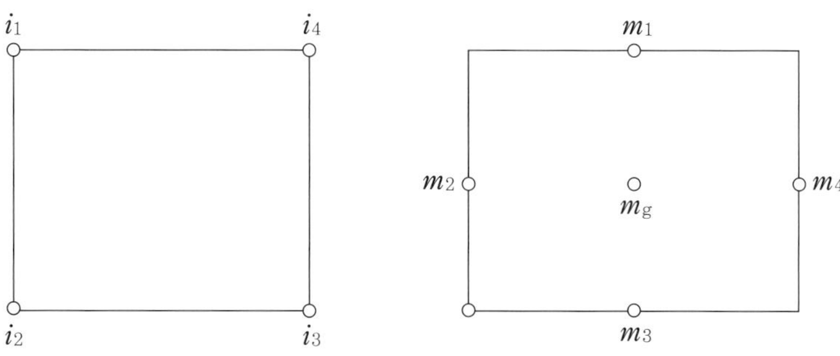

그림 4-24

- 4점 조도 측정법

$$E_{AV} = \frac{1}{4}(E_{i1} + E_{i2} + E_{i3} + E_{i4})$$

- 5점 조도 측정법

$$E_{AV} = \frac{1}{6}(E_{m1} + E_{m2} + E_{m3} + E_{m4} + E_{mg})$$

⑨ 측정 후에는 배율 선택 스위치의 배율을 최대 레인지로 놓는다.

(3) 측정 결과를 기록 정리한다.

① 전반 조명의 경우 광원의 종류, 온도 및 습도 등을 기록하며 측정 방법을 기록한다.

② 측정 대상의 측정 위치를 변경하면서 측정하여 기록한다.

표 4-11 측정 결과표

측정 대상	수평면 조도(lux)	비 고
측정실의 작업대 위		
측정실의 바닥면		
강의실 책상면		
강의실 바닥면		
실험실 실험대면		
강당의 실내		
기계 공작실 작업면		

실습 과제 1 회로 시험기 사용하기

■ 요구 사항

1. 준비된 색 저항의 저항을 측정하여 기록한다.

	저항 색	선택 전압 레인지	측정 저항[Ω]
1			
2			
3			
4			
5			
6			

2. 측정 개소를 선택하여 교류 전압을 측정하여 기록한다.

측정 개소	선택 전압 레인지	측정 전압[V]
1		
2		
3		

3. 건전지를 직렬, 병렬 접속하여 직류 전압을 측정하여 기록한다.

측정 대상	선택 전압 레인지	측정 전압[V]
건전지 1개		
직렬 접속		
병렬 접속		

실습 과제 2 전압 측정하기

■ 요구 사항

1. 전압 측정을 위한 회로를 구성한다.
2. 직류 전압계의 측정 전압에 알맞은 측정 레인지를 확인한다.
3. 저항 R_1, R_3 양단 전압과 R_1-R_2, R_2-R_3 및 R_1-R_3의 양단 전압을 반복하여 차례로 측정한다.
4. 측정 결과를 표에 작성한다.

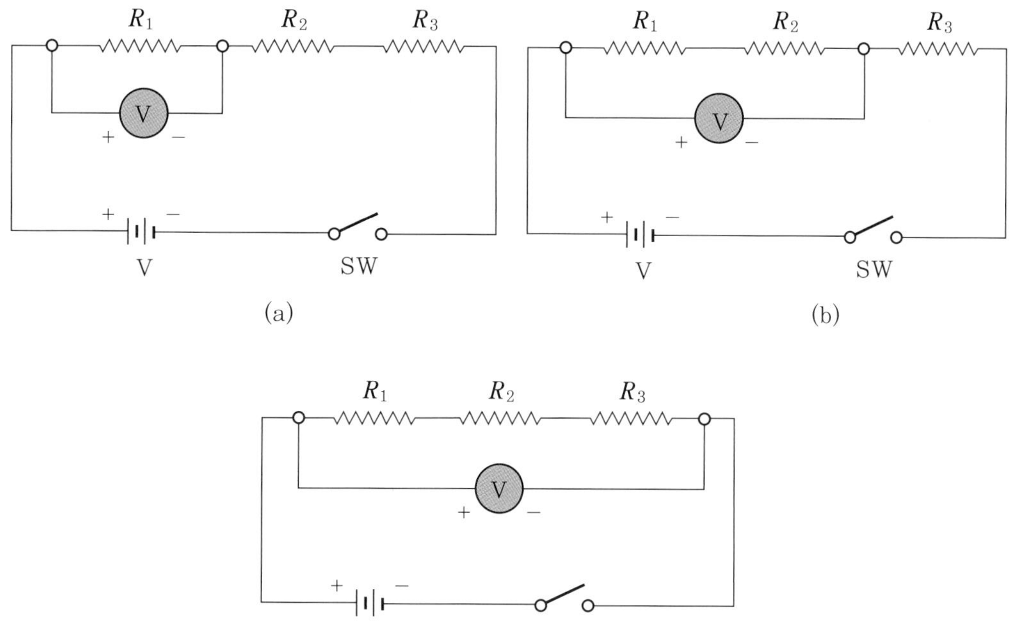

$V=$ [V], $R_1=$ [Ω], $R_2=$ [Ω], $R_3=$ [Ω]		
측정 대상	측정 전압[V]	계산 전압[V]
R_1		
R_2		
R_3		
R_1+R_2		
R_2+R_3		
$R_1+R_2+R_3$		

실습 과제 3 전류 측정하기

■ 요구 사항

1. 직류 전류계의 측정 전류에 알맞은 측정 레인지를 확인한다.
2. 전류 측정을 위한 회로를 구성한다.
3. 저항 R_1만의 회로, R_2, R_3의 직렬 회로 및 R_1과 R_2가 병렬 접속 시 전류를 측정한다.
4. 측정 결과를 표에 작성한다.

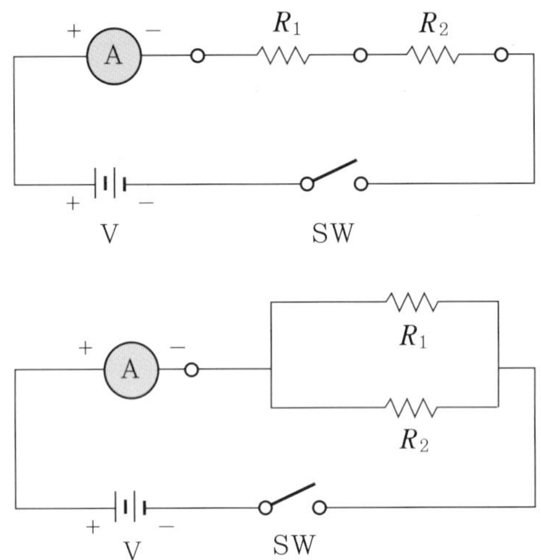

$V=$ [V], $R_1=$ [Ω], $R_2=$ [Ω]			
측정 대상		측정 전류[A]	계산 전류[V]
R_1	I		
R_1, R_2 직렬	I		
R_1, R_2 병렬	I		
	I		
	I		

실습 과제 4 전압 전류 측정하기

■ 요구 사항

1. 전압 및 전류를 동시에 측정하기 위한 회로를 구성한다.
2. 측정 대상 회로에 전원을 인가하지 않은 상태에서 전압계는 극성을 맞추어 저항 R_0에 병렬로, 전류계는 저항 R_0에 직렬로 결선한다.
3. 전원 전압 V의 값을 변화시키고 각각의 경우에서 전압 및 전류를 측정한다.
4. 측정 결과를 표에 작성한다.
5. 측정 회로에서 측정 결과와 계산값을 비교하여 분석한다.

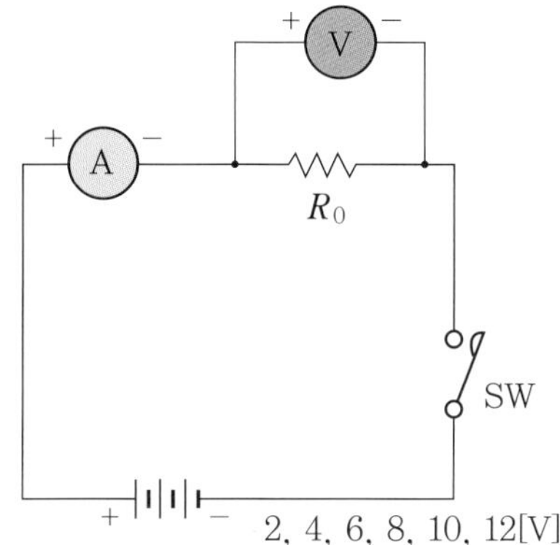

전원 전압	측정 전압[V]	측정 전류[A]	저항값[Ω]
2 V			
4 V			
6 V			
8 V			
10 V			
12 V			

실습 과제 5 절연 저항 측정

■ 요구 사항

1. 옥내 배선 회로의 선 간 절연 저항, 대지 간 절연 저항을 측정한다.
2. 전동기의 권선과 외함 사이의 절연 저항을 측정한다.
3. 측정 결과를 기록하고 절연 상태를 판정한다.

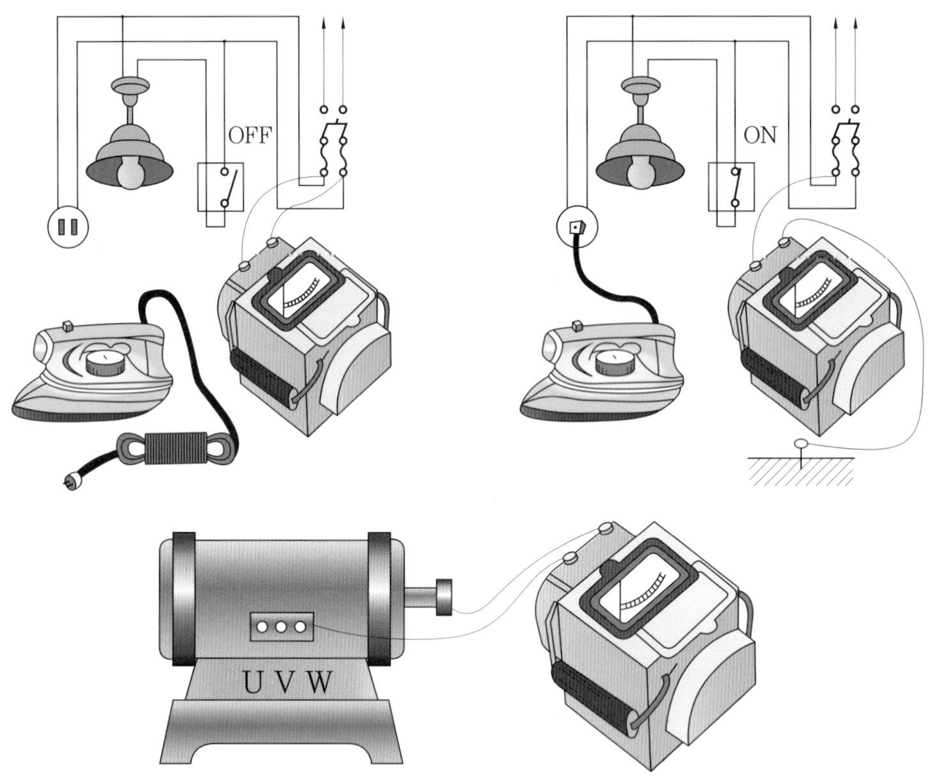

측정 대상	옥내 배선		전동기 권선과 외함
	전선 상호 간	전선과 대지 간	
절연 저항 (MΩ)			

실습 과제 6 회전 속도 측정

■ 요구 사항

1. 접촉식 회전계로 회전 속도를 측정한다.
2. 비접촉식 회전계로 회전 속도를 측정한다.
3. 측정결과를 기록한다.

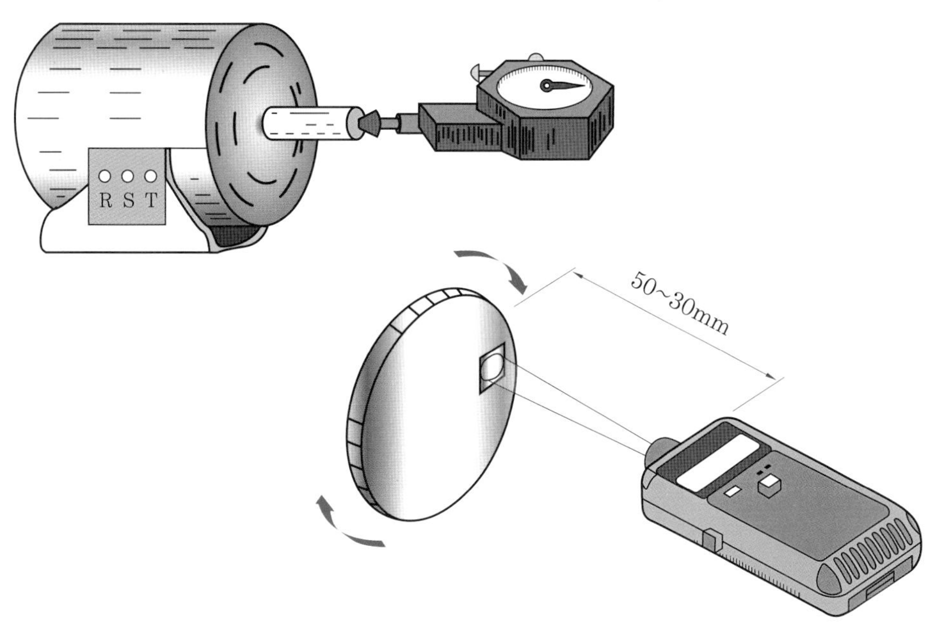

종류 / 측정대상		접촉식 회전식(rpm)	비접촉식 회전식(rpm)
유도 전동기			
선풍기	1단		
	2단		
	3단		

실습 과제 7 조도 측정

■ 요구 사항

1. 측정 대상을 측정 위치에 따라 전반 조명의 4점 측정법과 5점 측정법을 이용하여 수평면 조도를 측정한다.

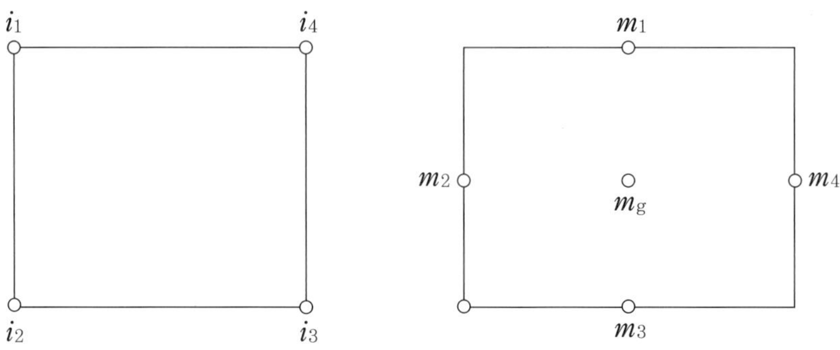

2. 측정 대상의 측정 위치를 바꾸어 가면서 측정하여 기록한다.

측정 대상	수평면 조도(lux)	비 고
측정실의 작업대 위		
측정실의 바닥면		
강의실 책상면		
강의실 바닥면		
실험실 실험대면		
강당의 실내		
기계 공작실 작업면		

부록

1. 전기 전자 단위
2. 전기 전자 부품
3. 승강기기능사 실기 공개 문제
4. 전기기능사 실기 공개 문제

1 전기 전자 단위

1 기본 단위와 유도 단위

대부분의 국가에서 채택하여 사용하고 있는 국제단위계(SI units)는 7개의 기본 단위가 그 바탕을 이루고 있으며 10진법에 따르고, 이를 나타내기 위해 20개의 접두어를 사용하여 기본 단위와 유도 단위로 분류된다. 기본 단위는 [표 1]과 같이 미터, 킬로그램, 초, 암페어, 켈빈, 몰, 칸델라의 7개 단위를 말한다. 유도 단위는 [표 2]와 같이 기본 단위들을 수학적 기호로 표현되는 단위이다.

[표 1] SI 기본 단위의 기호

기본명	SI 기본 단위		
	명칭	기호	표기
길이	미터	m	소문자
질량	킬로그램	kg	소문자
시간	초	s	소문자
전류	암페어	A	대문자
열역학적 온도	켈빈	K	대문자
물질량	몰	mol	소문자
광도	칸델라	cd	소문자

[표 2] 기본 단위로 표시된 SI 유도 단위의 예

유도량	SI 유도 단위	
	명칭	기호
넓이	제곱미터	m^2
부피	세제곱미터	m^3
속력, 속도	미터 매 초	m/s
가속도	미터 매 초 제곱	m/s^2
파동수	역 미터	m^{-1}
밀도, 질량밀도	킬로그램 매 세제곱미터	kg/m^3
부피	세제곱미터 매 킬로그램	m^3/kg
전류밀도	암페어 매 제곱미터	A/m^2

자기장의 세기	암페어 매 미터	A/m
(물질량의)농도	몰 매 세제곱미터	mol/m^3
광휘도	칸델라 매 제곱미터	cd/m^2
굴절률	하나(숫자)	1(*)

[표 3] 전기 · 전자 분야에서의 실용 단위

물리량	기호	단위의 명칭	단위의 약자	물리량	기호	단위의 명칭	단위의 약자
전류	I	암페어(Ampere)	A	전력	P	와트(Watt)	W
전위	V	볼트(Volt)	V	전하	Q	쿨롱(Coulomb)	C
저항	R	옴(Ohm)	Ω	정전용량	C	패럿(Farad)	F
컨덕턴스	G	모우(Mho)	℧	인덕턴스	L	헨리(Henry)	H
에너지, 일	W	줄(Joule)	J	주파수	f	헤르츠(Hertz)	Hz
자속	Φ	웨버(Weber)	Wb	기전력	E	볼트(Volts)	V

2 SI 접두어

SI 단위의 10진 배수 및 10진 분수에 대한 명칭과 기호를 구성하기 위하여 10^{24}부터 10^{-24} 범위에 대하여 일련의 접두어와 그 기호들을 채택한 접두어와 기호는 [표 4]와 같다.

[표 4] SI 접두어

인자	접두어	기호	인자	접두어	기호
10^{24}	요타(yotta)	Y	10^{-1}	데시(deci)	d
10^{21}	제타(zetta)	Z	10^{-2}	센티(centi)	c
10^{18}	엑사(exa)	E	10^{-3}	밀리(milli)	m
10^{15}	페타(peta)	P	10^{-6}	마이크로(micro)	μ
10^{12}	테라(tera)	T	10^{-9}	나노(nano)	n
10^{9}	기가(giga)	G	10^{-12}	피코(pico)	p
10^{6}	메가(mega)	M	10^{-15}	펨토(femto)	f
10^{3}	킬로(kilo)	k	10^{-18}	아토(atto)	a
10^{2}	헥토(hecto)	h	10^{-21}	젭토(zepto)	z
10^{1}	데카(deca)	da	10^{-24}	욕토(yocto)	y

2 전기 전자 부품

1 전기 전자 부품의 개요

전기 전자 부품(electrical & electronic component)은 전기 기기 내의 구성 요소로 다양한 기기에 증폭기, 수신기, 진동자 센서와 같은 기능으로 응용되어 사용되고 있다.

(1) 전기 전자 부품의 분류

전기 전자 부품은 크게 수동 부품(passive components), 능동 부품(active components) 및 보조 부품(auxiliary components)으로 구분할 수 있다.

① 수동 부품 : 수동 부품은 부품 스스로 아무 동작도 할 수 없지만, 능동 소자와 조합되어 능동 부품의 작동을 보완하거나 연결하는 기능을 발휘하는 부품으로 저항, 코일, 커패시터 등이 해당된다.

② 능동 부품 : 능동 부품은 외부로부터 에너지 공급을 받아 전기적인 신호를 발생하여 정류, 변조 또는 증폭할 수 있는 부품으로 전기를 가한 것만으로 입력과 출력에 일정한 관계를 갖는데 트랜지스터, IC, 다이오드, 연산증폭기(OP AMP) 등이 있다.

③ 보조 부품 : 보조 부품은 회로의 스위치 작동과 접속하는 기능을 수행하는 부품으로 스위치, 커넥터, 인쇄 회로 기판, 디스플레이(display), 단자, 전지 등이 해당 된다.

2 전기 전자 부품의 종류와 기호

전기 전자 회로도는 기호(symbol)의 연결로 구성되기 때문에 용도와 부품의 재질, 사용 전압이나 주파수, 용량, 규격 등 각종 전자 부품과 기호를 알아야 한다.

(1) 저항

저항(resistor)이란 도체에 전류를 흘렸을 때 전기의 흐름을 방해하는 부품으로 방해의 크기를 전기 저항이라 하고, 기호는 R, 단위는 Ω[Ohm]을 사용한다. 이러한 저항기는 재료에 따라 탄소계와 금속계로 분류되고, 고정 저항기와 가변 저항기로 구분할 수 있다.

[표 1]

부품명	실물 모양	기호	기능 및 용도
탄소 피막 저항기 (carbon film resistor)		—/\/\/—	• 가장 널리 사용되는 형태의 저항으로 세라믹 로드(ceramic rod)에 탄소 분말을 피막 형태로 입힌 후 나선형으로 홈을 파서 저항값을 조절하는 방법으로 만든다. • 일반용으로 가격이 싸고 가장 많이 사용되며, 고정밀도나 대전력이 아닌 모든 경우에 가장 널리 사용되는 형태의 저항이다. 단, 전류 잡음이 크기 때문에 고정밀도를 요구하는 경우에는 금속 피막형을 대신 사용하기도 한다.
금속 피막 저항기 (metal film resistor)		—/\/\/—	• 정밀한 저항이 필요한 경우에 가장 많이 사용되는 저항기로 특히 고주파 특성이 좋으므로 디지털회로에도 널리 사용된다. 제조 방법은 세라믹 로드에 니크롬, TiN, TaN, 니켈, 크롬 등의 합금을 진공증착, 스퍼터링 등의 방법으로 필름 형태로 부착시킨 후 홈을 파서 저항값을 조절하는 방법으로 만든다. • 대량생산에도 적합하고 온도 특성, 전류 잡음 등 많은 장점이 있지만, 재료의 특성상 탄소 피막 저항기보다 가격이 비싸다.
산화 금속 피막 저항기 (metal oxide film resistor)		—/\/\/—	• 세라믹 로드에 금속산화물의 도전성 박막을 코팅하여 저항체를 형성하고 자른 후 절연·보호 칠을 하여 제조한다. 소형으로 큰 전력용량의 저항기를 만들 수 있고 고온 안정성, 잡음, 주파수 특성도 우수한 저항기다. 특히 열에 강하고 소형에 많은 전류를 흘릴 수 있어 전원 회로 등에 널리 사용된다.
시멘트 저항기 (cement resistor)		—/\/\/—	• 시멘트 저항기는 온도와 습도로부터 저항기를 보호하기 위해 저항체를 시멘트 몰드에 넣어 만든 저항기다. 이렇게 만든 저항기는 내전압 특성이 우수하며 고온에도 잘 견디므로 주로 대전력을 다루는 부분에 사용된다.

메탈 클래드 저항기 (metal clad resistor)			• 메탈클래드 저항기가 있는데 방열성을 보다 높이기 위해 방열 핀을 갖춘 금속 덮개에 몰딩한 저항기이다. 메탈클래드의 금속 덮개에는 주로 알루미늄 등이 사용된다.
칩 저항기 (thick film resistor)			• 회로가 점점 소형화되고 부품 대부분이 SMT (Surface Mount Technology) 공법에 따라 장착되면서 개발된 새로운 형태의 저항기다. 이러한 칩 형태의 저항기는 세라믹 기판 위에 저항체를 후막 형태로 얹어서 제조하며 지속해서 소형화가 이루어지고 있다. 특히 고주파 특성이 우수하고 소형이므로 핸드폰, 컴퓨터 등의 최신 기기들에는 대부분 이러한 칩 형태의 저항기가 사용된다.
어레이 저항기 (array resistor)			• 부품의 집적도를 더욱 높이려는 방법 중에는 아예 여러 개의 저항기를 하나의 패키지 안에 넣고 저항 네트워크를 구성하여 IC와 같은 형태를 보이는 부품도 있다. 물론 이 부품은 저항이지만 외형은 기존의 다른 저항기와 달리 단자가 여러 개 나와 있으며, 칩 형태의 칩 네트워크 저항기와 다리(lead)를 갖는 일반형 어레이 저항기(array resistor)가 있다.
탄소 피막 가변 저항기 (carbon film type variable resistor)			• 가장 일반적인 유형의 가변저항 • 베이클라이트와 같은 절연 기판 재료에 탄소 피막을 입혀 저항값을 조절하고, 저항기의 한쪽 전극을 탄소 피막 위로 이동시켜 저항값을 조절한다. • 오디오용 볼륨이나 balancer 등에 주로 사용
가변 저항기 (cermet type variable resistor cermet)			• 세라믹을 절연체로 cermet(ceramic과 metal을 혼합한 저항체) 저항체를 이용한 정밀 가변 저항기 • cermet은 탄소 피막보다 내구성이 뛰어나고 정밀한 저항값을 조절할 수 있다. • 온도계수가 낮고 내습성이 높지만, 고가이므로 아날로그 회로 바이어스 조정, 레벨 미세조정 회로와 같이 세밀한 조정에 사용

권선형 가변 저항기 (wound type variable resistor)			• 권선형 고정 저항기와 같은 형태로 절연체의 권심에 저항선을 감아 만든다. • 권선형이므로 대전력형으로 제작이 쉬우므로 전류, 전력 조절용 가변 저항부로 사용되지만 큰 저항값을 얻기는 어렵다. • 유도성 저항 성분이 발생하므로 고주파 회로에 부적합하다.
반고정 가변 저항기 (semi-fixed variable resistor)			• 볼륨 저항과 달리 주로 회로 기판에 직접 실장되어 미세 조정하는 데 사용된다. • 케이스 외부에 노출된 핸들 대신 (-) 또는 (+) 드라이버로 조절이 가능하다.
정밀 포텐셔미터 (precision poten-tiometer)			• 정밀 전위차계는 1도 또는 270도의 회전각을 갖는 일반형 가변저항보다 2회전 이상 회전하여 저항값을 보다 정밀하게 조정할 수 있는 저항이다. • 볼륨 타입과 반고정 타입이 있다. 반고정식이 주로 사용된다. • cermet 저항기 또는 권선 저항기는 높은 정밀도를 요구하는 회로에 사용된다.

(2) 커패시터

커패시터(capacitor)란 직류에서는 전기를 저장하는 작용을 하지만, 교류에서는 주파수에 의하여 저항값이 변하는 저항의 기능을 한다. 저장된 양을 정전용량 또는 용량이라고 하며, 기호는 C, 단위는 F[farad]으로 나타낸다. 커패시터에는 [표 2]와 같이 여러 가지 종류가 있다.

[표 2]

부품명	실물 모양	기호	기능 및 용도
세라믹 커패시터 (ceramic capacitors)			• 전극 간의 유전체로 티탄산바륨(titanium-barium)과 같은 유전율이 높은 재료가 사용된다. • 고주파 특성이 양호하여 바이패스에 사용된다. • 전극의 극성은 없다.

마일러 커패시터 (mylar capacitor)		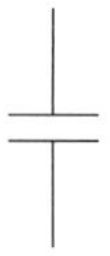	• 얇은 폴리에스터(polyester) 필름을 양측에서 금속으로 삽입하여 원통형으로 감은 것이다. • 전극의 극성이 없다.
전해 커패시터 (electro-lytic capacitor)	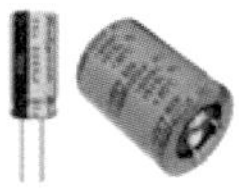	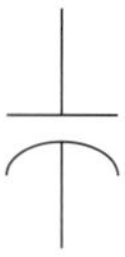	• 유전체로 얇은 산화막을 사용하고, 전극으로는 알루미늄을 사용하고 있다. • 주로 전원의 평활회로, 저주파 바이패스 등에 사용된다. • 극성(+, −)이 있으므로 유의하여 사용한다.
탄탈 커패시터 (tantalum capacitor)	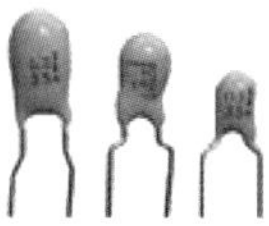		• 전극에 탄탈륨이라는 재료를 사용하는 전해 커패시터의 일종이다. • 전해 커패시터보다 주파수 특성이 우수하나 내압이 낮고 용량이 적다. • 극성(+, −)이 있으므로 유의하여 사용한다.
칩 커패시터 (chip capacitor)			• 소형 크기의 커패시터로 최근 전자 장치의 소형화로 인해 칩 커패시터는 대부분의 전자 제품에 사용된다. • 예를 들어 1005의 경우, 처음 두 자리(10)는 가로 길이가 1mm인 커패시터를 나타내고, 뒷면(05)은 커패시터의 길이를 나타낸다. • 길이가 0.5mm임을 나타낸다.
트리머 커패시터 (trimmer capacitor)		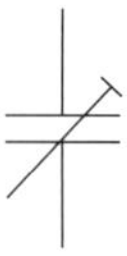	• 유전체로 세라믹(자기), 폴리에스터 필름 등을 사용한다. • 고주파 회로나 발진회로의 주파수 미세조정에 사용된다. • 극성이 없다.
베리어블 커패시터 (variable capacitor)		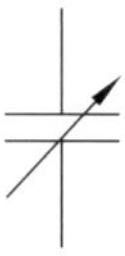	• 유전체로 공기를 사용한다. • 라디오 방송을 선택하는 튜너 등에 사용된다. • 극성이 없다.
슈퍼 커패시터 (super capacitor)		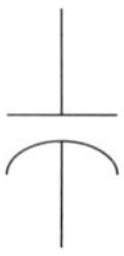	• 슈퍼 커패시터는 정전용량이 매우 높은 커패시터이다. 화학 반응을 사용하는 배터리와 달리 전극과 전해질 계면에 간단한 이온 전달이나 표면 화학 반응으로 전하 현상을 사용한다. • 급속 충전이 가능하며 충 · 방전 효율이 높고 반영구적 수명이다.

(3) 코일과 트랜스의 부품

코일과 트랜스는 모두 동선을 감은 것으로 같은 종류에 속하나 특성은 크게 다르고 사용 방법도 완전히 다르지만 모두 인덕턴스(inductance)라는 단위로 크기를 나타낸다. 원리도 전자 유도를 사용하고 있다는 의미에서는 같은 동작을 한다.

코일의 고주파 신호에 대한 저항을 인덕턴스라 부르며, 기호는 L, 단위는 헨리(H, henry)가 사용된다. 트랜스(transformer, 변압기)는 1차 코일과 2차 코일의 감은 수를 변화시킴에 따라 전압의 크기를 변화시킬 수 있는 부품으로 전력 증폭을 동작시킬 때 임피던스 매칭용으로 사용한다. 코일과 트랜스를 그 특성에 따라 분류하면 [표 3]과 같다.

[표 3]

부품명	실물 모양	기호	기능 및 용도
인덕터 또는 코일 (inductor)	(a)		(a) 공심 코일 : 내부에 코어가 없이 단순히 코일만 감아 놓은 형태로 저주파용
	(b)		(b) 철심 코일 : 철심 코어 위에 코일을 감은 형태로 저주파용
	(c)		(c) 페라이트 코일 : 고주파용 코일
라디오 주파수 트랜스 (radio frequency trans-former)			• 슈퍼 헤테로다인 수신기에서 수신 주파수를 낮추어 수신기의 감도, 안정도를 좋게 할 수 있게 중간 주파수 증폭 회로에 사용되는 트랜스이다. • AM용은 455kHz의 중간 주파수가 사용되며 4개(황, 녹, 등, 청색)가 1조로 되어 있다.

가변 인덕터 (variable inductor)			• 인덕턴스 값을 변화시킬 수 있다. • 중간주파 동조코일 (IFT : Intermediate Frequency Tuning coil)
트랜스 또는 변압기 (trans-former)			• 가정용 220V 또는 110V 교류전압을 전자회로에서 필요로 하는 교류전압으로 높여 주거나 낮추어 주는 장치이다. • 변압기라고도 하며, 승압과 강압 트랜스가 있다.
오디오용 트랜스 (audio trans-former)			• IPT는 녹색이나 청색을 사용한다. • 증폭기의 입력층에 넣어 임피던스 매칭(matching, 정합)할 목적으로 사용된다.
			• OPT는 적색을 사용한다. • 증폭기의 출력층과 스피커와의 임피던스 매칭(matching, 정합)할 목적으로 사용된다.
안테나 코일 (antenna coil)	(a)		(a) AM radio의 동조 코일로 사용 (antenna coil)
	(b)		(b) 26MHz to 30MHz helical coil
릴레이 (relay)		3 4 5 1 2	• 코일에 전류를 흘리면 자석이 되는 성질을 이용한다. • 전기적으로 독립된 회로를 연동시킬 수 있다.

솔레노이드 코일 (solenoid inductor)			• 솔레노이드는 와이어를 단단한 실린더에 감아 만든 장치이다. • 솔레노이드는 주로 전자석으로 사용된다. 전자석에 전기를 흘려서 자기장을 발생시킬 수 있기 때문이다. • 솔레노이드는 AC를 사용하는 전자 회로에 매우 유용한 인덕터 유형 중 하나이다.

(4) 반도체(semi-conductor)

다이오드란 전류를 한쪽으로만 흘리는 반도체 부품이다. 다이오드에는 두 개의 단자가 있으며, 전류는 한쪽으로만 흐를 수 있고 반대쪽으로는 흐를 수 없다. 전류가 흐를 수 있는 방향을 순방향이라 하고, 흐를 수 없는 방향을 역방향이라고 부른다.

트랜지스터(transistor)는 기본적으로는 전류를 증폭할 수 있는 부품이다. 트랜지스터는 반도체의 조합에 따라 크게 PNP형과 NPN형이 있다. PNP형과 NPN형에서는 전류의 방향이 다르다. (−)전압 측을 접지로, (+)전압 측을 전원으로 하는 회로의 경우 NPN형 쪽이 사용하기 쉽다. 트랜지스터의 구조로는 전류의 캐리어로 주입하는 이미터(Emitter : E), 주입된 캐리어를 제어하는 베이스(Base : B), 전류의 캐리어를 모으는 컬렉터(Collectoer : C)의 전극이 있다.

[표 4]

부품명	실물 모양	기호	기능 및 용도
정류 다이오드 (rectifier diode)			• 1N5408 3A 1,000V 정류 다이오드 • 교류를 직류로 정류한다 • 정류 회로에 사용된다.
브리지 다이오드 (bridge diode)			• 다이오드 4개를 조합 • 주로 전파 정류용에 사용한다. • 대전력 시스템에 사용하기 위해 방열판을 부착한 구조를 가진다.
검파 다이오드 (detector diode)			• 1N60 게르마늄 검파 다이오드 • 높은 주파수에서 사용 • 검파(복조) 회로에 사용

버랙터 (가변용량) 다이오드 (varactor diode)			• MV2115 100pF 조정 다이오드 • FM, FS 변조용 • 가변 용량 다이오드 • Varicap 또는 Varactor 다이오드라고도 한다. • 고주파 동조용에 사용
제너 다이오드 (zener diode)		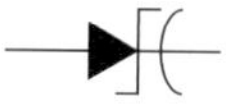	• 1N4728 3.3V 1/2W 제너 다이오드 • 정전압 다이오드라고도 한다. • 전압 기준용으로 사용 • 순방향으로는 전류가 흐르고 반대 방향으로는 흐르지 않는다.
터널 다이오드 (tunnel (esaki) diode)		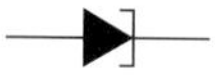	• Esaki 다이오드라고도 한다 • 터널 다이오드는 부성저항 특성을 갖는다. • 주로 마이크로파 빌진회로에 사용
LED			• 발광 다이오드 • 전기 에너지를 빛 에너지로 변환 • 발광 특성을 응용하여 광센서로 사용 • 표시기와 자시기에 사용
포토 다이오드 (photodiode)		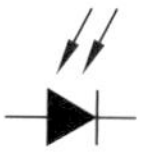	• BPX65 Full Spectrum Si Photodiode • 빛 에너지를 전기 에너지로 바꾼다. • 광 검출 회로에 사용된다.
포토 트랜지스터 (phototran- sistor)		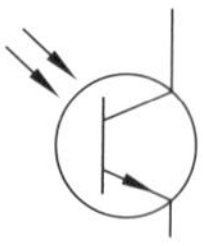	• 빛의 세기에 따라 트랜지스터에 흐르는 전류가 변화하는 소자이다. • 용도 : 광 스위치, 단거리 광통신 기기, 마크 판별기 등에 이용한다
포토 커플러 (photo coupler)		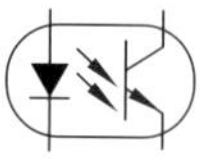	• 발광 다이오드와 포토 트랜지스터를 플라스틱 관에 함께 넣어 둔 것이다. • 반사형과 투과형의 종류가 있고, 센서에 자주 사용된다. • 입력 신호 측과 수신 신호 측이 물리적으로 완전히 분리되어 있다.

트랜지스터 (transistor)			• 증폭 작용과 스위칭 역할을 하는 반도체 소자로 NPN형과 PNP형이 있다. • 트랜지스터 규격 2SAxxx PNP 고주파용 2SBxxx PNP 저주파용 2SCxxx NPN 고주파용 2SDxxx NPN 저주파용
FET (Field Effect Transistor)		(a) (b) (c) (d)	• 전계 효과 트랜지스터(FET)는 전기장을 사용하여 장치의 전기 동작을 제어하는 트랜지스터이다. FET는 단일 캐리어 유형의 동작을 포함하므로 단극 트랜지스터라고도 한다. 전계 효과 트랜지스터의 많은 다른 구현이 존재한다. • 접합형 FET(JFET) 및 MOS FET (a) P channel J-FET (b) N channel J-FET (c) P channel MOS FET (d) N channel MOS FET
UJT (Uni- Junction Transistor)			• 부성저항 특성이 있다. • 더블 베이스 다이오드라고 한다. • 트리거 생성기로 사용된다. • 정격 피크 전류가 크고 트리거 전압이 안정적이다. • P 채널 타입 및 N 채널 타입
PUT (Program- mable Unijunction Transistor)			• PUT는 프로그래밍이 가능한 단일 접합 트랜지스터이다. • UJT의 성능을 변화시키기 위해 개발된 PUT는 사용자가 특정 범위 내에서 향상할 수 있다. • UJT는 성능 조정기이며, PUT는 성능 변수 요소이다.

SCR (Silicon Controlled Rectifier)			• SCR은 단방향 제어 요소이며, pnpn 접합의 4계층 구조를 갖는다. • 게이트를 통해 트리거 펄스가 입력되면 양극에서 음극으로 전류가 흐른다.
TRIAC (Triode AC switch)			• TRIAC은 3극 AC 제어 장치이다. 이 구조는 5개의 P형 및 N형 반도체층과 2개의 주 전극 및 1개의 게이트 전극으로 구성된다. • TRIAC은 양방향으로 AC 전압 및 전류를 제어한다.
DIAC (Diode AC switch)			• SSS(실리콘 대칭 스위치)라고도 하며, 양방향 2단자 스위칭 요소 • PNPNP 5층 구조에서 게이트를 제거한 것이다.
서미스터 (thermistor)		T	• 온도 변화로 저항값이 변하는 장치 • 온도 감지 및 측정에 사용 • NTC(부 온도계수) 유형 및 PTC 유형(정 온도계수)
바리스터 (varistor)			• 전압의 변화에 따라 저항값이 변한다. • 응용 : 고전압 전송 어레스터
7-segment display (FND)		Common Cathode g f Gnd a b a f b g e c d e d Gnd c dp Common Anode g f Vcc a b a f b g e c d e d Vcc c dp	• 애노드 공통형과 캐소드 공통형이 있다. • 숫자를 표시할 수 있도록 LED를 조합한 표시기이다. • 보통 FND(Flexible Numeric Display)라고 한다.
LCD (Liquid Crystal Display)			• 표시 문자, 숫자 등 많은 종류가 있으며 사용 목적에 따라 적당한 것을 선택하여 사용한다. • 온도계, 전압 · 전류계, 마이크로컴퓨터의 표시부에 많이 사용된다.

아날로그 IC (analog ICs)			• 각종 증폭 회로나 전원 안정화 회로를 IC화한 것이다. • 연산증폭기(op amp), 신호 발생기, 컨버터, 레귤레이터 등이 있다.
디지털 IC (digital ICs)			• 논리회로를 만들기 위한 집적회로(IC)이다. • AND, OR, NOT, NAND, NOR, EX-CLUSIVE OR라고 하는 각 게이트의 기본 회로가 있다. • 크게 TTL과 CMOS로 분류한다.

(5) 스위치 소자

스위치(switch)는 그 종류가 많은데 한 번 움직이면 ON 또는 OFF의 상태가 계속되는 토글(toggle)스위치나 슬라이드(slide) 스위치, 한 번 움직이게 한 후 손을 떼면 원상태로 되돌아가는 푸시버튼(push button) 스위치 및 접속되는 회로의 전환에 사용되는 로터리(rotary) 스위치 등이 있다.

[표 5]

부품명	실물 모양	기호	기능 및 용도
스위치 (switch)		(a) (b) (c)	• (a)는 슬라이드 스위치, (b)는 토글 스위치, (c)는 푸시 버튼 스위치이다. • 패널 또는 인쇄 회로 기판에 설치되며 외부에서 작동할 수 있다. • 허용 스위칭 전압과 접점의 최대 전류에 주의한다.
디지털 스위치 (digital switch) (BCD switch)			• 십진수 4비트 데이터를 입력하기 위한 스위치 • 직접 수치를 보면서 설정할 수 있어 사용이 편리
로터리 스위치 (rotary switch)			• 실렉터 스위치 • 패널에 설치되어 순차적으로 선택 및 전환하는 데 사용

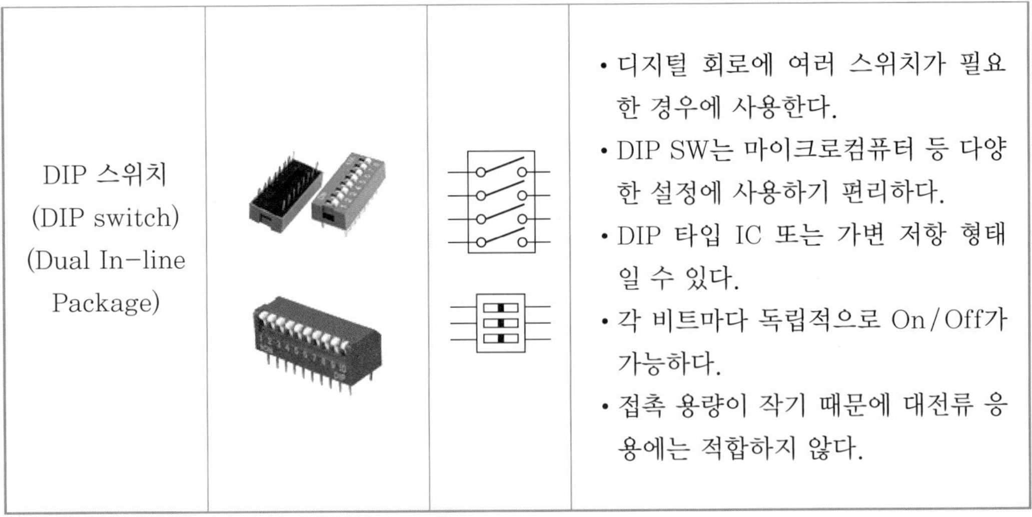

DIP 스위치 (DIP switch) (Dual In-line Package)			• 디지털 회로에 여러 스위치가 필요한 경우에 사용한다. • DIP SW는 마이크로컴퓨터 등 다양한 설정에 사용하기 편리하다. • DIP 타입 IC 또는 가변 저항 형태일 수 있다. • 각 비트마다 독립적으로 On/Off가 가능하다. • 접촉 용량이 작기 때문에 대전류 응용에는 적합하지 않다.

(6) 기본 논리 소자

논리 소자(logic element 또는 logic gate)는 논리 연산에 기본이 되는 소자로 디지털 정보 흐름을 허용하거나 저지하는 역할을 하는 회로 소자이다. 논리 회로(logic circuit)는 2진 정보를 기반으로 AND, OR, NOT 등과 같은 논리 연산에 따라 동작을 수행하는 논리 소자들을 사용하여 구성된 전자 회로이다. 기본 논리 게이트의 종류는 [표 6]과 같다.

[표 6]

게이트	데이터 시트 (74 series)	기호	용도
AND 게이트	Vcc 4B 4A 4Y 3B 3A 3Y 14 13 12 11 10 9 8 1 2 3 4 5 6 7 1A 1B 1Y 2A 2B 2Y GND	A, B → Y	• logical product circuit • expression : Y=A · B(A and B) • truth table A B Y 0 0 0 0 1 0 1 0 0 1 1 1

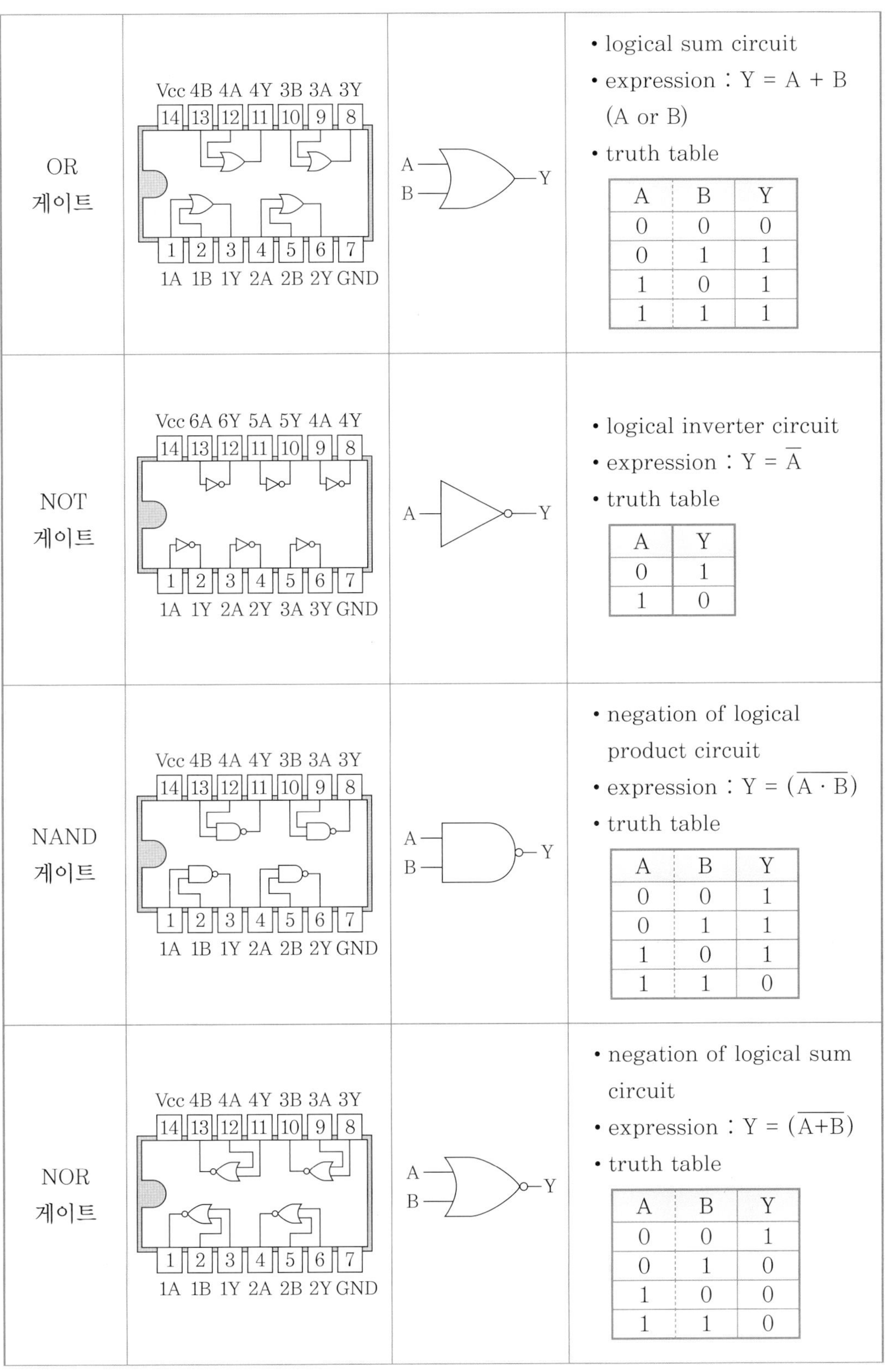

OR 게이트

- logical sum circuit
- expression : Y = A + B (A or B)
- truth table

A	B	Y
0	0	0
0	1	1
1	0	1
1	1	1

NOT 게이트

- logical inverter circuit
- expression : $Y = \overline{A}$
- truth table

A	Y
0	1
1	0

NAND 게이트

- negation of logical product circuit
- expression : $Y = (\overline{A \cdot B})$
- truth table

A	B	Y
0	0	1
0	1	1
1	0	1
1	1	0

NOR 게이트

- negation of logical sum circuit
- expression : $Y = (\overline{A+B})$
- truth table

A	B	Y
0	0	1
0	1	0
1	0	0
1	1	0

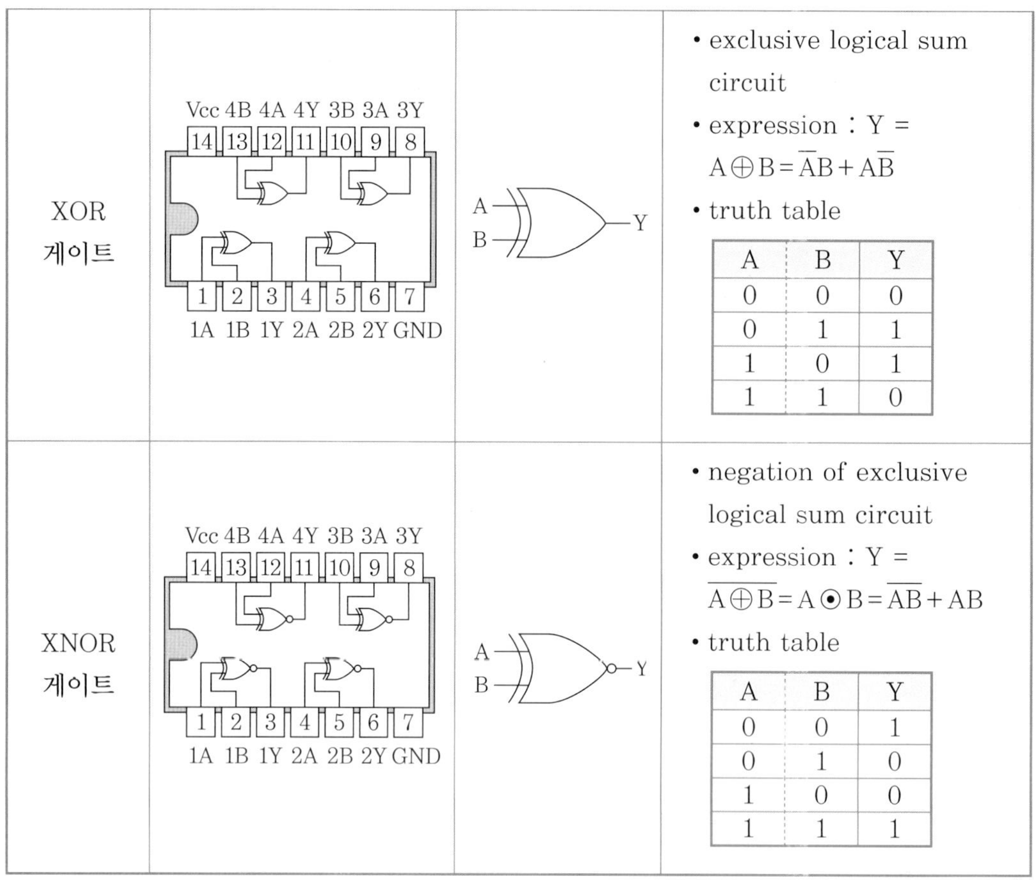

XOR 게이트	Vcc 4B 4A 4Y 3B 3A 3Y 14 13 12 11 10 9 8 1 2 3 4 5 6 7 1A 1B 1Y 2A 2B 2Y GND	A B Y	• exclusive logical sum circuit • expression : Y = $A \oplus B = \overline{A}B + A\overline{B}$ • truth table A B Y 0 0 0 0 1 1 1 0 1 1 1 0
XNOR 게이트	Vcc 4B 4A 4Y 3B 3A 3Y 14 13 12 11 10 9 8 1 2 3 4 5 6 7 1A 1B 1Y 2A 2B 2Y GND	A B Y	• negation of exclusive logical sum circuit • expression : Y = $\overline{A \oplus B} = A \odot B = \overline{AB} + AB$ • truth table A B Y 0 0 1 0 1 0 1 0 0 1 1 1

(7) 센서

센서란 온도, 압력, 빛, 초음파, 자기 등의 물리적인 변화량을 전류와 전압 등의 전기적인 변화량으로 변환하는 소자이며 가전제품, 전자계측, 공업용 로봇, 공장의 자동화, 의료장비 등에 대부분 사용되고 있다. 대표적인 센서의 종류와 기능은 [표 7]과 같다.

[표 7]

부품명	실물	용도
온도 센서 (tempe-rature sensor)		• 산업 전반에서 정확한 온도 측정 관리는 필수적이며, 온도 센서는 전자레인지, 냉장고, 프린터, 로봇, 엔진 온도를 비롯한 자동차, 의료, 사무기기, 가전제품 등 산업 전반에서 이용된다. • 금속 측온체, 서미스터, 열전대 소자가 있다. • 화재경보기, 열선 추적 등에서 응용된다.

자기 센서 (magnetic sensor)		• 홀 소자(hall element)라고 불리는 반도체에 전류를 흘려보내고 자기에 가까이 하면 그 자속밀도에 비례하는 기전력이 발생한다. • 조셉슨 소자, 홀 소자, 자기 테이프, 카드 판독기 등에 활용된다.
압력 센서 (pressure sensor)		• 반도체 등을 이용하는데, 압력을 가하면 저항률이 변화하여 저항값이 변화한다. • 냉장고 등의 가전제품, 자동차, 의료, 공업계측, 자동 제어, 환경 제어, 전기용품 등 용도가 다양하고 가장 폭넓게 사용되는 센서 중의 하나이다.
광(포토) 센서 (photo sensor)		• 광 센서(photo sensor)란 빛 에너지의 특성을 이용한 것으로, 인간의 눈으로 감지할 수 있는 가시광선을 중심으로 적외선에서 자외선 영역의 광 자체 또는 광에 포함된 정보를 전기신호로 변환하여 검지하는 전자 장치(device)의 총칭이다. • 공장자동화, 첨단계측, 포토, 칼라, 광전광, 영상 인식 등 다양하다. • 포토 다이오드, CdS 소자가 있다.
초음파 센서 (ultrasonic sensor)		• 20kHz 이상의 음파에 반응하여 압전 재료를 압축 또는 신장하여 전압을 발생한다.
적외선 센서 (infrared sensor)		• 가시광보다 파장이 긴 영역의 적외선 검출에 이용되는 센서로 적외선 센서 또는 초전형 적외선 센서로 불린다. • 적외선은 물체가 연소 시 발생하는 경우가 많아 적외선 온도 센서, 적외선을 이용한 화상처리, 물체 인식 등에 많이 이용된다.

기타 자주 사용되는 전기 · 전자 부품의 명칭과 기호는 [표 8]과 같다.

[표 8]

부품명	실물 모양	기호	기능 및 용도
수정 발진자 (crystal oscillator)			• 수정 편의 진동 특성(압전 효과)을 이용하여 일정 주파수 클록 발진회로에 사용한다. • 안정된 주파수를 공급하는 주파수 발생원으로서 각종 전자 통신 기기와 계측 기기, PC 등에 사용된다.
스피커 (speaker)			• 전기적인 신호를 기계적인 신호(음파)로 변환시키는 장치이다.
부저 (buzzer)			• 전기적인 진동을 소리로 변환하는 소자로 세라믹 진동자를 이용하고 있다. • 스피커와 다르게 일정 대역에서 높은 소리를 내게 함으로써, 사람이 청각으로 감지하게 하는 부품이다. • 휴대전화용으로 많이 사용되고 있다.
포노 커넥터 (phono connector, phono plug and jack)		(a)	• RCA 플러그라고도 하며, 일반적으로 사운드 및 비디오 신호를 전송하는 데 사용된다. • 일반적으로 컴포지트 비디오(노란색) 및 스테레오 오디오(흰색, 빨강)용 RCA 플러그 • (a) plug, (b) jack
포노 커넥터 (phono connector, audio plug and jack)		(a)	• 6.35mm(3.5mm) 일렉트릭 기타, 스피커, 마이크 및 라인 레벨 오디오를 포함한 다양한 신호에 사용되는 2접점 전화 플러그(모노 타입) 및 3접점 전화 플러그(스테레오 타입). • 전화 잭, 오디오 잭, 헤드폰 잭 또는 잭 플러그라고도 하는 전화 커넥터는 일반적으로 아날로그 오디오 신호에 사용되는 전기 커넥터 제품군이다.

바나나 커넥터 (banana connector)		• 하나의 신호 라인을 연결할 때 자유롭게 사용할 수 있는 커넥터 • 바나나 커넥터(일반적으로 수컷, 바나나 소켓 또는 암컷용 바나나 잭용 바나나 플러그)는 전선을 장비에 연결하는 데 사용되는 단선(1개의 도체) 전기 커넥터이다. • 4mm 커넥터라는 용어는 특히 유럽에서 사용되지만 모든 바나나 커넥터가 4mm 부품과 짝을 이루지는 않지만 2mm 바나나 커넥터가 존재하지는 않는다.
직류(DC) 커넥터 (DC connector)		• DC 커넥터(또는 하나의 공통 유형 커넥터의 경우 DC 플러그)는 직류(DC) 전원 공급을 위한 전기 커넥터이다. • DC 커넥터에는 교환할 수 없는 더 많은 표준 유형이 있다. 호환되지 않는 소스와 로드의 우발적인 상호 연결을 방지하기 위해 DC 커넥터의 크기와 배열을 선택할 수 있다.
동축 커넥터 (coaxial connector)		• 대부분의 BNC 타입 동축 커넥터가 사용 • 패널에 직접 설치하고 패널을 접지한다.
멀티 핀 커넥터 (multi pin electronic connector)		• 컴퓨터와 주변 장치를 연결하는 데 자주 사용되는 커넥터이다. • 몇 개의 10핀으로 구성 • 5핀 D-SUB 커넥터는 직렬 통신에 사용되고, 36핀 커넥터는 프린터에 사용
보드 커넥터 (board connector)	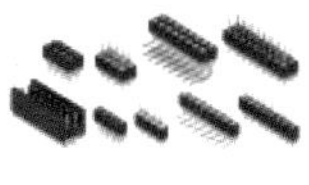	• 프린트 보드(PCB)와 케이블 또는 프린트 보드 및 프린트 보드를 연결하는 데 사용되는 커넥터 • 핀 수는 1핀에서 수십 핀까지 다양하다.
IC 소켓 (IC sockets)		• IC를 기판에 직접 납땜할 수 없는 경우, 재사용해야 할 때 및 PROM과 같이 자주 변경해야 할 때 사용 • DIP, PLCC, SMT, QFP 유형 등

3 전기 · 전자의 일반적인 기호

전원에는 건전지 등과 같은 직류(DC, Direct Current)와 가정용 콘센트에 있는 교류(AC, Alternating Current)의 두 종류가 있다. 직류란 전기가 흐르는 방향이 항상 일정한 전원이며, 교류란 시간에 따라서 전기가 흐르는 방향이 변하는 전원을 말한다.

전류계는 회로의 전류를 측정하는 계기로 실험실에서 주로 사용하는 전류계는 직류 전류계이며, 전압계는 전기 회로에서 두 지점 사이의 전압의 크기를 측정하는 기기이다.

전류(electric current)는 전자(electron)라는 극히 작은 입자의 흐름(전자의 이동)으로 기호는 I, 단위는 암페어(A, Ampere)라고 한다. 전압(voltage)은 단위 전하량을 이동시키는데 필요한 에너지(또는 일), 즉 전기를 보내는 힘을 말하며 기호는 V, 단위는 볼트(V, volt)를 사용한다.

접지(ground)란 각종 전기, 전자, 통신 설비 들을 전기적으로 대지와 연결하여 전위를 대지와 같은 기준 전위(0V)로 만드는 것을 의미한다.

[표 9]

부품명		기호	용도
전원 (power source)	DC	DC (+/−)	• (+)와 (−)가 엄격히 구별되어 전기가 흐르는 것이다. • 긴 쪽은 (+), 짧은 쪽은 (−)이다. • 자동차 배터리 또는 흔히 쓰는 건전지 등의 전원이다.
	AC	AC (~)	• 흔히 가정에 들어오는 전기는 교류이다. • (+)와 (−) 구분이 없다. • 전압 및 주파수를 표시한다(110/220V, 60Hz). • 텔레비전, 냉장고, 오디오 등의 전원이다.

전류계 (ammeter)	DC ammeter	Ⓐ (A 아래 _)	• 눈금판에 A 아래에 '_' 표시 또는 DCA로 표시되어 있고, 단자에는 (+) 기호 또는 붉은색 표시가 있다.
	AC ammeter	Ⓐ (A 아래 ~)	• 눈금판에 A 아래에 '~' 표시 또는 ACA로 표시되어 있고, 단자에는 (+) 기호나 붉은색 표시가 없다.
전압계 (voltmeter)	DC voltmeter	Ⓥ (V 아래 _)	• 눈금판에 'V' 아래에 '_' 라고 쓰여 있는 전압계 • 실험실에서 흔히 사용되는 전압계
	AC voltmeter	Ⓥ (V 아래 ~)	• 눈금판에 'V' 아래에 '~' 라고 쓰여 있는 전압계
접지 (ground)	(a) (b) (c)		• (a) 섀시 접지 • (b) 대지 접지 또는 기준 접지 • (c) 신호 접지(아날로그, 디지털)
전기배선 (electrical wiring)	(a) (b) (c)		• (a) 도선의 접속 : 도선이 접속된 상태 • (b)(c) 도선의 교차 : 도선이 접속되어 있지 않은 상태(jumper)

3 승강기기능사 실기 공개 문제

공개 도면 ①

(1) 기구 배치도

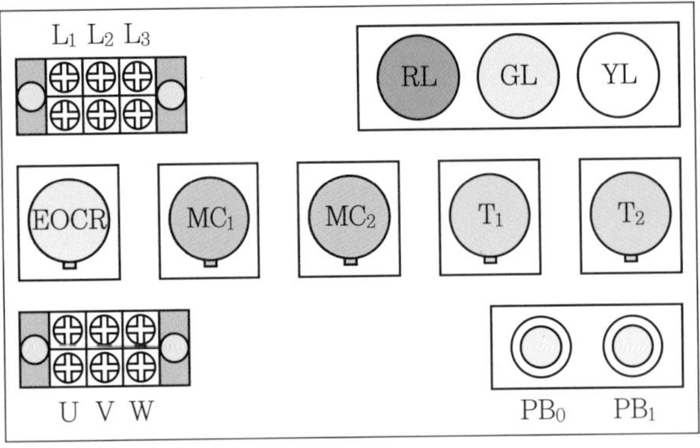

(2) 범례

기구	색상	재료명
PB_0	녹색	푸시버튼 스위치
PB_1	적색	푸시버튼 스위치
PB_2	적색	푸시버튼 스위치
GL	녹색	램프
RL	적색	램프
YL	황색	램프

(3) 기구의 내부 결선도 및 구성도

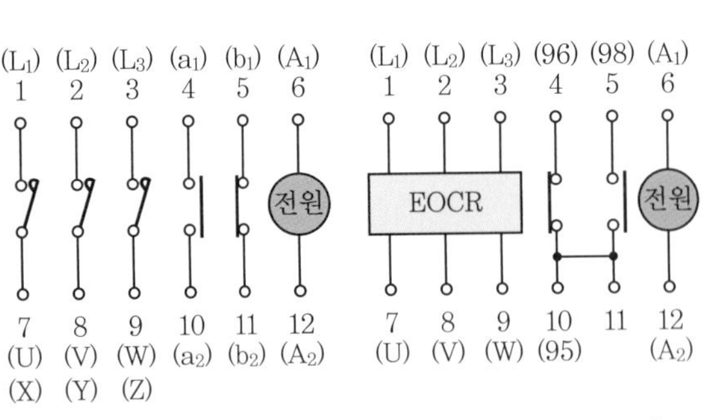

[전자접촉기 내부 결선도] [EOCR 내부 결선도]

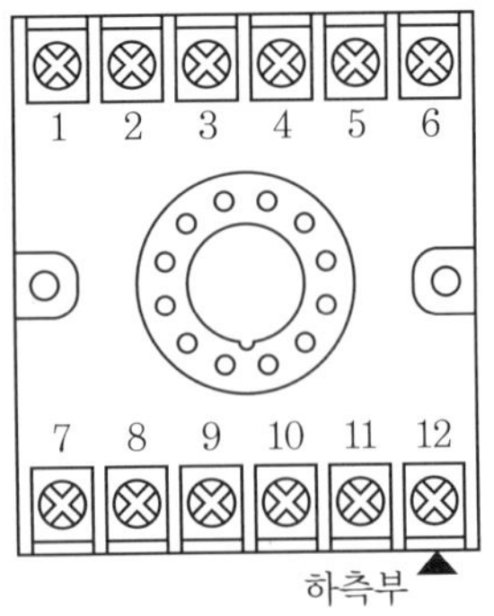

[12P 소켓(베이스) 구성도] [8P 소켓(베이스) 구성도]

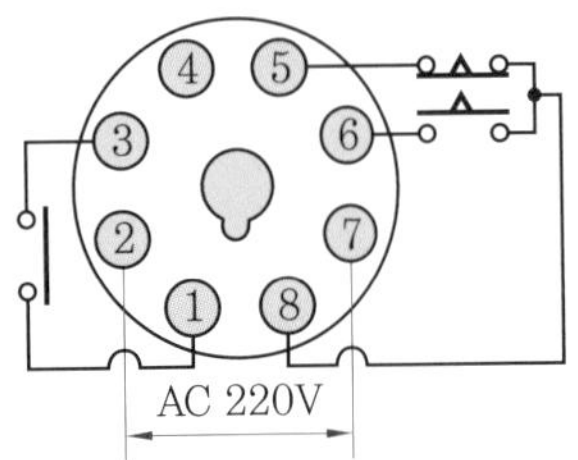

[타이머 내부 결선도]

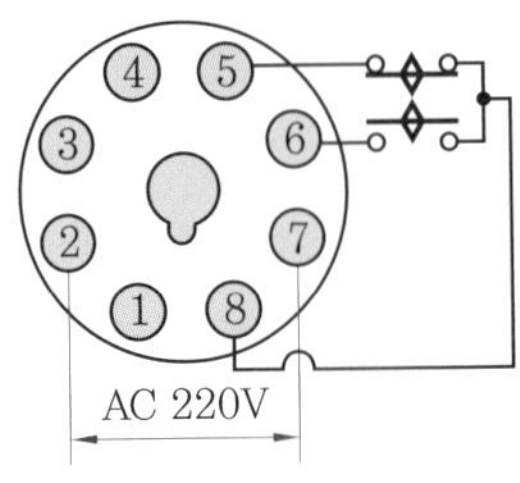

[FR 내부 결선도]

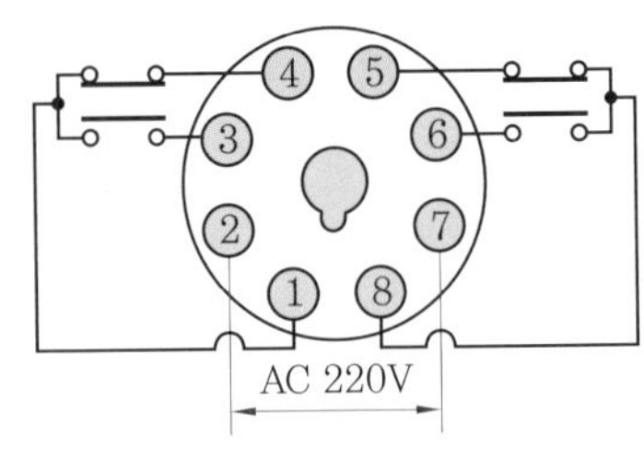

[릴레이 내부 결선도]

(4) 시퀀스 회로도

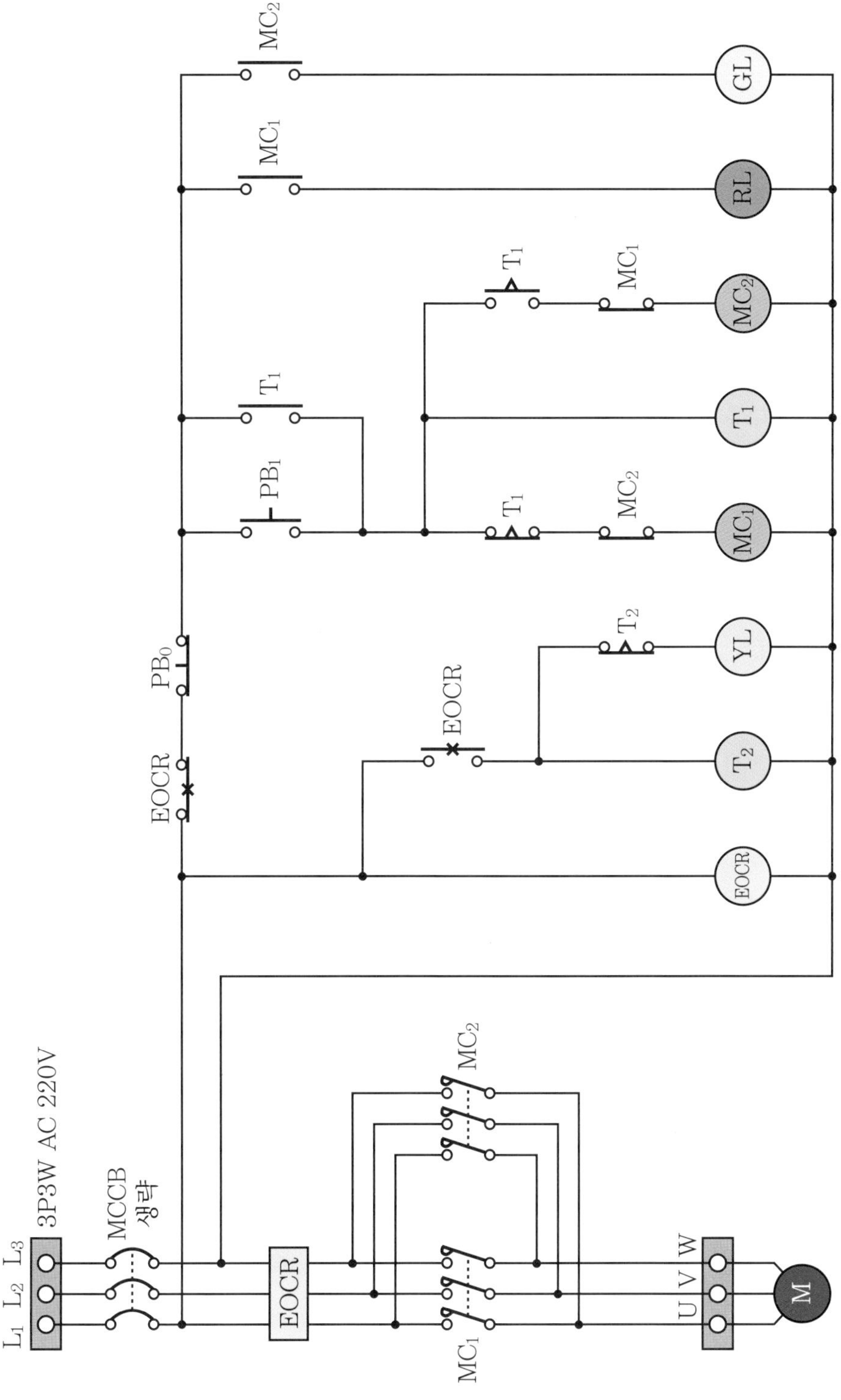

L1 L2 L3
3P3W AC 220V
MCCB
생략
EOCR
MC1
MC2
U V W
M
EOCR
PB0
PB1
T1
T2
MC1
MC2
EOCR
T2
YL
MC1
T1
MC2
RL
GL

공개 도면 ②

(1) 기구 배치도

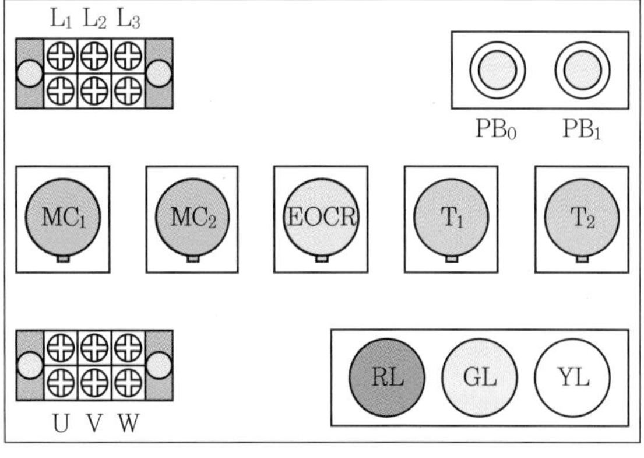

(2) 범례

기구	색상	재료명
PB_0	녹색	푸시버튼 스위치
PB_1	적색	푸시버튼 스위치
PB_2	적색	푸시버튼 스위치
GL	녹색	램프
RL	적색	램프
YL	황색	램프

(3) 기구의 내부 결선도 및 구성도

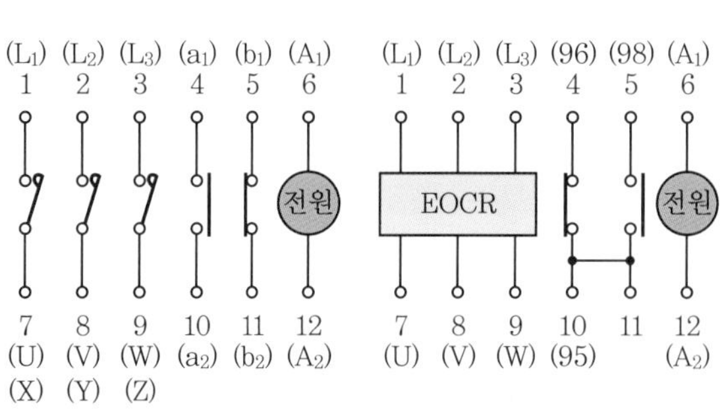

[전자접촉기 내부 결선도] [EOCR 내부 결선도]

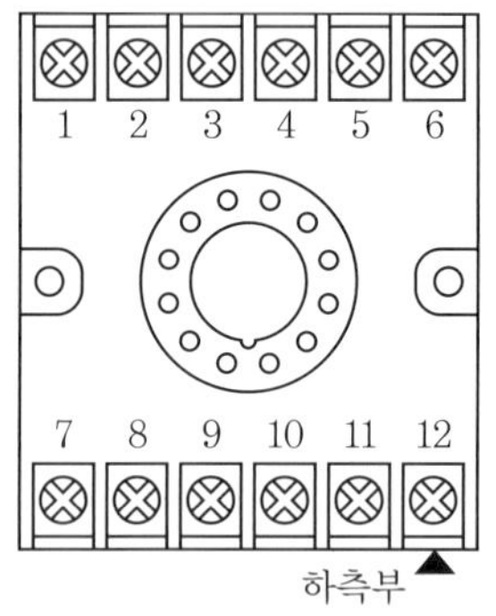

[12P 소켓(베이스) 구성도]

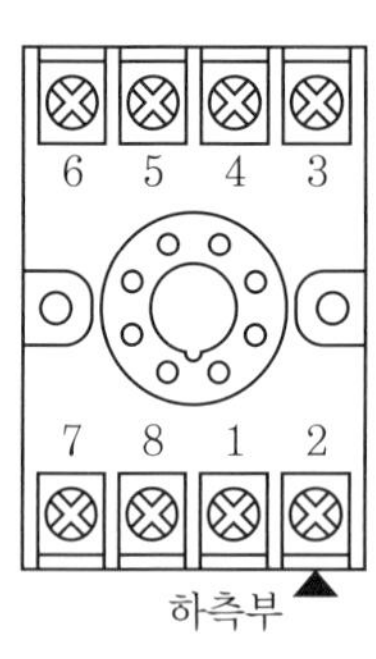

[8P 소켓(베이스) 구성도]

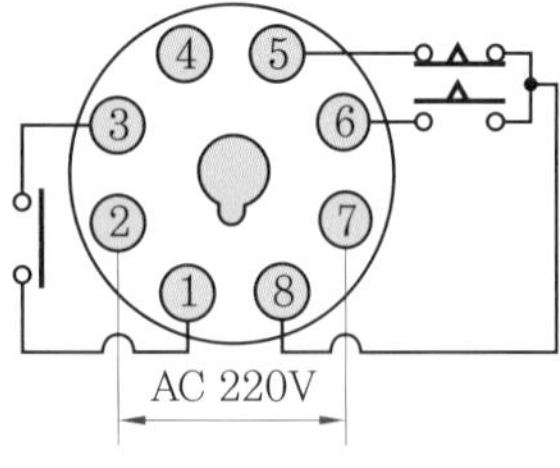

[타이머 내부 결선도]

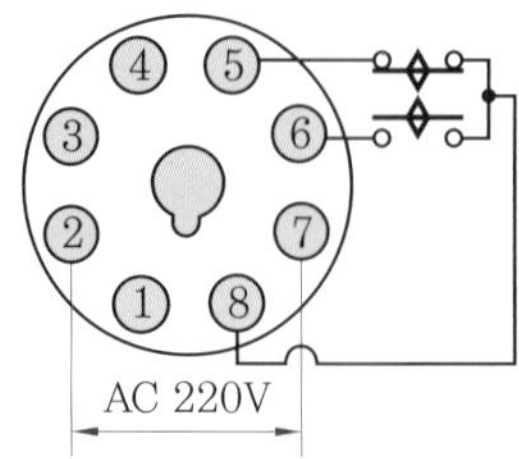

[FR 내부 결선도]

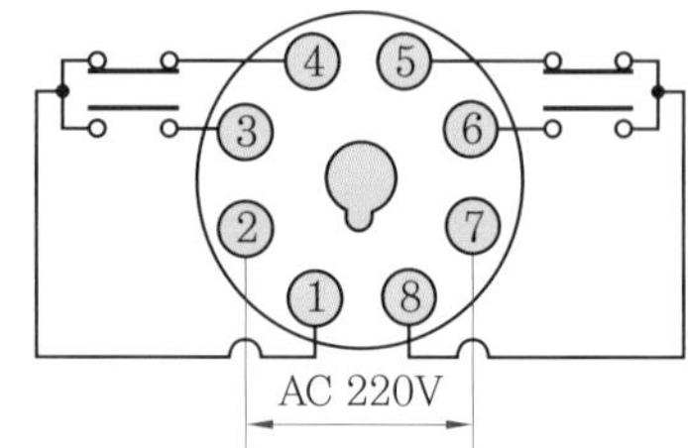

[릴레이 내부 결선도]

(4) 시퀀스 회로도

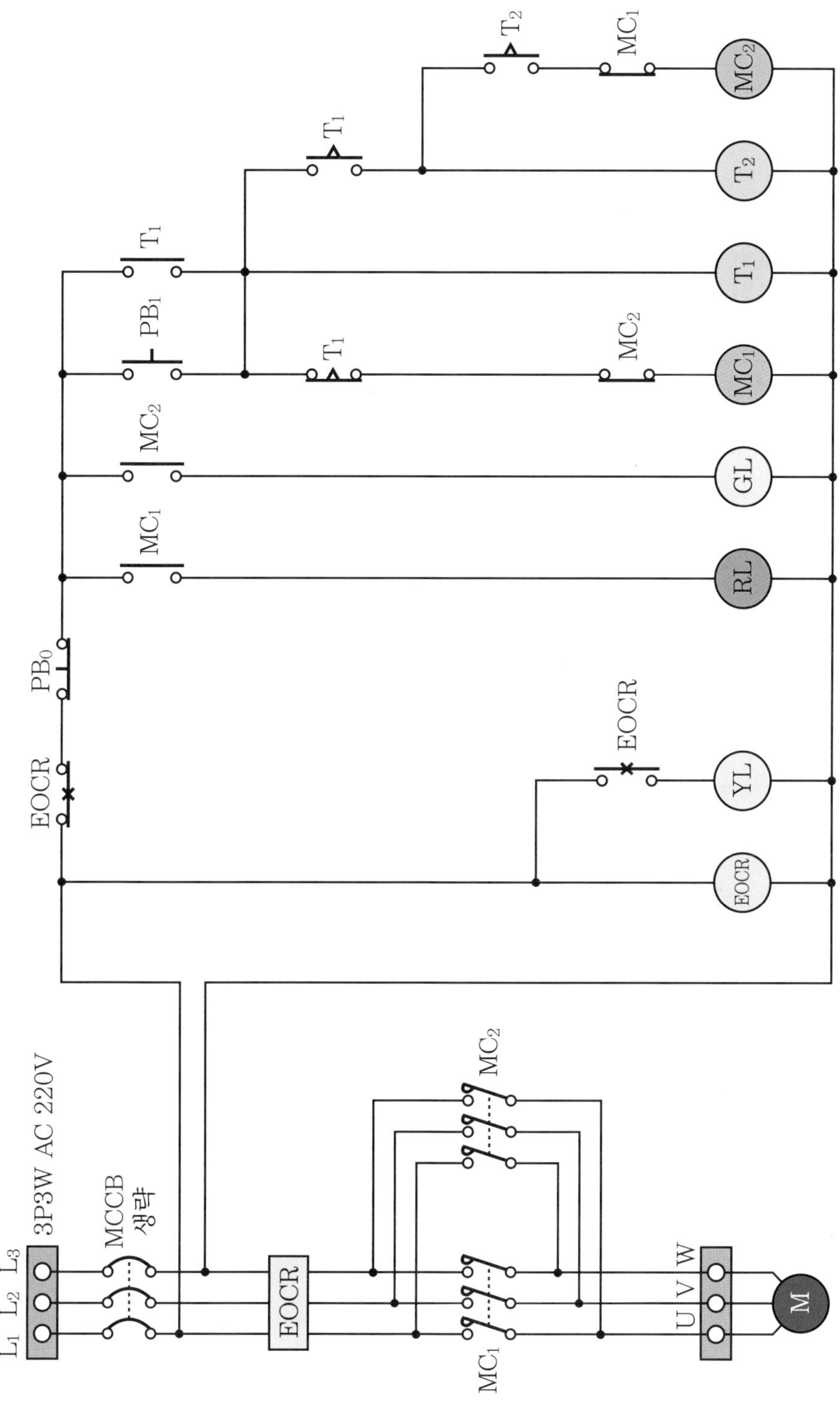

L_1 L_2 L_3
3P3W AC 220V
MCCB
생략
EOCR
MC_1
MC_2
U V W
M
EOCR
PB_0
MC_1
MC_2
PB_1
T_1
T_1
MC_2
T_1
T_2
MC_1
EOCR
YL
RL
GL
MC_1
T_1
T_2
MC_2

공개 도면 ③

(1) 기구 배치도

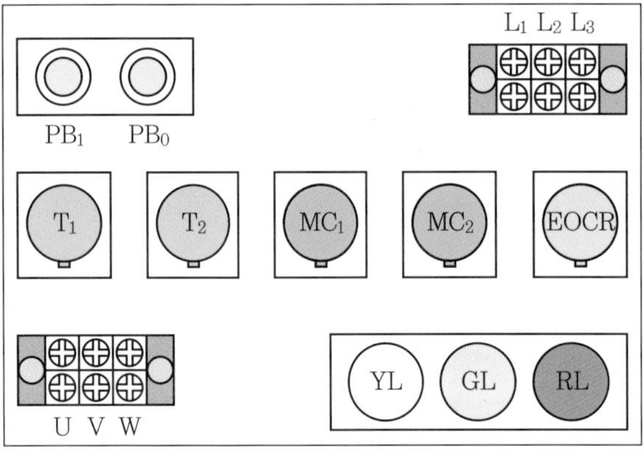

(2) 범례

기구	색상	재료명
PB_0	녹색	푸시버튼 스위치
PB_1	적색	푸시버튼 스위치
PB_2	적색	푸시버튼 스위치
GL	녹색	램프
RL	적색	램프
YL	황색	램프

(3) 기구의 내부 결선도 및 구성도

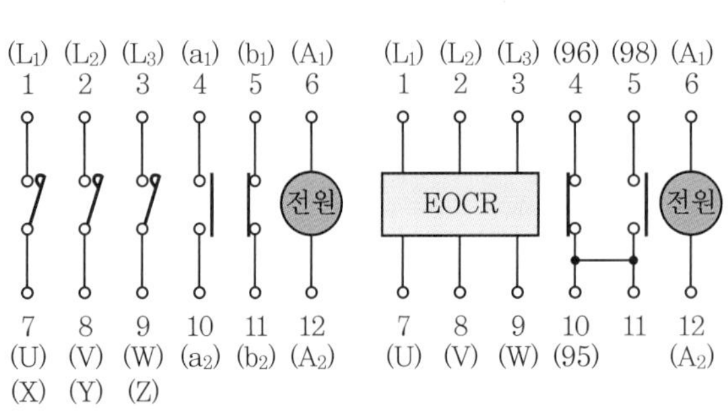

[전자접촉기 내부 결선도] [EOCR 내부 결선도]

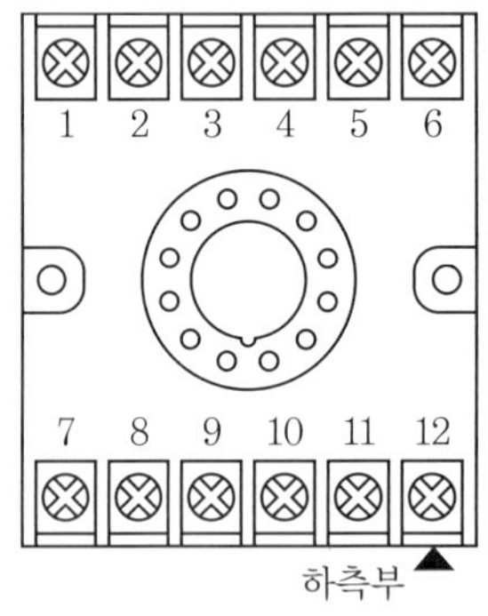

[12P 소켓(베이스) 구성도]

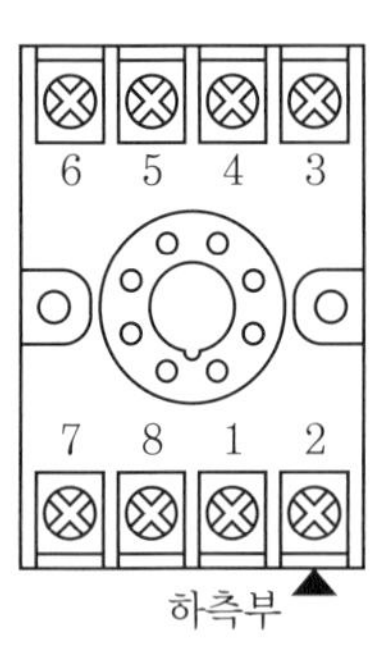

[8P 소켓(베이스) 구성도]

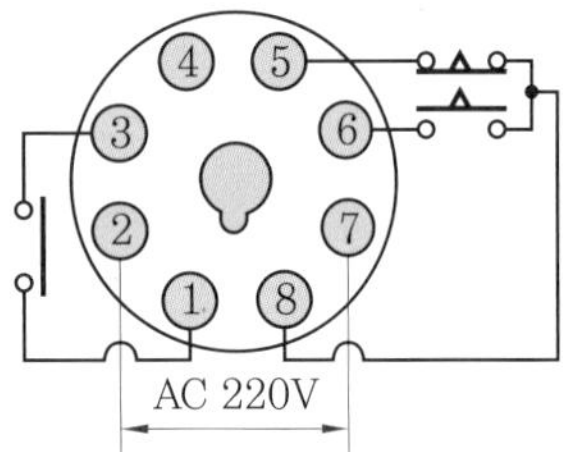

[타이머 내부 결선도]

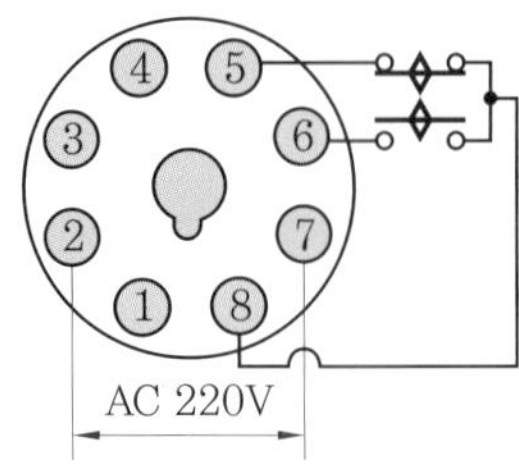

[FR 내부 결선도]

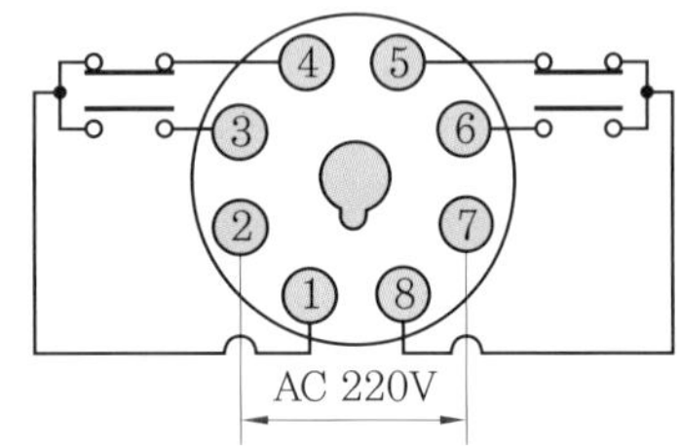

[릴레이 내부 결선도]

(4) 시퀀스 회로도

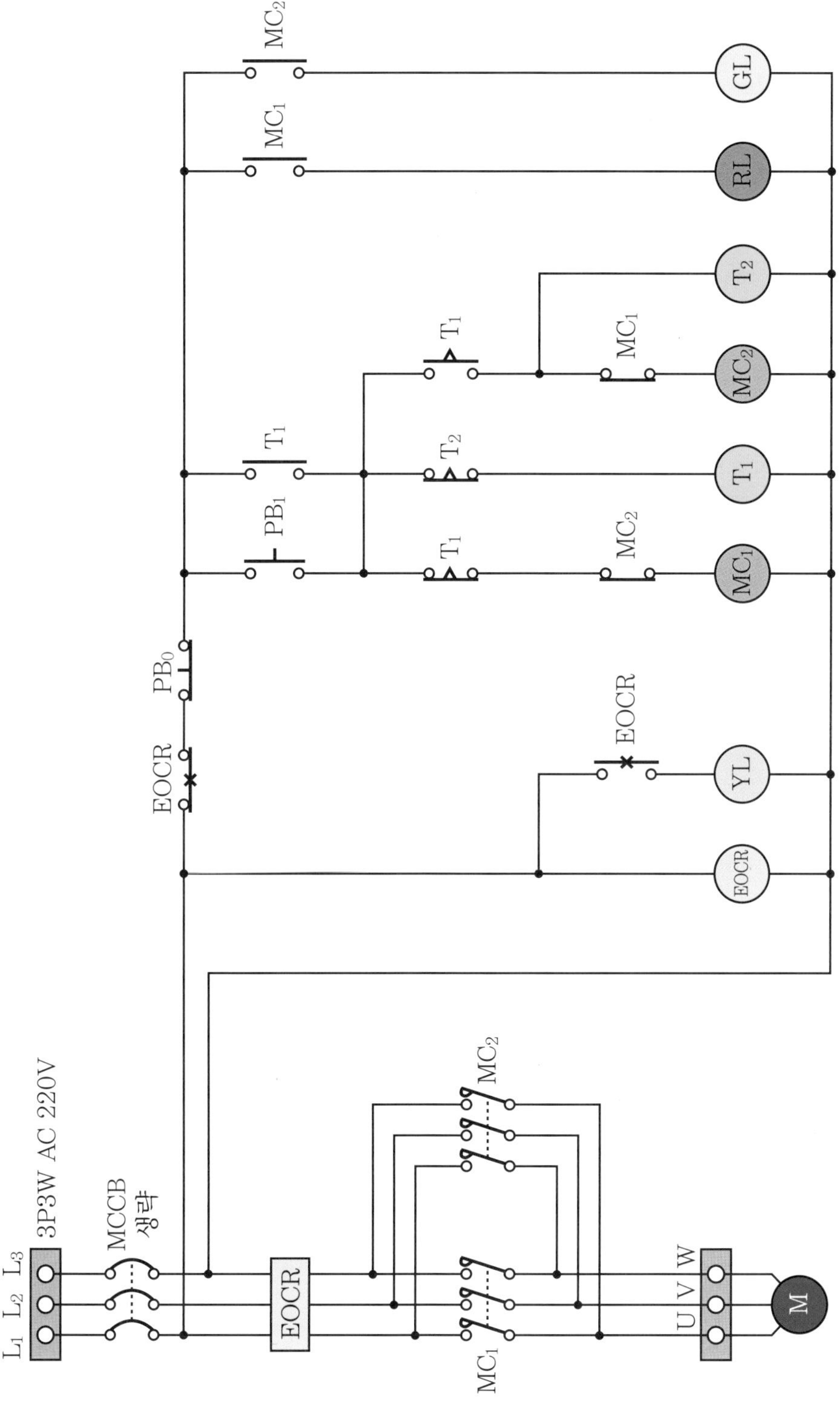

L1 L2 L3
3P3W AC 220V
MCCB 생략
EOCR
MC1
MC2
U V W
M
EOCR
PB0
PB1
T1
T2
T1
T1
T2
T1
MC2
MC1
MC1
MC2
EOCR
YL
EOCR
MC1
T1
MC2
T2
RL
GL

공개 도면 ④

(1) 기구 배치도

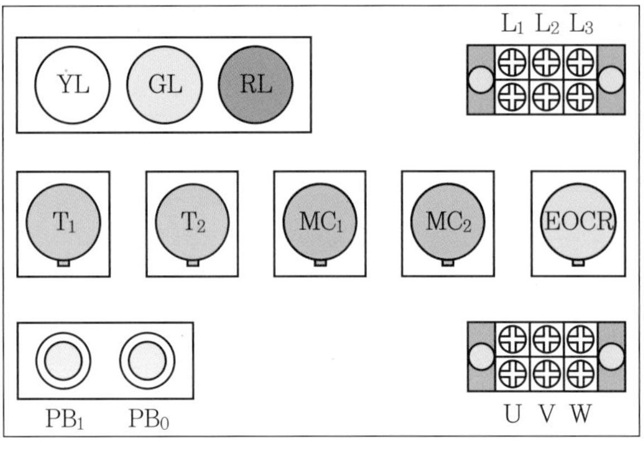

(2) 범례

기구	색상	재료명
PB_0	녹색	푸시버튼 스위치
PB_1	적색	푸시버튼 스위치
PB_2	적색	푸시버튼 스위치
GL	녹색	램프
RL	적색	램프
YL	황색	램프

(3) 기구의 내부 결선도 및 구성도

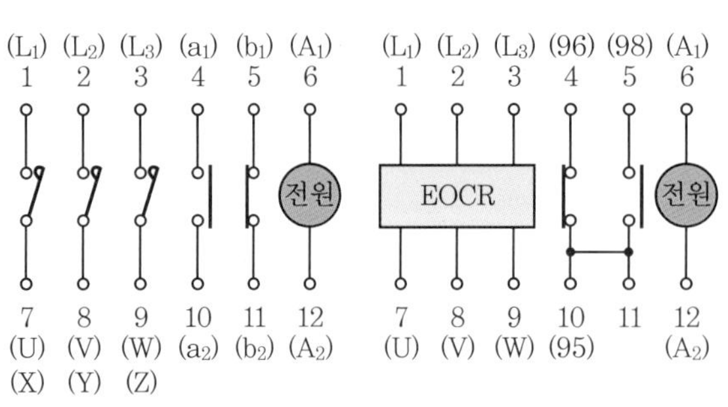

[전자접촉기 내부 결선도] [EOCR 내부 결선도]

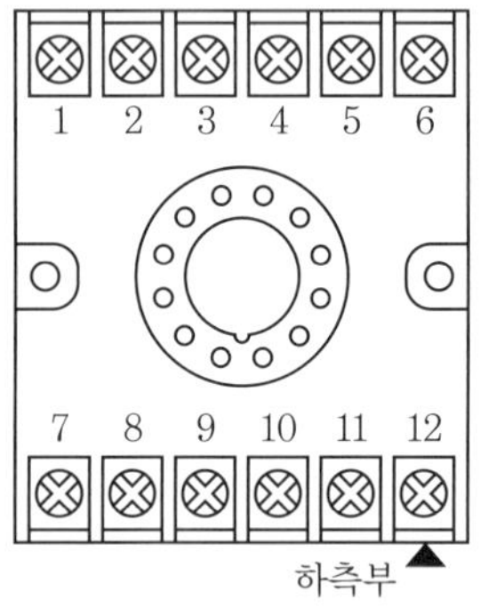

[12P 소켓(베이스) 구성도]

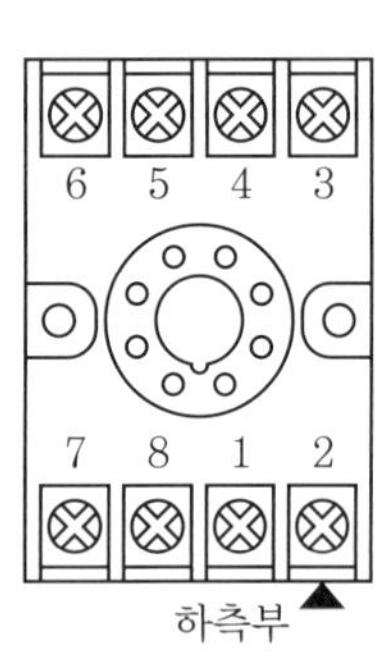

[8P 소켓(베이스) 구성도]

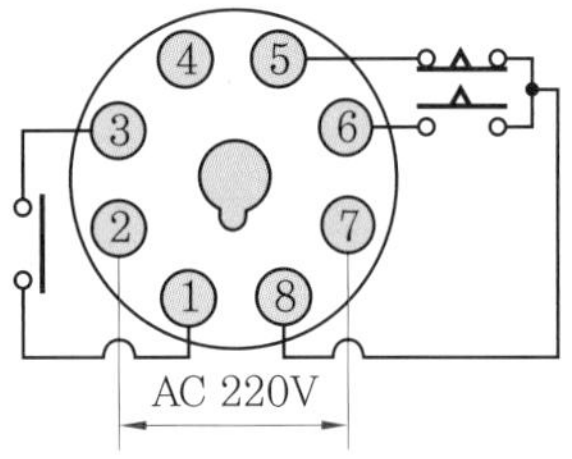

[타이머 내부 결선도]

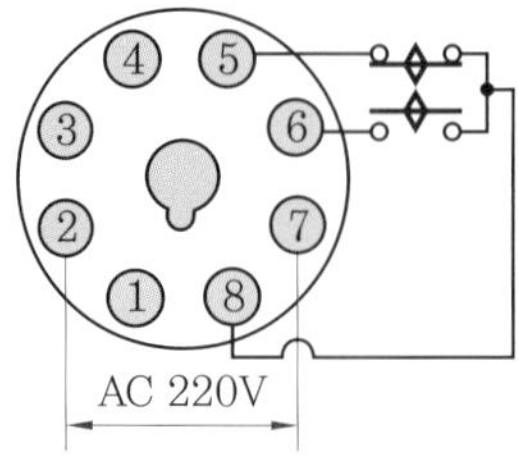

[FR 내부 결선도]

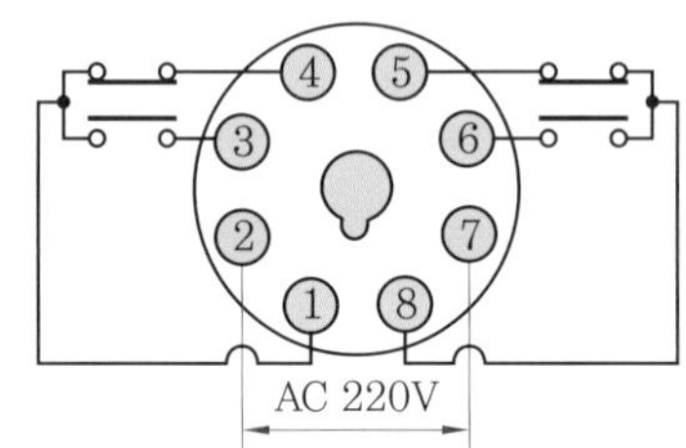

[릴레이 내부 결선도]

(4) 시퀀스 회로도

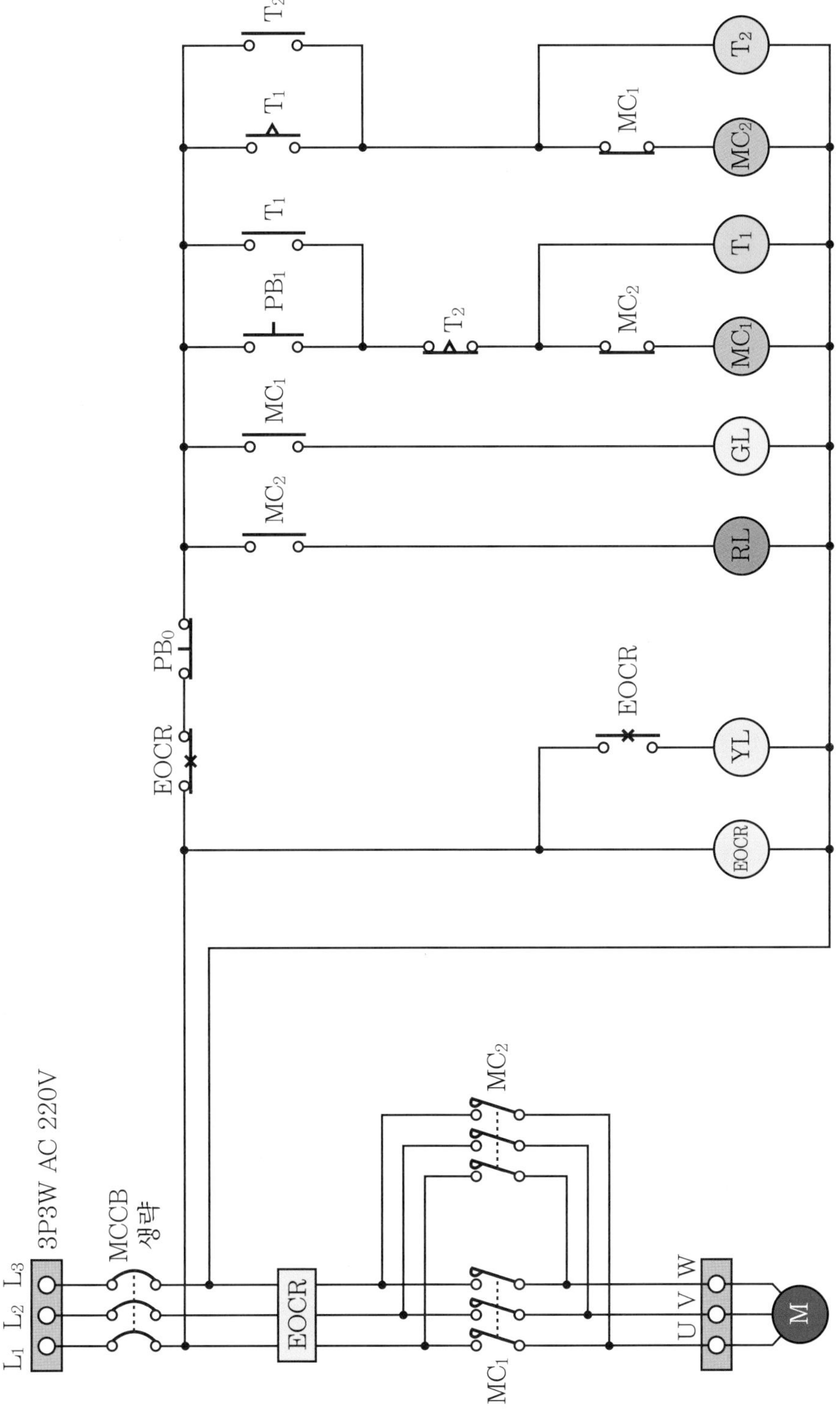

L_1 L_2 L_3
3P3W AC 220V
MCCB
생략
EOCR
MC_1
MC_2
U V W
M
EOCR
PB_0
MC_2
MC_1
PB_1
T_1
T_1
T_2
T_2
MC_2
MC_1
EOCR
EOCR
YL
RL
GL
MC_1
T_1
MC_2
T_2

공개 도면 ⑤

(1) 기구 배치도

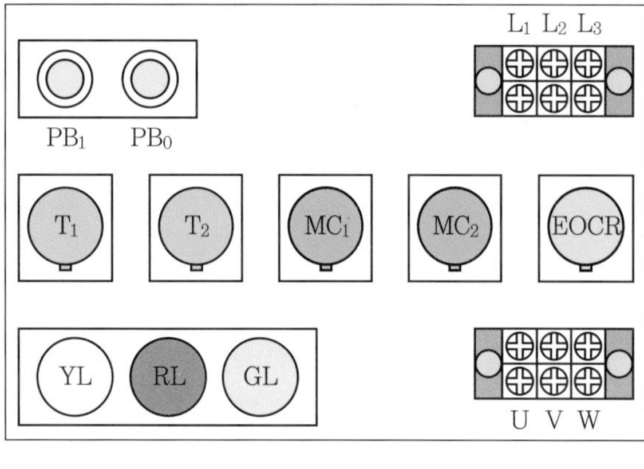

(2) 범례

기구	색상	재료명
PB_0	녹색	푸시버튼 스위치
PB_1	적색	푸시버튼 스위치
PB_2	적색	푸시버튼 스위치
GL	녹색	램프
RL	적색	램프
YL	황색	램프

(3) 기구의 내부 결선도 및 구성도

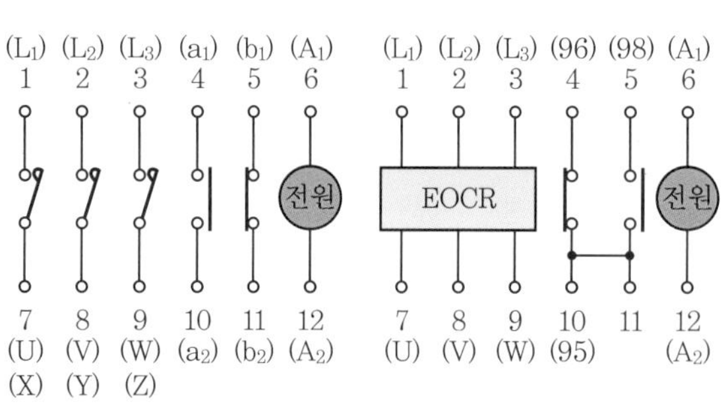

[전자접촉기 내부 결선도] [EOCR 내부 결선도]

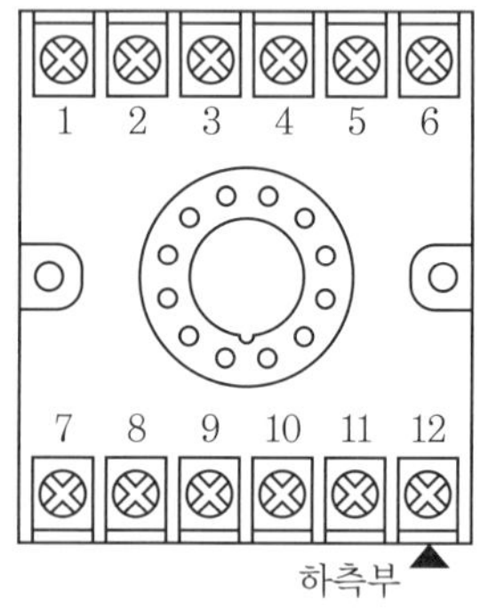

[12P 소켓(베이스) 구성도]

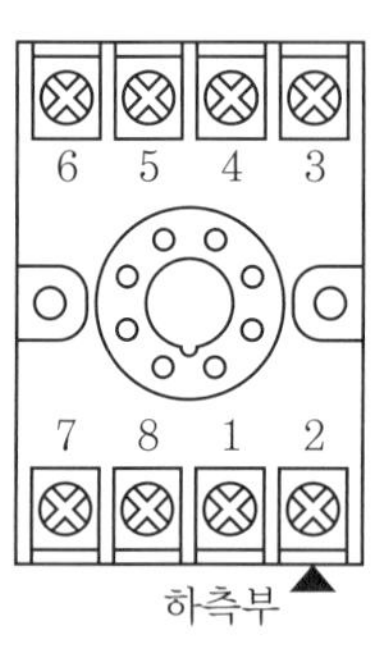

[8P 소켓(베이스) 구성도]

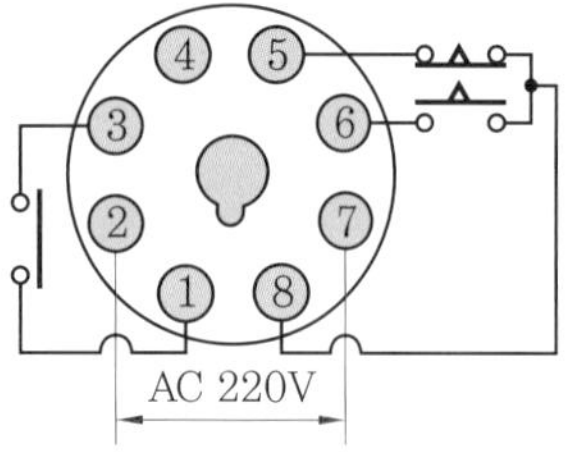

[타이머 내부 결선도]

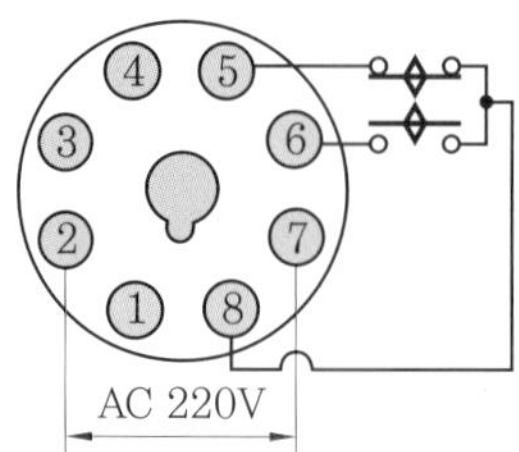

[FR 내부 결선도]

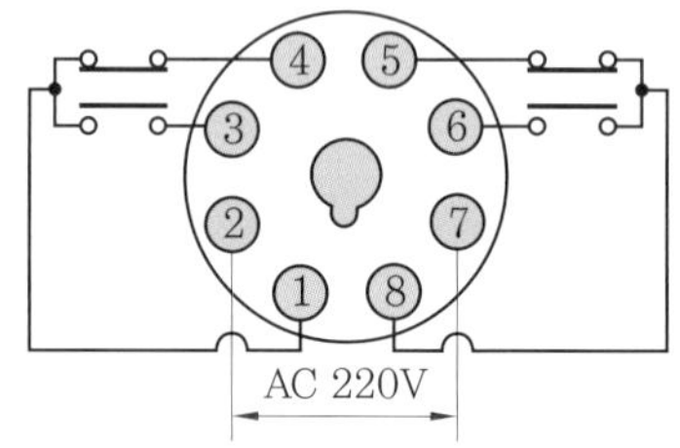

[릴레이 내부 결선도]

(4) 시퀀스 회로도

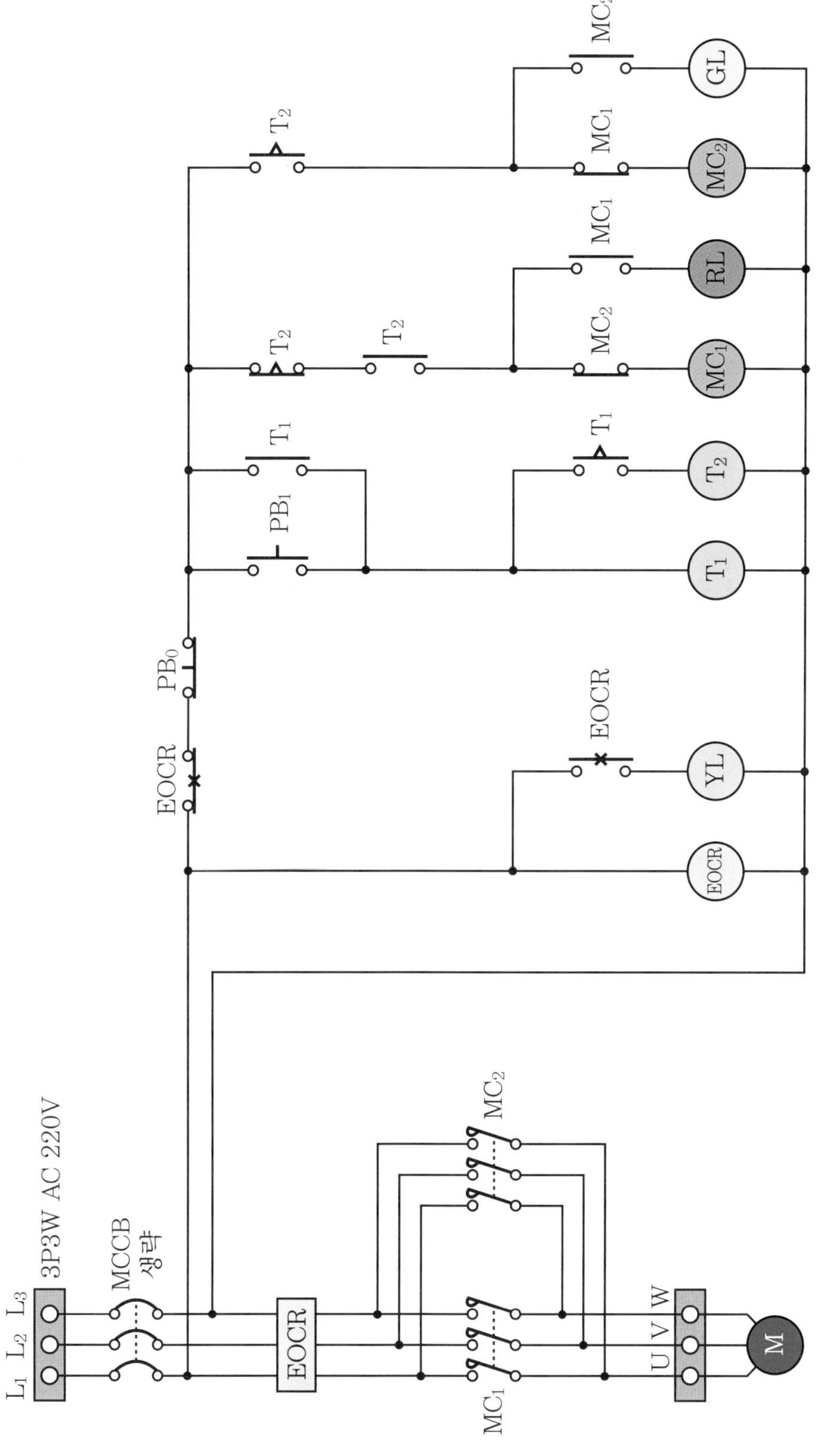

3P3W AC 220V
L1 L2 L3
MCCB
생략
EOCR
MC1
MC2
U V W
M
EOCR
PB0
PB1
T1
T2
MC1
MC2
GL
RL
YL

공개 도면 ⑥

(1) 기구 배치도

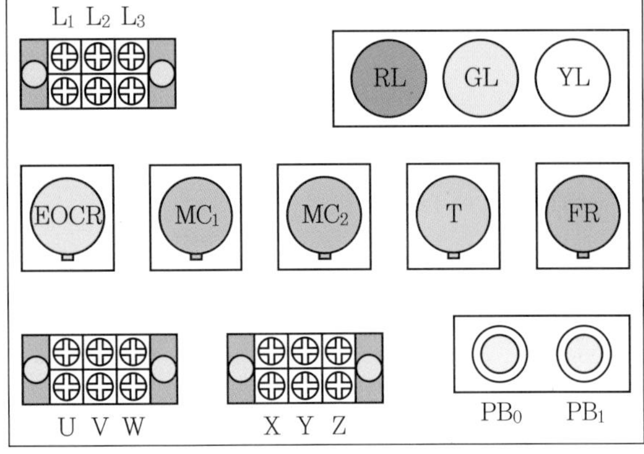

(2) 범례

기구	색상	재료명
PB_0	녹색	푸시버튼 스위치
PB_1	적색	푸시버튼 스위치
PB_2	적색	푸시버튼 스위치
GL	녹색	램프
RL	적색	램프
YL	황색	램프

(3) 기구의 내부 결선도 및 구성도

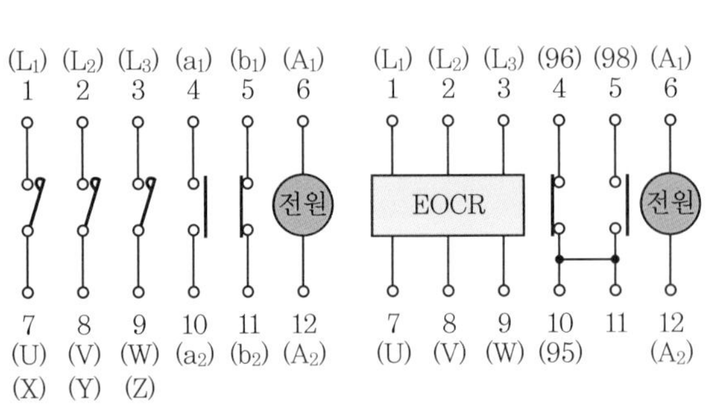

[전자접촉기 내부 결선도] [EOCR 내부 결선도]

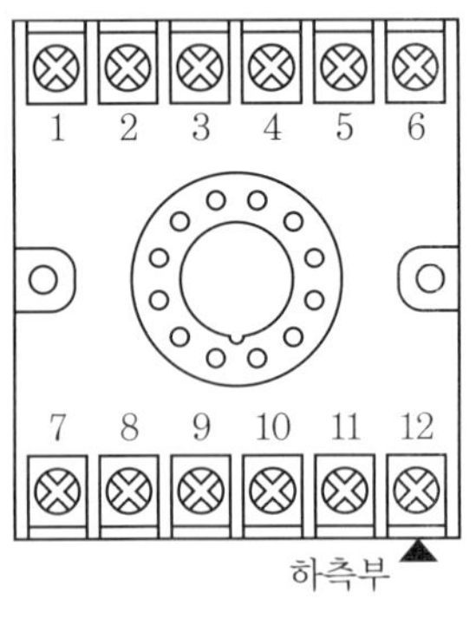

[12P 소켓(베이스) 구성도]

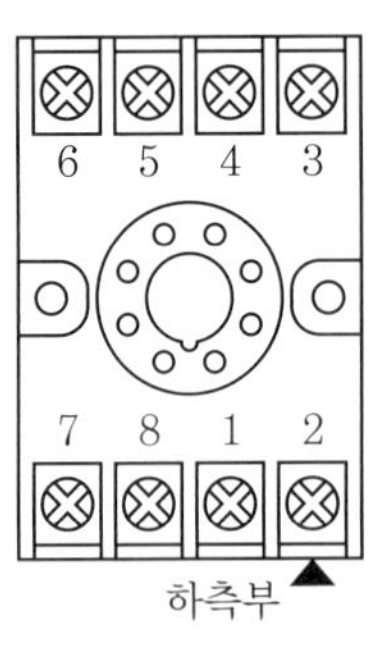

[8P 소켓(베이스) 구성도]

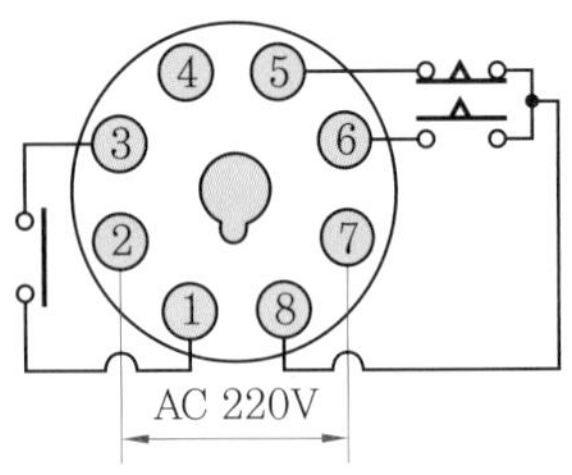

[타이머 내부 결선도]

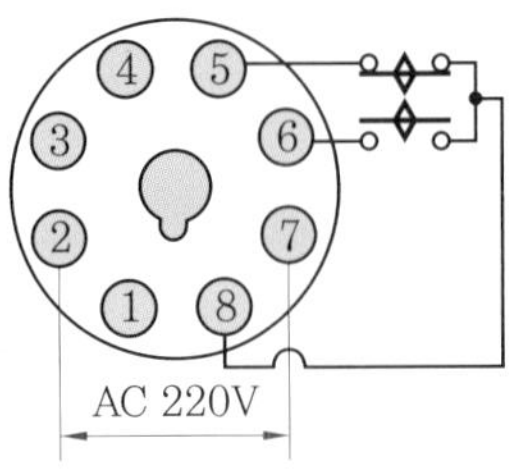

[FR 내부 결선도]

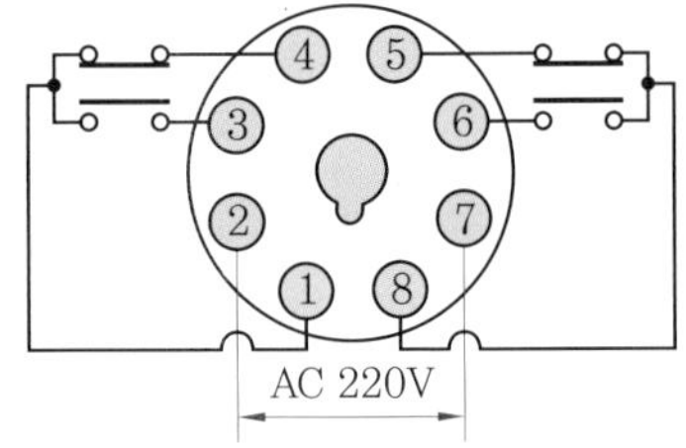

[릴레이 내부 결선도]

(4) 시퀀스 회로도

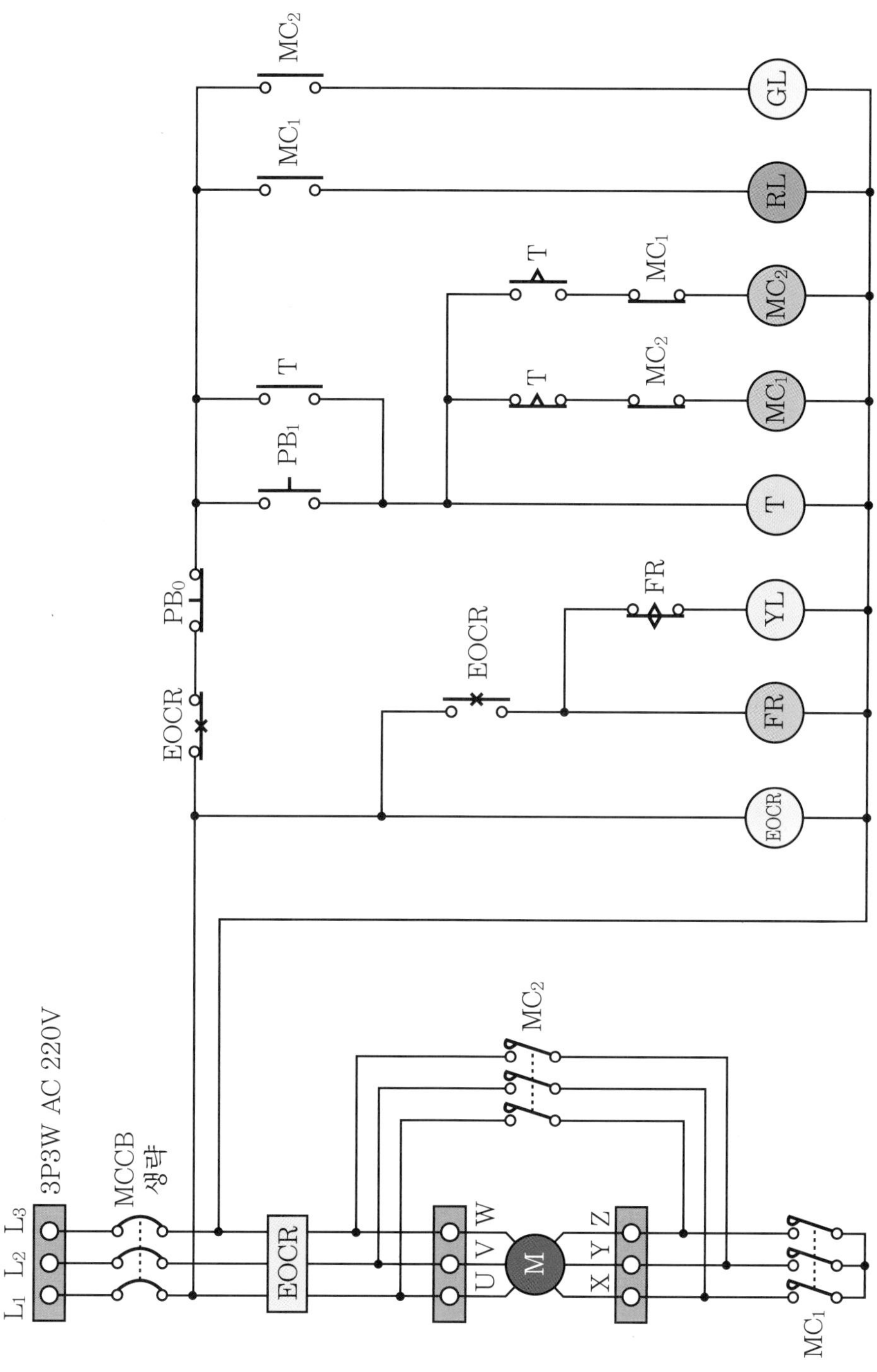

L1 L2 L3
3P3W AC 220V
MCCB
생략
EOCR
U V W
M
X Y Z
MC2
MC1
PB0
PB1
T
FR
GL
RL
YL

공개 도면 ⑦

(1) 기구 배치도

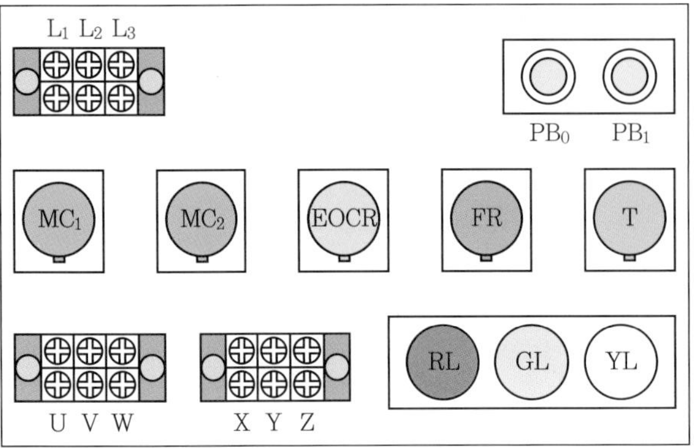

(2) 범례

기구	색상	재료명
PB_0	녹색	푸시버튼 스위치
PB_1	적색	푸시버튼 스위치
PB_2	적색	푸시버튼 스위치
GL	녹색	램프
RL	적색	램프
YL	황색	램프

(3) 기구의 내부 결선도 및 구성도

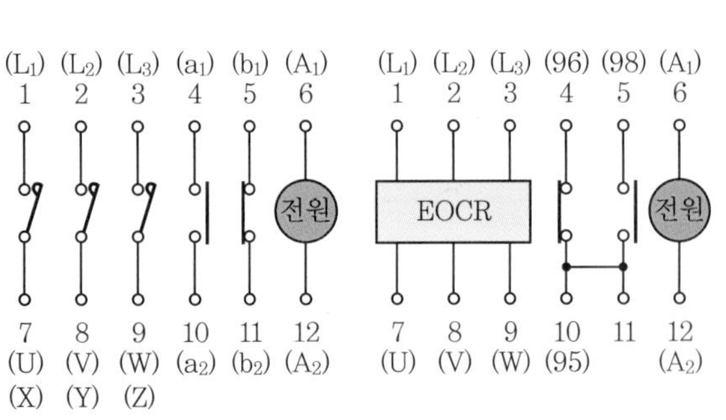

[전자접촉기 내부 결선도] [EOCR 내부 결선도]

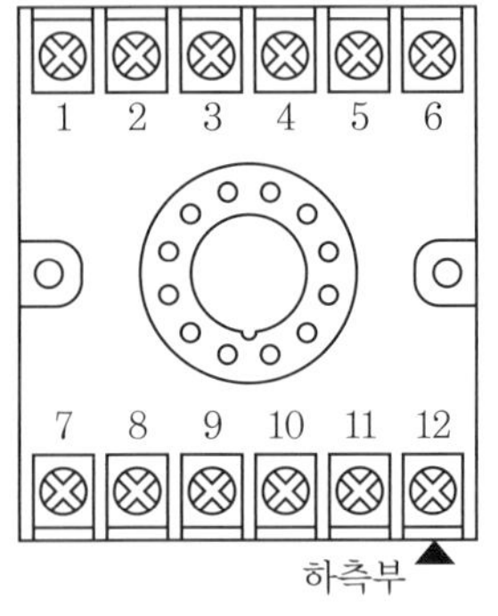

[12P 소켓(베이스) 구성도]

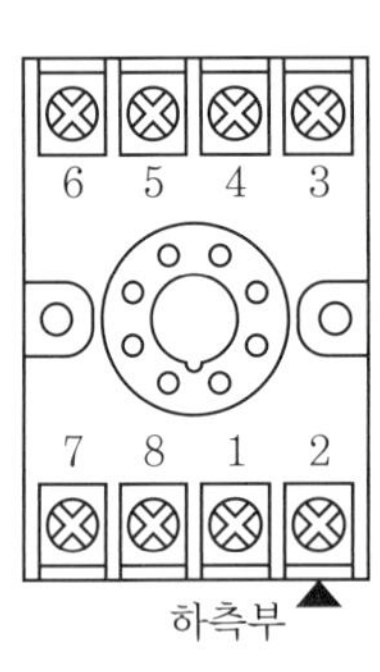

[8P 소켓(베이스) 구성도]

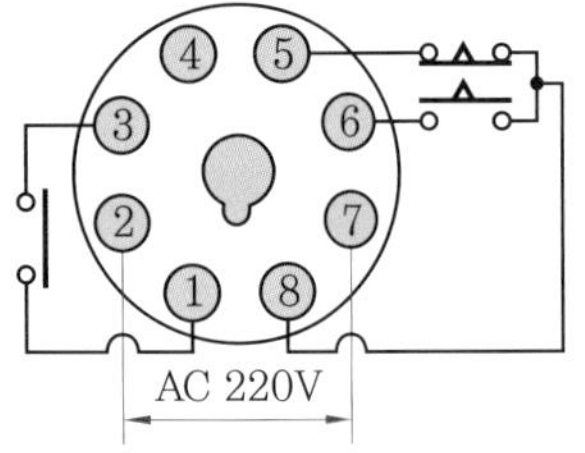

[타이머 내부 결선도]

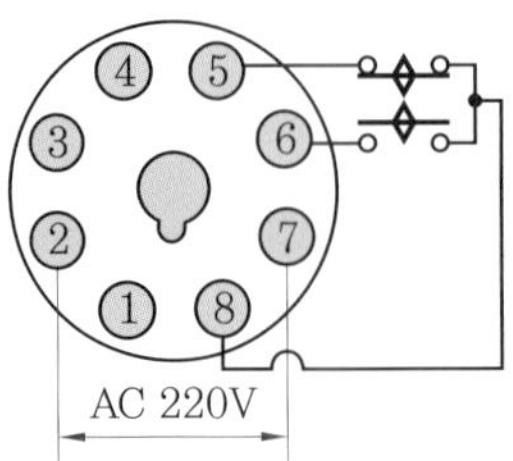

[FR 내부 결선도]

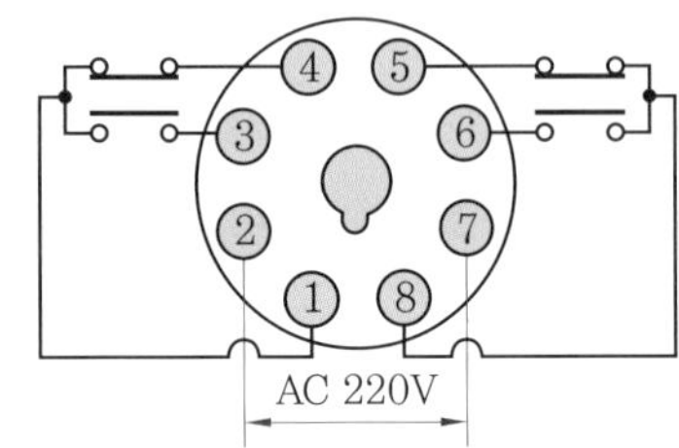

[릴레이 내부 결선도]

(4) 시퀀스 회로도

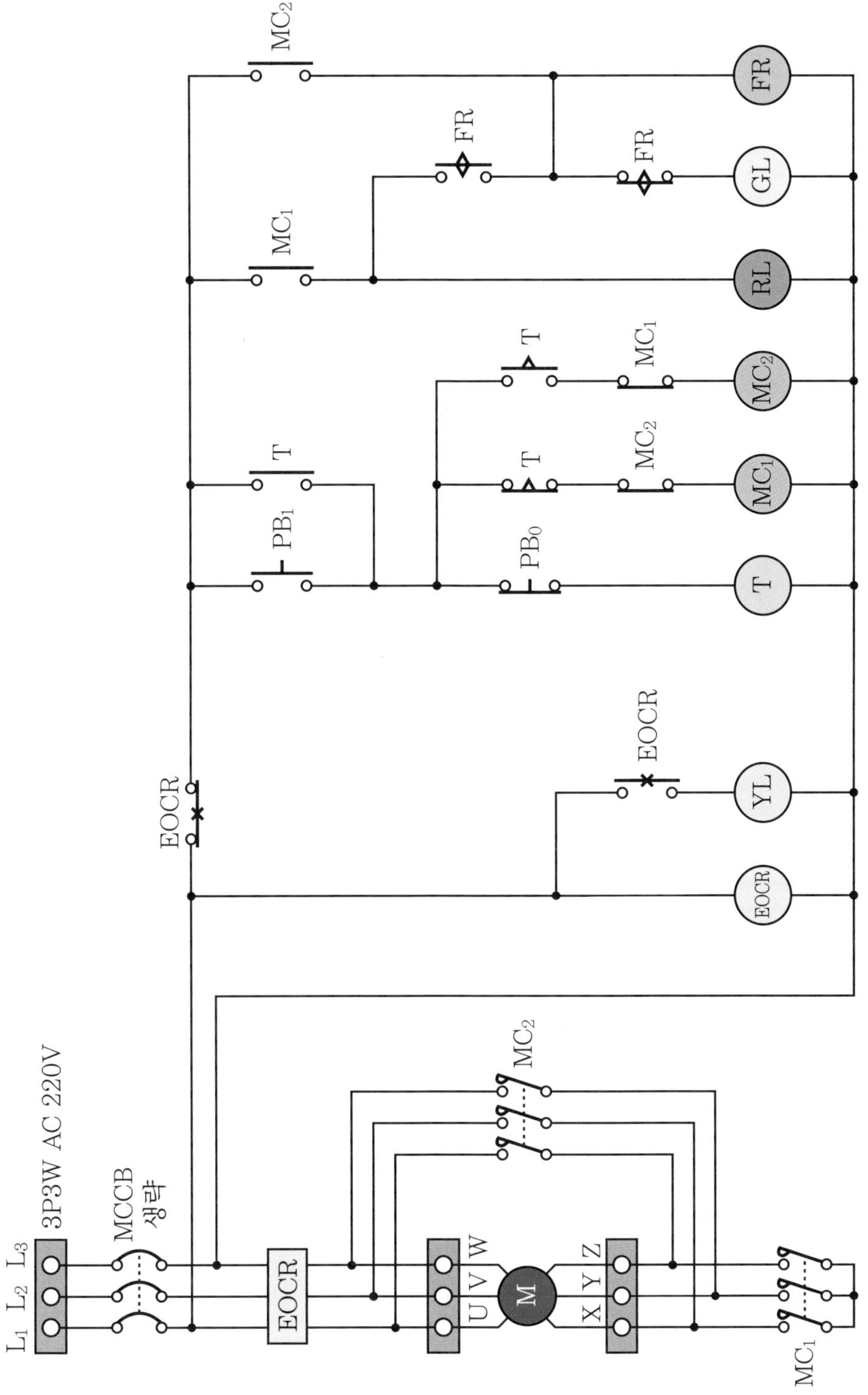

L1 L2 L3
3P3W AC 220V
MCCB 생략
EOCR
U V W
M
X Y Z
MC1
MC2
PB1
PB0
T
FR
GL
RL
YL

공개 도면 ⑧

(1) 기구 배치도

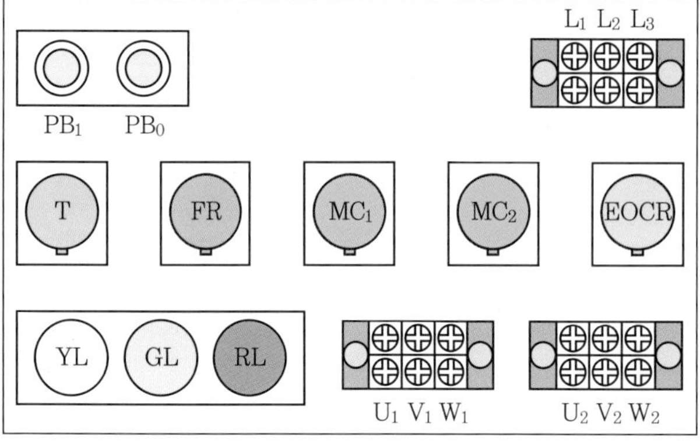

(2) 범례

기구	색상	재료명
PB_0	녹색	푸시버튼 스위치
PB_1	적색	푸시버튼 스위치
PB_2	적색	푸시버튼 스위치
GL	녹색	램프
RL	적색	램프
YL	황색	램프

(3) 기구의 내부 결선도 및 구성도

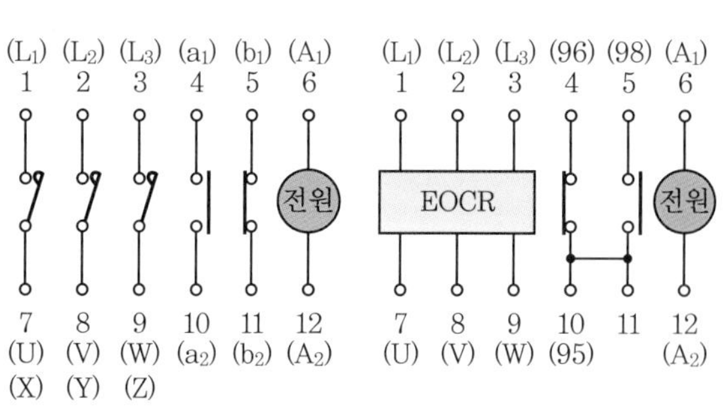

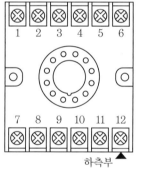

[전자접촉기 내부 결선도] [EOCR 내부 결선도]

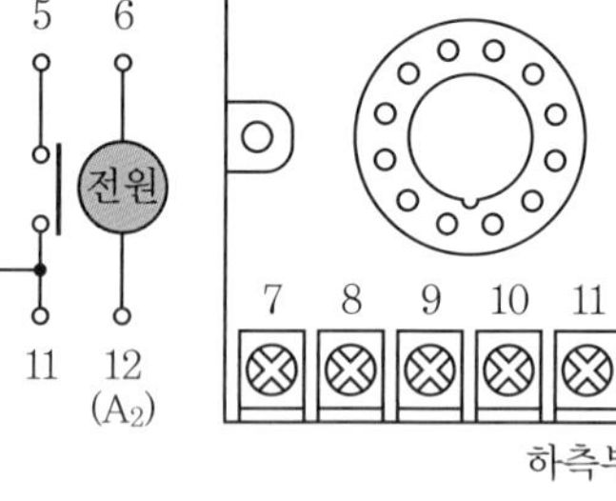

[12P 소켓(베이스) 구성도]

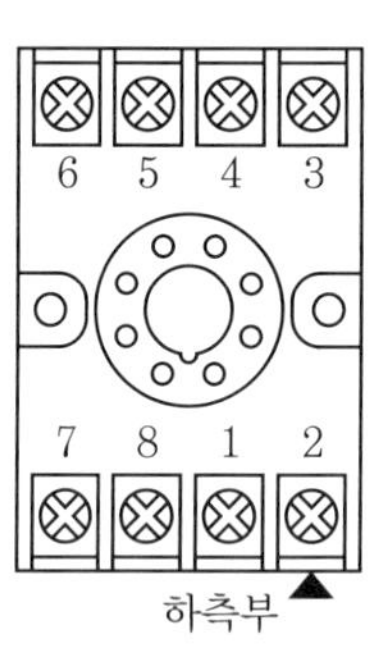

[8P 소켓(베이스) 구성도]

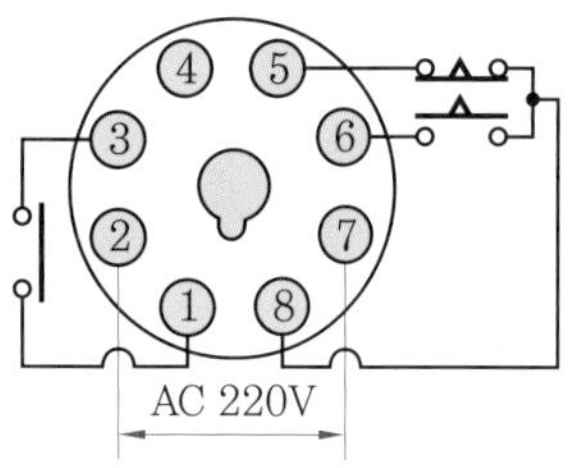

[타이머 내부 결선도]

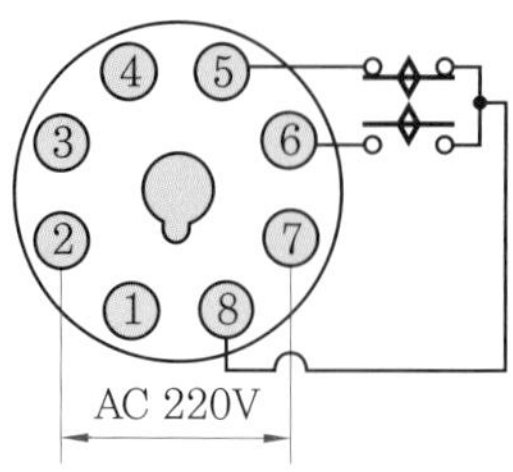

[FR 내부 결선도]

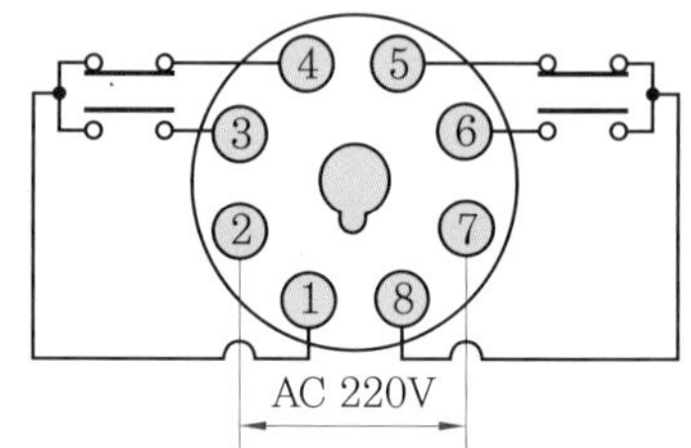

[릴레이 내부 결선도]

(4) 시퀀스 회로도

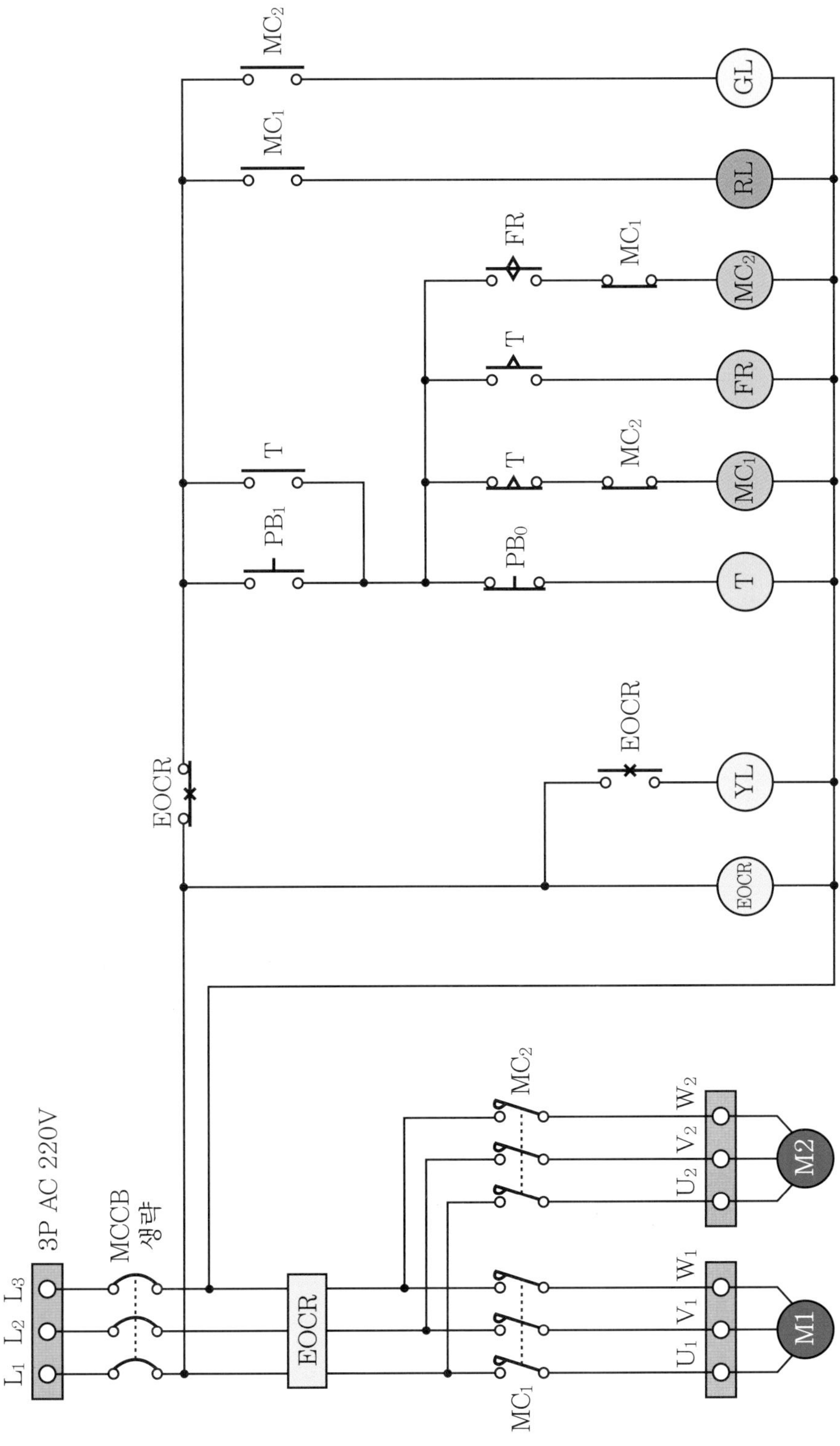
MC2
MC1
GL
RL
FR
MC1
MC2
T
FR
T
MC2
MC1
T
PB1
PB0
T
EOCR
EOCR
YL
EOCR
3P AC 220V
L1 L2 L3
MCCB
생략
EOCR
MC2
MC1
U2 V2 W2
U1 V1 W1
M2
M1

공개 도면 ⑨

(1) 기구 배치도

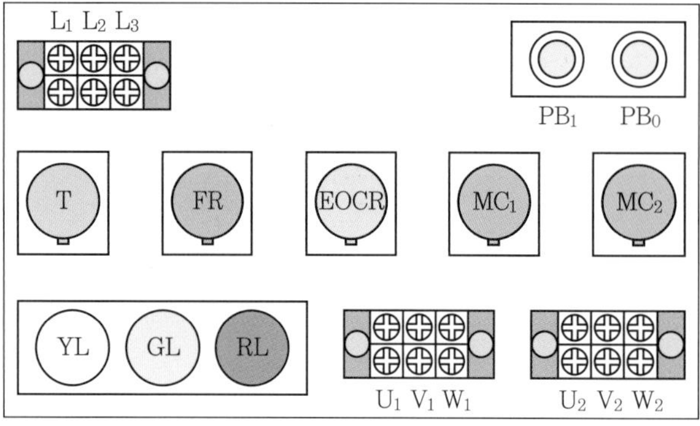

(2) 범례

기구	색상	재료명
PB_0	녹색	푸시버튼 스위치
PB_1	적색	푸시버튼 스위치
PB_2	적색	푸시버튼 스위치
GL	녹색	램프
RL	적색	램프
YL	황색	램프

(3) 기구의 내부 결선도 및 구성도

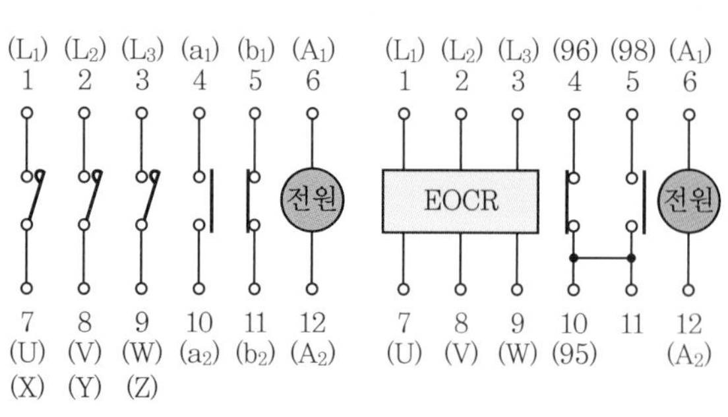

[전자접촉기 내부 결선도] [EOCR 내부 결선도]

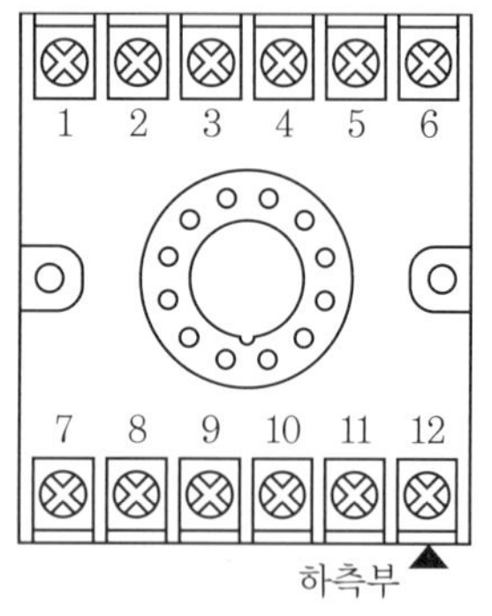

[12P 소켓(베이스) 구성도]

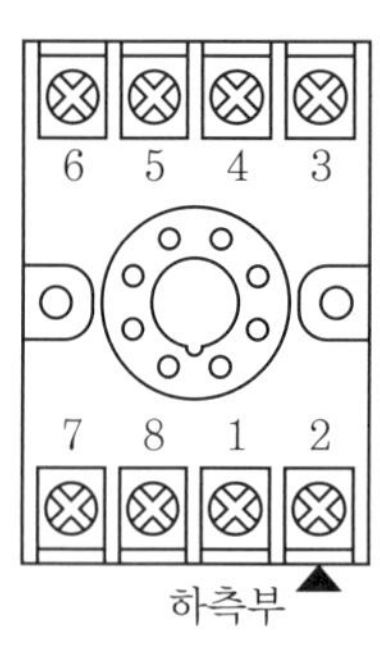

[8P 소켓(베이스) 구성도]

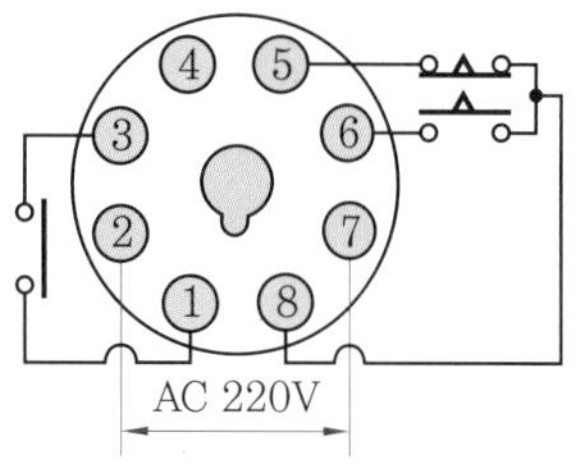

[타이머 내부 결선도]

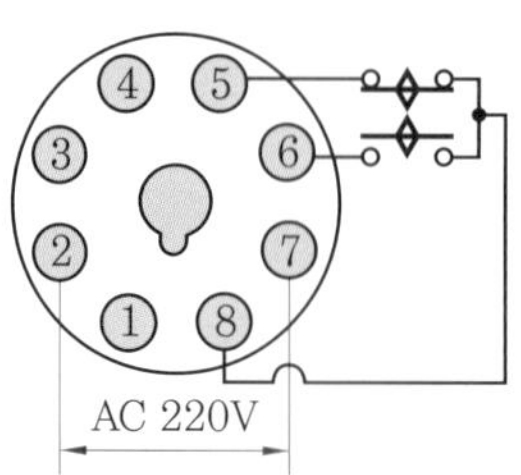

[FR 내부 결선도]

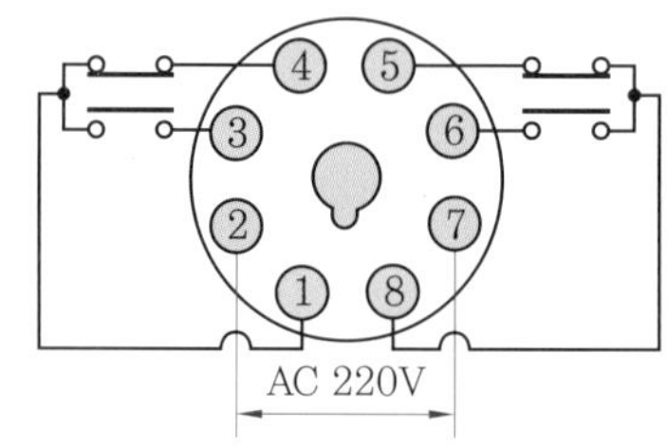

[릴레이 내부 결선도]

(4) 시퀀스 회로도

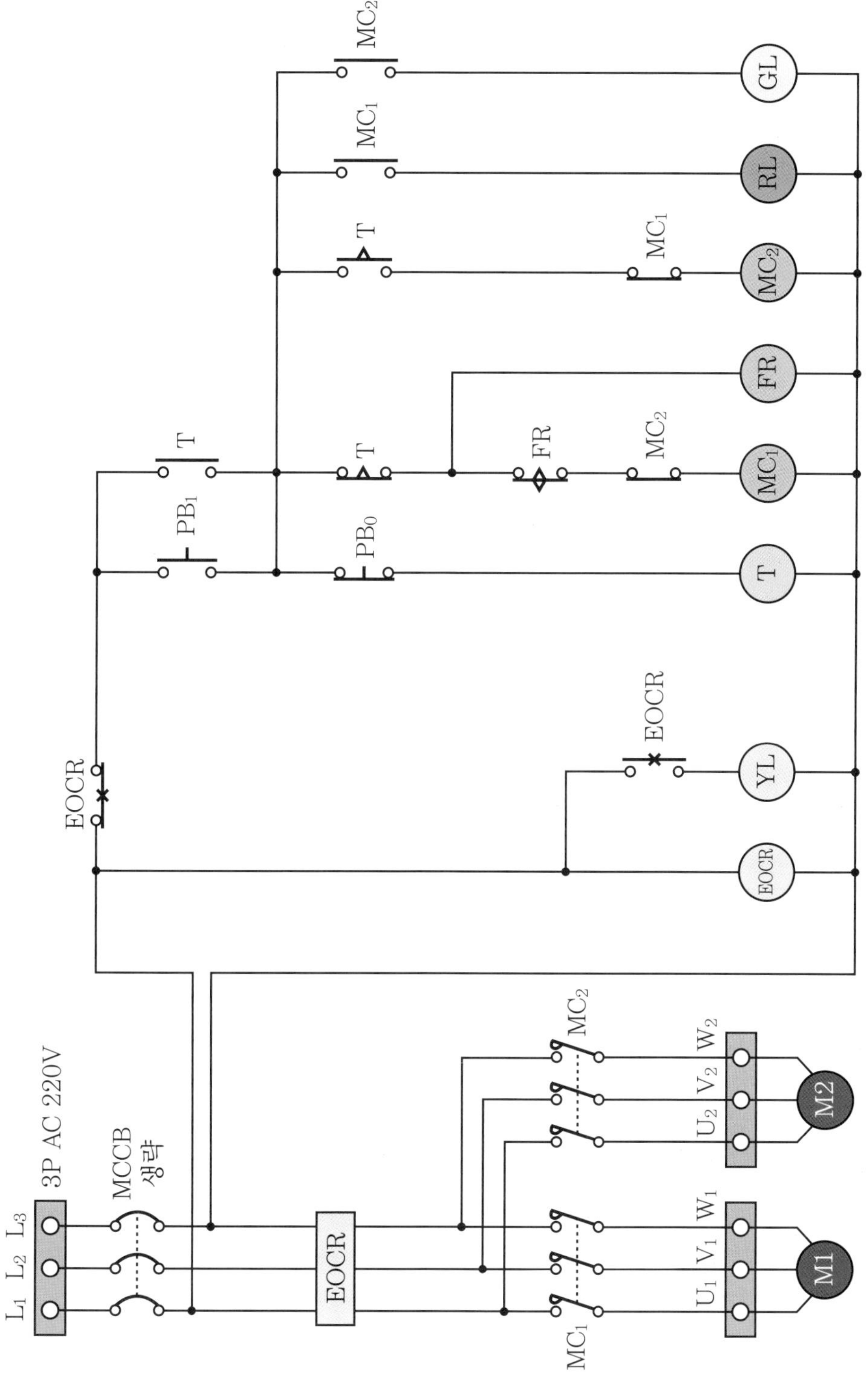
3P AC 220V
L_1 L_2 L_3
MCCB
생략
EOCR
MC_1
MC_2
U_1 V_1 W_1
U_2 V_2 W_2
M1
M2
EOCR
PB_1
T
PB_0
T
FR
MC_2
T
MC_1
MC_1
MC_2
EOCR
EOCR
YL
T
MC_1
FR
MC_2
RL
GL

공개 도면 ⑩

(1) 기구 배치도

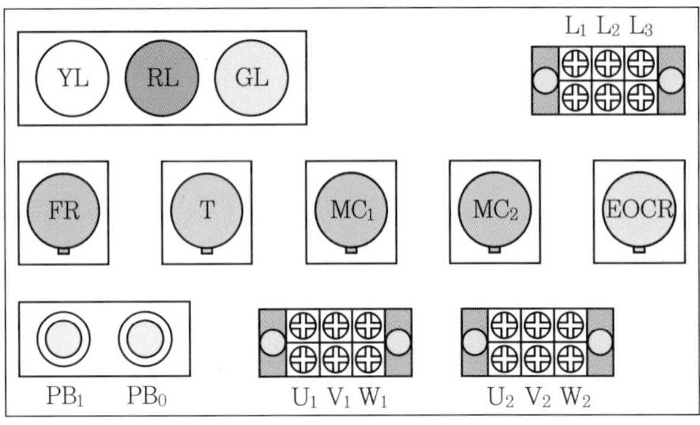

(2) 범례

기구	색상	재료명
PB_0	녹색	푸시버튼 스위치
PB_1	적색	푸시버튼 스위치
PB_2	적색	푸시버튼 스위치
GL	녹색	램프
RL	적색	램프
YL	황색	램프

(3) 기구의 내부 결선도 및 구성도

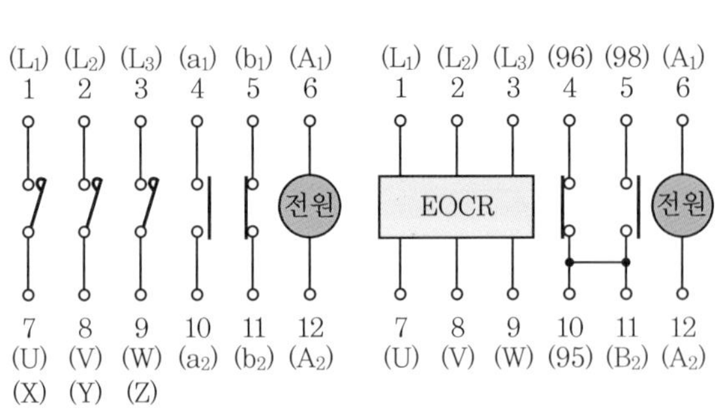

[전자접촉기 내부 결선도] [EOCR 내부 결선도]

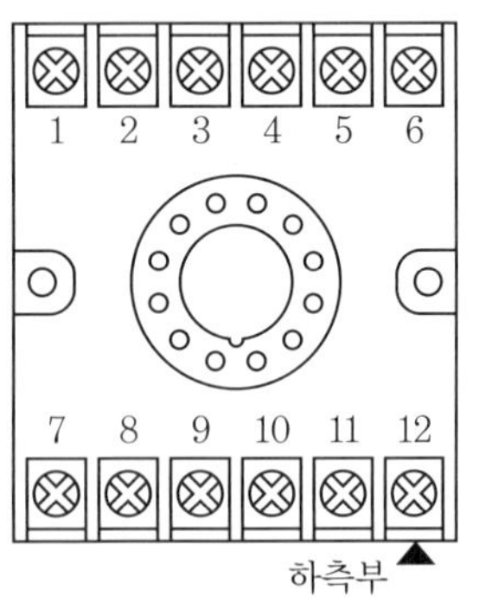

[12P 소켓(베이스) 구성도]

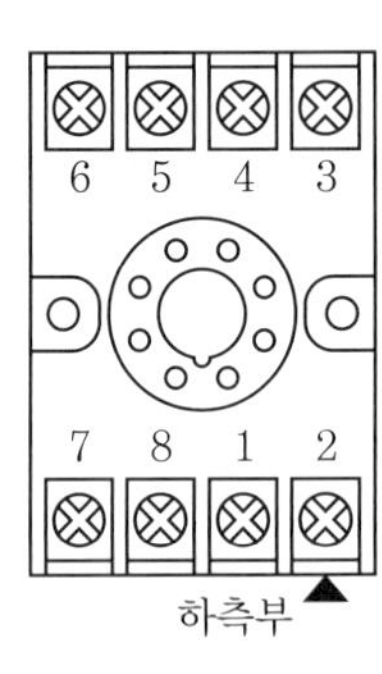

[8P 소켓(베이스) 구성도]

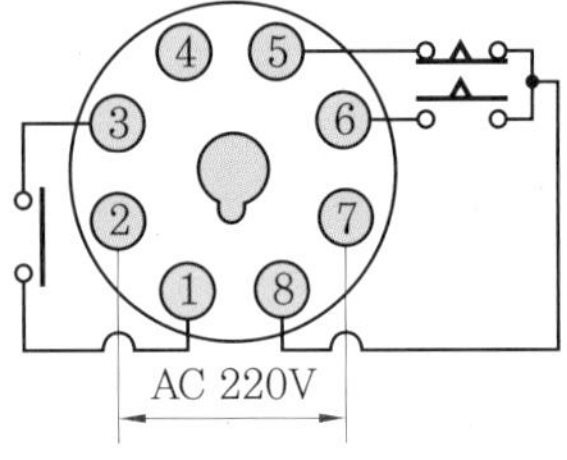

[타이머 내부 결선도]

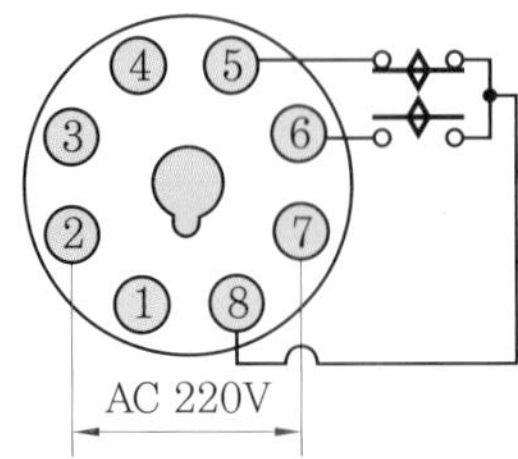

[FR 내부 결선도]

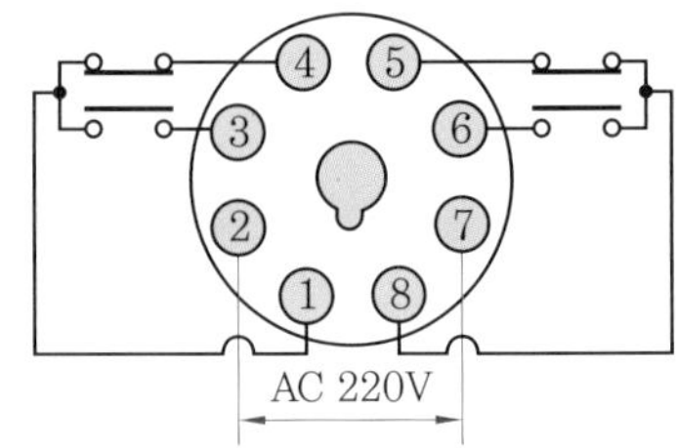

[릴레이 내부 결선도]

(4) 시퀀스 회로도

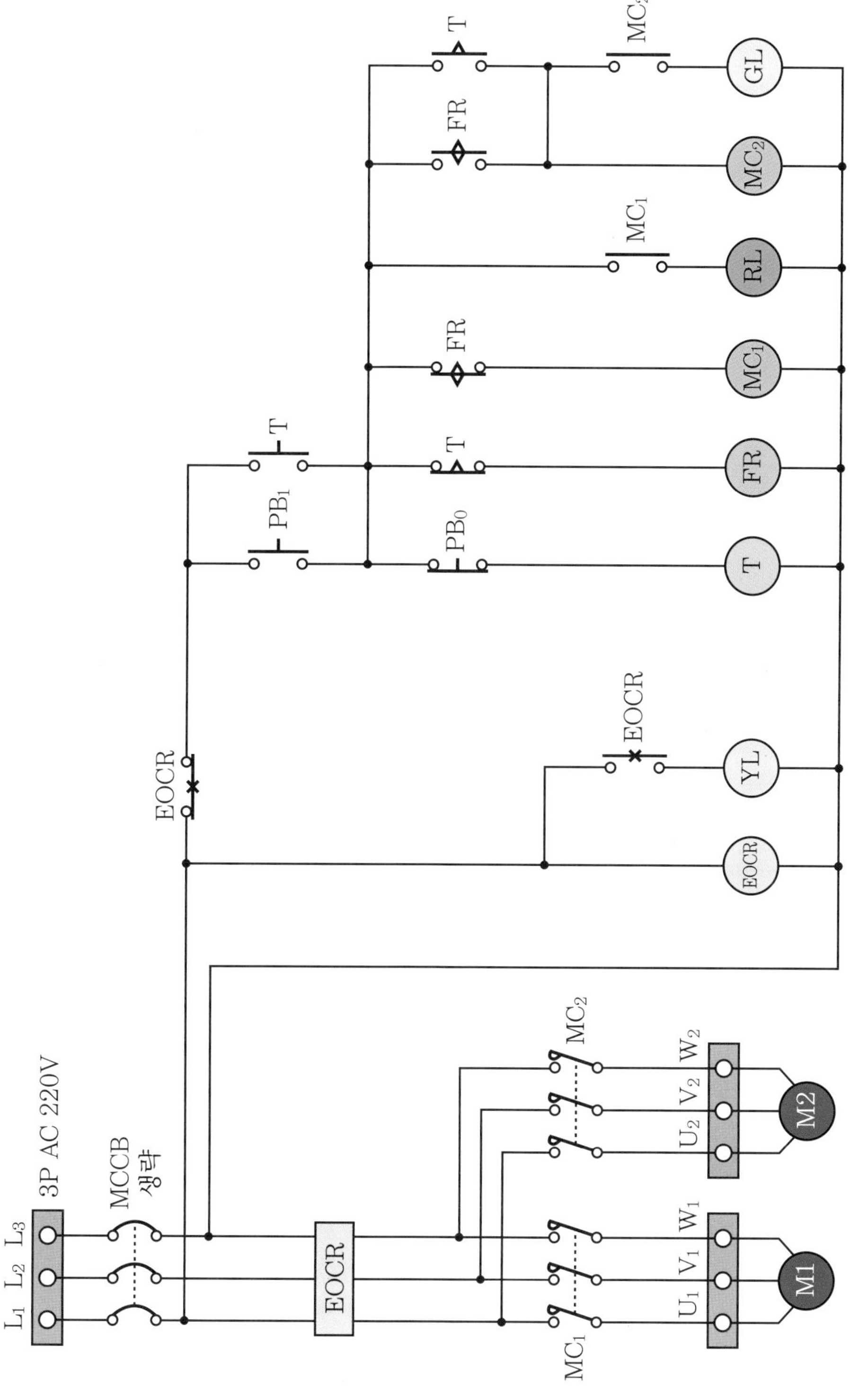
L1 L2 L3
3P AC 220V
MCCB
생략
EOCR
MC1
MC2
U1 V1 W1
U2 V2 W2
M1
M2
EOCR
PB1
T
PB0
T
FR
FR
MC1
MC2
T
EOCR
EOCR
YL
T
FR
MC1
RL
MC2
GL

4 전기기능사 실기 공개 문제

공개 도면 ①

(1) 배관 및 기구 배치도

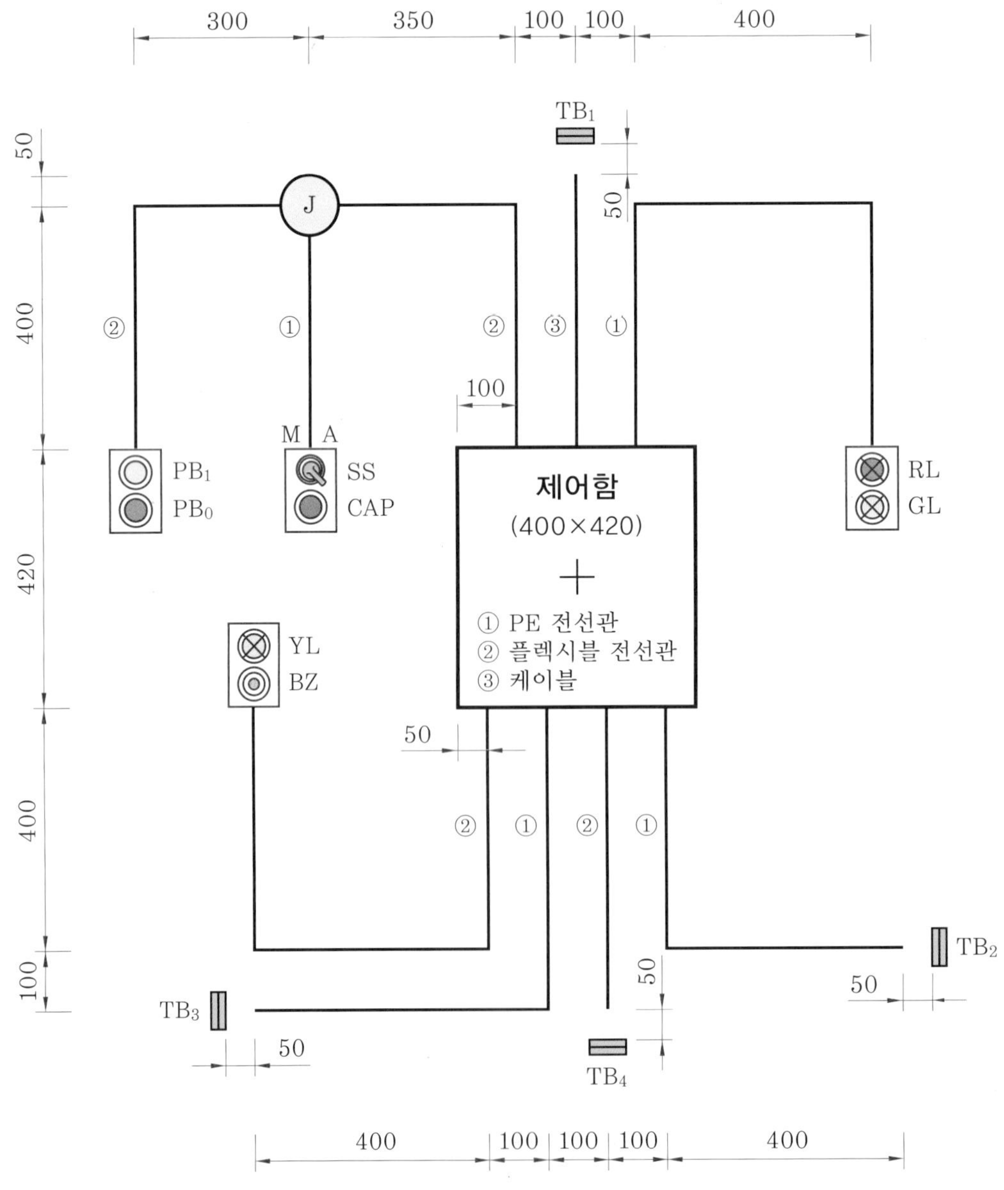

※ NOTE : 치수 기준점은 제어함의 중심으로 한다.

(2) 제어판 내부 기구 배치도

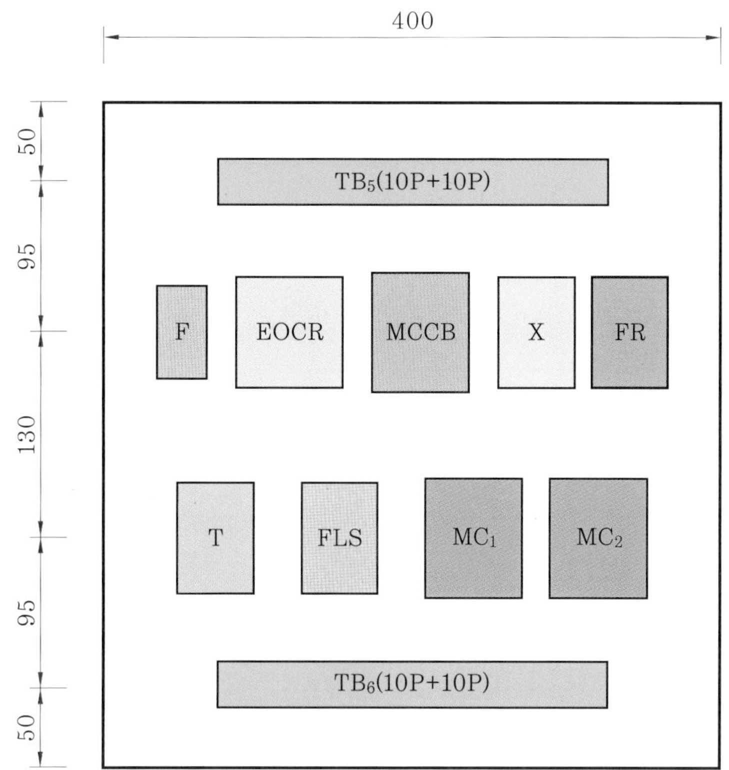

[범례]

기호	명칭	기호	명칭
TB_1	전원(단자대 4P)	PB_0	푸시버튼 스위치(적색)
TB_2, TB_3	전동기(단자대 4P)	PB_1	푸시버튼 스위치(녹색)
TB_4	플로트레스(단자대 4P)	SS	실렉터 스위치
TB_5, TB_6	단자대(10P+10P)	YL	램프(황색)
MC_1, MC_2	전자접촉기(12P)	GL	램프(녹색)
EOCR	EOCR(12P)	RL	램프(적색)
X	릴레이(8P)	BZ	버저
T	타이머(8P)	CAP	홀마개
FR	플리커 릴레이(8P)	Ⓙ	8각 박스
FLS	플로트레스 스위치(8P)	F	퓨즈 및 퓨즈홀더
MCCB	배선용 차단기		

(3) 제어 회로의 시퀀스 회로도

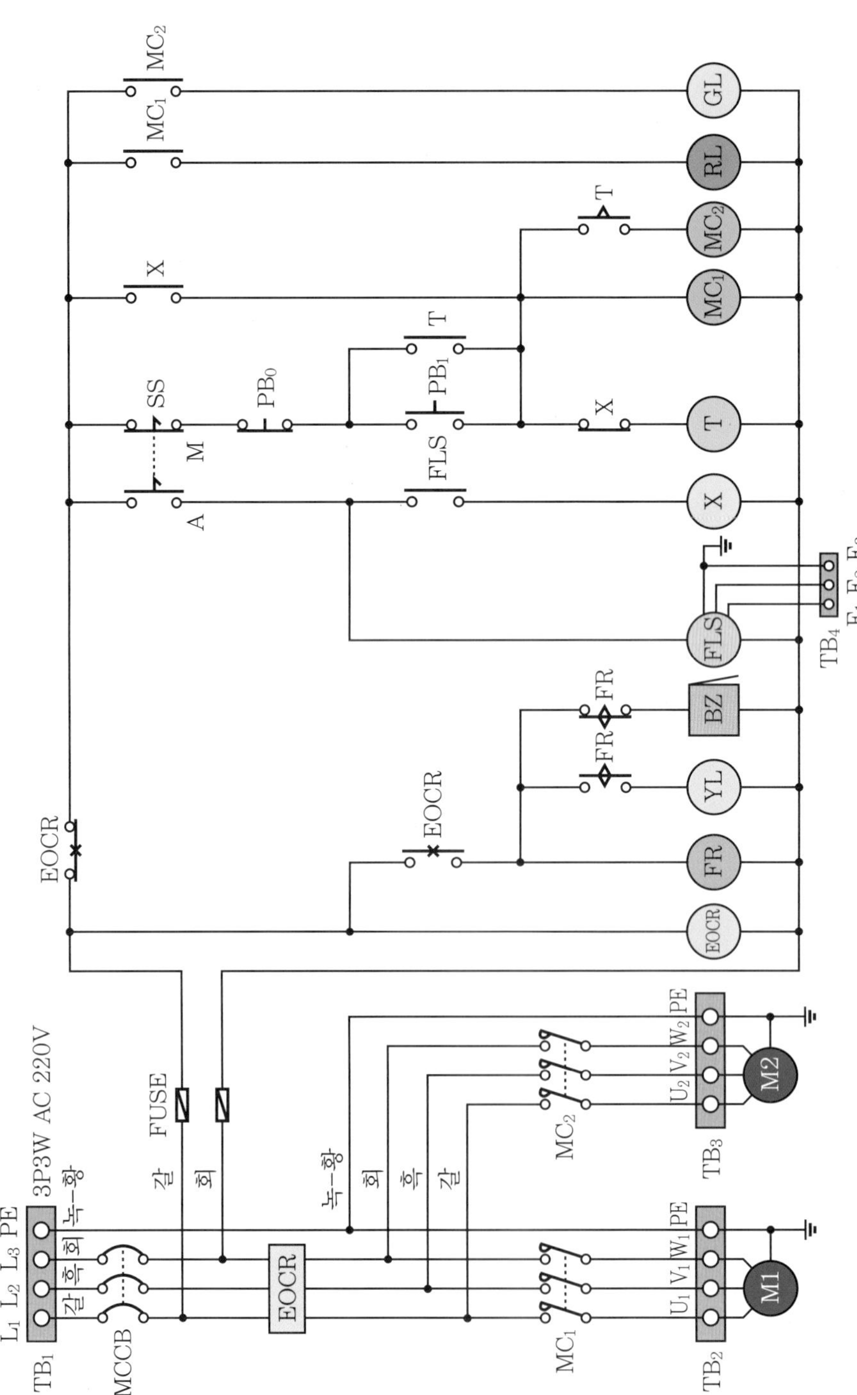

※ NOTE

- 플로트레스 스위치 FLS에서 TB_4로 배선되는 E_1, E_2, E_3는 보조 회로 전선을 사용합니다.
- 플로트레스 스위치 FLS의 보호 도체(접지) 결선은 제어판(TB_6 또는 FLS 소켓)에서 보호 도체 회로 전선으로 실시합니다.

※ 본 도면은 시험을 위해서 임의 구성한 것으로 상용 도면과 상이할 수 있습니다.

공개 도면 ②

(1) 배관 및 기구 배치도

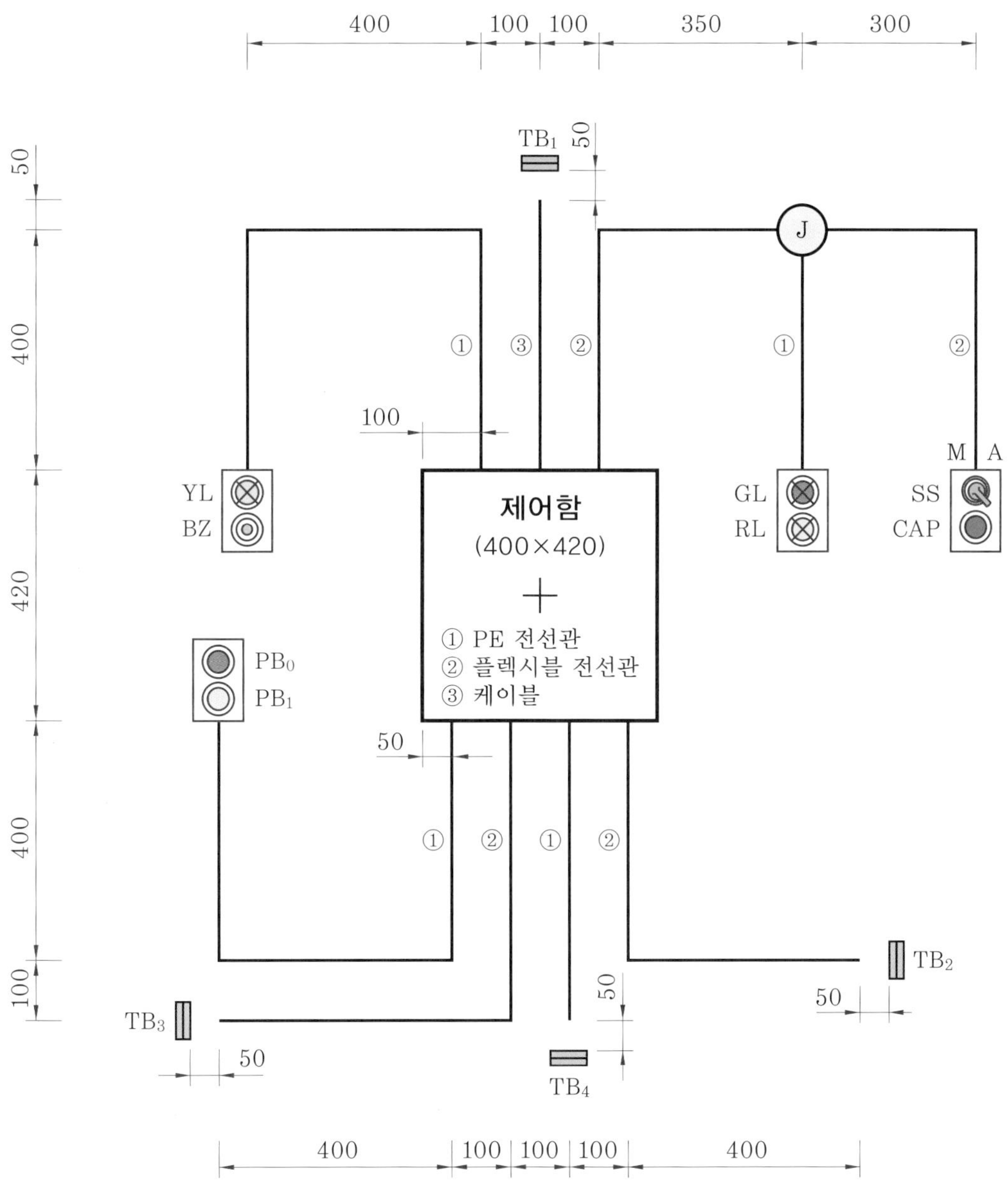

※ NOTE : 치수 기준점은 제어함의 중심으로 한다.

(2) 제어판 내부 기구 배치도

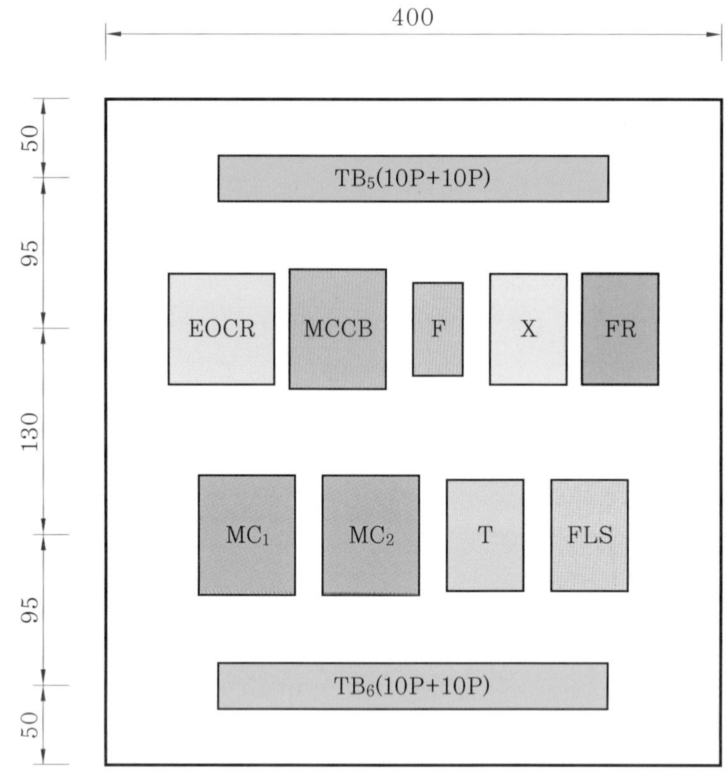

[범례]

기호	명칭	기호	명칭
TB_1	전원(단자대 4P)	PB_0	푸시버튼 스위치(적색)
TB_2, TB_3	전동기(단자대 4P)	PB_1	푸시버튼 스위치(녹색)
TB_4	플로트레스(단자대 4P)	SS	실렉터 스위치
TB_5, TB_6	단자대(10P+10P)	YL	램프(황색)
MC_1, MC_2	전자접촉기(12P)	GL	램프(녹색)
EOCR	EOCR(12P)	RL	램프(적색)
X	릴레이(8P)	BZ	버저
T	타이머(8P)	CAP	홀마개
FR	플리커 릴레이(8P)	Ⓙ	8각 박스
FLS	플로트레스 스위치(8P)	F	퓨즈 및 퓨즈홀더
MCCB	배선용 차단기		

(3) 제어 회로의 시퀀스 회로도

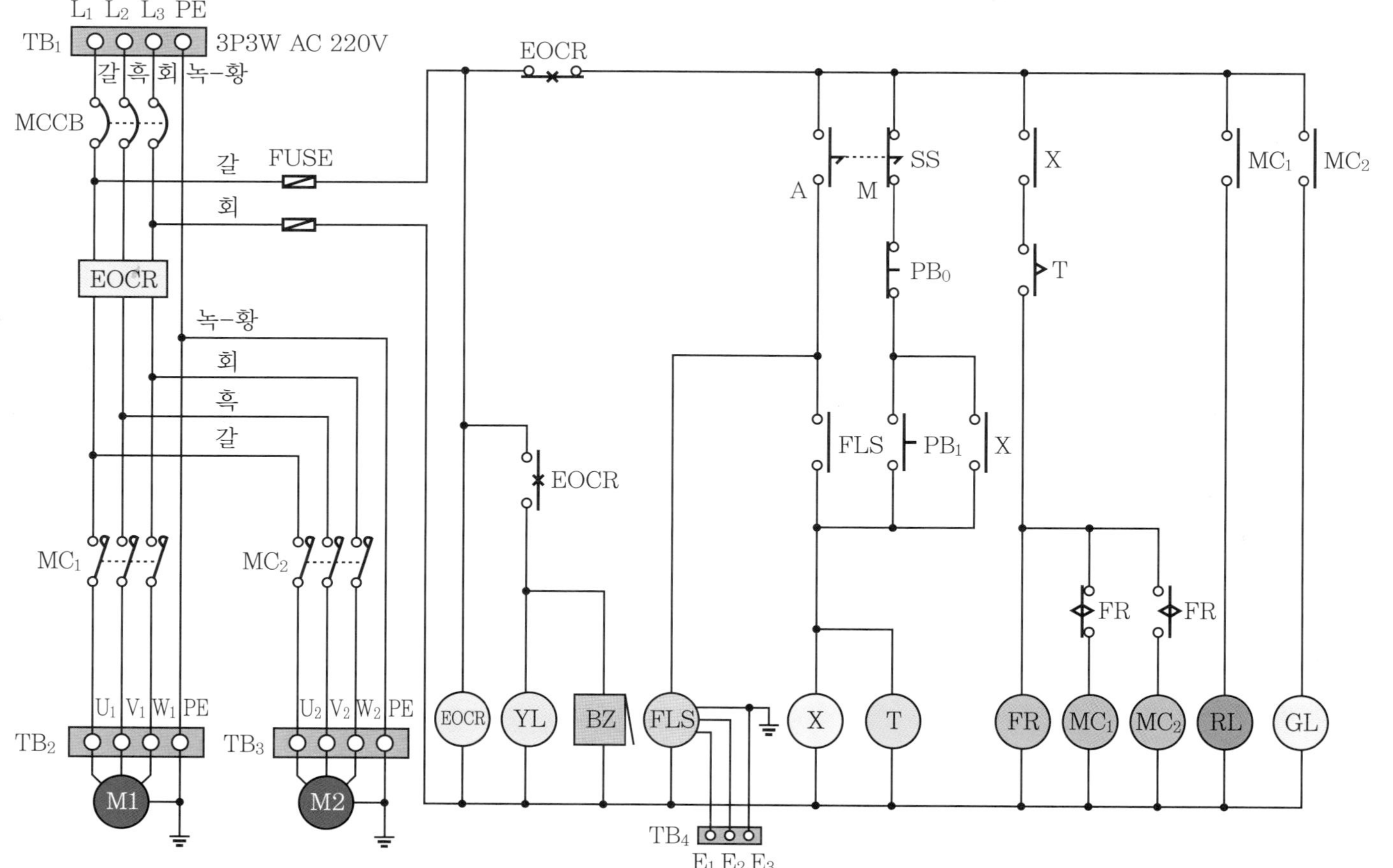

※ NOTE

- 플로트레스 스위치 FLS에서 TB_4로 배선되는 E_1, E_2, E_3는 보조 회로 전선을 사용합니다.
- 플로트레스 스위치 FLS의 보호 도체(접지) 결선은 제어판(TB_6 또는 FLS 소켓)에서 보호 도체 회로 전선으로 실시합니다.

※ 본 도면은 시험을 위해서 임의 구성한 것으로 상용 도면과 상이할 수 있습니다.

공개 도면 ③

(1) 배관 및 기구 배치도

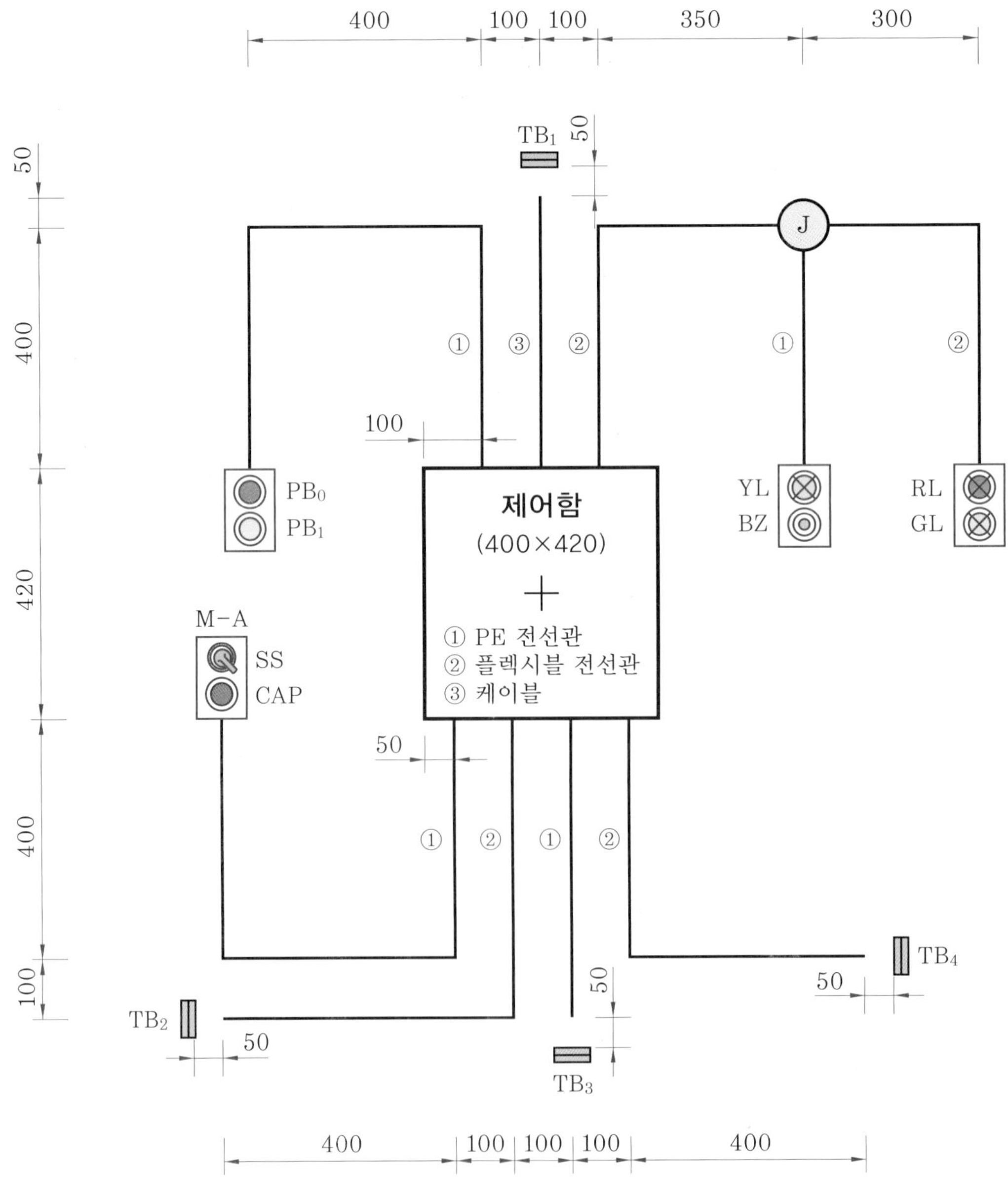

※ NOTE : 치수 기준점은 제어함의 중심으로 한다.

(2) 제어판 내부 기구 배치도

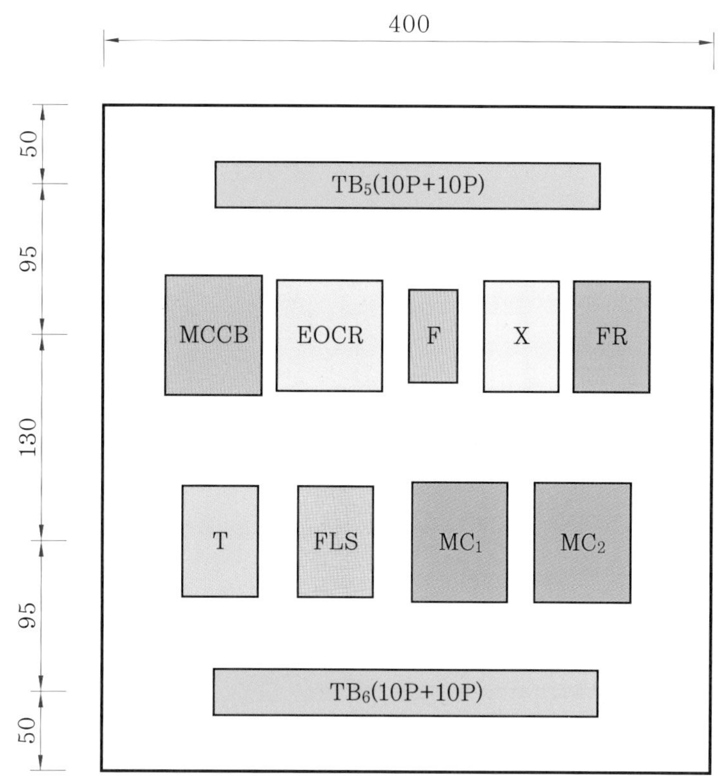

[범례]

기호	명칭	기호	명칭
TB_1	전원(단자대 4P)	PB_0	푸시버튼 스위치(적색)
TB_2, TB_3	전동기(단자대 4P)	PB_1	푸시버튼 스위치(녹색)
TB_4	플로트레스(단자대 4P)	SS	실렉터 스위치
TB_5, TB_6	단자대(10P+10P)	YL	램프(황색)
MC_1, MC_2	전자접촉기(12P)	GL	램프(녹색)
EOCR	EOCR(12P)	RL	램프(적색)
X	릴레이(8P)	BZ	버저
T	타이머(8P)	CAP	홀마개
FR	플리커 릴레이(8P)	Ⓙ	8각 박스
FLS	플로트레스 스위치(8P)	F	퓨즈 및 퓨즈홀더
MCCB	배선용 차단기		

(3) 제어 회로의 시퀀스 회로도

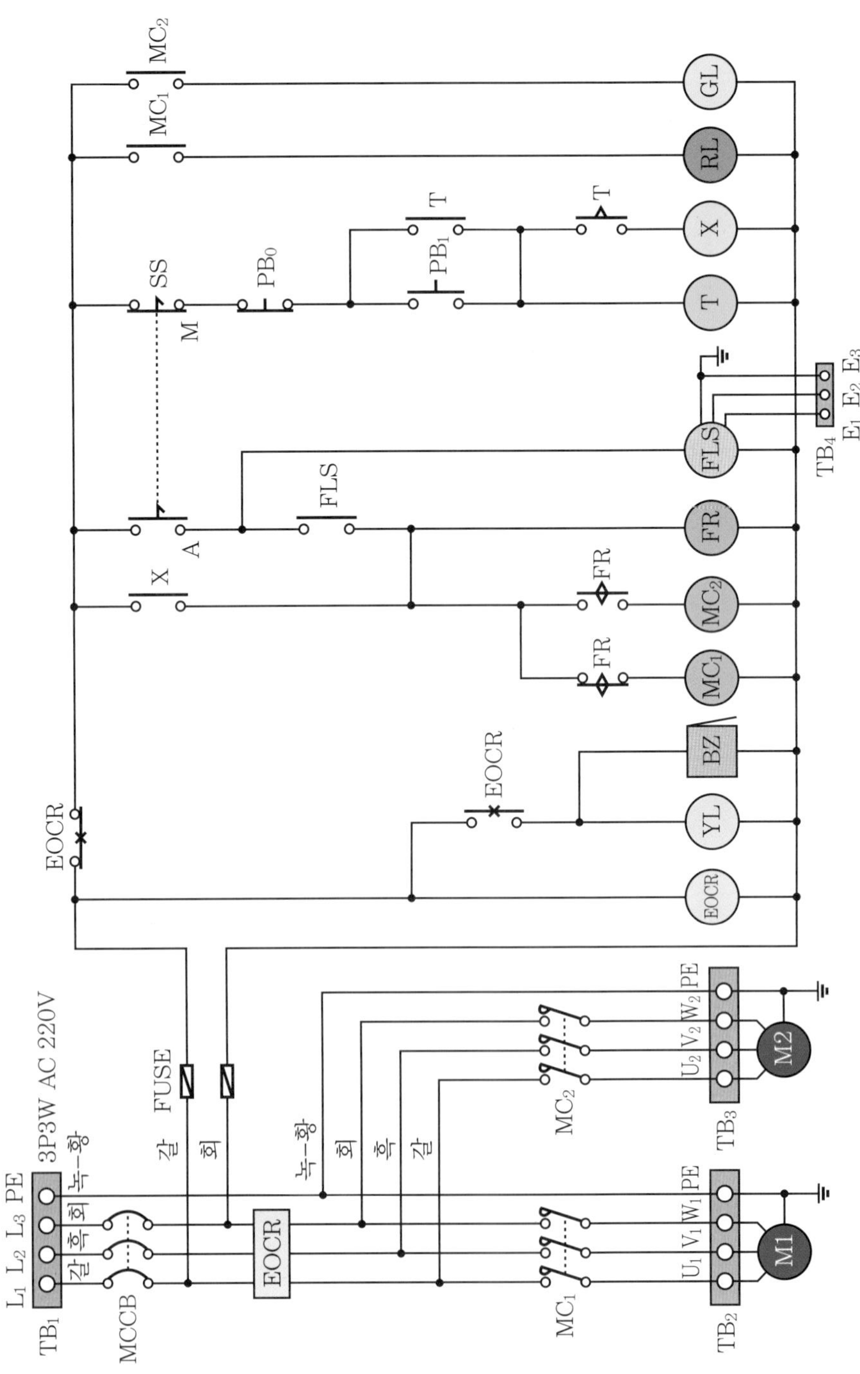

※ NOTE

- 플로트레스 스위치 FLS에서 TB_4로 배선되는 E_1, E_2, E_3는 보조 회로 전선을 사용합니다.
- 플로트레스 스위치 FLS의 보호 도체(접지) 결선은 제어판(TB_6 또는 FLS 소켓)에서 보호 도체 회로 전선으로 실시합니다.

※ 본 도면은 시험을 위해서 임의로 구성한 것으로 상용 도면과 상이할 수 있습니다.

공개 도면 ④

(1) 배관 및 기구 배치도

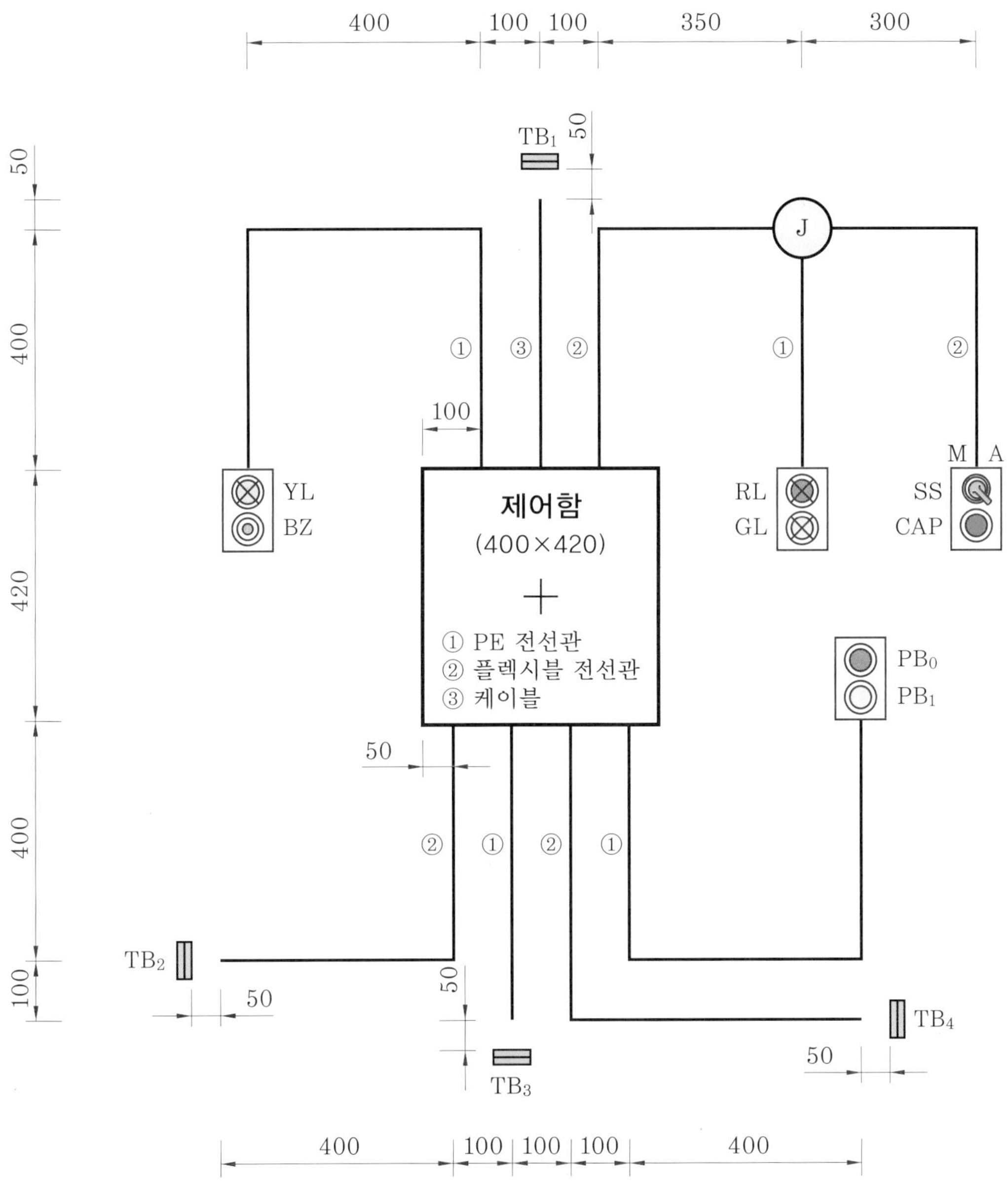

※ NOTE : 치수 기준점은 제어함의 중심으로 한다.

(2) 제어판 내부 기구 배치도

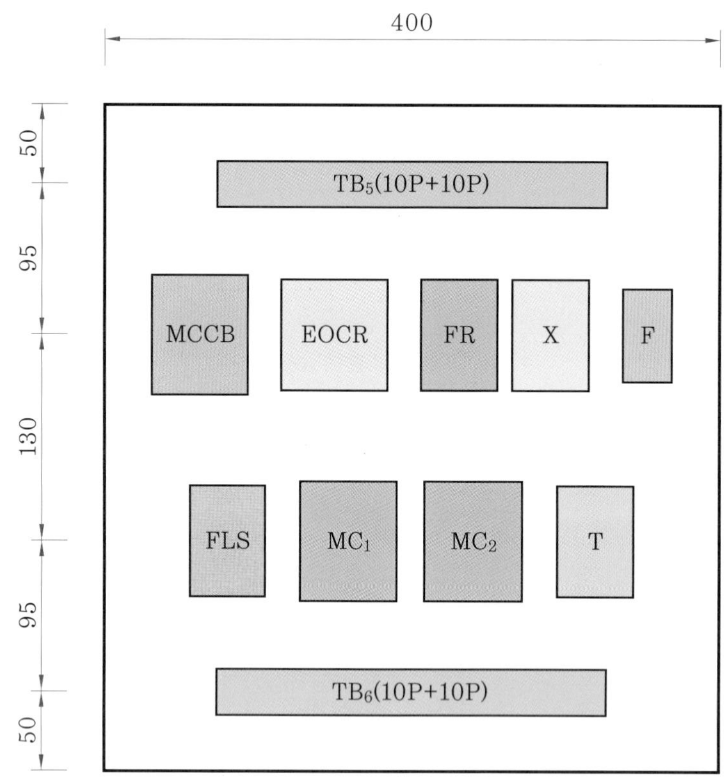

[범례]

기호	명칭	기호	명칭
TB_1	전원(단자대 4P)	PB_0	푸시버튼 스위치(적색)
TB_2, TB_3	전동기(단자대 4P)	PB_1	푸시버튼 스위치(녹색)
TB_4	플로트레스(단자대 4P)	SS	실렉터 스위치
TB_5, TB_6	단자대(10P+10P)	YL	램프(황색)
MC_1, MC_2	전자접촉기(12P)	GL	램프(녹색)
EOCR	EOCR(12P)	RL	램프(적색)
X	릴레이(8P)	BZ	버저
T	타이머(8P)	CAP	홀마개
FR	플리커 릴레이(8P)	Ⓙ	8각 박스
FLS	플로트레스 스위치(8P)	F	퓨즈 및 퓨즈홀더
MCCB	배선용 차단기		

(3) 제어 회로의 시퀀스 회로도

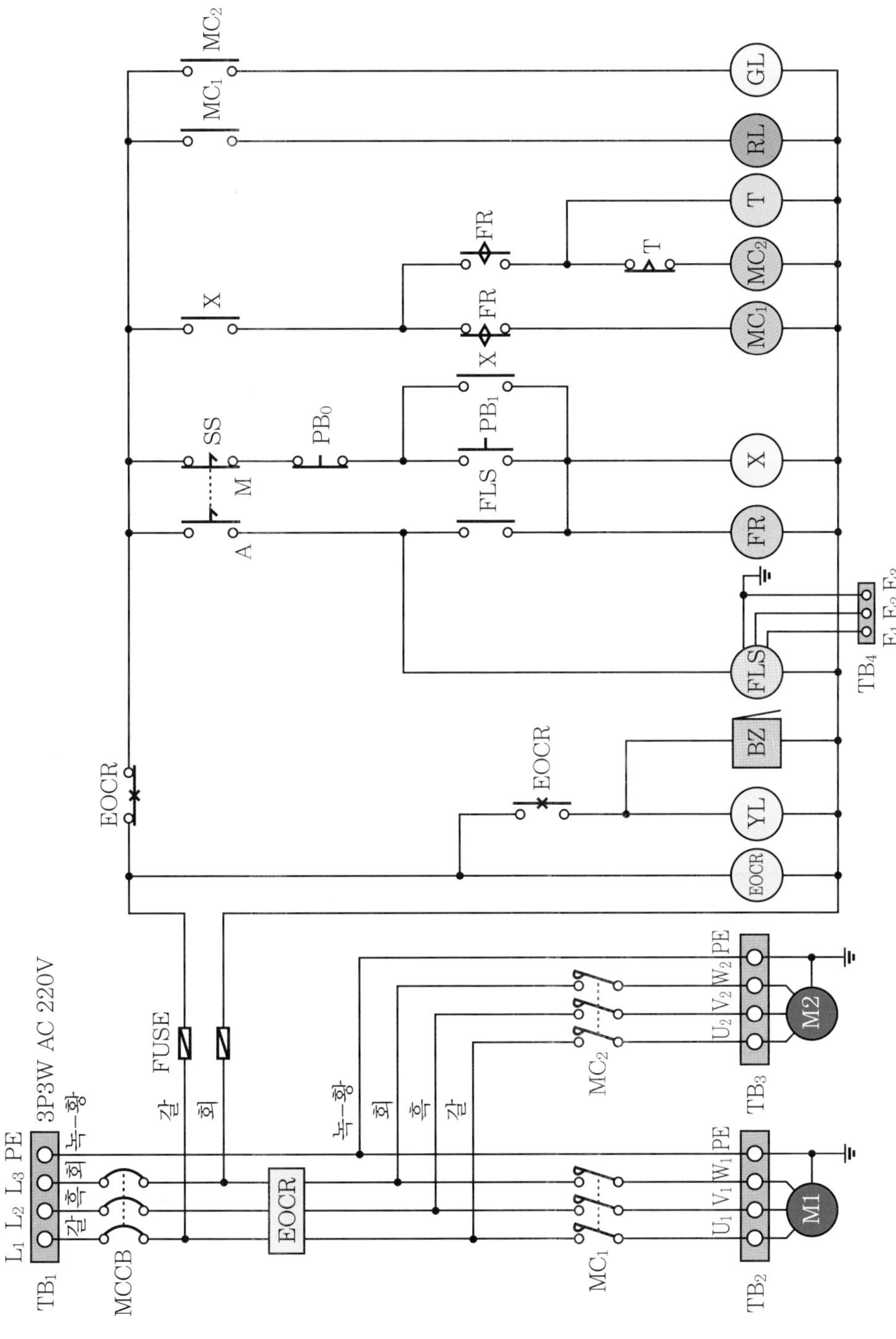

※ NOTE

- 플로트레스 스위치 FLS에서 TB_4로 배선되는 E_1, E_2, E_3는 보조 회로 전선을 사용합니다.
- 플로트레스 스위치 FLS의 보호 도체(접지) 결선은 제어판(TB_6 또는 FLS 소켓)에서 보호 도체 회로 전선으로 실시합니다.

※ 본 도면은 시험을 위해서 임의 구성한 것으로 상용 도면과 상이할 수 있습니다.

공개 도면 ⑤

(1) 배관 및 기구 배치도

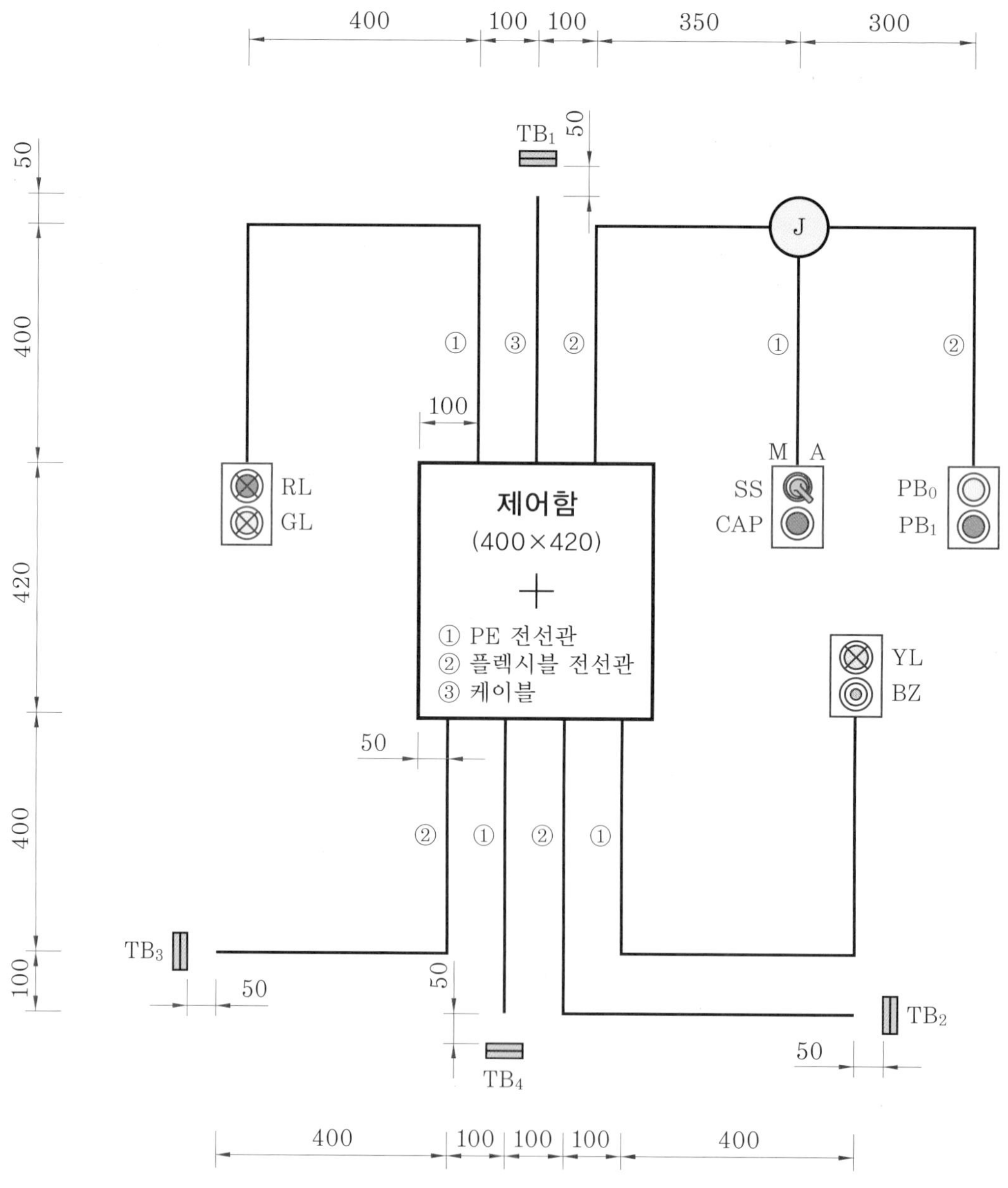

※ NOTE : 치수 기준점은 제어함의 중심으로 한다.

(2) 제어판 내부 기구 배치도

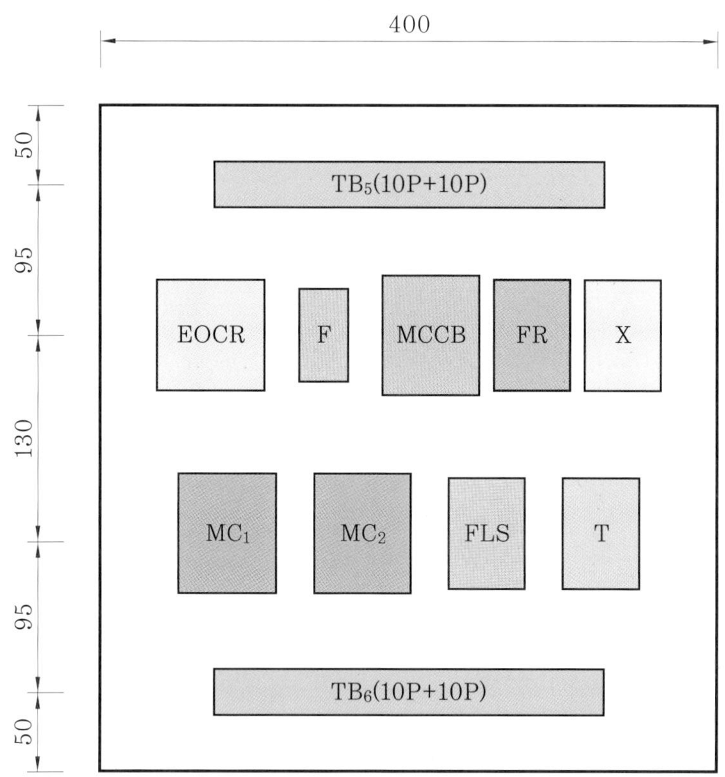

[범례]

기호	명칭	기호	명칭
TB_1	전원(단자대 4P)	PB_0	푸시버튼 스위치(적색)
TB_2, TB_3	전동기(단자대 4P)	PB_1	푸시버튼 스위치(녹색)
TB_4	플로트레스(단자대 4P)	SS	실렉터 스위치
TB_5, TB_6	단자대(10P+10P)	YL	램프(황색)
MC_1, MC_2	전자접촉기(12P)	GL	램프(녹색)
EOCR	EOCR(12P)	RL	램프(적색)
X	릴레이(8P)	BZ	버저
T	타이머(8P)	CAP	홀마개
FR	플리커 릴레이(8P)	Ⓙ	8각 박스
FLS	플로트레스 스위치(8P)	F	퓨즈 및 퓨즈홀더
MCCB	배선용 차단기		

(3) 제어 회로의 시퀀스 회로도

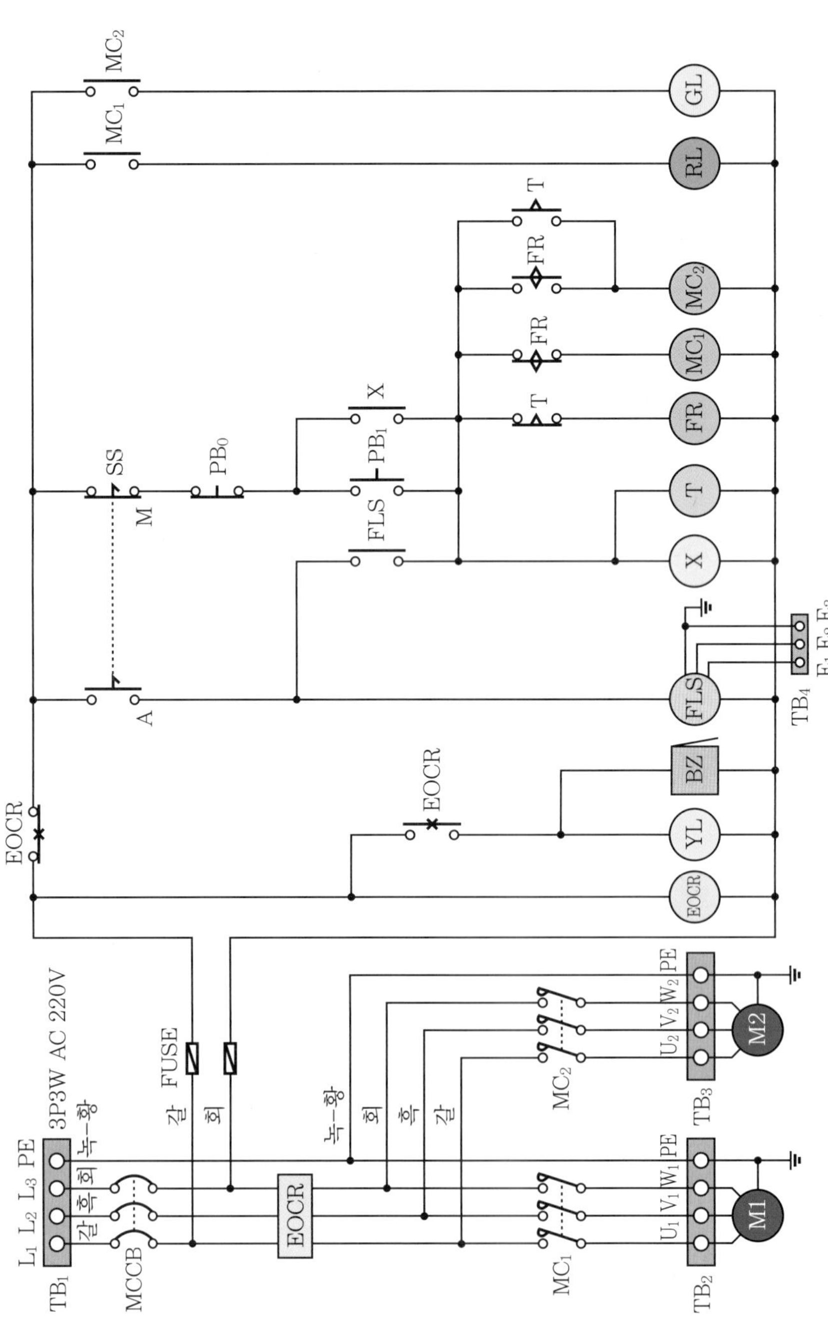

※ NOTE

- 플로트레스 스위치 FLS에서 TB_4로 배선되는 E_1, E_2, E_3는 보조 회로 전선을 사용합니다.
- 플로트레스 스위치 FLS의 보호 도체(접지) 결선은 제어판(TB_6 또는 FLS 소켓)에서 보호 도체 회로 전선으로 실시합니다.

※ 본 도면은 시험을 위해서 임의 구성한 것으로 상용 도면과 상이할 수 있습니다.

공개 도면 ⑥

(1) 배관 및 기구 배치도

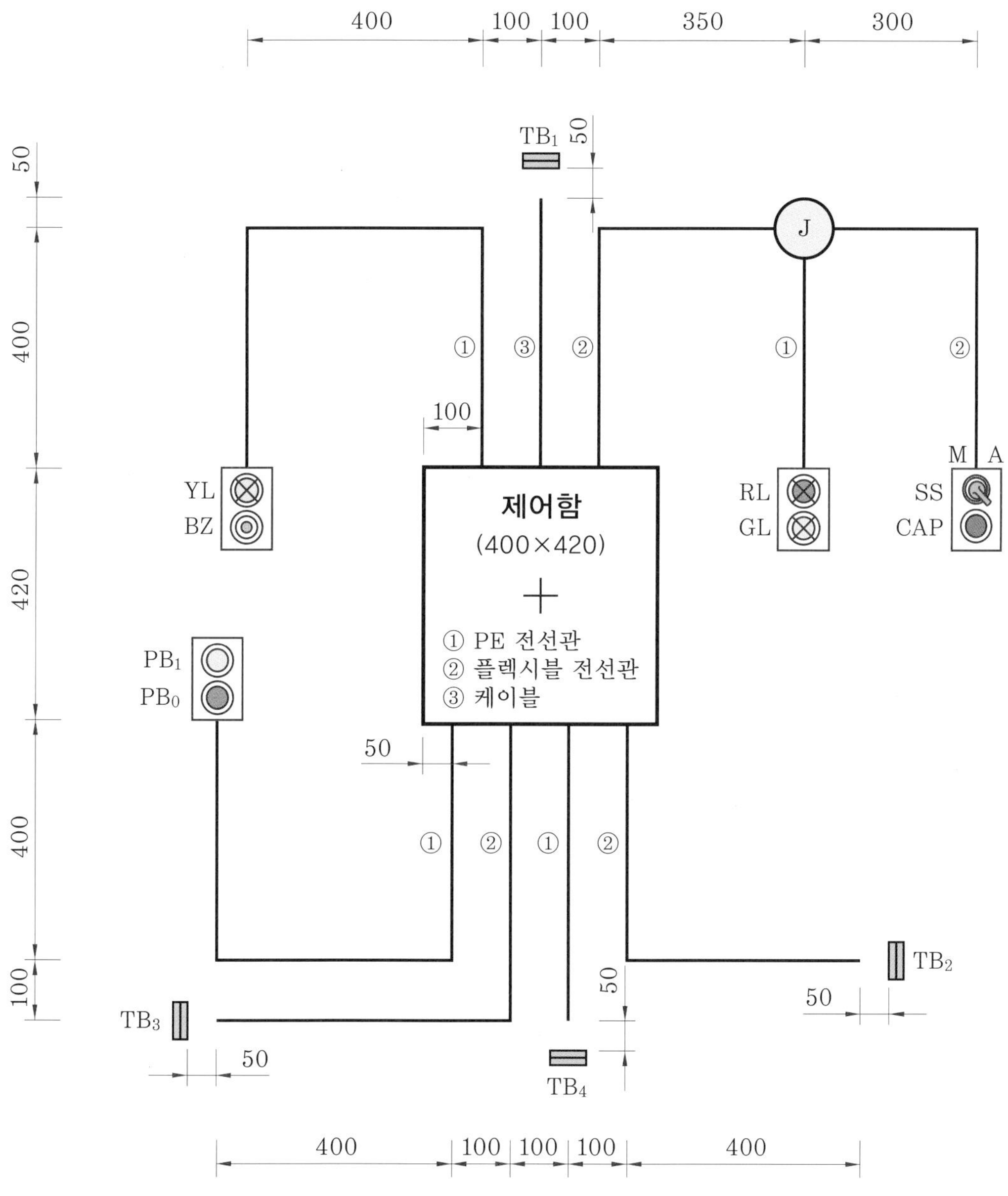

※ NOTE : 치수 기준점은 제어함의 중심으로 한다.

(2) 제어판 내부 기구 배치도

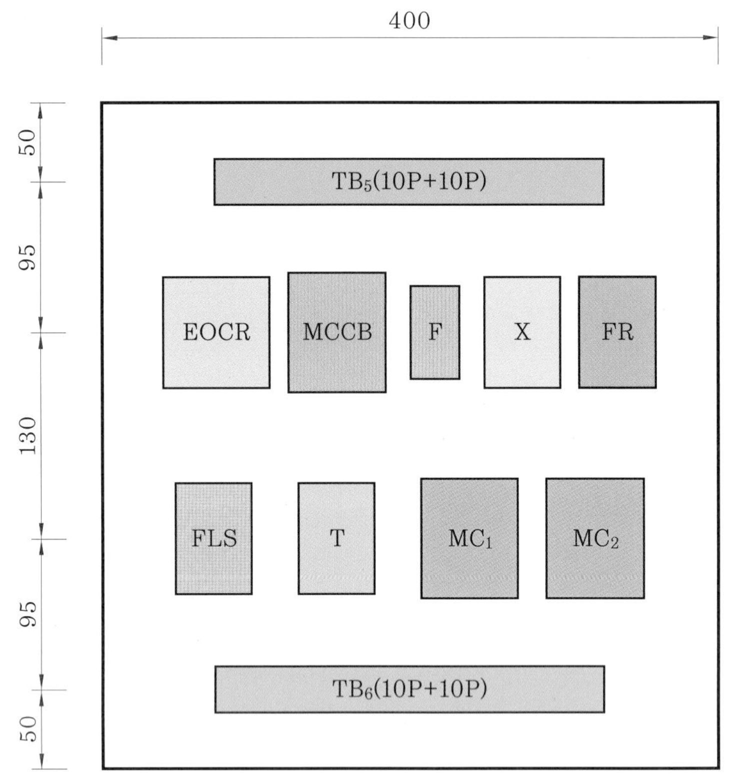

[범례]

기호	명칭	기호	명칭
TB_1	전원(단자대 4P)	PB_0	푸시버튼 스위치(적색)
TB_2, TB_3	전동기(단자대 4P)	PB_1	푸시버튼 스위치(녹색)
TB_4	플로트레스(단자대 4P)	SS	실렉터 스위치
TB_5, TB_6	단자대(10P+10P)	YL	램프(황색)
MC_1, MC_2	전자접촉기(12P)	GL	램프(녹색)
EOCR	EOCR(12P)	RL	램프(적색)
X	릴레이(8P)	BZ	버저
T	타이머(8P)	CAP	홀마개
FR	플리커 릴레이(8P)	Ⓙ	8각 박스
FLS	플로트레스 스위치(8P)	F	퓨즈 및 퓨즈홀더
MCCB	배선용 차단기		

(3) 제어 회로의 시퀀스 회로도

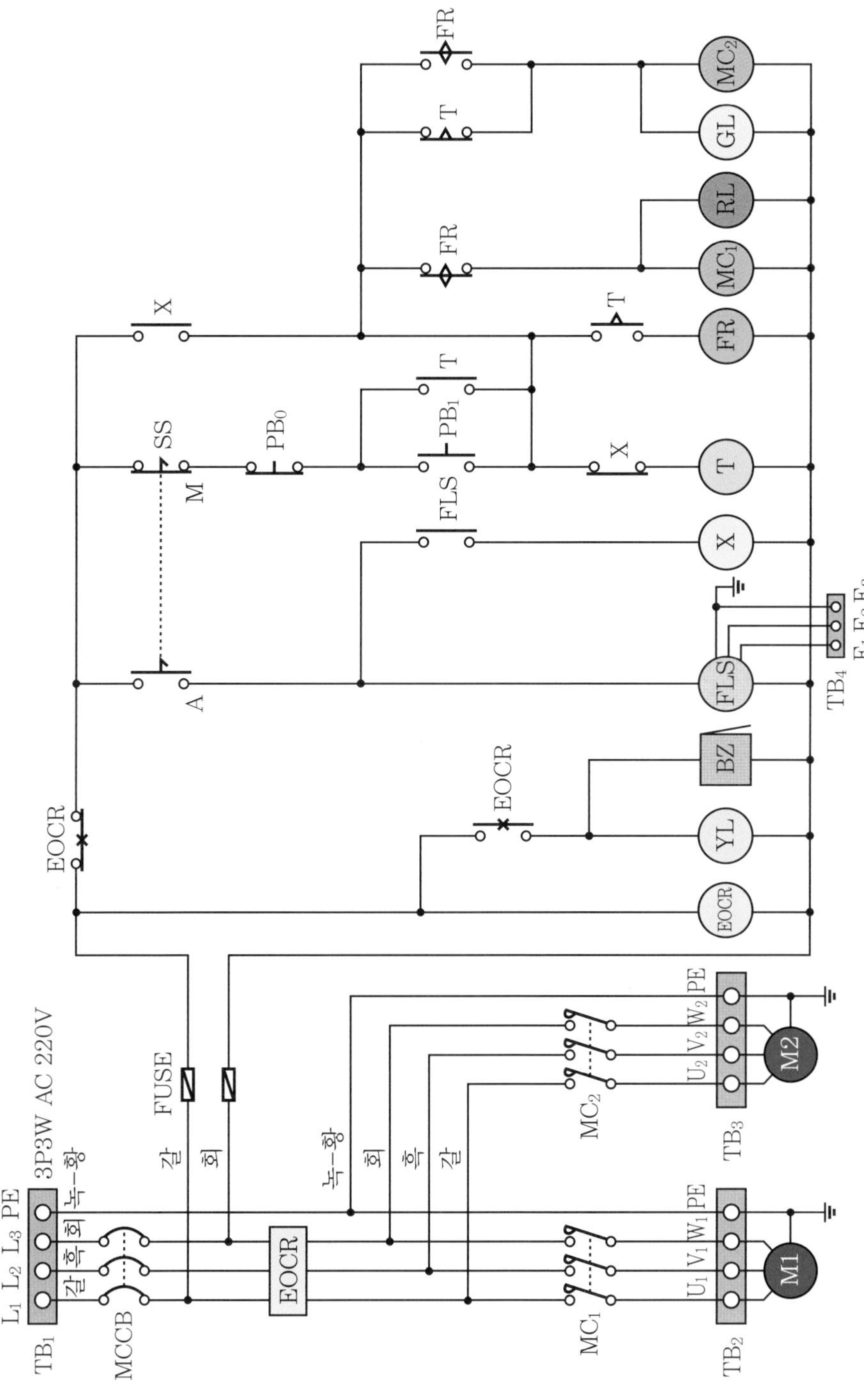

※ NOTE

- 플로트레스 스위치 FLS에서 TB_4로 배선되는 E_1, E_2, E_3는 보조 회로 전선을 사용합니다.
- 플로트레스 스위치 FLS의 보호 도체(접지) 결선은 제어판(TB_6 또는 FLS 소켓)에서 보호 도체 회로 전선으로 실시합니다.

※ 본 도면은 시험을 위해서 임의 구성한 것으로 상용 도면과 상이할 수 있습니다.

공개 도면 ⑦

(1) 배관 및 기구 배치도

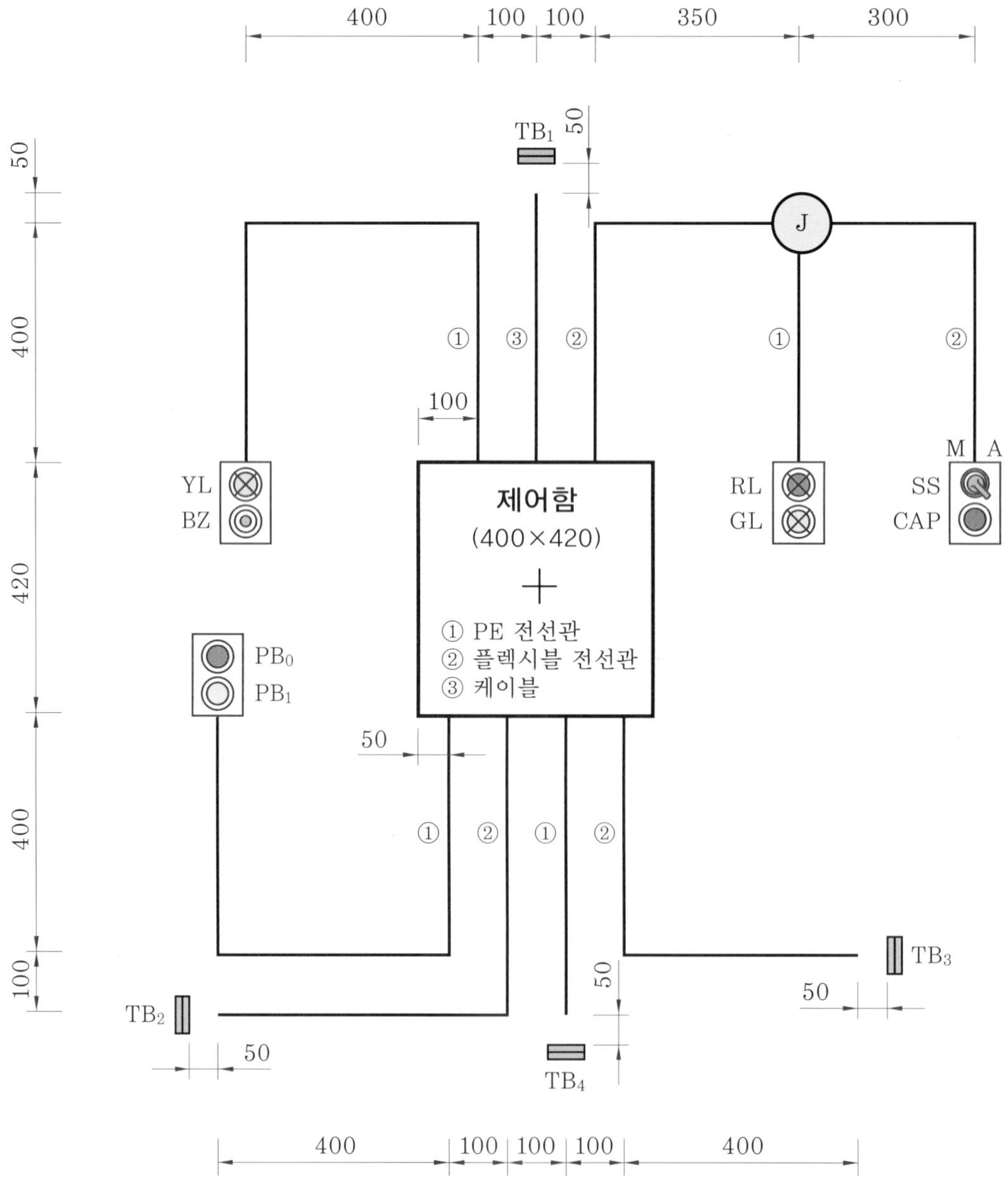

※ NOTE : 치수 기준점은 제어함의 중심으로 한다.

(2) 제어판 내부 기구 배치도

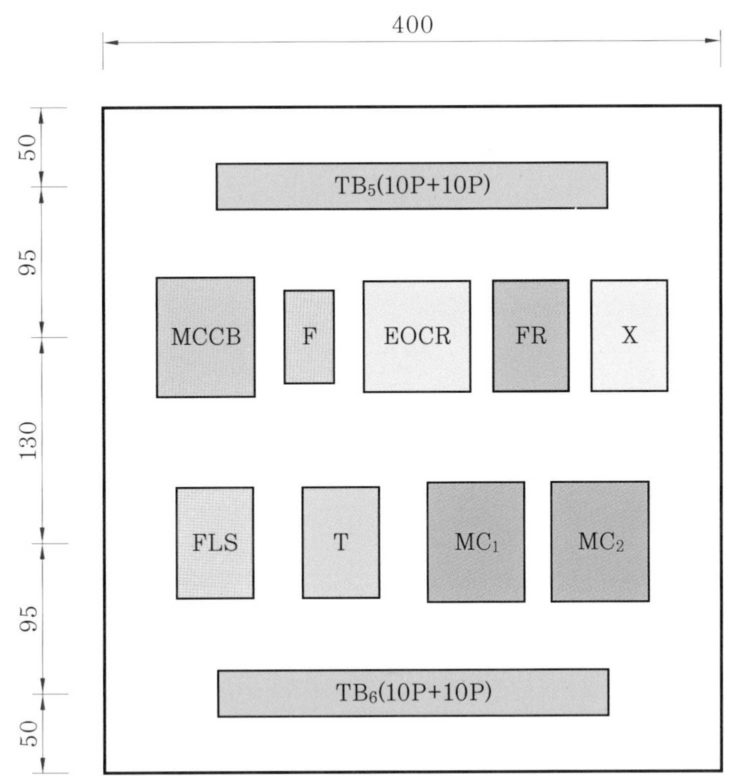

[범례]

기호	명칭	기호	명칭
TB_1	전원(단자대 4P)	PB_0	푸시버튼 스위치(적색)
TB_2, TB_3	전동기(단자대 4P)	PB_1	푸시버튼 스위치(녹색)
TB_4	플로트레스(단자대 4P)	SS	실렉터 스위치
TB_5, TB_6	단자대(10P+10P)	YL	램프(황색)
MC_1, MC_2	전자접촉기(12P)	GL	램프(녹색)
EOCR	EOCR(12P)	RL	램프(적색)
X	릴레이(8P)	BZ	버저
T	타이머(8P)	CAP	홀마개
FR	플리커 릴레이(8P)	Ⓙ	8각 박스
FLS	플로트레스 스위치(8P)	F	퓨즈 및 퓨즈홀더
MCCB	배선용 차단기		

(3) 제어 회로의 시퀀스 회로도

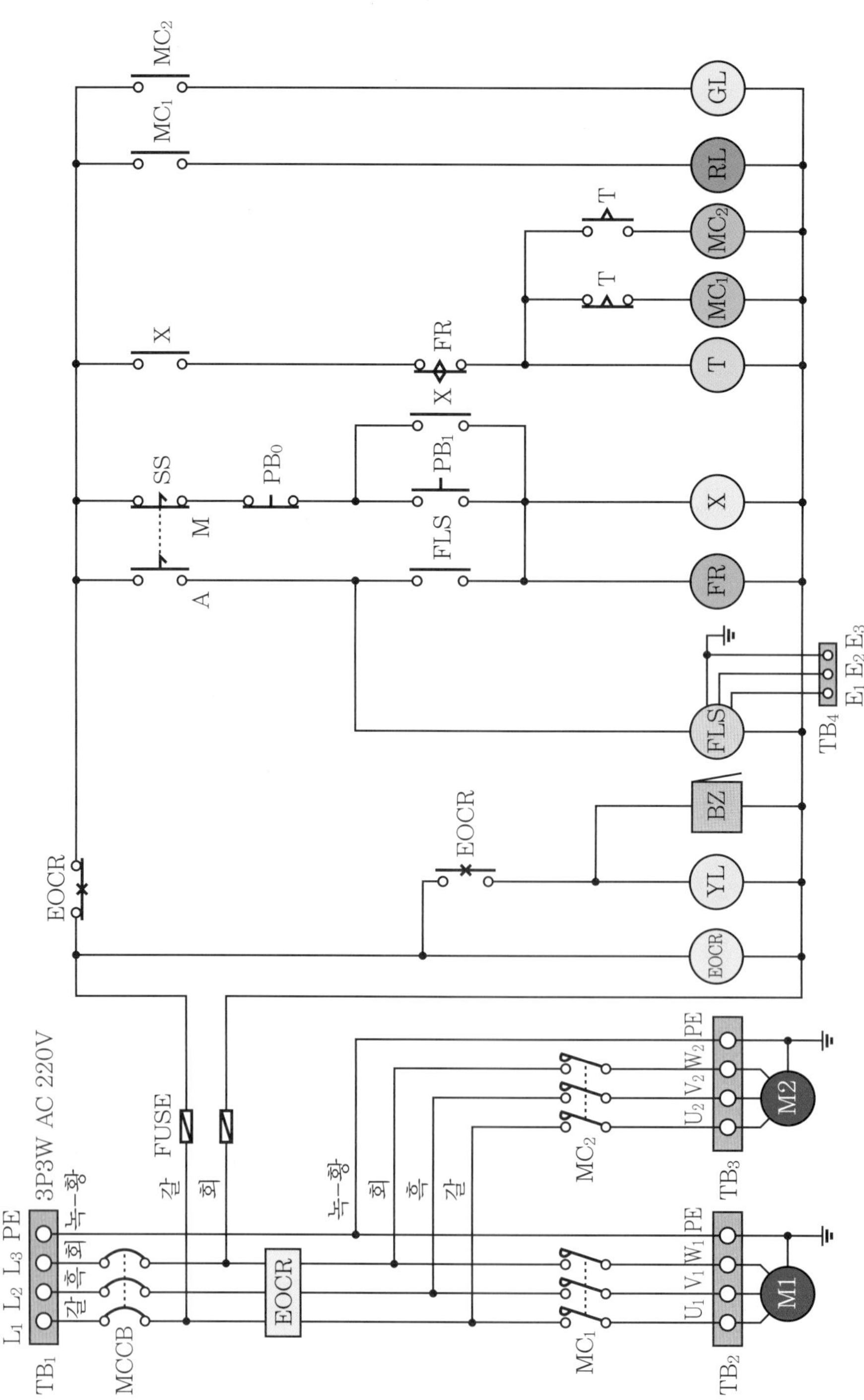

※ NOTE

- 플로트레스 스위치 FLS에서 TB_4로 배선되는 E_1, E_2, E_3는 보조 회로 전선을 사용합니다.
- 플로트레스 스위치 FLS의 보호 도체(접지) 결선은 제어판(TB_6 또는 FLS 소켓)에서 보호 도체 회로 전선으로 실시합니다.

※ 본 도면은 시험을 위해서 임의 구성한 것으로 상용 도면과 상이할 수 있습니다.

공개 도면 ⑧

(1) 배관 및 기구 배치도

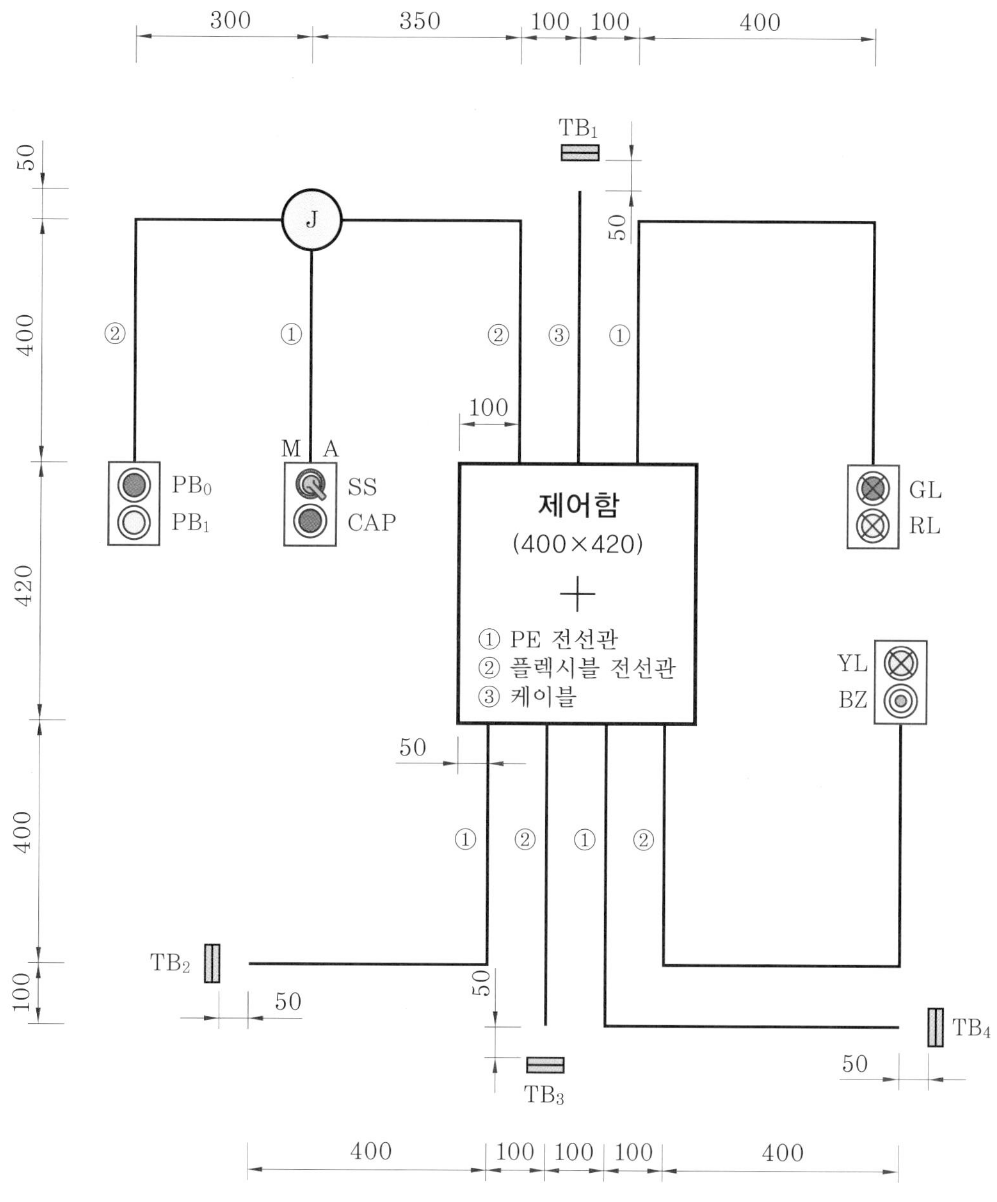

※ NOTE : 치수 기준점은 제어함의 중심으로 한다.

(2) 제어판 내부 기구 배치도

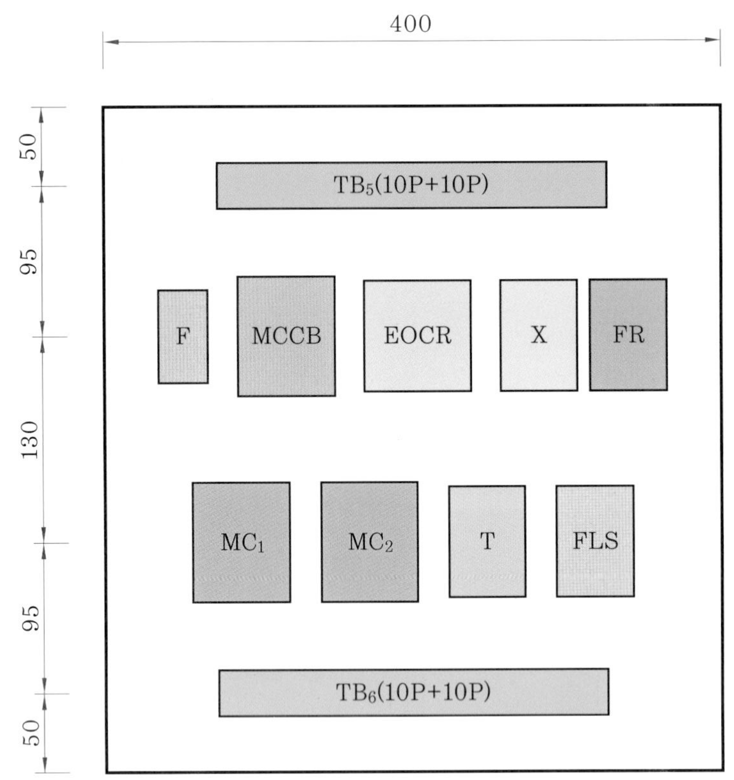

[범례]

기호	명칭	기호	명칭
TB_1	전원(단자대 4P)	PB_0	푸시버튼 스위치(적색)
TB_2, TB_3	전동기(단자대 4P)	PB_1	푸시버튼 스위치(녹색)
TB_4	플로트레스(단자대 4P)	SS	실렉터 스위치
TB_5, TB_6	단자대(10P+10P)	YL	램프(황색)
MC_1, MC_2	전자접촉기(12P)	GL	램프(녹색)
EOCR	EOCR(12P)	RL	램프(적색)
X	릴레이(8P)	BZ	버저
T	타이머(8P)	CAP	홀마개
FR	플리커 릴레이(8P)	Ⓙ	8각 박스
FLS	플로트레스 스위치(8P)	F	퓨즈 및 퓨즈홀더
MCCB	배선용 차단기		

(3) 제어 회로의 시퀀스 회로도

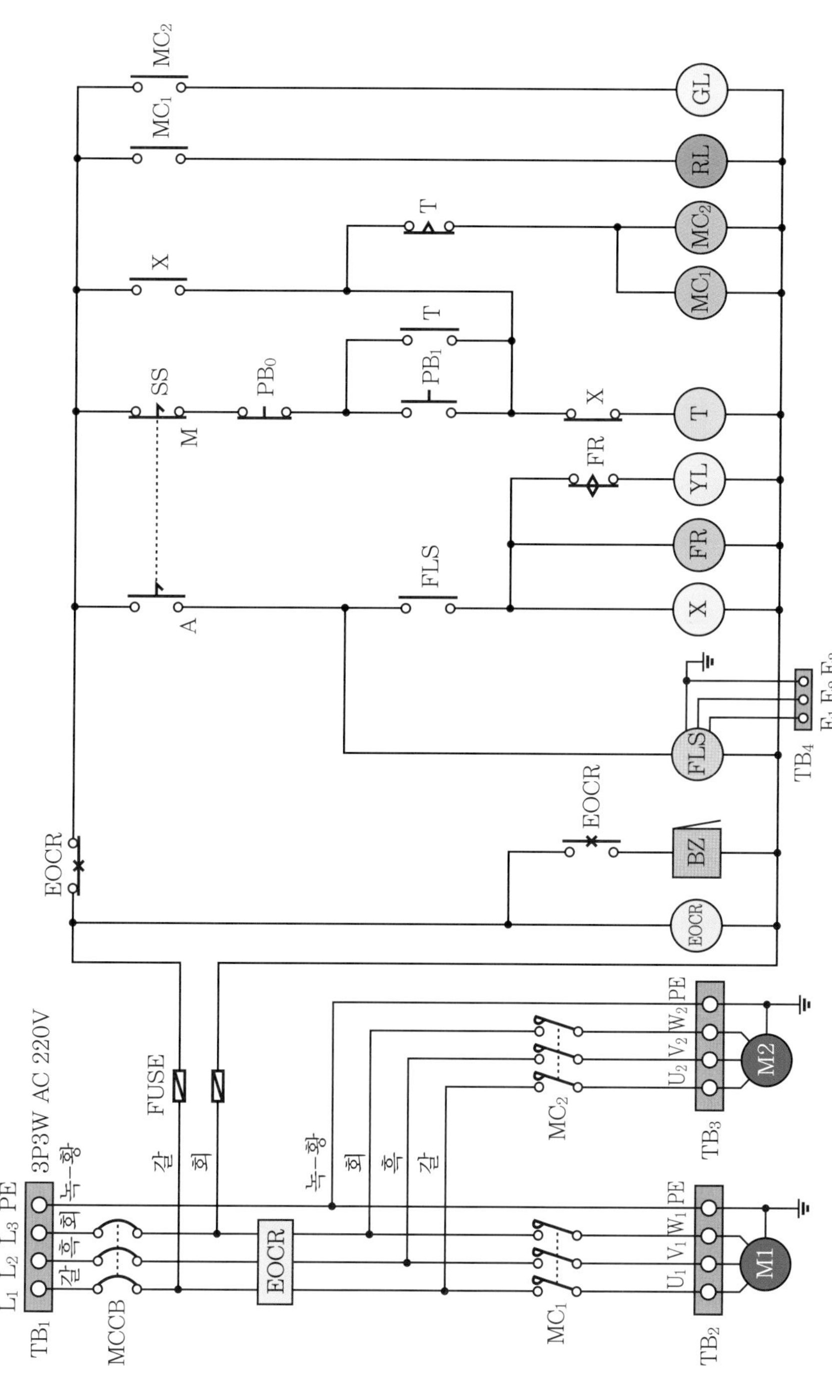

※ NOTE

- 플로트레스 스위치 FLS에서 TB_4로 배선되는 E_1, E_2, E_3는 보조 회로 전선을 사용합니다.
- 플로트레스 스위치 FLS의 보호 도체(접지) 결선은 제어판(TB_6 또는 FLS 소켓)에서 보호 도체 회로 전선으로 실시합니다.

※ 본 도면은 시험을 위해서 임의 구성한 것으로 상용 도면과 상이할 수 있습니다.

공개 도면 ⑨

(1) 배관 및 기구 배치도

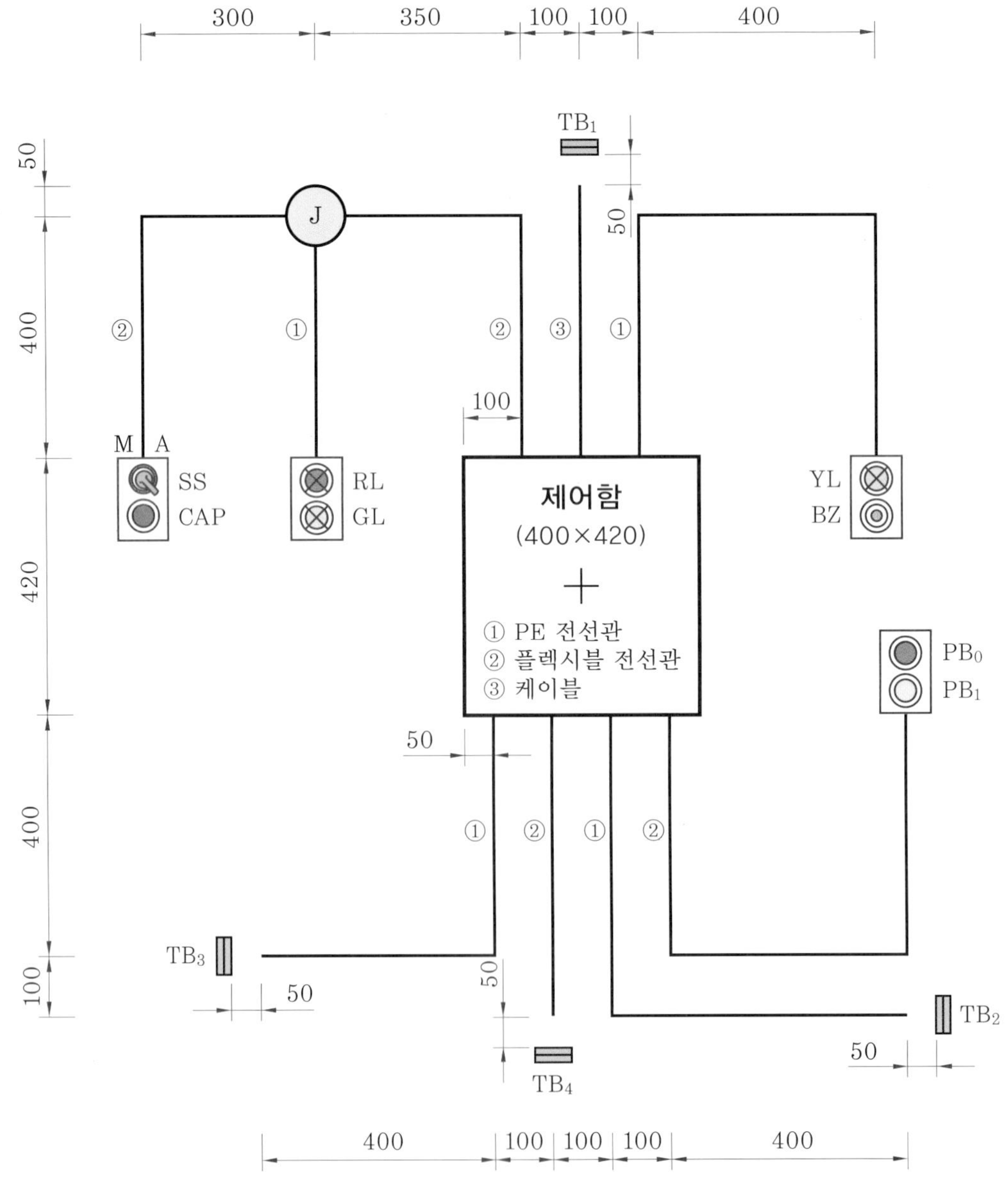

※ NOTE : 치수 기준점은 제어함의 중심으로 한다.

(2) 제어판 내부 기구 배치도

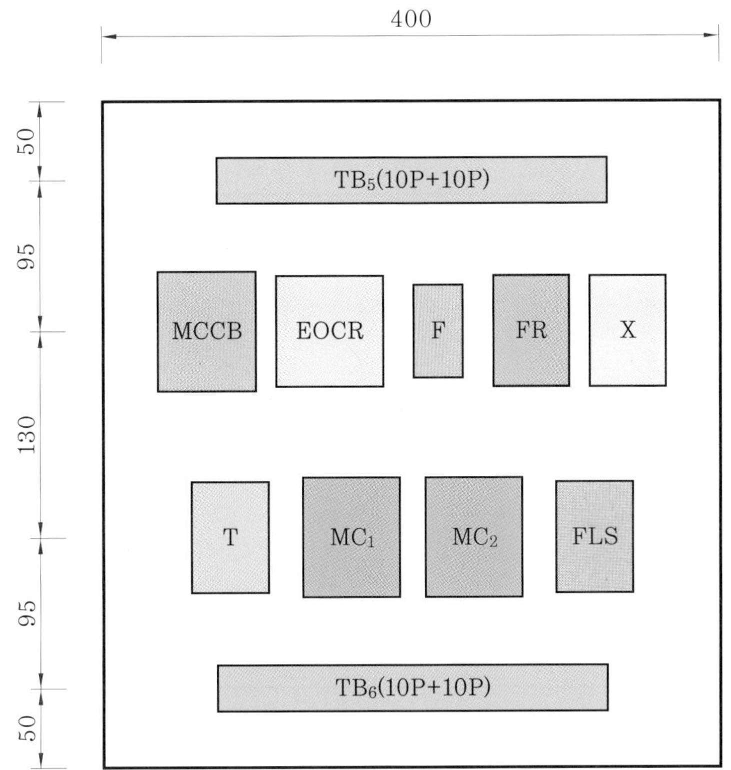

[범례]

기호	명칭	기호	명칭
TB_1	전원(단자대 4P)	PB_0	푸시버튼 스위치(적색)
TB_2, TB_3	전동기(단자대 4P)	PB_1	푸시버튼 스위치(녹색)
TB_4	플로트레스(단자대 4P)	SS	실렉터 스위치
TB_5, TB_6	단자대(10P+10P)	YL	램프(황색)
MC_1, MC_2	전자접촉기(12P)	GL	램프(녹색)
EOCR	EOCR(12P)	RL	램프(적색)
X	릴레이(8P)	BZ	버저
T	타이머(8P)	CAP	홀마개
FR	플리커 릴레이(8P)	Ⓙ	8각 박스
FLS	플로트레스 스위치(8P)	F	퓨즈 및 퓨즈홀더
MCCB	배선용 차단기		

(3) 제어 회로의 시퀀스 회로도

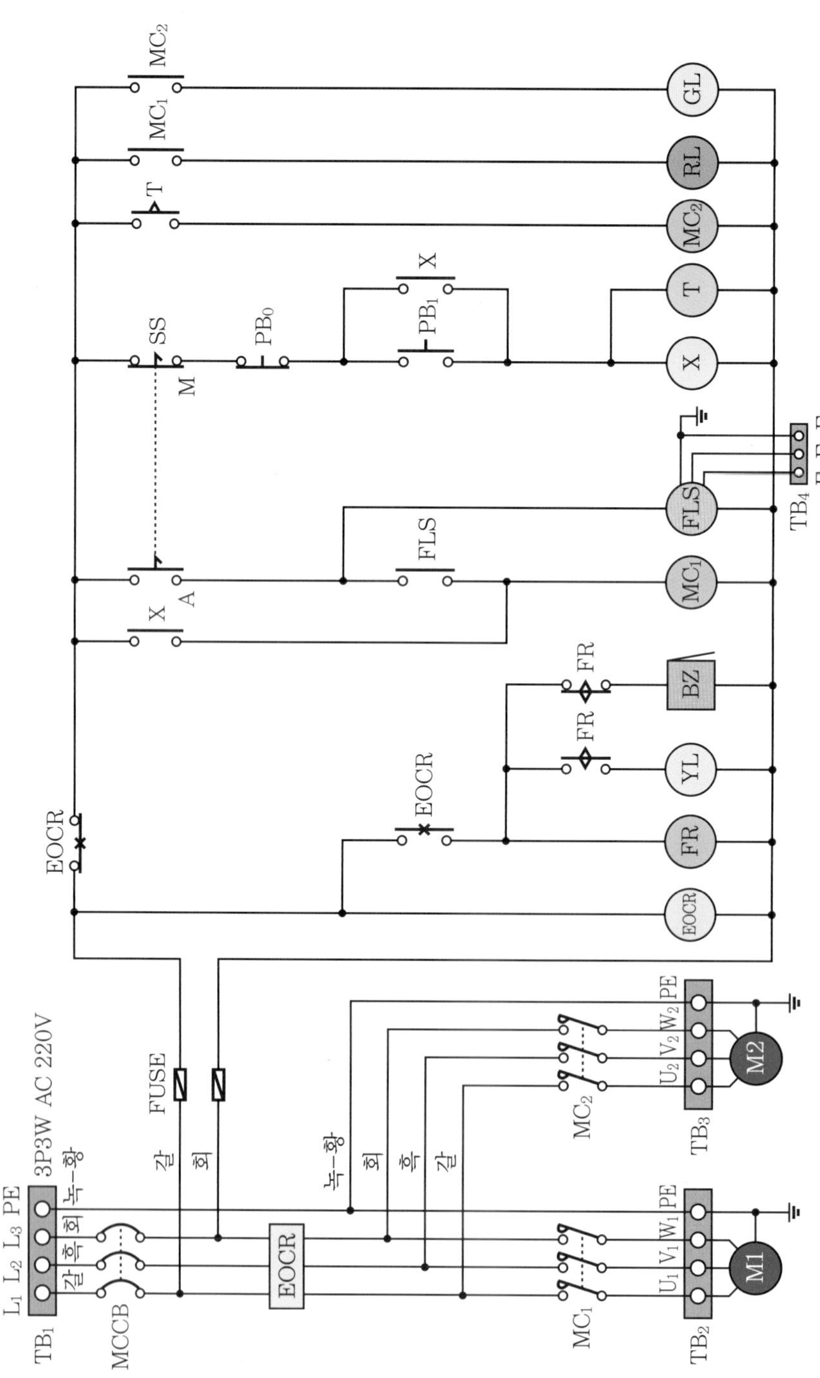

※ NOTE
- 플로트레스 스위치 FLS에서 TB_4로 배선되는 E_1, E_2, E_3는 보조 회로 전선을 사용합니다.
- 플로트레스 스위치 FLS의 보호 도체(접지) 결선은 제어판(TB_6 또는 FLS 소켓)에서 보호 도체 회로 전선으로 실시합니다.

※ 본 도면은 시험을 위해서 임의 구성한 것으로 상용 도면과 상이할 수 있습니다.

공개 도면 ⑩

(1) 배관 및 기구 배치도

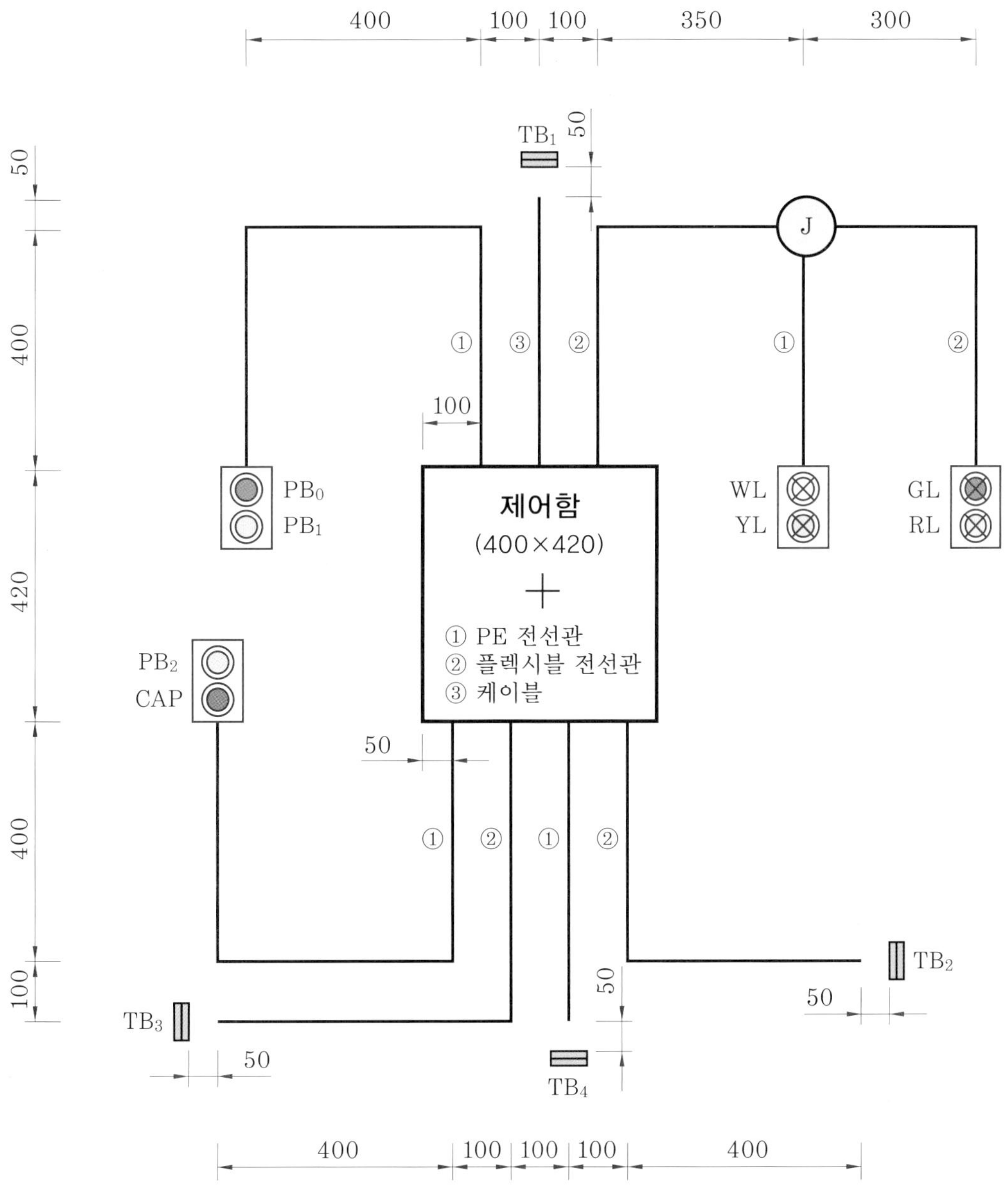

※ NOTE : 치수 기준점은 제어함의 중심으로 한다.

(2) 제어판 내부 기구 배치도

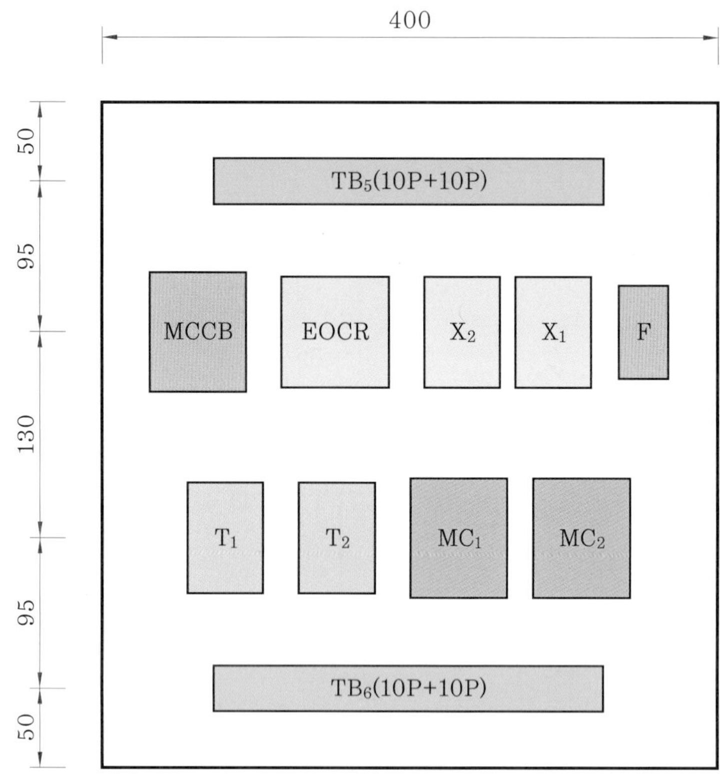

[범례]

기호	명칭	기호	명칭
TB_1	전원(단자대 4P)	PB_0	푸시버튼 스위치(적색)
TB_2, TB_3	전동기(단자대 4P)	PB_1	푸시버튼 스위치(녹색)
TB_4	LS_1, LS_2(단자대 4P)	PB_2	푸시버튼 스위치(녹색)
TB_5, TB_6	단자대(10P+10P)	YL	램프(황색)
MC_1, MC_2	전자접촉기(12P)	GL	램프(녹색)
EOCR	EOCR(12P)	RL	램프(적색)
X_1, X_2	릴레이(8P)	WL	램프(백색)
T_1, T_2	타이머(8P)	CAP	홀마개
F	퓨즈 및 퓨즈홀더	Ⓙ	8각 박스
MCCB	배선용 차단기		

(3) 제어 회로의 시퀀스 회로도

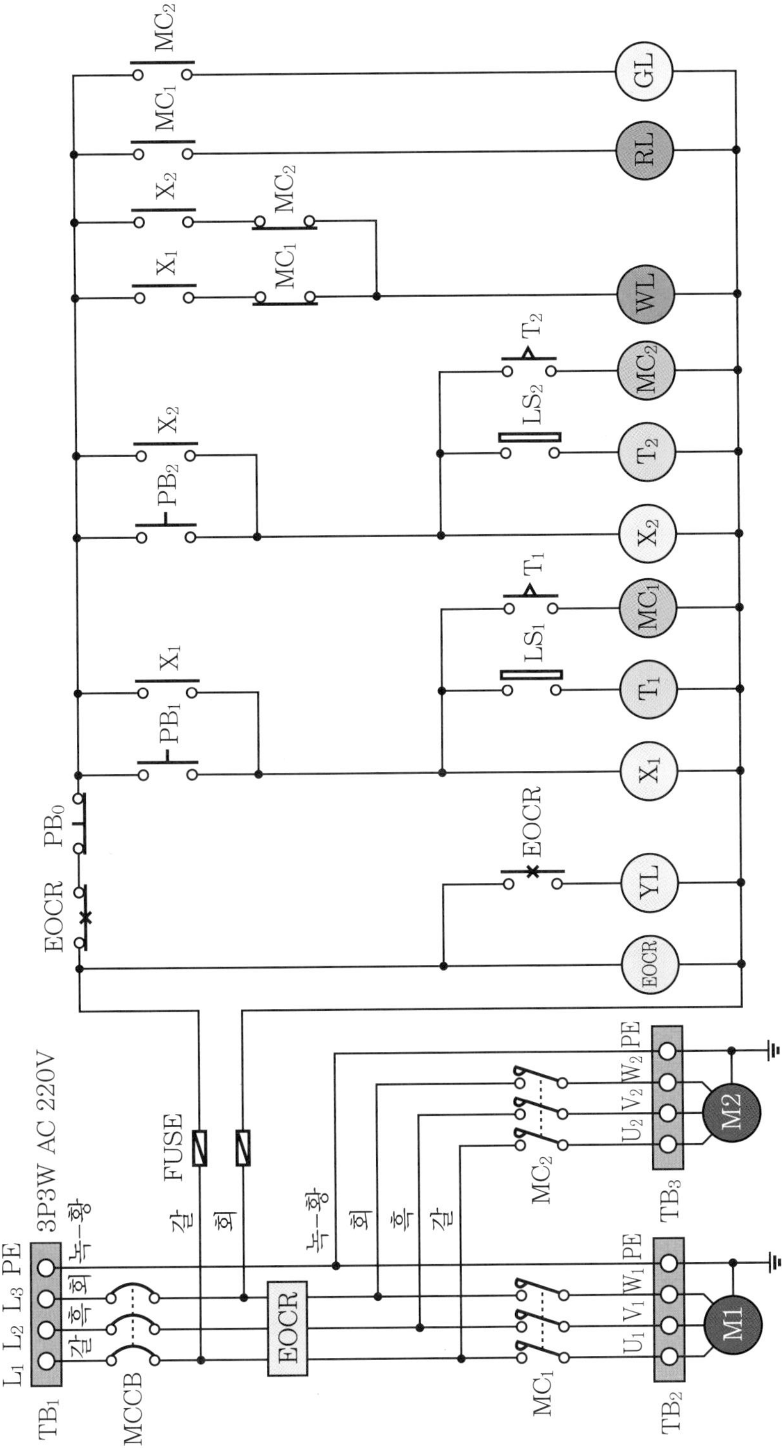

※ 본 도면은 시험을 위해서 임의 구성한 것으로 상용 도면과 상이할 수 있습니다.

공개 도면 ⑪

(1) 배관 및 기구 배치도

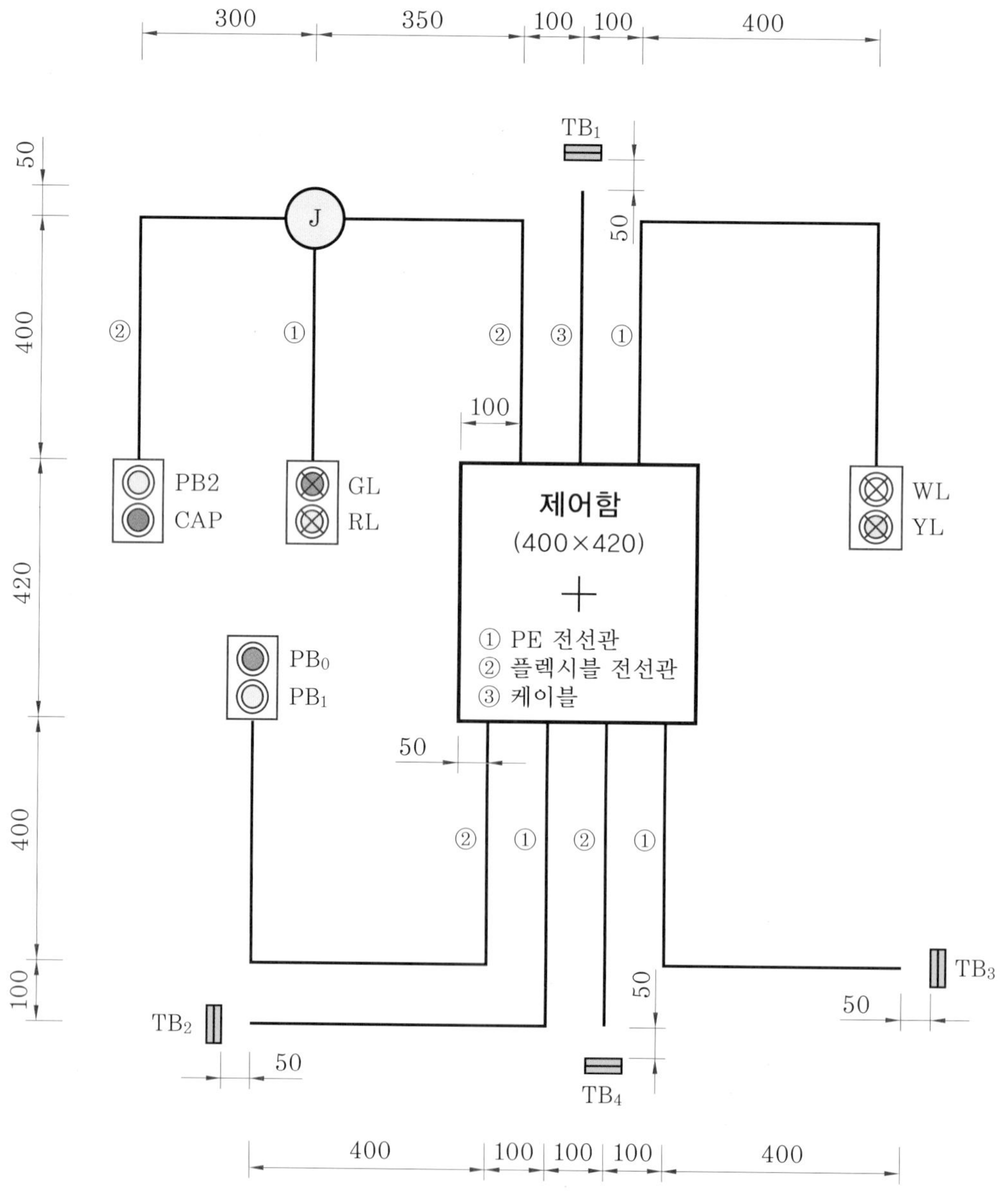

※ NOTE : 치수 기준점은 제어함의 중심으로 한다.

(2) 제어판 내부 기구 배치도

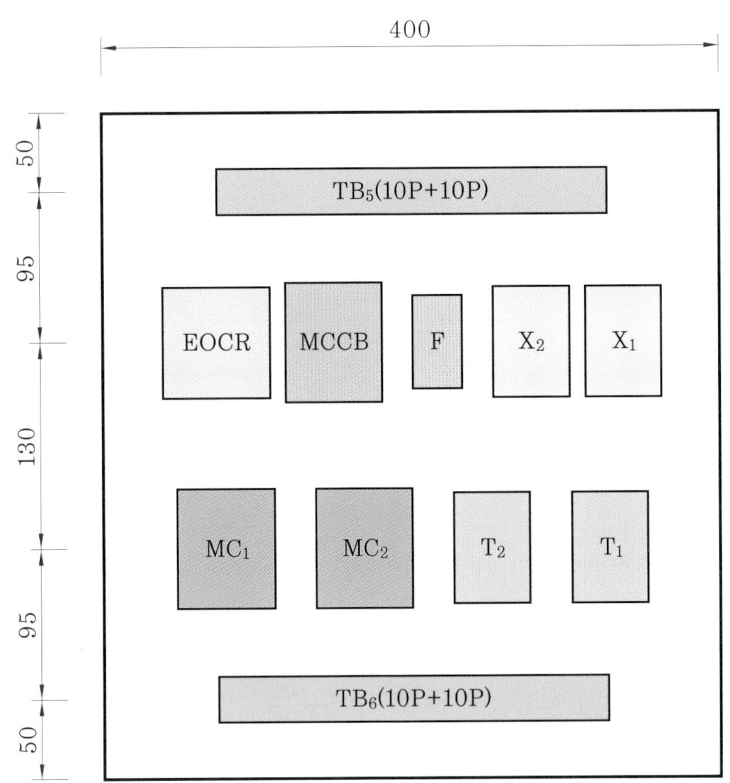

[범례]

기호	명칭	기호	명칭
TB_1	전원(단자대 4P)	PB_0	푸시버튼 스위치(적색)
TB_2, TB_3	전동기(단자대 4P)	PB_1	푸시버튼 스위치(녹색)
TB_4	LS_1, LS_2(단자대 4P)	PB_2	푸시버튼 스위치(녹색)
TB_5, TB_6	단자대(10P+10P)	YL	램프(황색)
MC_1, MC_2	전자접촉기(12P)	GL	램프(녹색)
EOCR	EOCR(12P)	RL	램프(적색)
X_1, X_2	릴레이(8P)	WL	램프(백색)
T_1, T_2	타이머(8P)	CAP	홀마개
F	퓨즈 및 퓨즈홀더	Ⓙ	8각 박스
MCCB	배선용 차단기		

(3) 제어 회로의 시퀀스 회로도

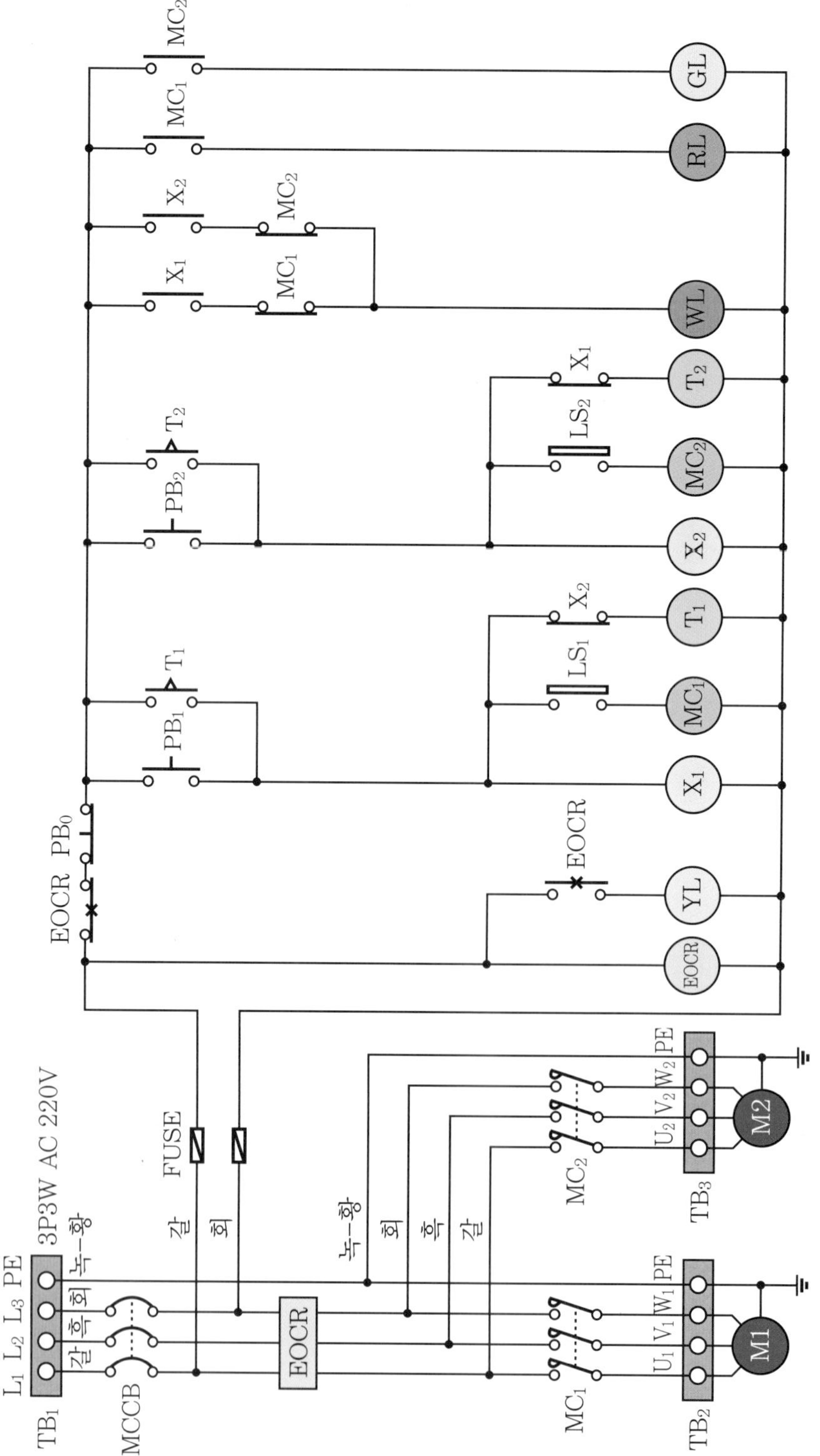

※ 본 도면은 시험을 위해서 임의 구성한 것으로 상용 도면과 상이할 수 있습니다.

공개 도면 ⑫

(1) 배관 및 기구 배치도

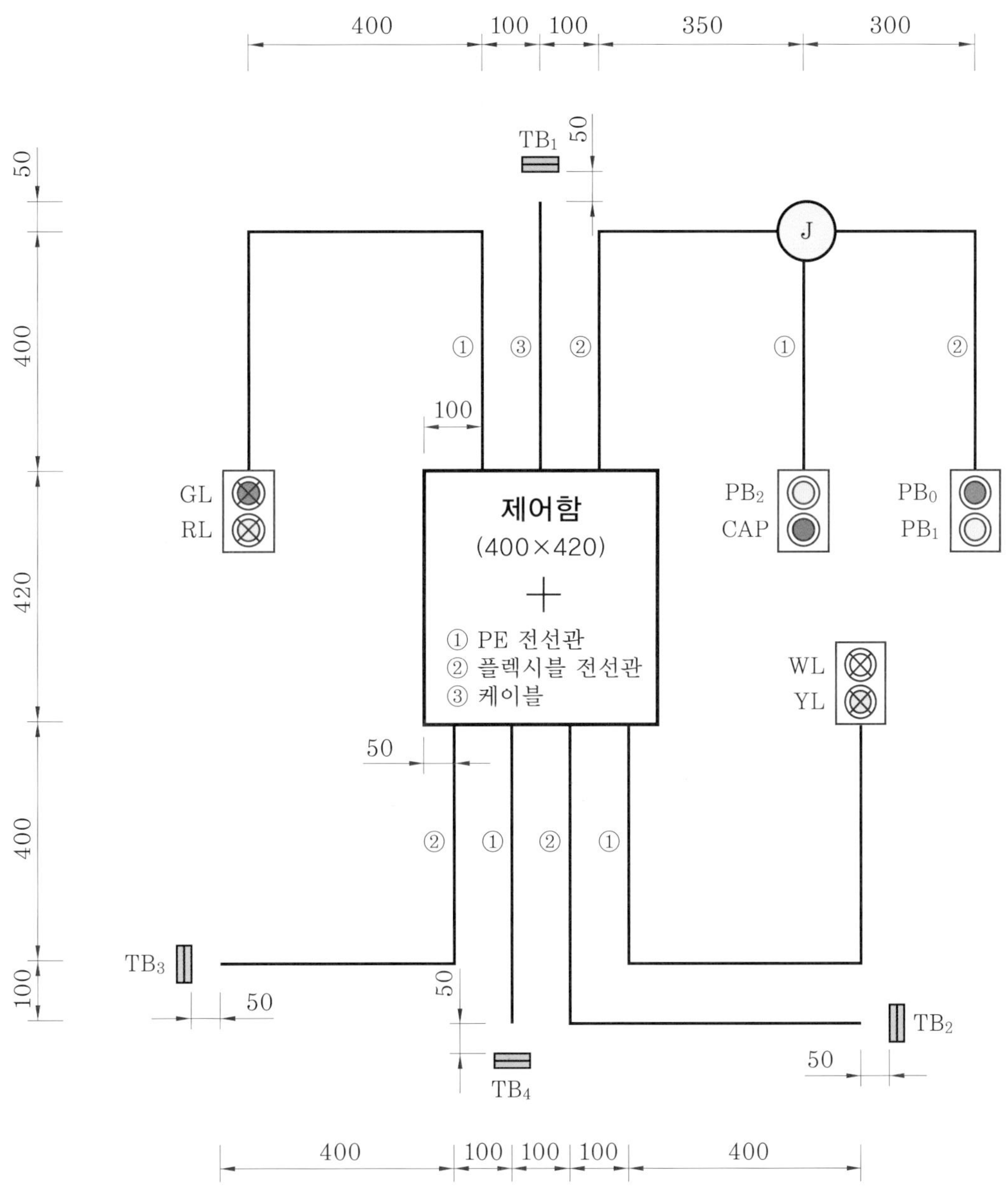

※ NOTE : 치수 기준점은 제어함의 중심으로 한다.

(2) 제어판 내부 기구 배치도

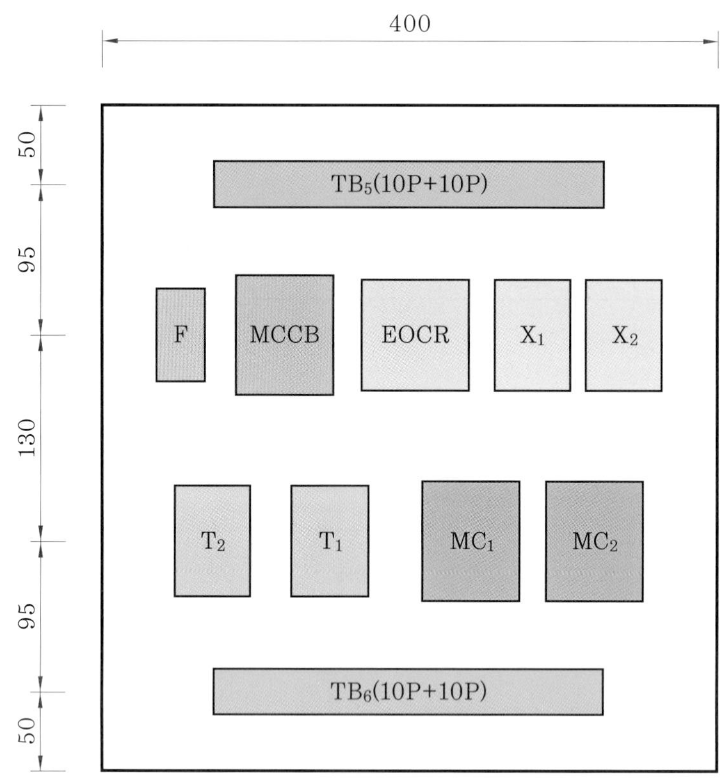

[범례]

기호	명칭	기호	명칭
TB_1	전원(단자대 4P)	PB_0	푸시버튼 스위치(적색)
TB_2, TB_3	전동기(단자대 4P)	PB_1	푸시버튼 스위치(녹색)
TB_4	LS_1, LS_2(단자대 4P)	PB_2	푸시버튼 스위치(녹색)
TB_5, TB_6	단자대(10P+10P)	YL	램프(황색)
MC_1, MC_2	전자접촉기(12P)	GL	램프(녹색)
EOCR	EOCR(12P)	RL	램프(적색)
X_1, X_2	릴레이(8P)	WL	램프(백색)
T_1, T_2	타이머(8P)	CAP	홀마개
F	퓨즈 및 퓨즈홀더	Ⓙ	8각 박스
MCCB	배선용 차단기		

(3) 제어 회로의 시퀀스 회로도

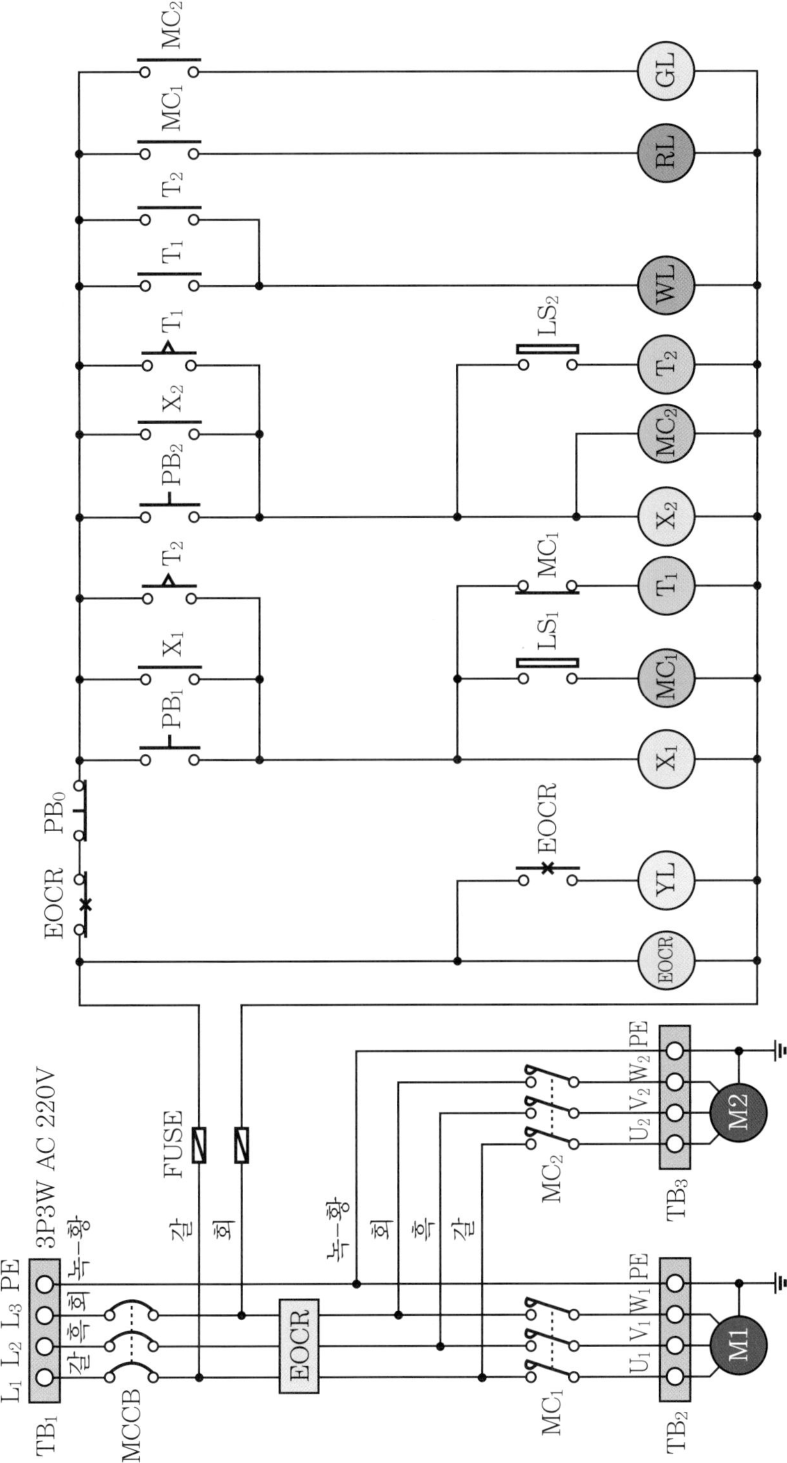

※ 본 도면은 시험을 위해서 임의 구성한 것으로 상용 도면과 상이할 수 있습니다.

공개 도면 ⑬

(1) 배관 및 기구 배치도

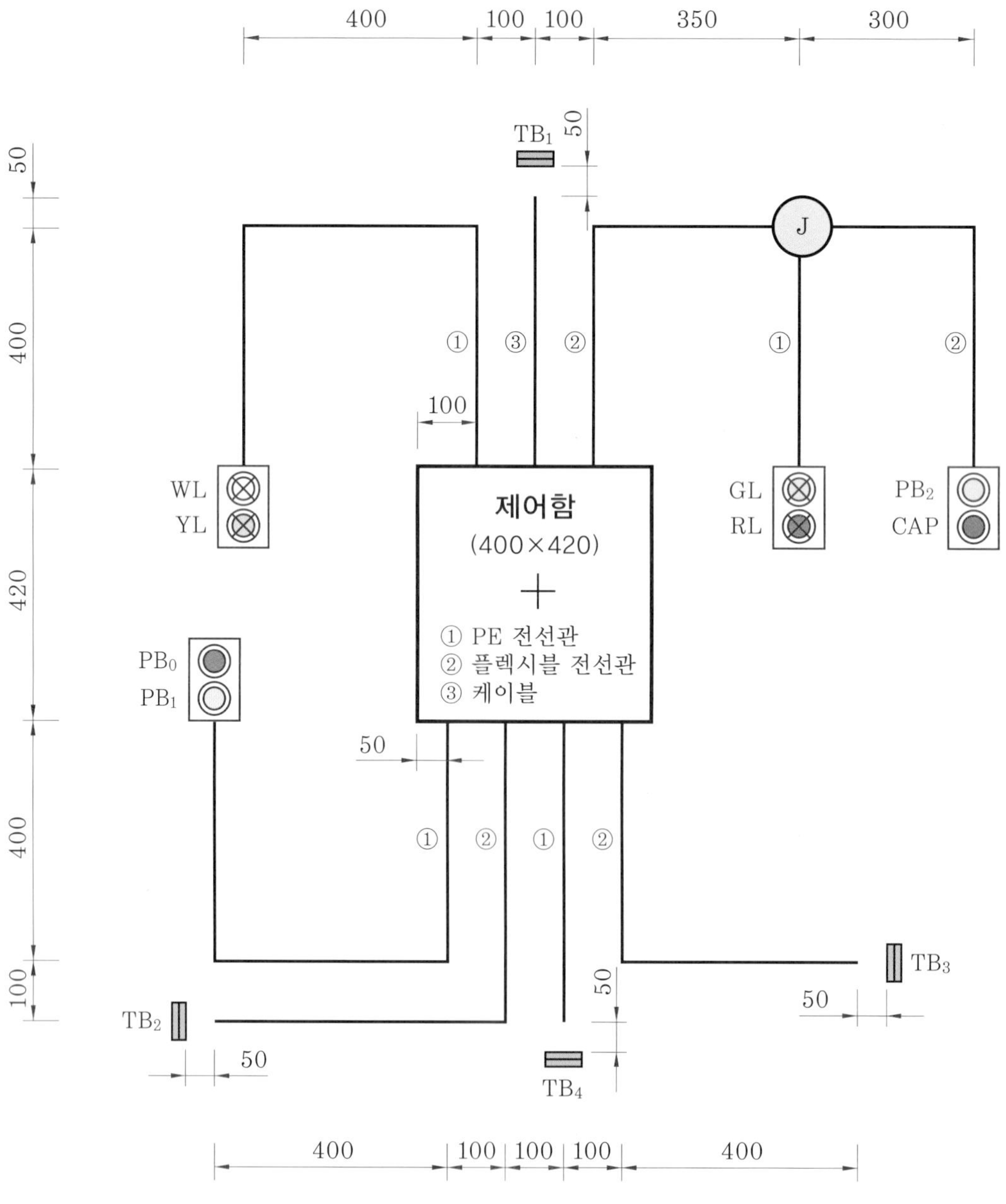

※ NOTE : 치수 기준점은 제어함의 중심으로 한다.

(2) 제어판 내부 기구 배치도

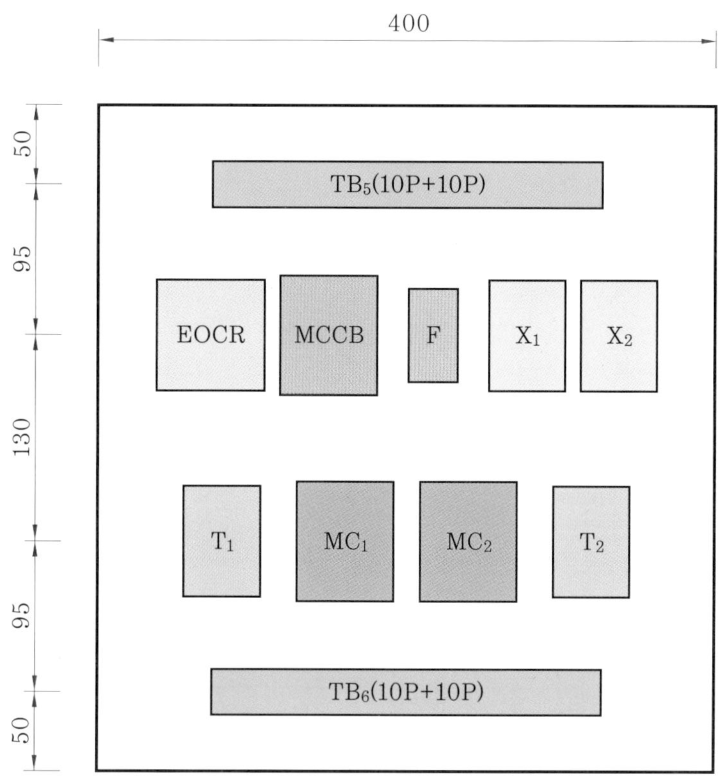

[범례]

기호	명칭	기호	명칭
TB_1	전원(단자대 4P)	PB_0	푸시버튼 스위치(적색)
TB_2, TB_3	전동기(단자대 4P)	PB_1	푸시버튼 스위치(녹색)
TB_4	LS_1, LS_2(단자대 4P)	PB_2	푸시버튼 스위치(녹색)
TB_5, TB_6	단자대(10P+10P)	YL	램프(황색)
MC_1, MC_2	전자접촉기(12P)	GL	램프(녹색)
EOCR	EOCR(12P)	RL	램프(적색)
X_1, X_2	릴레이(8P)	WL	램프(백색)
T_1, T_2	타이머(8P)	CAP	홀마개
F	퓨즈 및 퓨즈홀더	Ⓙ	8각 박스
MCCB	배선용 차단기		

(3) 제어 회로의 시퀀스 회로도

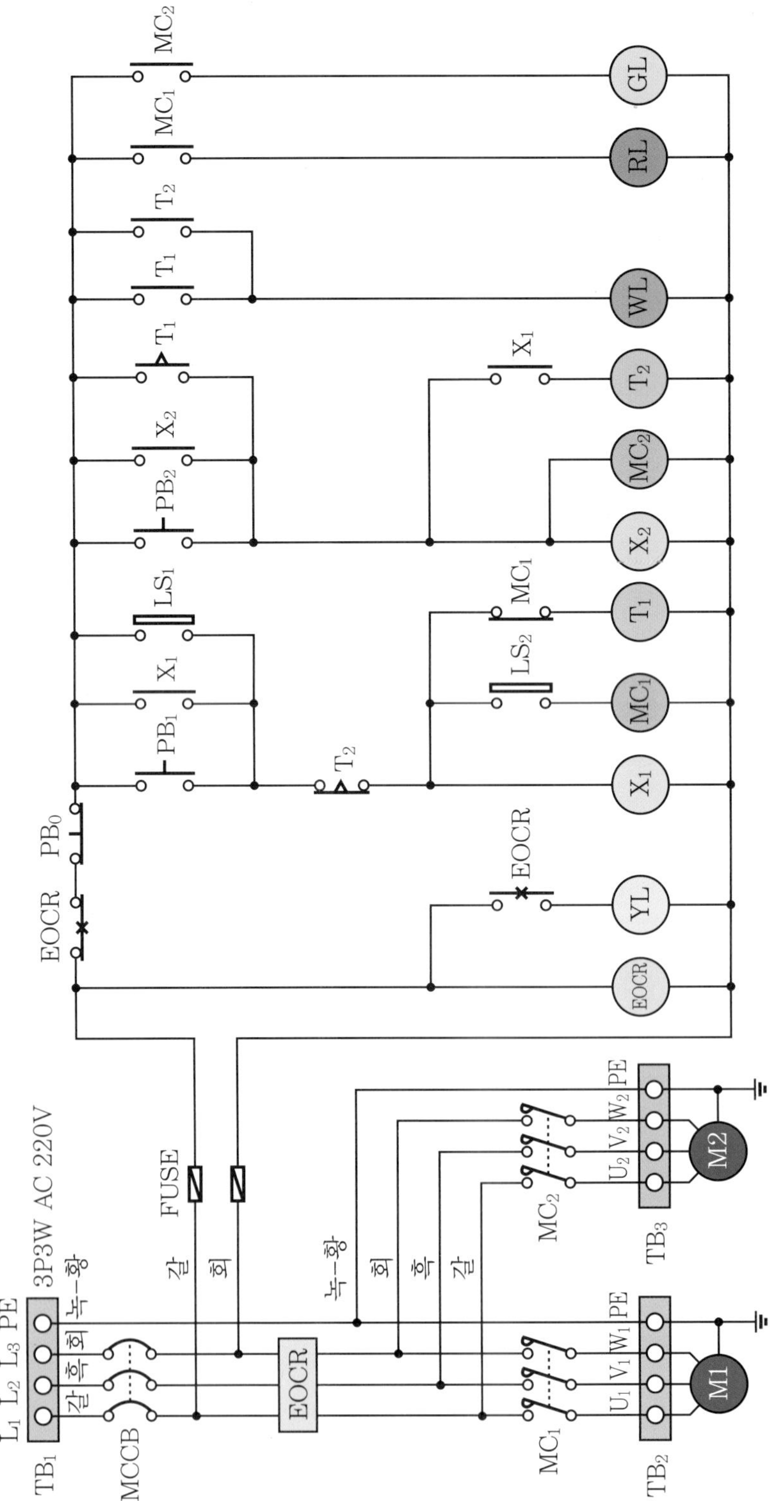

※ 본 도면은 시험을 위해서 임의 구성한 것으로 상용 도면과 상이할 수 있습니다.

공개 도면 ⑭

(1) 배관 및 기구 배치도

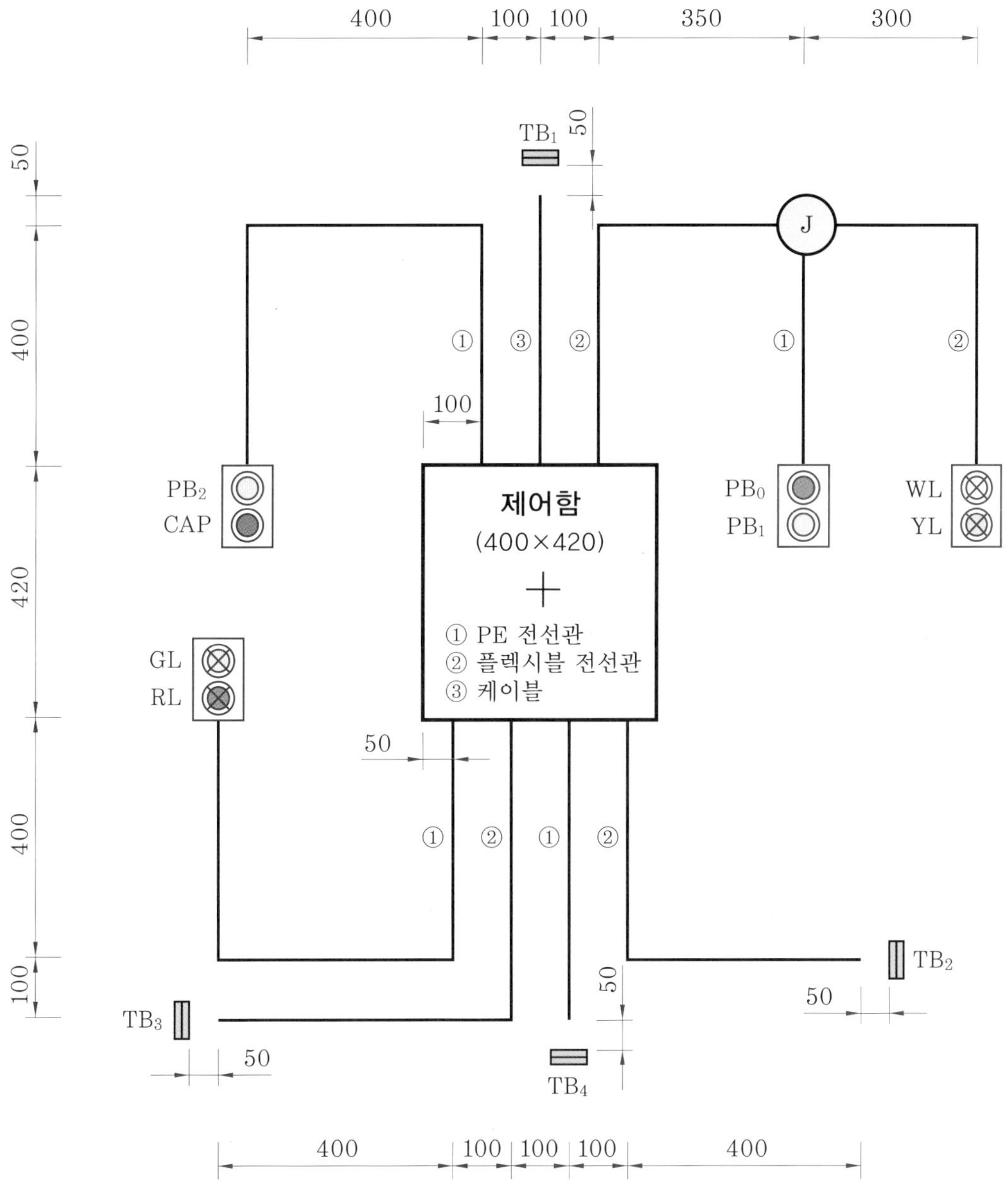

※ NOTE : 치수 기준점은 제어함의 중심으로 한다.

(2) 제어판 내부 기구 배치도

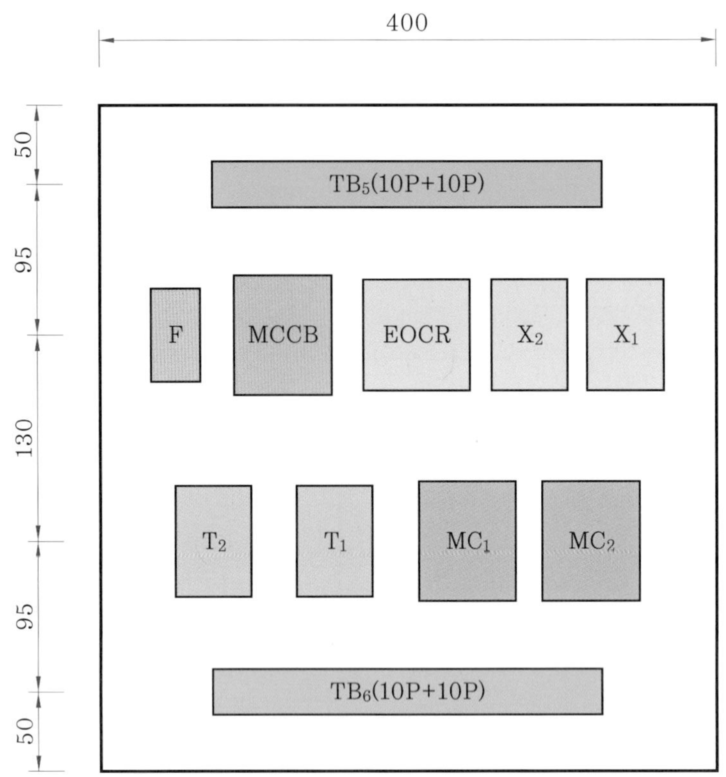

[범례]

기호	명칭	기호	명칭
TB_1	전원(단자대 4P)	PB_0	푸시버튼 스위치(적색)
TB_2, TB_3	전동기(단자대 4P)	PB_1	푸시버튼 스위치(녹색)
TB_4	LS_1, LS_2(단자대 4P)	PB_2	푸시버튼 스위치(녹색)
TB_5, TB_6	단자대(10P+10P)	YL	램프(황색)
MC_1, MC_2	전자접촉기(12P)	GL	램프(녹색)
EOCR	EOCR(12P)	RL	램프(적색)
X_1, X_2	릴레이(8P)	WL	램프(백색)
T_1, T_2	타이머(8P)	CAP	홀마개
F	퓨즈 및 퓨즈홀더	Ⓙ	8각 박스
MCCB	배선용 차단기		

(3) 제어 회로의 시퀀스 회로도

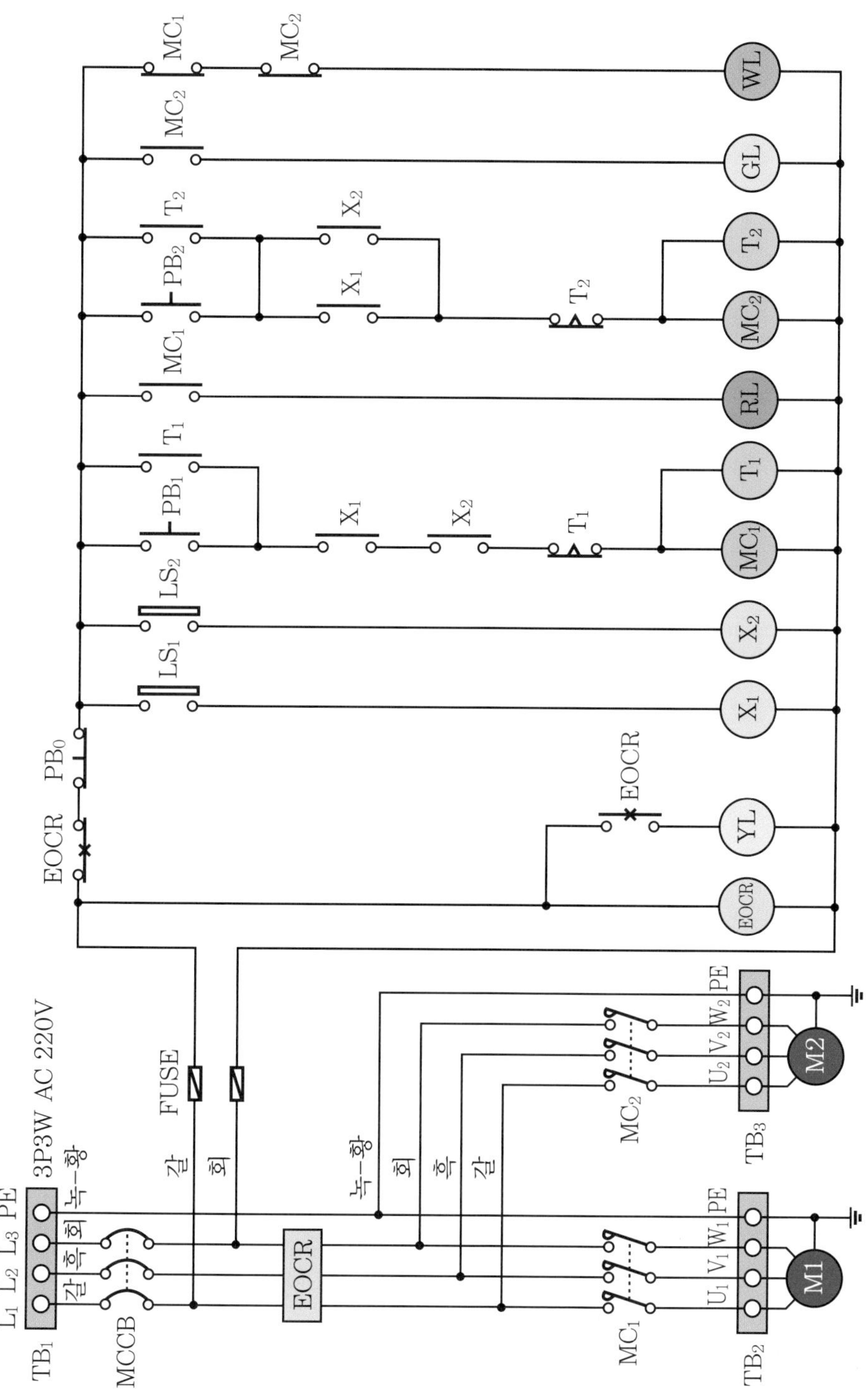

※ 본 도면은 시험을 위해서 임의 구성한 것으로 상용 도면과 상이할 수 있습니다.

공개 도면 ⑮

(1) 배관 및 기구 배치도

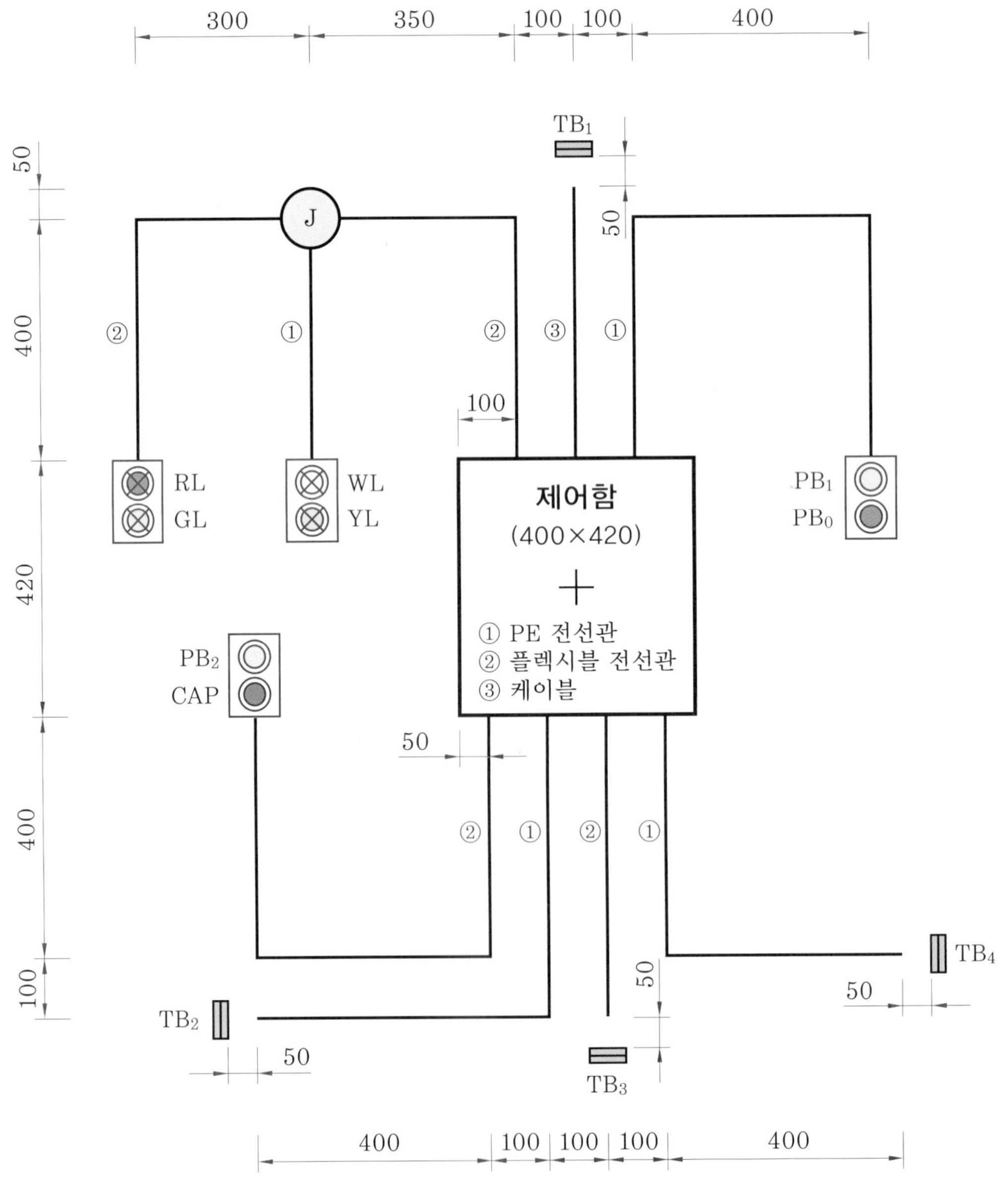

※ NOTE : 치수 기준점은 제어함의 중심으로 한다.

(2) 제어판 내부 기구 배치도

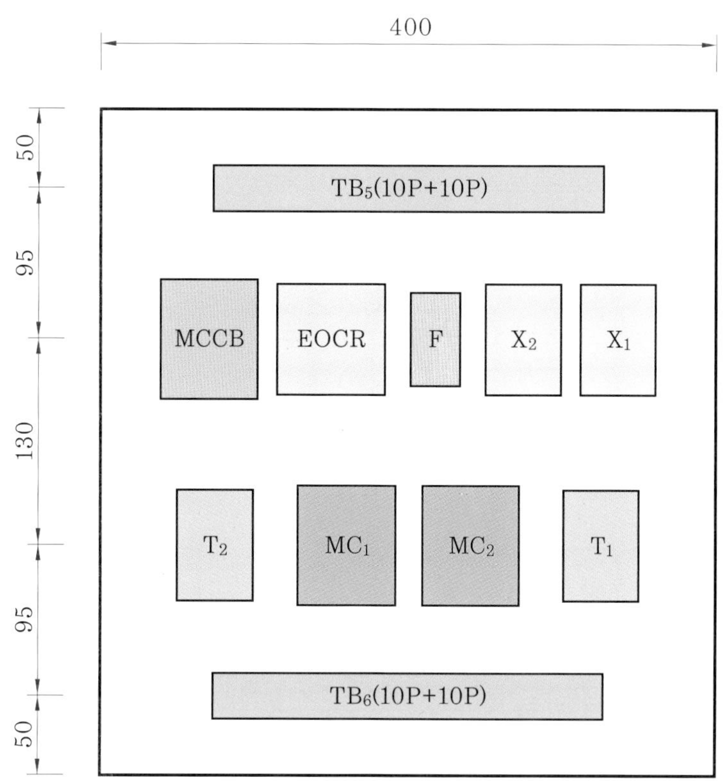

[범례]

기호	명칭	기호	명칭
TB_1	전원(단자대 4P)	PB_0	푸시버튼 스위치(적색)
TB_2, TB_3	전동기(단자대 4P)	PB_1	푸시버튼 스위치(녹색)
TB_4	LS_1, LS_2(단자대 4P)	PB_2	푸시버튼 스위치(녹색)
TB_5, TB_6	단자대(10P+10P)	YL	램프(황색)
MC_1, MC_2	전자접촉기(12P)	GL	램프(녹색)
EOCR	EOCR(12P)	RL	램프(적색)
X_1, X_2	릴레이(8P)	WL	램프(백색)
T_1, T_2	타이머(8P)	CAP	홀마개
F	퓨즈 및 퓨즈홀더	Ⓙ	8각 박스
MCCB	배선용 차단기		

(3) 제어 회로의 시퀀스 회로도

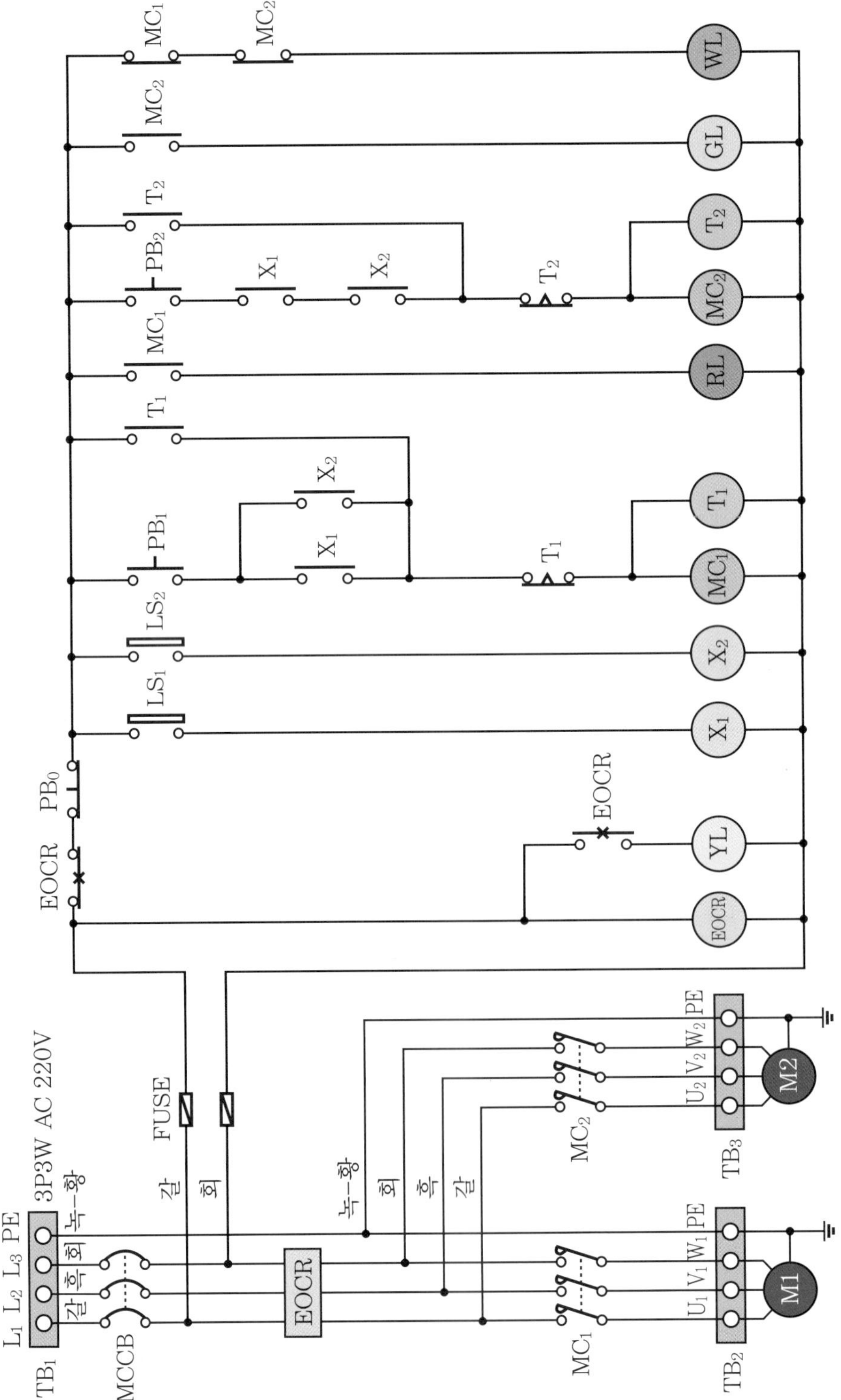

※ 본 도면은 시험을 위해서 임의 구성한 것으로 상용 도면과 상이할 수 있습니다.

공개 도면 ⑯

(1) 배관 및 기구 배치도

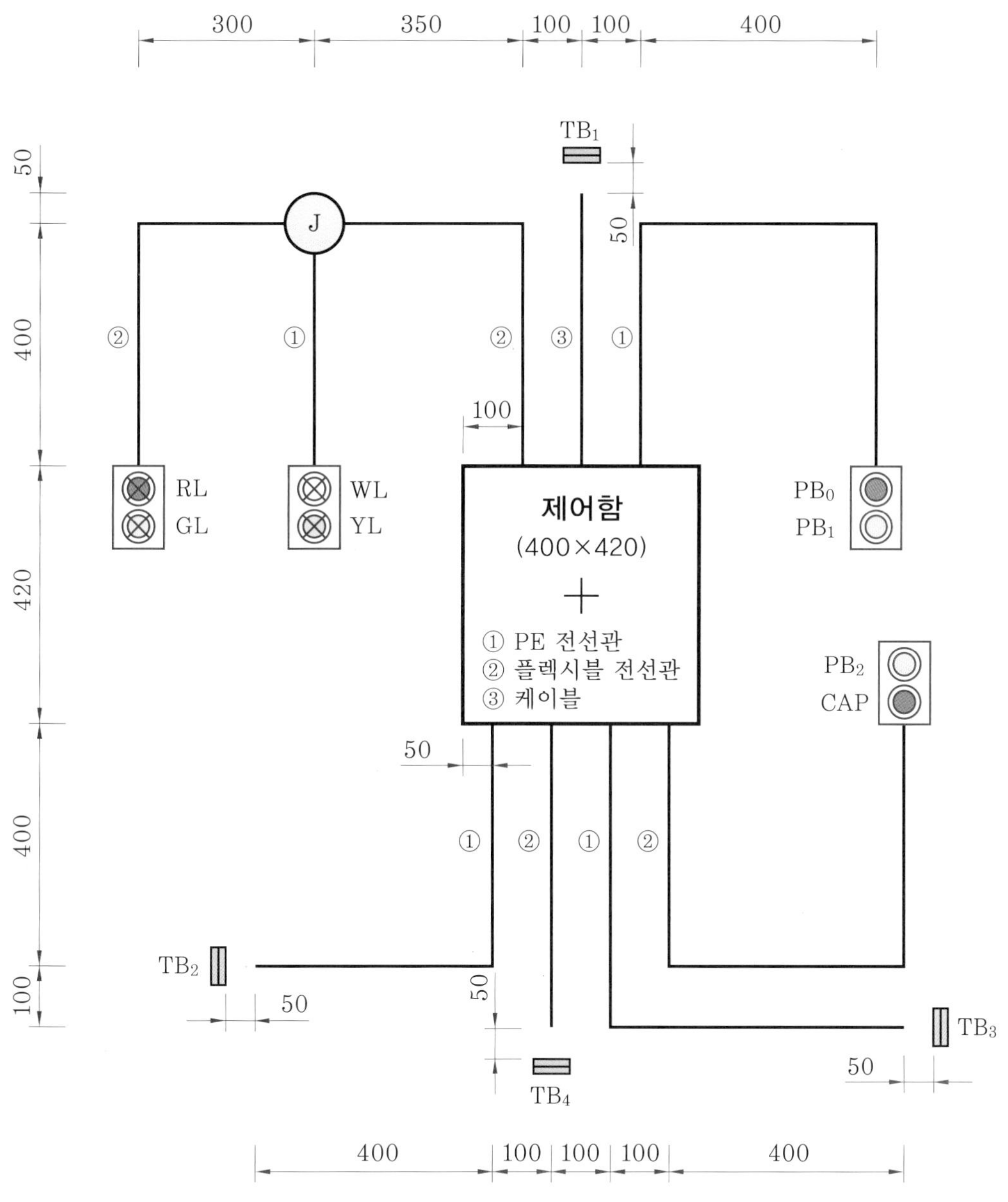

※ NOTE : 치수 기준점은 제어함의 중심으로 한다.

(2) 제어판 내부 기구 배치도

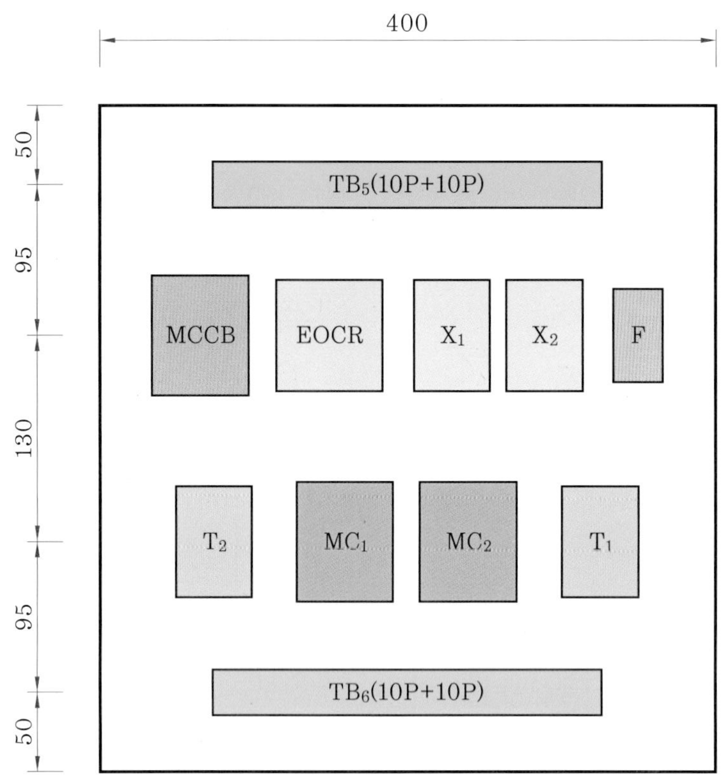

[범례]

기호	명칭	기호	명칭
TB_1	전원(단자대 4P)	PB_0	푸시버튼 스위치(적색)
TB_2, TB_3	전동기(단자대 4P)	PB_1	푸시버튼 스위치(녹색)
TB_4	LS_1, LS_2(단자대 4P)	PB_2	푸시버튼 스위치(녹색)
TB_5, TB_6	단자대(10P+10P)	YL	램프(황색)
MC_1, MC_2	전자접촉기(12P)	GL	램프(녹색)
EOCR	EOCR(12P)	RL	램프(적색)
X_1, X_2	릴레이(8P)	WL	램프(백색)
T_1, T_2	타이머(8P)	CAP	홀마개
F	퓨즈 및 퓨즈홀더	Ⓙ	8각 박스
MCCB	배선용 차단기		

(3) 제어 회로의 시퀀스 회로도

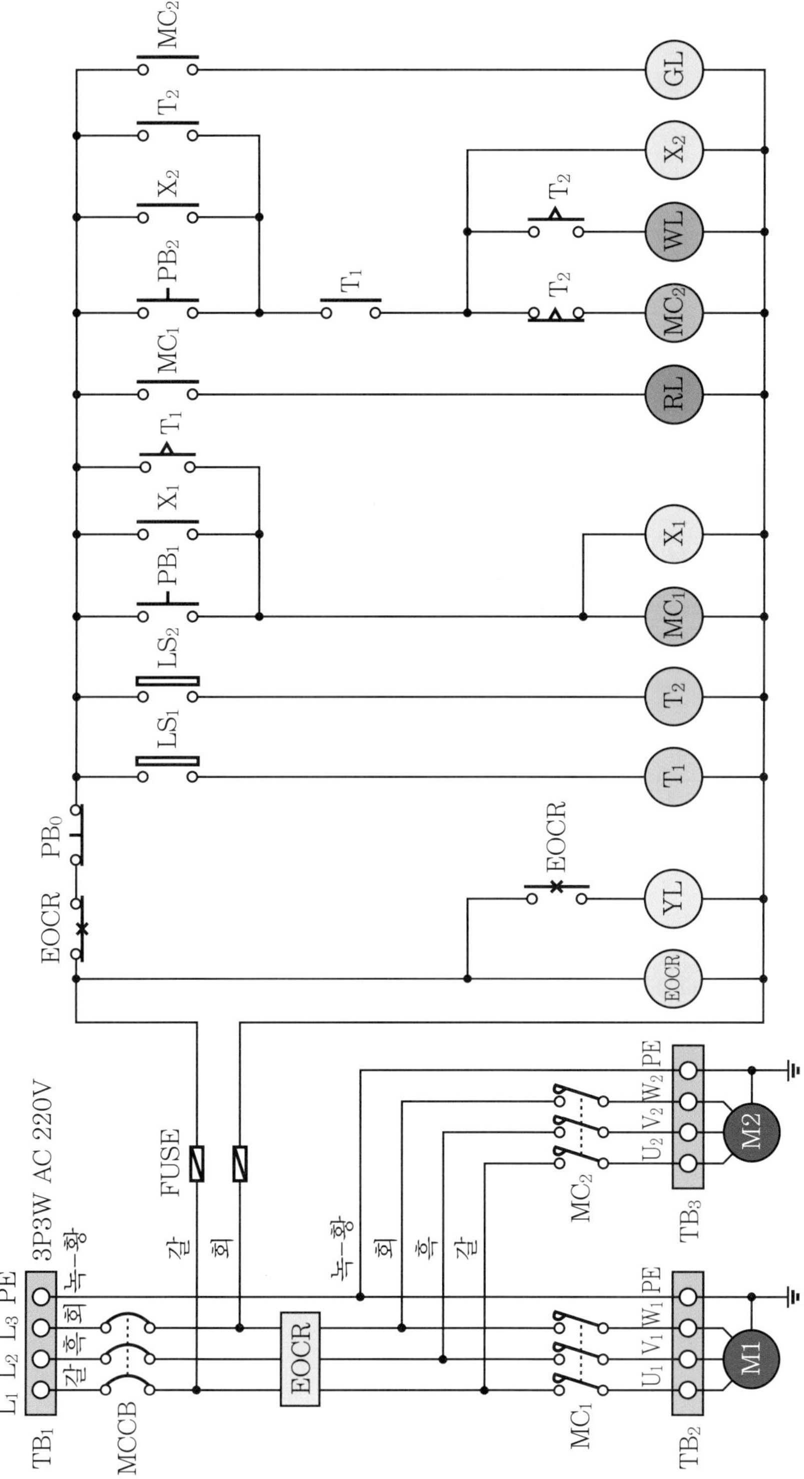

※ 본 도면은 시험을 위해서 임의 구성한 것으로 상용 도면과 상이할 수 있습니다.

공개 도면 ⑰

(1) 배관 및 기구 배치도

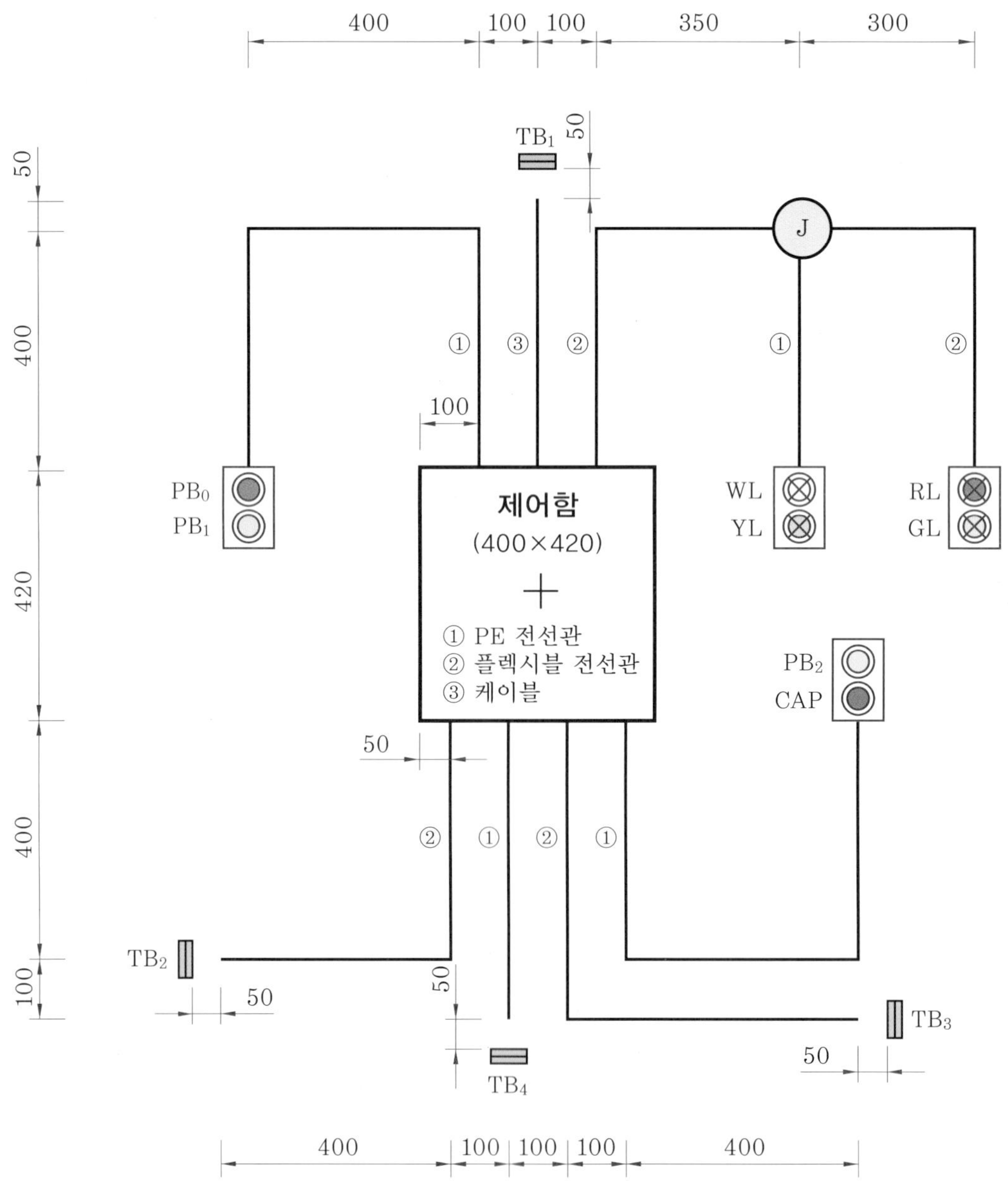

※ NOTE : 치수 기준점은 제어함의 중심으로 한다.

(2) 제어판 내부 기구 배치도

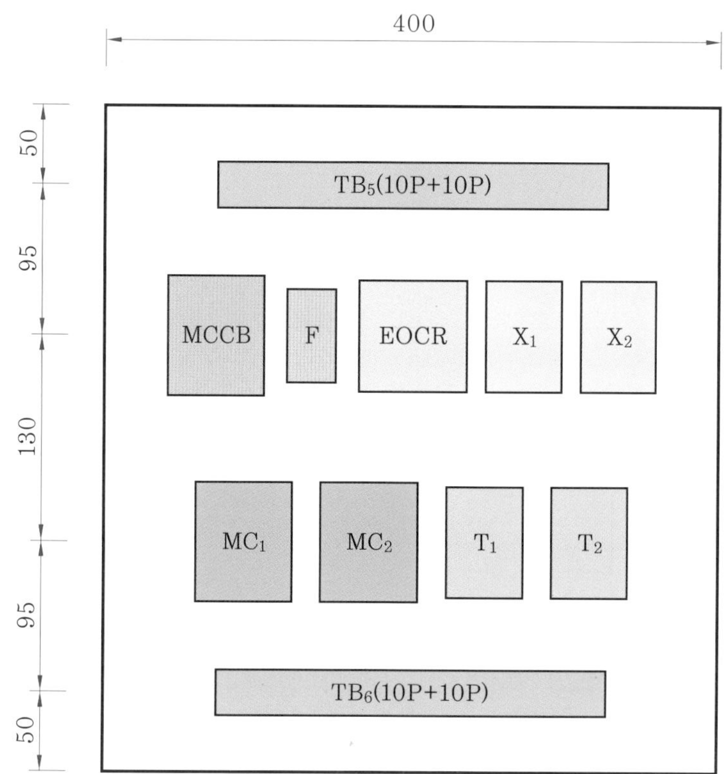

[범례]

기호	명칭	기호	명칭
TB_1	전원(단자대 4P)	PB_0	푸시버튼 스위치(적색)
TB_2, TB_3	전동기(단자대 4P)	PB_1	푸시버튼 스위치(녹색)
TB_4	LS_1, LS_2(단자대 4P)	PB_2	푸시버튼 스위치(녹색)
TB_5, TB_6	단자대(10P+10P)	YL	램프(황색)
MC_1, MC_2	전자접촉기(12P)	GL	램프(녹색)
EOCR	EOCR(12P)	RL	램프(적색)
X_1, X_2	릴레이(8P)	WL	램프(백색)
T_1, T_2	타이머(8P)	CAP	홀마개
F	퓨즈 및 퓨즈홀더	Ⓙ	8각 박스
MCCB	배선용 차단기		

(3) 제어 회로의 시퀀스 회로도

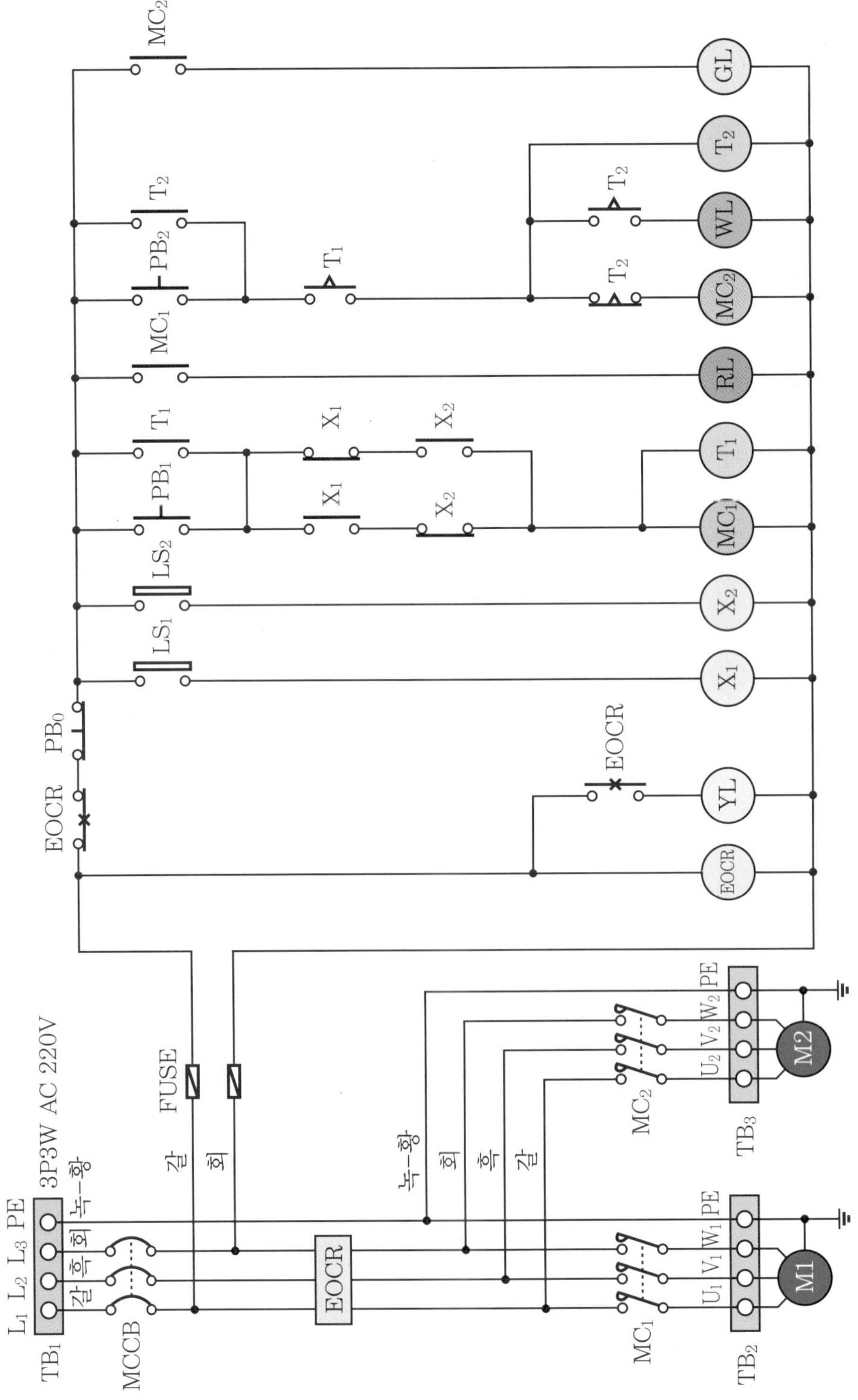

※ 본 도면은 시험을 위해서 임의 구성한 것으로 상용 도면과 상이할 수 있습니다.

공개 도면 ⑱

(1) 배관 및 기구 배치도

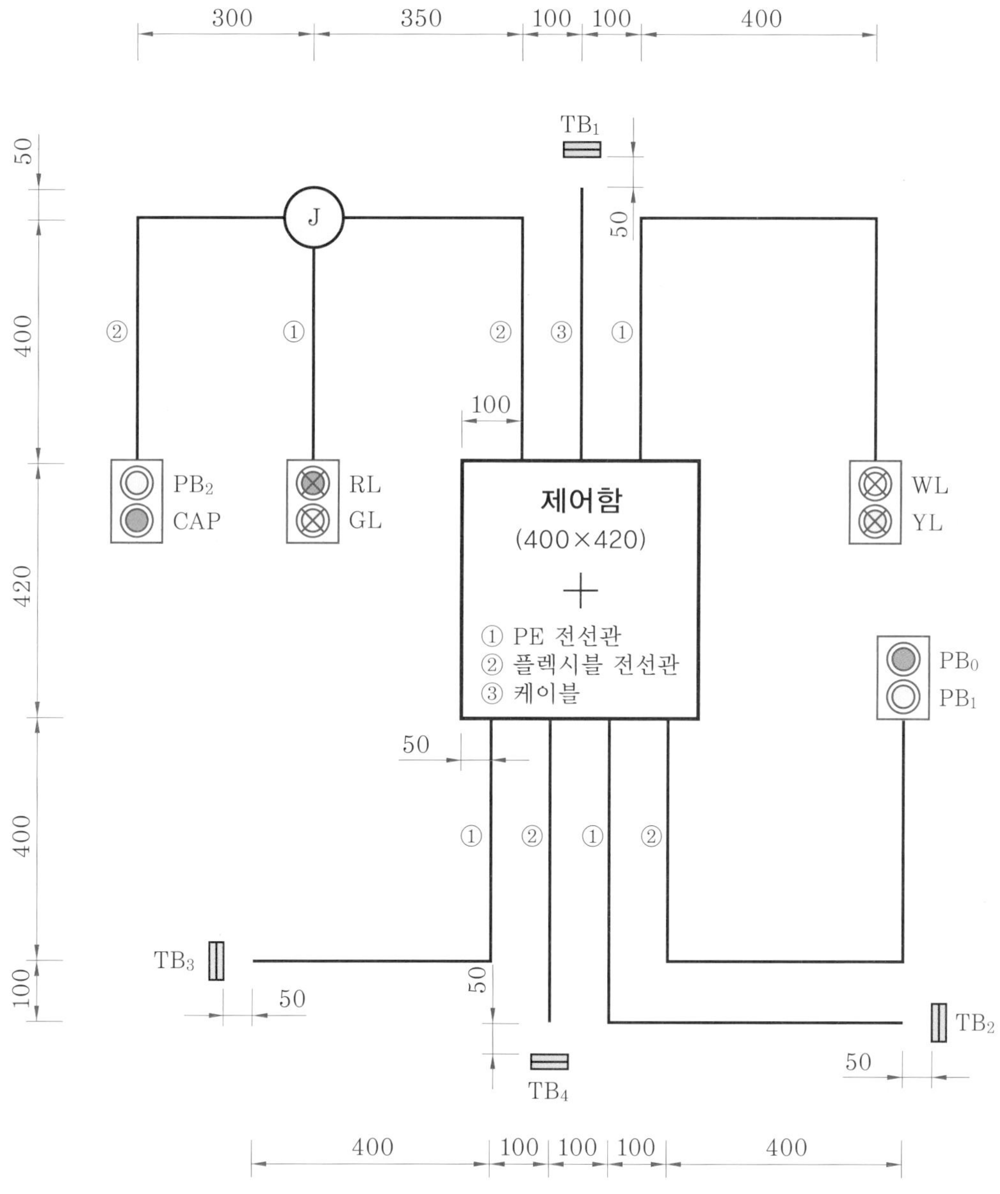

※ NOTE : 치수 기준점은 제어함의 중심으로 한다.

(2) 제어판 내부 기구 배치도

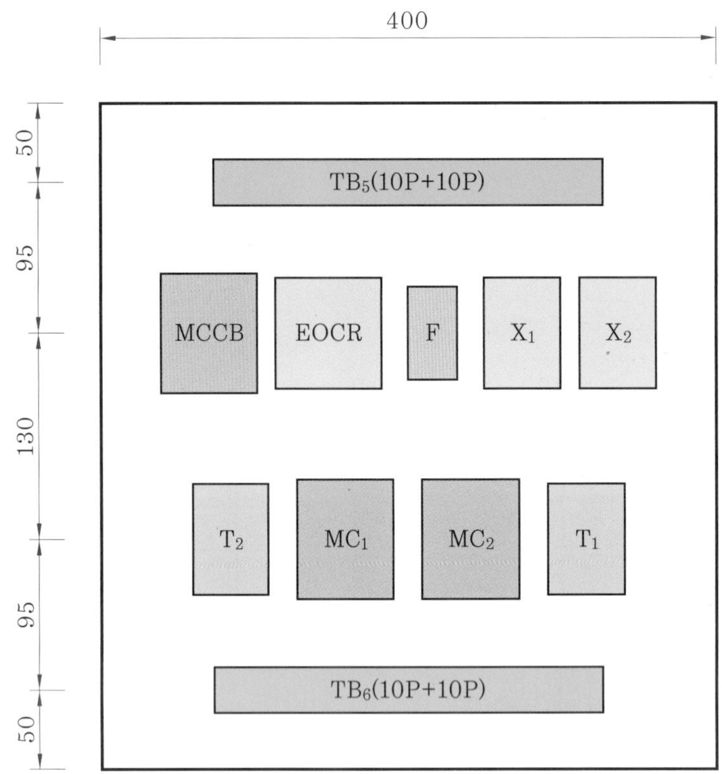

[범례]

기호	명칭	기호	명칭
TB_1	전원(단자대 4P)	PB_0	푸시버튼 스위치(적색)
TB_2, TB_3	전동기(단자대 4P)	PB_1	푸시버튼 스위치(녹색)
TB_4	LS_1, LS_2(단자대 4P)	PB_2	푸시버튼 스위치(녹색)
TB_5, TB_6	단자대(10P+10P)	YL	램프(황색)
MC_1, MC_2	전자접촉기(12P)	GL	램프(녹색)
EOCR	EOCR(12P)	RL	램프(적색)
X_1, X_2	릴레이(8P)	WL	램프(백색)
T_1, T_2	타이머(8P)	CAP	홀마개
F	퓨즈 및 퓨즈홀더	Ⓙ	8각 박스
MCCB	배선용 차단기		

(3) 제어 회로의 시퀀스 회로도

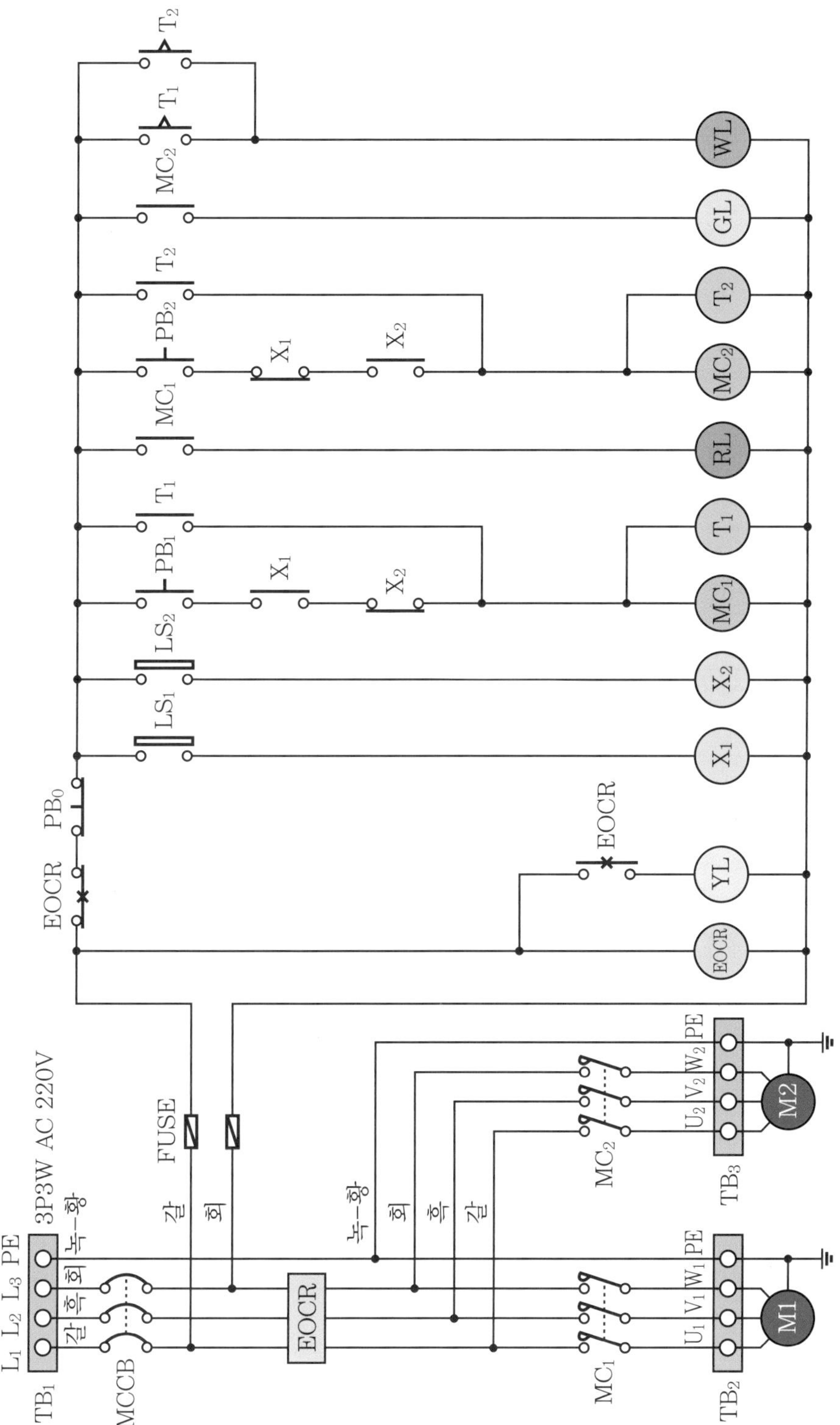

※ 본 도면은 시험을 위해서 임의 구성한 것으로 상용 도면과 상이할 수 있습니다.

개정된 KEC 적용

전기기초 실기/실습

2019년 2월 10일 1판 1쇄
2020년 1월 10일 2판 1쇄
2021년 1월 20일 3판 1쇄
2024년 3월 20일 4판 3쇄

저자 : 오선호
펴낸이 : 이정일

펴낸곳 : 도서출판 **일진사**
www.iljinsa.com

04317 서울시 용산구 효창원로 64길 6
대표전화 : 704-1616, 팩스 : 715-3536
이메일 : webmaster@iljinsa.com
등록번호 : 제1979-000009호(1979.4.2)

값 30,000원

ISBN : 978-89-429-1688-7